大数据处理
与存储技术

葛维春　主编

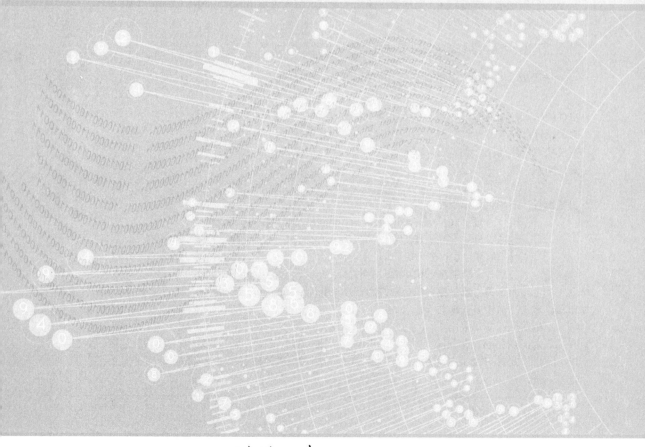

清华大学出版社
北　京

内 容 简 介

本书归纳和总结了主流数据库软件和常用数据处理工具的常见问题与应用技巧，为大数据技术与传统数据存储和转换技术相结合提供了技术参考，为促进大数据技术的发展，为数据库和ETL开发人员、运维人员提供了技术支撑。

本书分为3篇，共5章，主要内容包括Oracle数据库应用、MySQL数据库应用、Informatica PowerCenter工具应用、Kettle工具应用、数据库调优与ETL工具应用技巧。本书分别从数据存储软件、数据抽取与清洗软件等方面，向读者展示了Oracle、MySQL、Informatica和Kettle的常见问题、优化与提升的技巧。

本书所涉及的内容均为生产实践中必要的过程和阶段，讲解由浅入深、通俗易懂，适合从事数据库开发、维护、管理、优化任务和高可用设计的工程技术人员及从事ETL开发、优化的工程技术人员使用或参考。

图书在版编目（CIP）数据

大数据处理与存储技术 / 葛维春主编. — 北京：清华大学出版社，2019（2019.12重印）
ISBN 978-7-302-51720-7

Ⅰ.①大… Ⅱ.①葛… Ⅲ.①数据处理 Ⅳ.①TP274

中国版本图书馆 CIP 数据核字（2018）第 266967 号

责任编辑：杨如林
封面设计：杨玉兰
责任校对：胡伟民
责任印制：杨 艳

出版发行：清华大学出版社
       网 址：http://www.tup.com.cn，http://www.wqbook.com
       地 址：北京清华大学学研大厦 A 座   邮 编：100084
       社 总 机：010-62770175   邮 购：010-62786544
       投稿与读者服务：010-62776969，c-service@tup.tsinghua.edu.cn
       质 量 反 馈：010-62772015，zhiliang@tup.tsinghua.edu.cn
印 装 者：三河市龙大印装有限公司
经 销：全国新华书店
开 本：185mm×260mm   印 张：25.5   字 数：711 千字
版 次：2019 年 2 月第 1 版   印 次：2019 年 12 月第 4 次印刷
定 价：79.00 元

产品编号：079262-01

编委会名单

主　编：葛维春

副主编（排名不分先后）

王　磊	程志华	范鹏展	柏俊峰	郭昆亚	郭永贵	杨　光	蔡立群	阎青春
苏安龙	马显智	顾洪群	申　扬	刘树吉	李　伟	田小蕾	黄文思	

编写组成员（排名不分先后）

朱洪斌	梅文明	刘　虎	张朝阳	邢蒙蒙	纪永满	王显波	田海韬	左　壮
刘忠威	齐　悦	葛延峰	崔万里	雷振江	刘　颖	冉　冉	周大鹏	王丹妮
刘雪松	胡　畔	刘鹏宇	李云鹏	夏　雨	李占军	刘　洋	王　刚	于　海
刘　岩	李　岩	刘少军	曹　凯	金　兰	魏　霞	王　昊	王小溪	王　宁
历　丽	蒯继鹏	杨海峰	周晓明	王丽霞	赵　军	郑永健	王　勇	宋　季
丛海洋	于泓维	张幼明	李凤强	王鹏宇	龙　云	郭　勇	赵明江	郭志彤
曹丽娜	高　潇	吕旭明	毛洪涛	黄笑伯	周武明	郭长彪	周英男	刘　双
陈　蓉	金　妍	刘中彦	巴明强	陈娇茵	李耀宗	田庆阳	孙峰烈	王　阳
茹满辉	金福国	李学斌	赵　军	王浩淼	王天博	陈　硕	王　磊	杨　超
陈　龙	刘　瑞	焦　勇	李　斌	胡　楠	罗义旺	李金湖	罗顺辉	林　燊
余仰淇	刘　青	张毅琦	陈　坤	黄鑫烨	吴胜竹	林海玉	邢聪辉	陈彦达
韩天阳	朱继阳	白雨佳	陈永强	谢宏宇	曹国强			

前　言

关于本书

"大数据"是当前最热门的话题之一，虽然其实现技术多种多样，但是其应用和实践依然是基于大量实际业务数据的。本书从数据存储和数据清洗与转换的角度出发，针对当前主流数据库软件（Oracle、MySQL）和主流ETL工具（Informatica PowerCenter、Kettle）的常见问题、应用技巧进行归纳和总结，为大数据技术与传统数据存储技术和数据转换技术相结合提供技术参考，促进大数据技术的发展，为数据库和ETL开发人员、运维人员提供技术支撑。

本书内容主要来源于项目实践，如有不当之处，恳请读者批评指正，部分支撑材料来源于网络，如涉及版权问题请相关作者及时联系沟通，联系方式：838743142@qq.com。

本书的读者群体

本书的目标读者是从事数据库开发、维护、管理、优化任务和高可用设计的工程技术人员和从事ETL开发、优化的工程技术人员。

从技术角度看，本书涉及的内容均为生产实践中必要的过程和阶段，因此本书的内容精炼、通俗易懂，尤其适合作为开发人员的基础工具书。本书读者无须拥有非常深厚的专业技术基础。

本书内容安排

本书共5章，分为数据库软件篇、ETL工具篇及高级调优篇，各章的内容分述如下。

数据库软件篇	第1章：Oracle数据库应用 　　该章从Oracle简介、安装配置、数据库函数、常用查询命令、常见问题参考等方面，介绍了Oracle的产品特点、常见问题及解决技巧
	第2章：MySQL数据库应用 　　该章从MySQL简介、安装配置、数据库函数、常见问题参考等方面，介绍了MySQL的产品特点、常见问题及解决技巧

（续表）

ETL工具篇	第3章：Informatica PowerCenter工具应用 　　该章从Informatica简介、安装配置及常见问题参考，介绍了Informatica的产品特点、常见问题及解决办法
	第4章：Kettle工具应用 　　该章从Kettle简介、安装配置及常见问题，介绍了Kettle的产品特点、常见问题及解决办法
高级调优篇	第5章：数据库调优与ETL工具应用技巧 　　该章对Oracle和MySQL数据库的性能调优和Informatica PowerCenter工具的应用技巧进行介绍

致谢

首先感谢国网辽宁省电力有限公司全业务统一数据中心分析域项目组全体技术人员对本书的技术支撑，他们从项目实践的角度为本书提供数据库和ETL技术的实践支撑，他们在工作和技术领域中的不断探索促进了本书内容的不断完善。

还要特别感谢本书的编辑，感谢他们审查书稿，并提出他们的观点和建议，他们的宝贵意见为本书的成功出版提供了方向指引。

编　者

目　录

第一篇　数据库软件篇

第二篇 ETL工具篇

第三篇 高级调优篇

第一篇
数据库软件篇

第1章
Oracle数据库应用

本章从Oracle简介、安装配置、数据库函数、常用查询命令、常见问题参考等方面，介绍Oracle的产品特点、常见问题及解决技巧。

- Oracle简介
- 安装配置
- 数据库函数
- 常用查询命令
- 常见问题参考

1.1　Oracle简介

Oracle Database又名Oracle RDBMS（简称Oracle），是甲骨文公司的一款关系数据库管理系统。它在数据库领域是一直处于领先地位的产品，是目前世界上流行的关系数据库管理系统。Oracle的系统具有可移植性好、使用方便、功能强大等特点，适用于各类大、中、小型机及微机环境，它也是一种高效可靠的适应高吞吐量的数据库解决方案。

Oracle数据库系统是以分布式数据库为核心的一组软件产品，是目前最流行的浏览器/服务器（Browser/Server，B/S）体系结构的数据库之一。比如，SilverStream就是基于数据库的一种中间件。作为一个通用的数据库系统，Oracle具有完整的数据管理功能；作为一个关系数据库，Oracle是一个具有完备关系的产品；作为分布式数据库，Oracle实现了分布式处理功能。针对Oracle数据库操作和应用的知识与技能，只要在一种机型上学习了Oracle，便能在各种机型上使用。

Oracle数据库的最新版本为Oracle Database12c。该版本引入了一个新的多承租方架构，使用该架构可以轻松部署和管理数据库云。此外，一些创新特性可最大限度地提高资源利用率和灵活性。例如，Oracle Multitenant可以快速整合多个数据库，而Automatic Data Optimization和HeatMap能以更高的密度压缩数据和对数据分层。这些独一无二的技术再结合其在可用性、安全性和大数据支持方面的增强，使得该版成为私有云和公有云部署的理想平台。

1.1.1　产品历史

1979年夏季，RSI发布了Oracle第2版。这个数据库产品整合了比较完整的SQL实现，其中包括子查询、连接及其他特性。

1983年3月，RSI发布了Oracle第3版。从该版本起Oracle产品有了一个关键的特性，即可移植性。

1984年10月，Oracle发布了第4版产品。该版增加了读一致性这个重要特性。

1985年，Oracle发布了5.0版。这个版本算得上是Oracle数据库的稳定版本，这也是首批可以在客户/服务器（Client/Server，C/S）模式下运行的RDBMS产品。

1986年，Oracle发布了5.1版。该版本支持分布式查询，允许通过一次性查询访问存储在多个位置的数据。

1988年，Oracle发布了第6版。该版本引入了行级锁这个重要的特性，同时引入了联机热备份功能。

1992年6月，Oracle发布了第7版。该版本增加了许多新的性能特性，包括分布式事务处理功能、增强的管理功能、用于应用程序开发的新工具以及安全性方法。

1997年6月，Oracle第8版发布。Oracle 8支持面向对象的开发及新的多媒体应用，这个版本也为支持Internet、网络计算等奠定了基础。

1998年9月，Oracle公司正式发布Oracle 8i。这一版本添加了大量为支持Internet而设计的特性，同时这一版本为数据库用户提供了全方位的Java支持。

2001年6月，Oracle发布了Oracle 9i。在Oracle 9i的诸多新特性中，最重要的就是Real Application Clusters（RAC）了。

2003年9月，Oracle发布了Oracle 10g。该版本的最大的特性就是加入了网格计算的功能。

2007年7月，Oracle发布了Oracle 11g。Oracle 11g是甲骨文公司30年来发布的最重要的数据库版本，根据用户的需求实现了信息生命周期管理(Information Lifecycle Management)等多项创新。

2013年6月，Oracle 发布了Oracle 12c。该版本之前的Oracle 10g和Oracle 11g中的g代表grid，而Oracle 12c中的c代表cloud，代表云计算。

1.1.2　支撑的平台

在2001年发布的Oracle 9i之前，甲骨文公司把他们的数据库产品广泛地移植到了不同的平台上。截至2015年1月，甲骨文公司的Oracle 10g/11g/12c支持以下操作系统和硬件。

- Apple Mac OS X Server:PowerPC
- HP-UX:PA-RISC,Itanium
- HP Tru64 UNIX:Alpha
- HP OpenVMS: Alpha,Itanium
- IBM AIX 5L:IBM POWER
- IBM z/OS:zSeries
- Linux:x86,x86-64, PowerPC,zSeries,Itanium
- Microsoft Windows:x86,x86-64,Itanium
- Sun Solaris:SPARC,x86,x86-64

1.1.3　数据库特点

（1）完整的数据管理功能。

- 数据的大量性；

- 数据保存的持久性；
- 数据的共享性；
- 数据的可靠性。

（2）完备关系的产品。

- 信息准则——关系型DBMS的所有信息都应在逻辑上用一种方法，即表中的值显式表示；
- 保证访问的准则；
- 视图更新准则——只要形成视图的表中的数据变化了，相应视图中的数据也同时变化；
- 数据物理性和逻辑性独立准则。

（3）分布式处理功能。

Oracle数据库自第5版起就具有了分布式处理能力，到第7版就有比较完善的分布式数据库功能了。一个Oracle分布式数据库由oraclerdbms、SQL*Net、SQL*connect和其他非Oracle的关系型产品构成。

（4）用Oracle能轻松实现数据仓库的操作。

1.2 安装配置

1.2.1 安装环境

Oracle数据库所需安装的软件、安装环境和操作系统如表1-1所示。

表1-1 Oracle安装环境

序号	服务	软件环境
1	操作系统	RedHat 6.5 64
2	数据库软件	Oracle11g-64

1.2.2 系统配置

操作系统须在Root用户下进行如下配置。

（1）关闭SELinux、防火墙（后续要打开防火墙，须开放1521端口并允许ip通过），命令如下。

```
service iptables stop
chkconfig iptables off
vi /etc/selinux/config
```

把SELINUX=enforcing改为SELINUX=disabled，重启计算机或者用命令使之立刻生效。

```
# setenforce 0
```

（2）检查hosts文件。

```
vim  /etc/hosts
127.0.0.1      localhost.localdomain   localhost
172.0.0.214    localhost.localdomain   localhost
```

（3）修改Linux内核，修改/etc/sysctl.conf文件，输入命令:vim /etc/sysctl.conf，按i键进入编辑模式，修改或添加下列内容，编辑完成后按Esc键，输入"：wq"保存并退出，使用命令：sysctl –p使之立刻生效。

```
fs.suid_dumpable = 1
fs.aio-max-nr = 1048576
fs.file-max = 6815744
kernel.shmall = 2097152
kernel.shmmax = 536870912
kernel.shmmni = 4096
kernel.sem = 250 32000 100 128
net.ipv4.ip_local_port_range = 9000 65500
net.core.rmem_default=4194304
net.core.rmem_max=4194304
net.core.wmem_default=262144
net.core.wmem_max=1048586
```

（4）修改用户的SHELL限制，输入命令：vim /etc/security/limits.conf，按i键进入编辑模式，添加下列内容，编辑完成后按Esc键，输入"：wq"保存并退出。

```
oracle            soft     nproc    2047
oracle            hard     nproc    16384
oracle            soft     nofile   4096
oracle            hard     nofile   65536
oracle            soft     stack    10240
```

（5）修改/etc/pam.d/login文件，输入命令：vim /etc/pam.d/login，按i键进入编辑模式，添加下列内容，编辑完成后按Esc键，输入"：wq"保存并退出。

```
session    required    /lib/security/pam_limits.so
session    required    pam_limits.so
```

（6）编辑/etc/profile，输入命令：vim /etc/profile，添加下列内容，编辑完成后按Esc键，输入"：wq"存盘并退出。

```
if [ $USER = "oracle" ]; then
```

```
if [ $SHELL = "/bin/ksh" ]; then
    ulimit -p 16384
    ulimit -n 65536
else
    ulimit -u 16384 -n 65536
fi
fi
```

（7）检查所需的包，是否缺少如下安装包。

```
binutils-2.20.51.0.2-5.11.el6 (x86_64)
compat-libcap1-1.10-1 (x86_64)
compat-libstdc++-33-3.2.3-69.el6 (x86_64)
compat-libstdc++-33-3.2.3-69.el6.i686
gcc-4.4.4-13.el6 (x86_64)
gcc-c++-4.4.4-13.el6 (x86_64)
glibc-2.12-1.7.el6 (i686)
glibc-2.12-1.7.el6 (x86_64)
glibc-devel-2.12-1.7.el6 (x86_64)
glibc-devel-2.12-1.7.el6.i686
ksh
libgcc-4.4.4-13.el6 (i686)
libgcc-4.4.4-13.el6 (x86_64)
libstdc++-4.4.4-13.el6 (x86_64)
libstdc++-4.4.4-13.el6.i686
libstdc++-devel-4.4.4-13.el6 (x86_64)
libstdc++-devel-4.4.4-13.el6.i686
libaio-0.3.107-10.el6 (x86_64)
libaio-0.3.107-10.el6.i686
libaio-devel-0.3.107-10.el6 (x86_64)
libaio-devel-0.3.107-10.el6.i686
make-3.81-19.el6
sysstat-9.0.4-11.el6 (x86_64)
unixODBC-2.2.14-12.el6_3.i686.rpm
unixODBC-2.2.14-12.el6_3.x86_64.rpm
unixODBC-devel-2.2.14-12.el6_3.i686.rpm
unixODBC-devel-2.2.14-12.el6_3.x86_64.rpm
libXp-1.0.0-15.1.el6.i686.rpm
libXp-devel-1.0.0-15.1.el6.i686.rpm
libXp-1.0.0-15.1.el6.x86_64.rpm
libXp-devel-1.0.0-15.1.el6.x86_64.rpm
elfutils-libelf-devel-0.152-1.el6.x86_64.rpm
```

（8）创建Oracle用户和组。

①创建组，使用如下命令。

```
groupadd oinstall
```

```
groupadd  dba
```

②创建Orcale用户并设置密码，使用如下命令。

```
useradd -m -g oinstall -G dba oracle
passwd  oracle
```

（9）创建Oracle安装文件夹以及数据存放文件夹。

```
mkdir -p /opt/app/oracle
chown -R oracle:oinstall /opt/app/oracle
chmod 755 /opt/app/oracle

mkdir   /opt/app/oracle/oradata
chown -R oracle:oinstall /opt/app/oracle/oradata
chmod -R 755 /opt/app/oracle/oradata

mkdir   /opt/app/oraInventory
chown -R oracle:oinstall /opt/app/oraInventory
chmod -R 755 /opt/app/oraInventory

mkdir   /opt/app/oracle/product/11.2.0/dbh/opt/app/oracle/product/11.2.0/ome_1
chown -R oracle:oinstall /opt/app/oracle/product/11.2.0/dbhome_1
chmod -R 755 /opt/app/oracle/product/11.2.0/dbhome_1
```

（10）设置Oracle用户登录时的环境变量（以Oracle用户登录）。

```
su oracle
vim  /home/oracle/.bash_profile

ORACLE_BASE=/opt/app/oracle
ORACLE_HOME=$ORACLE_BASE/product/11.2.0/dbhome_1
ORACLE_SID=orcl
LD_LIBRARY_PATH=$ORACLE_HONE/lib
PATH=$PATH:$ORACLE_HOME/bin:$HOME/bin
export ORACLE_BASE ORACLE_HOME ORACLE_SID LD_LIBRARY_PATH PATH
```

保存后使用如下命令，使设置生效。

```
$ source /home/oracle/.bash_profile
```

1.2.3 Oracle安装

（1）将下载的linux.x64_11gR2_database_1of2.zip、linux.x64_11gR2_database_2of2.zip文件存至文件夹/opt/app中并解压。

```
$ cd /opt/app
$ unzip linux.x64_11gR2_database_1of2.zip   /opt/app/database
$ unzip linux.x64_11gR2_database_2of2.zip   /opt/app/database
```

（2）进入database文件夹。

```
$ cd database
```

注意：准备进行数据库的安装，如果你的计算机系统是中文环境，安装时会出现中文乱码，请运行以下指令。

```
$ export LANG=en_US
```

（3）执行安装命令。

```
$ ./runInstaller
```

如果无法看到安装界面，请使用root账户执行如下命令后再运行安装程序。

```
# export DISPLAY=:0.0
# xhost +
$ ./runInstaller
```

（4）在弹出的安装程序界面中，取消勾选I wish to receive security updates via My Oracle Support选项，单击Next按钮，如图1-1所示。

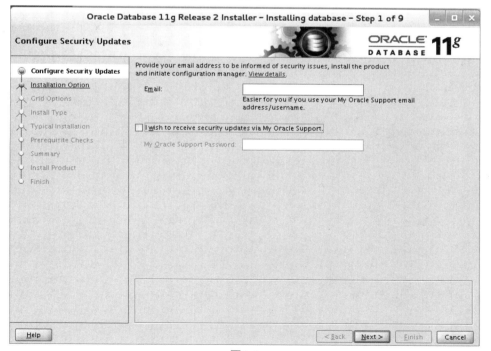

图1-1

（5）选择Create and configure a database（安装并配置数据库）单选按钮，单击Next按钮，如图1-2所示。

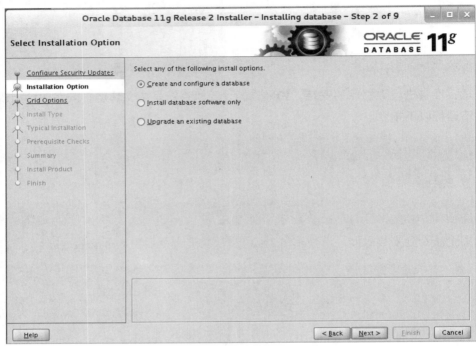

图1-2

（6）选择Server Class单选按钮，单击Next按钮，如图1-3所示。

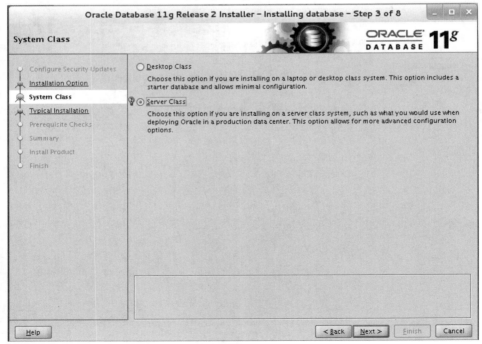

图1-3

（7）选择Single Instance database installation单选按钮，单击Next按钮，如图1-4所示。

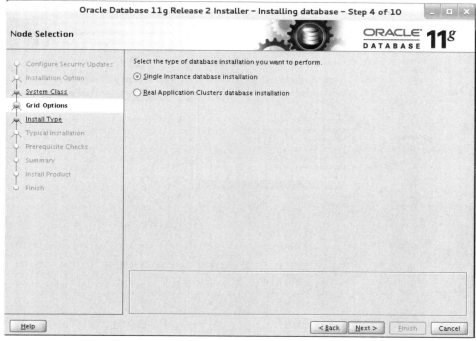

图1-4

（8）选择Advanced Install单选按钮，单击Next按钮，如图1-5所示。

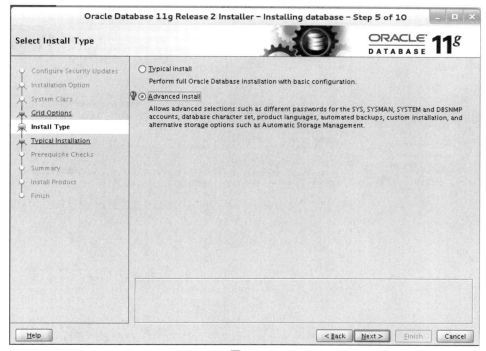

图1-5

（9）选择Simplified Chinese选项，并按单箭头将其添加到语言栏，单击Next按钮，如

图1-6所示。

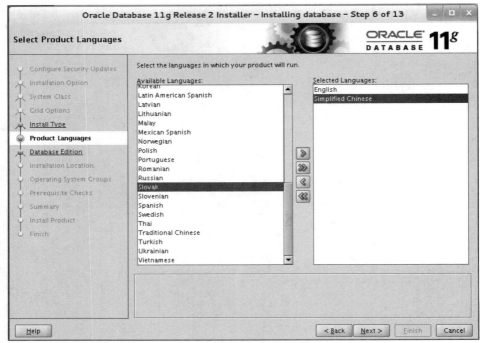

图1-6

（10）选择Enterprise Edition单选按钮，单击Next按钮，如图1-7所示。

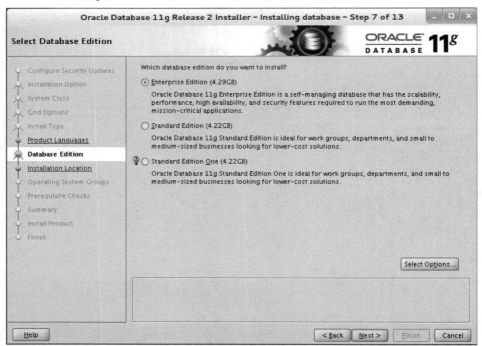

图1-7

（11）选择安装Oracle的文件夹Oracle Base为/opt/app/oracle，选择Software Location的

文件夹子目录，直接单击Next按钮，如图1-8所示。

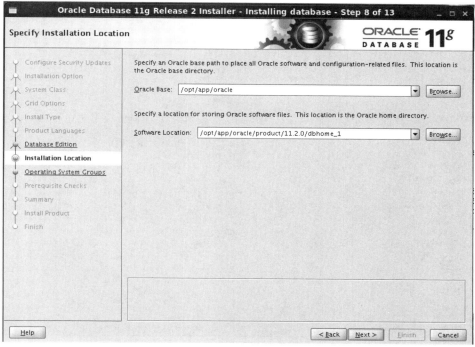

图1-8

（12）选择Inventory Directory存放目录，单击Next按钮，如图1-9所示。

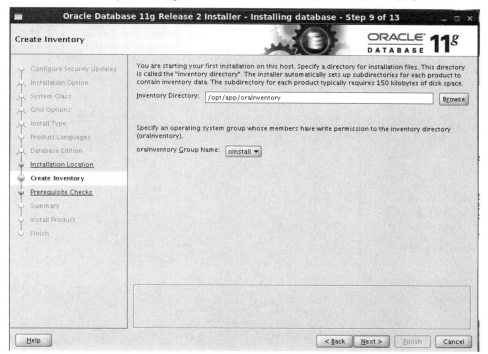

图1-9

（13）这一步按默认选项即可，单击Next按钮，如图1-10所示。

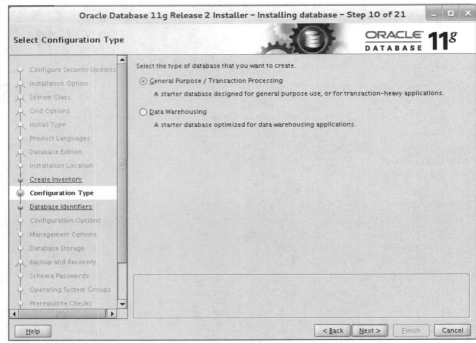

图1-10

（14）设置数据库名和服务名，单击Next按钮，如图1-11所示。

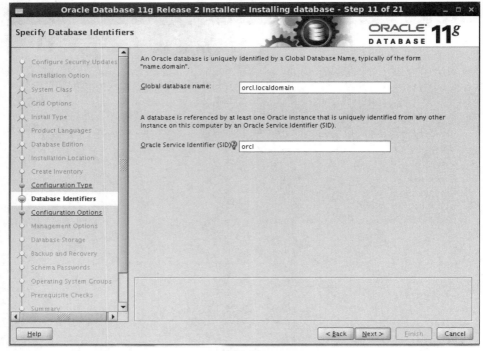

图1-11

（15）使用自动内存管理，选中Enable Automatic Memory Management复选框，单击

Next按钮，如图1-12所示。

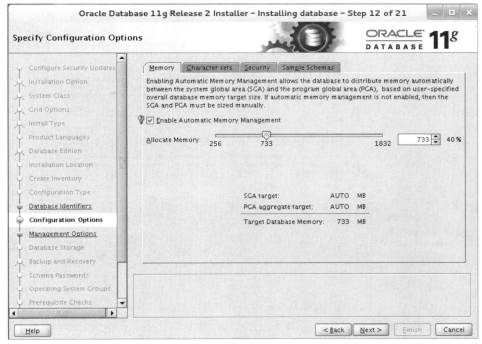

图1-12

（16）启用Oracle企业管理控制台OEM，单击Next按钮，如图1-13所示。

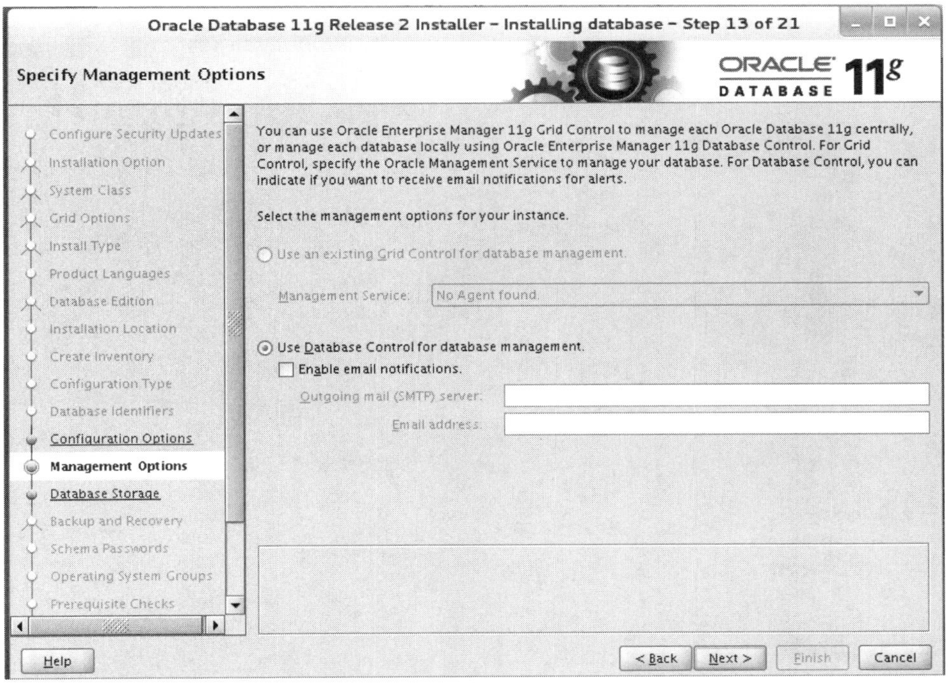

图1-13

（17）选择File System选项，单击Next按钮，如图1-14所示。

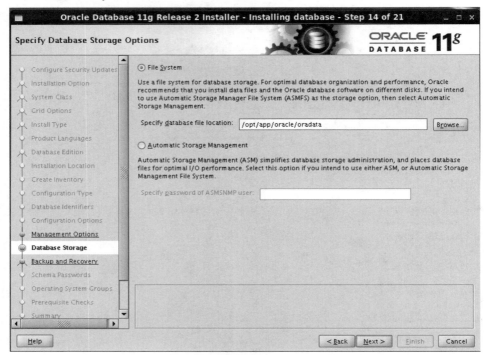

图1-14

（18）自动备份设置，按实际需要选择，然后单击Next按钮，如图1-15所示。

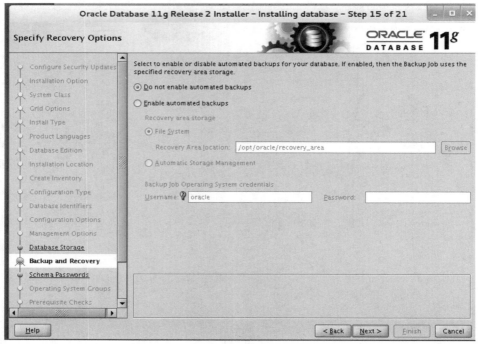

图1-15

（19）设置Oracle的账号和密码，这里设置统一密码，单击Next按钮，如图1-16所示。

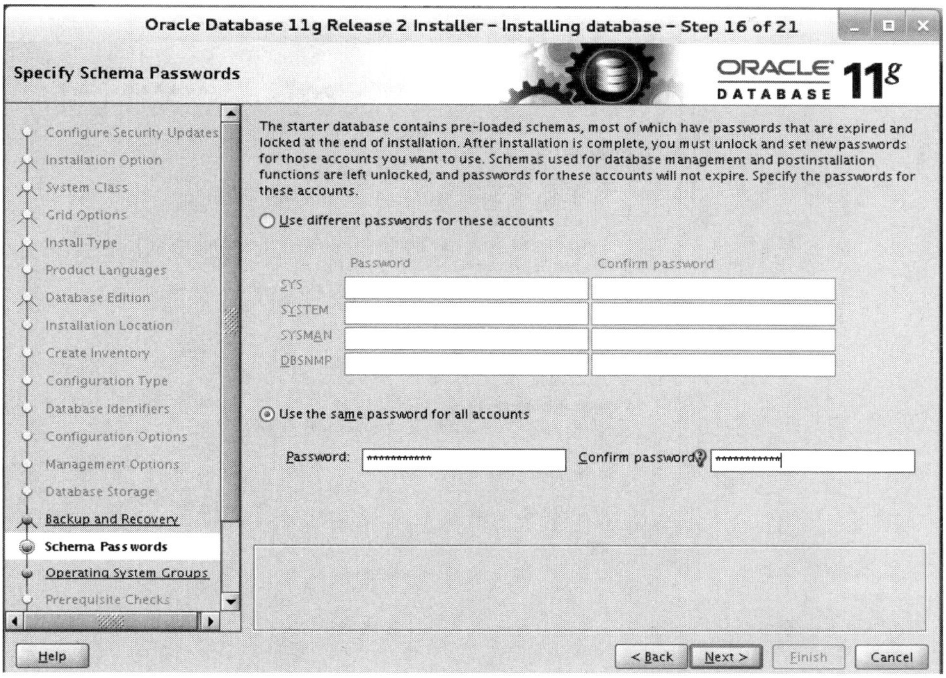

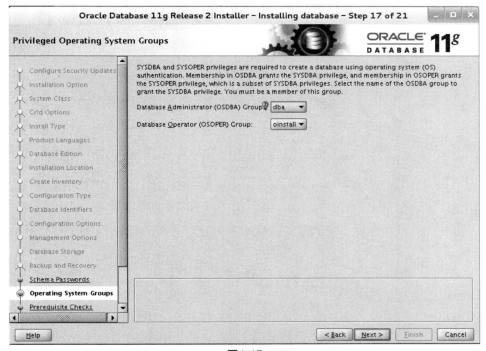

图1-16

（20）授权的组按默认选择即可，单击Next按钮，如图1-17所示。

图1-17

（21）开始进行安装要求的检查。

（22）单击Finish按钮开始安装，如图1-18、图1-19和图1-20所示。

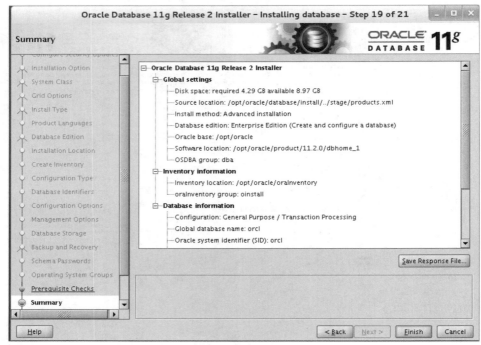

图1-18

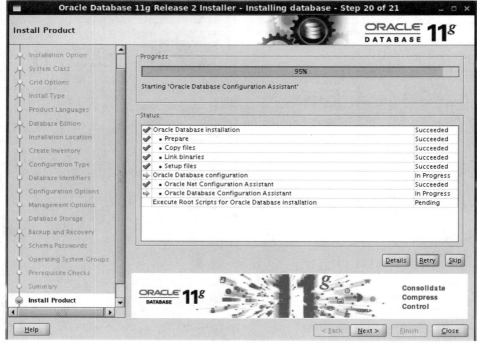

图1-19

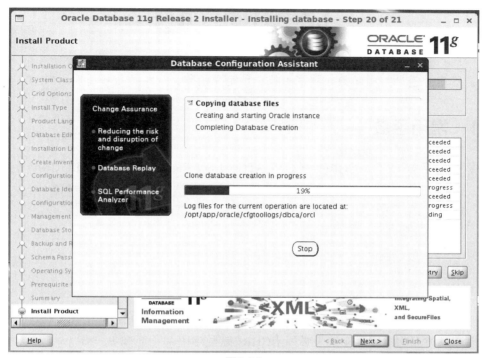

图1-20

（23）Oracle安装完毕，如图1-21所示。

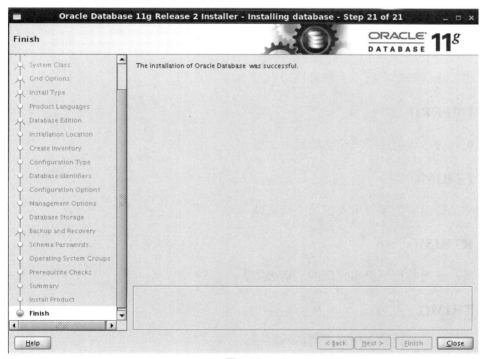

图1-21

1.3 数据库函数

数据库函数包括常用函数、数字函数、预定义函数、字符函数和日期函数。

1.3.1 常用函数

数据库包括ASCII()、CHR()、CONCAT()、LOWER()、UPPER()、LTRIM()等12个常用函数。

1. ASCII()

说明：该函数返回字符表达式最左端字符的ASCII码值。

2. CHR()

说明：该函数用于将ASCII码转换为字符，如果没有输入0～255的ASCII码值，CHR函数会返回一个NULL值，应该是必须给CHR()赋数字值。

3. CONCAT()

说明：CONCAT(str,str)函数连接两个字符串。

4. LOWER()

说明：该函数把字符串全部转换为小写。

5. UPPER()

说明：该函数把字符串全部转换为大写。

6. LTRIM()

说明：该函数把字符串头部的空格去掉。

7. RTRIM()

说明：该函数把字符串尾部的空格去掉。

8. TRIM()

说明：该函数同时去掉两端的所有空格。

LTRIM()、RTRIM()和TRIM()函数将指定的字符从字符串中裁掉，其中LTRIM()、RTRIM()函数的格式为XXXX(被截字符串，要截掉的字符串)，但是TRIM()的格式为TRIM(要截掉字符，被截字符串)。

9. SUBSTR()

说明：该函数返回部分字符串。

10. INSTR()

说明：INSTR(STRING,SUBSGTRING)函数返回字符串中某个指定子串出现的开始位置，如果不存在，则返回0。

11. REPLACE()

说明：REPLACE(原来的字符串，要被替换掉的字符串，要替换成的字符串)函数完成字符串替换操作。

12. SOUNDEX()

说明：SOUNDEX函数返回一个四位字符码，可用来查找声音相似的字符，但SOUNDEX函数对数字和汉字均只返回NULL值。

1.3.2　数字函数

数字函数包括ABS()、EXP()、CEIL()、FLOOR()、TRUNC()、ROUND()、SIGN()等12个数学函数。

1. ABS()

说明：返回绝对值。

2. EXP(VALUE)

说明：返回e的VALUE次幂。

3. CEIL()

说明：返回大于或等于该值的最小整数。

4. FLOOR()

说明：返回小于等于该值的最大整数。

5. TRUNC(VALUE,PRECISION)

说明：保留PRECISION位小数截取VALUE。

6. ROUND(VALUE, PRECISION)

说明：保留PRECISION位小数对VALUE进行四舍五入。

7. SIGN()

说明：根据值为正、负、零返回1、–1、0。

8. MOD()

说明：取模操作。

9. POWER(VALUE,EXPONENT)

说明：返回VALUE的EXPONENT次幂。

10. SQRT()

说明：求平方根。

11. TO_CHAR()

说明：十进制与十六进制的转换函数，例如：TO_CHAR(100, 'XX')。
注意：Oracle 8i以上版本包含本函数。

12. TO_NUMBER ()

说明：十进制与十六进制的转换函数，例如：TO_NUMBER('4D', 'XX')。
注意：Oracle 8i以上版本包含本函数。

1.3.3 预定义函数

SYS_CONTEXT的详细用法如下。

```
SELECT
SYS_CONTEXT('USERENV','TERMINAL') terminal,
SYS_CONTEXT('USERENV','LANGUAGE') language,
SYS_CONTEXT('USERENV','SESSIONID') sessionid,
SYS_CONTEXT('USERENV','INSTANCE') instance,
SYS_CONTEXT('USERENV','ENTRYID') entryid,
SYS_CONTEXT('USERENV','ISDBA') isdba,
SYS_CONTEXT('USERENV','NLS_TERRITORY') nls_territory,
SYS_CONTEXT('USERENV','NLS_CURRENCY') nls_currency,
SYS_CONTEXT('USERENV','NLS_CALENDAR') nls_calendar,
SYS_CONTEXT('USERENV','NLS_DATE_FORMAT') nls_date_format,
SYS_CONTEXT('USERENV','NLS_DATE_LANGUAGE') nls_date_language,
SYS_CONTEXT('USERENV','NLS_SORT') nls_sort,
SYS_CONTEXT('USERENV','CURRENT_USER') current_user,
```

```
SYS_CONTEXT('USERENV','CURRENT_USERID') current_userid,
SYS_CONTEXT('USERENV','SESSION_USER') session_user,
SYS_CONTEXT('USERENV','SESSION_USERID') session_userid,
SYS_CONTEXT('USERENV','PROXY_USER') proxy_user,
SYS_CONTEXT('USERENV','PROXY_USERID') proxy_userid,
SYS_CONTEXT('USERENV','DB_DOMAIN') db_domain,
SYS_CONTEXT('USERENV','DB_NAME') db_name,
SYS_CONTEXT('USERENV','HOST') host,
SYS_CONTEXT('USERENV','OS_USER') os_user,
SYS_CONTEXT('USERENV','EXTERNAL_NAME') external_name,
SYS_CONTEXT('USERENV','IP_ADDRESS') ip_address,
SYS_CONTEXT('USERENV','NETWORK_PROTOCOL') network_protocol,
SYS_CONTEXT('USERENV','BG_JOB_ID') bg_job_id,
SYS_CONTEXT('USERENV','FG_JOB_ID') fg_job_id,
SYS_CONTEXT('USERENV','AUTHENTICATION_TYPE') authentication_type,
SYS_CONTEXT('USERENV','AUTHENTICATION_DATA') authentication_data
FROM DUAL;
```

1.3.4　字符函数

字符函数包括ASCII()、CONCAT()、INSTR()、LENGTH()、LOWER()、UPPER()等13个字符函数。

1. ASCII(X)

说明：返回字符X的ASCII码，当输入字符超过1时，默认按第一个字符进行识别。

示例：

```
SQL> SELECT ASCII('a'),ASCII('A'),ASCII('1'),ASCII('aA1'),ASCII('A1a'),ASC
II('1aA') FROM DUAL;
ASCII('A') ASCII('A') ASCII('1') ASCII('AA1') ASCII('A1A') ASCII('1AA')
---------- ---------- ---------- ------------- ------------- -------------
        97         65         49            97            65            49
```

2. CONCAT(X,Y)

说明：连接字符串X和Y，当输入参数为数值时，不用带引号。

示例：

```
SQL> SELECT CONCAT(2,1),CONCAT('X','Y'),'X'||'Y' FROM DUAL;
CONCAT(2,1) CONCAT('X','Y') 'X'||'Y'
----------- --------------- --------
21          XY              XY;
```

3. INSTR(X,Y[,START][,N)

说明：从X中查找Y，可以指定从START开始，也可以指定从N开始。

示例：

```
SQL> SELECT INSTR('Oracle,Oracle','ac',1,2),INSTR('Oracle,Oracle','ac',1,1),
INSTR('Oracle,Oracle','ac',4,2),INSTR('Oracle,Oracle','ac',4,1) FROM DUAL;
INSTR('ORACLE,ORACLE','AC',1,2 INSTR('ORACLE,ORACLE','AC',1,1
INSTR('ORACLE,ORACLE','AC',4,2 INSTR('ORACLE,ORACLE','AC',4,1
------------------ ------------------ ------------------ ------------------
10                 3                  0                  10
```

4. LENGTH(X)

说明：返回X的长度。

示例：

```
SQL> SELECT LENGTH('A'),LENGTH('AA'),LENGTH(999),LENGTH('数据库') FROM DUAL;
LENGTH('A') LENGTH('AA') LENGTH(999)    LENGTH('数据库')
----------- ------------ ----------- ----------------
          1            2           3                3
```

5. LOWER(X)

说明：X转换成小写。

示例：

```
SQL> SELECT LOWER('a'),LOWER('A'),LOWER(9),LOWER('数据库') FROM DUAL;
LOWER('A') LOWER('A') LOWER(9) LOWER('数据库')
---------- ---------- -------- ----------------
a          a                 9 数据库
```

6. UPPER(X)

说明：X转换成大写。

示例：

```
SQL> SELECT UPPER('a'),UPPER('A'),UPPER(9),UPPER('数据库') FROM DUAL;
UPPER('A') UPPER('A') UPPER(9) UPPER('数据库')
---------- ---------- -------- ----------------
A          A                 9 数据库
```

7. LTRIM(X[,TRIM_STR])

说明：把X的左边截去TRIM_STR字符串，默认截去空格。

示例：

```
SQL> SELECT LTRIM(' abcDEFabcDEF'),LTRIM(' abcDEFabcDEF',' abc') FROM DUAL;
LTRIM('ABCDEFABCDEF') LTRIM('ABCDEFABCDEF','ABC')
-------------------- ---------------------------
abcDEFabcDEF          DEFabcDEF
```

8. RTRIM(X[,TRIM_STR])

说明：把X的右边截去TRIM_STR字符串，默认截去空格。

示例：

```
SQL> SELECT RTRIM(' abcDEFabcDEF '),RTRIM(' abcDEFabcDEF ','DEF ') FROM DUAL;
RTRIM('ABCDEFABCDEF') RTRIM('ABCDEFABCDEF','DEF')
-------------------- ---------------------------
 abcDEFabcDEF          abcDEFabc
```

9. TRIM([TRIM_STR FROM]X)

说明：把X的两边截去TRIM_STR 字符串，默认截去空格。

示例：

```
SQL> SELECT TRIM(' AbcAbcAbc '),TRIM('A' FROM 'AbcAbcAbcA') FROM DUAL;
TRIM('ABCABCABC') TRIM('A'FROM'ABCABCABCA')
---------------- -------------------------
AbcAbcAbc         bcAbcAbc
```

10. REPLACE(X,OLD,NEW)

说明：在X中查找OLD，并替换成NEW。

示例：

```
SQL> SELECT REPLACE('AbcAbcAbc','A','E') FROM DUAL;
REPLACE('ABCABCABC','A','E')
---------------------------
EbcEbcEbc
```

11. SUBSTR(X,START[,LENGTH])

说明：返回X的字串，从START处开始，截取LENGTH个字符，默认为LENGTH，直至到结尾。

示例：

```
SQL> SELECT SUBSTR('ABCDEFGHIJK',2),SUBSTR('ABCDEFGHIJK',2,3) FROM DUAL;
SUBSTR('ABCDEFGHIJK',2) SUBSTR('ABCDEFGHIJK',2,3)
-------------------- -------------------------
BCDEFGHIJK               BCD
```

12. CHR(N)

说明：数值N指定的字符，N为数值。

示例：

```
SQL> SELECT CHR(65), CHR(66), CHR(67), CHR(68) FROM DUAL;
CHR(65) CHR(66) CHR(67) CHR(68)
------- ------- ------- -------
A       B       C       D
```

13. INITCAP(CHAR)

说明：将字符串CHAR的第一个字符指定为大写，其余指定为小写。

示例：

```
SQL> SELECT INITCAP('ABCDE') FROM DUAL;
INITCAP('ABCDE')
----------------
Abcde
```

1.3.5 日期函数

日期函数包含SYSDATE、TO CHAR()、ADD MONTHS()、LAST DAY()、MONTHS_
BETWEEN()、NEXT DAY()等6个函数。

1. SYSDATE

说明：默认服务器时间。

示例：

```
SQL> SELECT SYSDATE FROM DUAL;
SYSDATE
-----------
2017/8/11 1
```

2. TO_CHAR()

说明：可通过该函数获取时间的年份、月份、日、时、分、秒等信息。

（1）取时间点的年份：

```
SQL> SELECT TO_CHAR(SYSDATE,'YYYY') FROM DUAL;
TO_CHAR(SYSDATE,'YYYY')
-----------------------
2017
```

（2）取时间点的月份：

```
SQL> SELECT TO_CHAR(SYSDATE,'MM') FROM DUAL;
TO_CHAR(SYSDATE,'MM')
---------------------
08
```

（3）取时间点的日：

```
SQL> SELECT TO_CHAR(SYSDATE,'DD') FROM DUAL;
TO_CHAR(SYSDATE,'DD')
---------------------
17
```

（4）取时间点的时：

```
SQL> SELECT TO_CHAR(SYSDATE,'HH24') FROM DUAL;
TO_CHAR(SYSDATE,'HH24')
-----------------------
15
```

（5）取时间点的分：

```
SQL> SELECT TO_CHAR(SYSDATE,'MI') FROM DUAL;
TO_CHAR(SYSDATE,'MI')
---------------------
43
```

（6）取时间点的秒：

```
SQL> SELECT TO_CHAR(SYSDATE,'SS') FROM DUAL;
TO_CHAR(SYSDATE,'SS')
---------------------
26
```

（7）取时间点的日期：

```
SQL> SELECT TRUNC(SYSDATE) FROM DUAL;
TRUNC(SYSDATE)
--------------
2017/8/17
```

（8）取时间点的时间：

```
SQL> SELECT TO_CHAR(SYSDATE,'HH24:MI:SS') FROM DUAL;
TO_CHAR(SYSDATE,'HH24:MI:SS')
-----------------------------
```

```
15:43:26
```

（9）将日期、时间形态转换为字符形态：

```
SQL> SELECT TO_CHAR(SYSDATE) FROM DUAL;
TO_CHAR(SYSDATE)
-----------------
17-8月 -17
```

（10）将字符串转换成日期或时间形态：

```
SQL> SELECT TO_DATE('2017/08/17','YYYY/MM/DD') FROM DUAL;
TO_DATE('2017/08/17','YYYY/MM/
------------------------------
2017/8/17
```

（11）返回参数为星期几：

```
SQL> SELECT TO_CHAR(SYSDATE,'D') FROM DUAL;
TO_CHAR(SYSDATE,'D')
--------------------
5
```

（12）返回参数为一年中的第几天：

```
SQL> SELECT TO_CHAR(SYSDATE,'DDD') FROM DUAL;
TO_CHAR(SYSDATE,'DDD')
----------------------
229
```

（13）返回午夜和参数中指定的时间值之间的秒数：

```
SQL> SELECT TO_CHAR(SYSDATE,'SSSSS') FROM DUAL;
TO_CHAR(SYSDATE,'SSSSS')
------------------------
56606
```

（14）返回参数为一年中的第几周：

```
SQL> SELECT TO_CHAR(SYSDATE,'WW') FROM DUAL;
TO_CHAR(SYSDATE,'WW')
---------------------
33
```

3. ADD_MONTHS(D,N)

说明：将N个月增加到D日期。

示例：

```
SQL> SELECT ADD_MONTHS(SYSDATE,5) FROM DUAL;
ADD_MONTHS(SYSDATE,5)
----------------------
2018/1/17 16:58:33
```

4. LAST_DAY(D)

说明：得到包含D日期的月份，其最后一天的日期。

示例：

```
SQL> SELECT LAST_DAY(SYSDATE) FROM DUAL;
LAST_DAY(SYSDATE)
-----------------
2017/8/31 16:59:5
```

5. MONTHS_BETWEEN(D1,D2)

说明：得到两个日期之间的月数。

示例：

```
SQL> SELECT MONTHS_BETWEEN(TO_DATE('2017/12/12','YYYY/MM/DD'),TO_
DATE('2017/01/01','YYYY/MM/DD')) FROM DUAL;
MONTHS_BETWEEN(TO_DATE('2017/1
------------------------------
            11.3548387096774
```

6. NEXT_DAY(D,CHAR)

说明：得到比日期D晚且由CHAR命名的第一个周日的日期。

示例：

```
SQL> SELECT SYSDATE,NEXT_DAY(SYSDATE,1) FROM DUAL;
SYSDATE       NEXT_DAY(SYSDATE,1)
----------- -------------------
2017/8/17 2 2017/8/20 21:53:58
```

1.4　常用查询命令

1. 查看Oracle最大会话数

```
SQL>  show parameter processes ;
```

```
NAME                                TYPE          VALUE
----------------------------------- ------------- ---------------------------
-----
aq_tm_processes                     integer       0
db_writer_processes                 integer       1
gcs_server_processes                integer       0
global_txn_processes                integer       1
job_queue_processes                 integer       1000
log_archive_max_processes           integer       4
processes                           integer       150
```

这里为150个用户。

2. 查看Oracle曾经到达的最大会话数

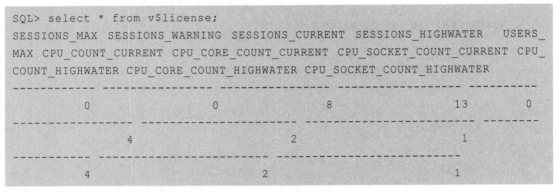

```
SQL> select * from v$license;
SESSIONS_MAX SESSIONS_WARNING SESSIONS_CURRENT SESSIONS_HIGHWATER    USERS_
MAX CPU_COUNT_CURRENT CPU_CORE_COUNT_CURRENT CPU_SOCKET_COUNT_CURRENT CPU_
COUNT_HIGHWATER CPU_CORE_COUNT_HIGHWATER CPU_SOCKET_COUNT_HIGHWATER
------------ ---------------- ---------------- ------------------ -----------
           0                0                8                 13           0
---------------- ----------------------- --------------------------- --------
                4                       2                           1
---------------- ----------------------- ---------------------------
                4                       2                           1
```

其中sessions_highwater记录曾经到达的最大会话数。

3. 查看系统被锁的事务时间

```
SQL> select * from v$locked_object ;
     XIDUSN     XIDSLOT      XIDSQN   OBJECT_ID SESSION_ID ORACLE_USERNAME
OS_USER_NAME                       PROCESS                    LOCKED_MODE
---------- ---------- ---------- ---------- ---------- --------------------
----------- ----------------------- ----------------------- ------
-----
```

4. 查看有哪些用户在使用数据库

```
SQL> select username from v$session;
USERNAME
------------------------------
YANDA
YANDA
YANDA
YANDA
```

```
USERNAME
------------------------------
YANDA
YANDA
27 rows selected
```

5. 查看数据库的SID

方式1：

```
SQL> select name from v$database;
NAME
---------
ORCL
```

方式2：直接查看 init.ora文件。

6. 查看本机IP地址

```
SQL> select sys_context('userenv','ip_address') from dual;
SYS_CONTEXT('USERENV','IP_ADDR
--------------------------------------------------------------------------
------
127.0.0.1
```

如果是登录本机数据库，只能返回127.0.0.1。

7. 查看每个用户的权限

```
SELECT * FROM DBA_SYS_PRIVS;
```

8. 将表移到表空间

```
ALTERTABLE TABLE_NAME MOVE TABLESPACE_NAME;
```

9. 查看系统时间

```
select sysdate from dual;
```

10. 查看当前用户对象

```
SQL> SELECT * FROM USER_OBJECTS;
OBJECT_NAME
SUBOBJECT_NAME                           OBJECT_ID DATA_OBJECT_ID OBJECT_TYPE
CREATED      LAST_DDL_TIME TIMESTAMP            STATUS   TEMPORARY GENERATED
SECONDARY  NAMESPACE EDITION_NAME
```

```
---------------------------------------------------------------------------
------ ------------------------------ ---------- -------------- ---------
---------- ---------- ------------ ------------------ ------- --------
---------- --------- ---------- -------------------------------
IDX_G
110248           110248 INDEX            2017/8/17 1 2017/8/17 14: 2017-
08-17:14:49:20 VALID   N           N           N                4
TEST20170502
107264           107266 TABLE            2017/5/2 16 2017/5/2 16:2 2017-
05-02:16:22:31 VALID   N           N           N                1
LN_SGCIM_MX_TEST
107158           107158 TABLE            2017/4/27 1 2017/4/27 11: 2017-
04-27:11:13:49 VALID   N           N           N                1
CIM_USER_OBJECTS
91878            91878 TABLE             2016/11/7 1 2016/11/7 17: 2016-
11-07:17:09:03 VALID   N           N           N                1
COL_DIFF
91877            91877 TABLE             2016/11/7 1 2016/11/7 16: 2016-
11-07:16:02:11 VALID   N           N           N                1
COL_SAME
91875            91875 TABLE             2016/11/7 1 2016/11/7 10: 2016-
11-07:10:28:01 VALID   N           N           N                1
CIM_MX
91748            91748 TABLE             2016/11/4 1 2016/11/16 7: 2016-
11-04:13:55:53 VALID   N           N           N                1
SGCIM_MX
91747            91749 TABLE             2016/11/4 1 2016/11/4 13: 2016-
11-04:13:50:43 VALID   N           N           N                1
TABLE_ADD
91746            91746 TABLE             2016/11/4 1 2016/11/5 8:4 2016-
11-04:11:11:12 VALID   N           N           N                1
ODS_MXLIST_LN
93323            93323 TABLE             2016/12/19  2016/12/19 11 2016-
12-19:11:27:30 VALID   N           N           N                1
SGCIM_MX_LN_BAK
74600            74600 TABLE             2016/11/3 1 2016/12/19 11 2016-
12-19:11:22:04 VALID   N           N           N                1
SGCIM_MX_LN
93322            93322 TABLE             2016/12/19  2016/12/19 11 2016-
12-19:11:27:28 VALID   N           N           N                1
TABLE1375ALL
92479            92479 TABLE             2016/11/21  2016/11/21 15 2016-
11-21:15:37:58 VALID   N           N           N                1
FXBG
92381            92381 TABLE             2016/11/20  2016/11/20 14 2016-
11-20:14:07:03 VALID   N           N           N                1
```

```
TABLE_SJL
92388          92388 TABLE                2016/11/20  2016/11/20 21 2016-
11-20:21:14:20 VALID   N         N                      1
BD1
92351          92351 TABLE                2016/11/18  2016/11/18 18 2016-
11-18:18:01:46 VALID   N         N                      1
BD
92260          92260 TABLE                2016/11/15  2016/11/18 17 2016-
11-15:10:38:18 VALID   N         N                      1
CIM_USER_TAB_MODIFICATIONS
92560          92560 TABLE                2016/11/23  2016/11/23 11 2016-
11-23:11:14:04 VALID   N         N                      1
ZCDCYB
92481          92481 TABLE                2016/11/22  2016/11/22 9: 2016-
11-22:09:17:22 VALID   N         N                      1
TABLEDB1375
92480          92480 TABLE                2016/11/21  2016/11/21 15 2016-
11-21:15:37:58 VALID   N         N                      1
OBJECT_NAME
SUBOBJECT_NAME                      OBJECT_ID DATA_OBJECT_ID OBJECT_TYPE
CREATED     LAST_DDL_TIME TIMESTAMP        STATUS   TEMPORARY GENERATED
SECONDARY  NAMESPACE EDITION_NAME
------------------------------------------------------------------------
------ ------------------------------ ---------- -------------- ---------
---------- ----------- ------------- -------------------- ------- --------
--------- --------- ---------- --------------------------------
TEST01
92849          92849 TABLE                2016/12/6 1 2017/8/17 14: 2016-
12-15:09:20:27 VALID   N         N                      1
SJLXBGQD
93216          93216 TABLE                2016/12/15  2016/12/15 16 2016-
12-15:16:08:13 VALID   N         N                      1
V_BJJG
94709              VIEW                   2017/2/4 15 2017/2/4 15:0 2017-
02-04:15:08:00 VALID   N         N                      1
V_VIEW
94708              VIEW                   2017/2/4 14 2017/2/4 14:5 2017-
02-04:14:50:31 VALID   N         N                      1
V_LN_SGCIM_MX
94707              VIEW                   2017/2/4 14 2017/2/4 14:4 2017-
02-04:14:45:36 VALID   N         N                      1
SG_SGCIM_MX
94705          94705 TABLE                2017/2/4 14 2017/2/4 14:1 2017-
02-04:14:11:24 VALID   N         N                      1
```

```
LN_SGCIM_MX
94704           107161 TABLE            2017/2/4 14 2017/4/27 15: 2017-
02-04:14:06:19 VALID   N        N        N              1
V_SG_SGCIM_MX
94706                  VIEW             2017/2/4 14 2017/2/4 14:4 2017-
02-04:14:45:09 VALID   N        N        N              1
LN_CIM_TABLE_TIME
94699            94699 TABLE            2017/2/4 11 2017/2/4 11:0 2017-
02-04:11:02:19 VALID   N        N        N              1
SG_CIM_TABLE_TIME
94698            94698 TABLE            2017/2/4 10 2017/2/4 10:4 2017-
02-04:10:40:37 VALID   N        N        N              1
SCENCE_TABLE_LIST
74599            74599 TABLE            2016/11/3 9 2016/11/3 13: 2016-
11-03:09:37:15 VALID   N        N        N              1
PHY_TABLE_PAR_CHANGE_LIST
74595            74595 TABLE            2016/11/2 1 2016/11/3 13: 2016-
11-02:15:23:13 VALID   N        N        N              1
IDX_PHY_TABLE_PAR_LIST
74593            74593 INDEX            2016/11/2 1 2016/11/2 10: 2016-
11-02:10:18:39 VALID   N        N        N              4
IDX_PHY_TABLE_LIST
74591            74591 INDEX            2016/11/2 1 2016/11/2 10: 2016-
11-02:10:11:08 VALID   N        N        N              4
PHY_TABLE_PAR_LIST
74592            74592 TABLE            2016/11/2 1 2016/11/3 13: 2016-
11-02:15:07:20 VALID   N        N        N              1
PHY_TABLE_LIST
74590            74590 TABLE            2016/11/2 1 2016/11/4 9:4 2016-
11-02:10:10:38 VALID   N        N        N              1
36 rows selected
```

11. 查看错误信息

```
SQL> SELECT * FROM USER_ERRORS;
NAME                          TYPE          SEQUENCE    LINE    POSITION TEXT
ATTRIBUTE MESSAGE_NUMBER
------------------------------ ------------- ---------- ---------- --------
-- ----------------------------------------------------------------------
---------- ---------- --------------
```

12. 查看链接状况

```
SQL> SELECT * FROM DBA_DB_LINKS;
OWNER                         DB_LINK
```

```
USERNAME                              HOST
CREATED
--------------------------            ----------------------------------------
--------------------------            ----------------------------------  ----
----------------------------------------------------------------------------
----------
```

13. 查看数据库字符

数据库服务器字符集select * from nls_database_parameters来源于props$，是表示数据库的字符集。

客户端字符集环境select * from nls_instance_parameters来源于v$parameter，表示客户端的字符集的设置，可能是参数文件、环境变量或者是注册表。

会话字符集环境 select * from nls_session_parameters来源于v$nls_parameters，表示会话的设置，可能是会话的环境变量或alter session完成，如果会话没有特殊的设置，将与nls_instance_parameters一致。

客户端的字符集要求与服务器一致，才能正确显示数据库的非ASCII字符。如果多个设置存在，alter session>环境变量>注册表>参数文件。

字符集要求一致，但是语言设置却可以不同，语言设置建议用英文。如字符集是zhs16gbk，则nls_lang可以是American_America.zhs16gbk。

```
SQL> SELECT * FROM DBA_DB_LINKS;
OWNER                           DB_LINK
USERNAME                        HOST
CREATED
--------------------------      ----------------------------------------
--------------------------      --------------------------------  ----------------
----------------------------------------------------------  -----------

SQL> SELECT * FROM NLS_DATABASE_PARAMETERS;
PARAMETER                       VALUE
--------------------------      ----------------------------------------
--------------------------------------------
NLS_LANGUAGE                    AMERICAN
NLS_TERRITORY                   AMERICA
NLS_CURRENCY                    $
NLS_ISO_CURRENCY                AMERICA
NLS_NUMERIC_CHARACTERS          .,
NLS_CHARACTERSET                ZHS16GBK
NLS_CALENDAR                    GREGORIAN
NLS_DATE_FORMAT                 DD-MON-RR
NLS_DATE_LANGUAGE               AMERICAN
NLS_SORT                        BINARY
```

```
NLS_TIME_FORMAT                 HH.MI.SSXFF AM
NLS_TIMESTAMP_FORMAT            DD-MON-RR HH.MI.SSXFF AM
NLS_TIME_TZ_FORMAT              HH.MI.SSXFF AM TZR
NLS_TIMESTAMP_TZ_FORMAT         DD-MON-RR HH.MI.SSXFF AM TZR
NLS_DUAL_CURRENCY               $
NLS_COMP                        BINARY
NLS_LENGTH_SEMANTICS            BYTE
NLS_NCHAR_CONV_EXCP             FALSE
NLS_NCHAR_CHARACTERSET          AL16UTF16
NLS_RDBMS_VERSION               11.2.0.1.0
20 rows selected

SQL> SELECT * FROM V$NLS_PARAMETERS;
PARAMETER                                                        VALUE
---------------------------------------------------------------- ---------
---------------------------------------------------------------
NLS_LANGUAGE                                                     SIMPLIFIED
CHINESE
NLS_TERRITORY                                                    CHINA
NLS_CURRENCY                                                     ￥
NLS_ISO_CURRENCY                                                 CHINA
NLS_NUMERIC_CHARACTERS                                           .,
NLS_CALENDAR                                                     GREGORIAN
NLS_DATE_FORMAT                                                  DD-MON-RR
NLS_DATE_LANGUAGE                                                SIMPLIFIED
CHINESE
NLS_CHARACTERSET                                                 ZHS16GBK
NLS_SORT                                                         BINARY
NLS_TIME_FORMAT                                                     HH.MI.
SSXFF AM
NLS_TIMESTAMP_FORMAT                                                DD-MON-RR
HH.MI.SSXFF AM
NLS_TIME_TZ_FORMAT                                                  HH.MI.
SSXFF AM TZR
NLS_TIMESTAMP_TZ_FORMAT                                             DD-MON-RR
HH.MI.SSXFF AM TZR
NLS_DUAL_CURRENCY                                                ￥
NLS_NCHAR_CHARACTERSET                                           AL16UTF16
NLS_COMP                                                         BINARY
NLS_LENGTH_SEMANTICS                                             BYTE
NLS_NCHAR_CONV_EXCP                                              FALSE
19 rows selected
```

14. 查看表空间信息

方式1：

```
SELECT B.TABLESPACE,
B.SEGFILE#,
        B.SEGBLK#,
        B.BLOCKS,
        A.SID,
        A.SERIAL#,
        A.USERNAME,
        A.OSUSER,
        A.STATUS
FROM V$SESSION A, V$SORT_USAGE B
WHERE A.SADDR = B.SESSION_ADDR
ORDERBY B.TABLESPACE, B.SEGFILE#, B.SEGBLK#, B.BLOCKS;
```

方式2：

```
SQL> SELECT * FROM DBA_DATA_FILES;
FILE_NAME                                                     FILE_ID
TABLESPACE_NAME                    BYTES     BLOCKS STATUS    RELATIVE_FNO
AUTOEXTENSIBLE    MAXBYTES   MAXBLOCKS INCREMENT_BY USER_BYTES USER_BLOCKS
ONLINE_STATUS
---------------------------------------------------------------------------
------ ---------- ------------------------------ ---------- ---------- ---
------ ---------- -------------- ---------- ---------- ------------ ----
------ ---------- -------------
C:\APP\YANDA\ORADATA\ORCL\USERS01.DBF
4 USERS                          285736960      34880 AVAILABLE            4
YES       3435972198   4194302        160  284688384      34752 ONLINE
C:\APP\YANDA\ORADATA\ORCL\UNDOTBS01.DBF
3 UNDOTBS1                       146800640      17920 AVAILABLE            3
YES       3435972198   4194302        640  145752064      17792 ONLINE
C:\APP\YANDA\ORADATA\ORCL\SYSAUX01.DBF
2 SYSAUX                         817889280      99840 AVAILABLE            2
YES       3435972198   4194302       1280  816840704      99712 ONLINE
C:\APP\YANDA\ORADATA\ORCL\SYSTEM01.DBF
1 SYSTEM                         838860800     102400 AVAILABLE            1
YES       3435972198   4194302       1280  837812224     102272 SYSTEM
C:\APP\YANDA\ORADATA\ORCL\EXAMPLE01.DBF
5 EXAMPLE                                   104857600      12800 AVAILABLE
5 YES           3435972198     4194302         80  103809024      12672
ONLINE
```

15. 查看事例的等待

```
SELECT EVENT,
SUM(DECODE(WAIT_TIME, 0, 0, 1)) "Prev",
SUM(DECODE(WAIT_TIME, 0, 1, 0)) "Curr",
COUNT(*) "Tot"
FROM V$SESSION_WAIT
GROUPBY EVENT
ORDERBY4;
```

16. 查看数据库版本

select * from v$version 语句包含版本信息、核心版本信息、位数信息（32位或64位）等。

至于位数信息，在Linux/Unix平台上可以通过file命令查看，如 file $ORACLE_HOME/bin/oracle 。

17. 查看数据库参数

（1）show parameter 参数名。通过show parameter spfile可以查看Oracle 9i是否使用spfile文件。

（2）select * from v$parameter。

除了这部分参数，Oracle还有大量隐含参数，可以通过如下语句查看。

```
SELECT NAME
,VALUE
,decode(isdefault, 'TRUE','Y','N') as "Default"
,decode(ISEM,'TRUE','Y','N') as SesMod
,decode(ISYM,'IMMEDIATE', 'I',
'DEFERRED', 'D',
'FALSE', 'N') as SysMod
,decode(IMOD,'MODIFIED','U',
'SYS_MODIFIED','S','N') as Modified
,decode(IADJ,'TRUE','Y','N') as Adjusted
,description
FROM ( --GV$SYSTEM_PARAMETER
SELECT x.inst_id as instance
,x.indx+1
,ksppinm as NAME
,ksppity
,ksppstvl as VALUE
,ksppstdf as isdefault
,decode(bitand(ksppiflg/256,1),1,'TRUE','FALSE') as ISEM
,decode(bitand(ksppiflg/65536,3),
```

```
1,'IMMEDIATE',2,'DEFERRED','FALSE') as ISYM
,decode(bitand(ksppstvf,7),1,'MODIFIED','FALSE') as IMOD
,decode(bitand(ksppstvf,2),2,'TRUE','FALSE') as IADJ
,ksppdesc as DESCRIPTION
FROM x$ksppi x
,x$ksppsv y
WHERE x.indx = y.indx
AND substr(ksppinm,1,1) = '_'
AND x.inst_id = USERENV('Instance')
)
ORDER BY NAME ;
```

18. 查看回滚段的争用情况

```
SELECTNAME, WAITS, GETS, WAITS / GETS "Ratio"
FROM V$ROLLSTAT C, V$ROLLNAME D
WHERE C.USN = D.USN;
```

19. 查看表空间的 I/O 比例

```
SELECT B.TABLESPACE_NAME NAME,
       B.FILE_NAME        "file",
       A.PHYRDS           PYR,
       A.PHYBLKRD         PBR,
       A.PHYWRTS          PYW,
       A.PHYBLKWRT        PBW
FROM V$FILESTAT A, DBA_DATA_FILES B
WHERE A.FILE# = B.FILE_ID
ORDERBY B.TABLESPACE_NAME;
```

20. 查看文件系统的 I/O 比例

```
SELECTSUBSTR(C.FILE#, 1, 2) "#",
SUBSTR(C.NAME, 1, 30) "Name",
C.STATUS,
       C.BYTES,
       D.PHYRDS,
       D.PHYWRTS
FROM V$DATAFILE C, V$FILESTAT D
WHERE C.FILE# = D.FILE#;
```

21. 查看某个用户下所有的索引

```
SELECT USER_INDEXES.TABLE_NAME,
USER_INDEXES.INDEX_NAME,
       UNIQUENESS,
```

```
        COLUMN_NAME
FROM USER_IND_COLUMNS, USER_INDEXES
WHERE USER_IND_COLUMNS.INDEX_NAME = USER_INDEXES.INDEX_NAME
AND USER_IND_COLUMNS.TABLE_NAME = USER_INDEXES.TABLE_NAME
ORDERBY USER_INDEXES.TABLE_TYPE,
USER_INDEXES.TABLE_NAME,
        USER_INDEXES.INDEX_NAME,
        COLUMN_POSITION;
```

22. 查看SGA的命中率

```
SELECT A.VALUE + B.VALUE "logical_reads",
       C.VALUE "phys_reads",
ROUND(100 * ((A.VALUE + B.VALUE) - C.VALUE) / (A.VALUE + B.VALUE)) "BUFFER HIT
RATIO"
FROM V$SYSSTAT A, V$SYSSTAT B, V$SYSSTAT C
WHERE A.STATISTIC# = 38
AND B.STATISTIC# = 39
AND C.STATISTIC# = 40;
```

23. 查看SGA中字典缓冲区的命中率

```
SELECT PARAMETER,
GETS,
       GETMISSES,
       GETMISSES / (GETS + GETMISSES) * 100 "miss ratio",
       (1 - (SUM(GETMISSES) / (SUM(GETS) + SUM(GETMISSES)))) * 100 "Hit ratio"
FROM V$ROWCACHE
WHERE GETS + GETMISSES <>0
GROUPBY PARAMETER, GETS, GETMISSES;
```

24. 查看所有数据库对象的类别和大小

```
SELECTCOUNT(NAME) NUM_INSTANCES,
TYPE,
SUM(SOURCE_SIZE) SOURCE_SIZE,
SUM(PARSED_SIZE) PARSED_SIZE,
SUM(CODE_SIZE) CODE_SIZE,
SUM(ERROR_SIZE) ERROR_SIZE,
SUM(SOURCE_SIZE) + SUM(PARSED_SIZE) + SUM(CODE_SIZE) +
SUM(ERROR_SIZE) SIZE_REQUIRED
FROM DBA_OBJECT_SIZE
GROUPBYTYPE
ORDERBY2;
```

25. 查看在当前数据库中谁在运行什么SQL语句

```
SELECT OSUSER, USERNAME, SQL_TEXT
FROM V$SESSION A, V$SQLTEXT B
WHERE A.SQL_ADDRESS = B.ADDRESS
ORDERBY ADDRESS, PIECE;
```

26. 查看当前用户的ID号

方式1：

```
SQL> SHOW USER;
User is "YANDA"
```

方式2：

```
SQL> SELECT USER FROM DUAL;
USER
-----------------------------
YANDA
```

27. 查看表在表空间中的存储情况

```
SELECT SEGMENT_NAME, SUM(BYTES), COUNT(*) EXT_QUAN
FROM DBA_EXTENTS
WHERE TABLESPACE_NAME = '&tablespace_name'
AND SEGMENT_TYPE = 'TABLE'
GROUPBY TABLESPACE_NAME, SEGMENT_NAME;
```

28. 查看索引在表空间中的存储情况

```
SELECT SEGMENT_NAME, COUNT(*)
FROM DBA_EXTENTS
WHERE SEGMENT_TYPE = 'INDEX'
AND OWNER = '&owner'
GROUPBY SEGMENT_NAME;
```

29. 知道使用CPU多的用户SESSION

```
SELECT A.SID,
SPID,
       STATUS,
SUBSTR(A.PROGRAM, 1, 40) PROG,
A.TERMINAL,
       OSUSER,
VALUE / 60 / 100VALUE
FROM V$SESSION A, V$PROCESS B, V$SESSTAT C
```

```
WHERE C.STATISTIC# = 11
AND C.SID = A.SID
AND A.PADDR = B.ADDR
ORDERBYVALUEDESC;
```

注意：11是cpu used by this session。

30. 查看哪些表没有建立主键

一般情况下，表的主键是必要的，没有主键的表是不符合设计规范的。

```
SELECT table_name
FROM User_tables t
WHERE NOT EXISTS
(SELECT table_name
FROM User_constraints c
WHERE constraint_type = 'P'
AND t.table_name=c.table_name)
```

其他相关数据字典解释如下所示。

```
user_tables: 表。
user_tab_columns: 表的列。
user_constraints: 约束。
user_cons_columns: 约束与列的关系。
user_indexes: 索引。
user_ind_columns: 索引与列的关系。
```

31. 获得当前的SCN

如果是Oracle 9i以下版本，可以通过如下语句获取：

```
select max(ktuxescnw*power(2,32)+ktuxescnb) from x$ktuxe;
```

如果是9i以上版本，通过如下语句获取：

```
select dbms_flashback.get_system_change_number from dual;
```

32. 捕获用户登录信息，如SID、IP地址等

可以利用登录触发器获得，示例如下。

```
CREATE OR REPLACE TRIGGER tr_login_record
AFTER logon ON DATABASE
DECLARE
miUserSid NUMBER;
mtSession v$session%ROWTYPE;
```

```
CURSOR cSession(iiUserSid IN NUMBER) IS
SELECT * FROM v$session
WHERE sid=iiUserSid;
BEGIN
SELECT sid INTO miUserSid FROM v$mystat WHERE rownum<=1;
OPEN cSession(miUserSid);
FETCH cSession INTO mtSession;
--if user exists then insert data
IF cSession%FOUND THEN
INSERT INTO log$information(login_user,login_time,ip_adress,ausid,terminal,
osuser,machine,program,sid,serial#)
VALUES(ora_login_user,SYSDATE,SYS_CONTEXT ('USERENV','IP_ADDRESS'),
userenv('SESSIONID'),
mtSession.Terminal,mtSession.Osuser,
mtSession.Machine,mtSession.Program,
mtSession.Sid,mtSession.Serial#);
ELSE
--if user don't exists then return error
sp_write_log('Session Information Error:'||SQLERRM);
CLOSE cSession;
raise_application_error(-20099,'Login Exception',FALSE);
END IF;
CLOSE cSession;
EXCEPTION
WHEN OTHERS THEN
sp_write_log('Login Trigger Error:'||SQLERRM);
END tr_login_record;
```

在以上触发器中需要注意以下几点：

（1）该用户有v_$session与v_$mystat的对象查询权限，可以在sys下对该用户显式授权。

（2）sp_write_log原本是一个写日志的过程，可以置换为自己的需要，如null跳过。

（3）必须在创建该触发器之前创建一个log$information的表记录登录信息。

33. 捕获整个数据库的DDL语句

可以采用DDL触发器，示例如下。

```
CREATE OR REPLACE TRIGGER tr_trace_ddl
AFTER DDL ON DATABASE
DECLARE
sql_text ora_name_list_t;
state_sql ddl$trace.ddl_sql%TYPE;
BEGIN
FOR i IN 1..ora_sql_txt(sql_text) LOOP
```

```
state_sql := state_sql||sql_text(i);
END LOOP;
INSERT INTO ddl$trace(login_user,ddl_time,ip_address,audsid,
schema_user,schema_object,ddl_sql)
VALUES(ora_login_user,SYSDATE,userenv('SESSIONID'),
sys_context('USERENV','IP_ADDRESS'),
ora_dict_obj_owner,ora_dict_obj_name,state_sql);
EXCEPTION
WHEN OTHERS THEN
sp_write_log('Capture DDL Excption:'||SQLERRM);
END tr_trace_ddl;
```

在创建以上触发器时要注意以下两点：

（1）必须创建一个ddl$trace的表，用来记录ddl的记录。

（2）sp_write_log原本是一个写日志的过程，可以置换为自己的需要，如null跳过。

34. 如何捕获表上的DML语句（不包括select)语句）

可以采用DML触发器，示例如下。

```
CREATE OR REPLACE TRIGGER tr_capt_sql
BEFORE DELETE OR INSERT OR UPDATE
ON manager.test
DECLARE
sql_text ora_name_list_t;
state_sql capt$sql.sql_text%TYPE;
BEGIN
FOR i IN 1..ora_sql_txt(sql_text) LOOP
state_sql := state_sql || sql_text(i);
END LOOP;
INSERT INTO capt$sql(login_user,capt_time,ip_address,audsid,owner,table_
name,sql_text)
VALUES(ora_login_user,sysdate,sys_context('USERENV','IP_ADDRESS'),
userenv('SESSIONID'),'MANAGER','TEST',state_sql);
EXCEPTION
WHEN OTHERS THEN
sp_write_log('Capture DML Exception:'||SQLERRM);
END tr_capt_sql;
```

在创建以上触发器时要注意如下两点：

（1）必须创建一个capt$sql的表，用来记录dml的记录。

（2）sp_write_log原本是一个写日志的过程，可以置换为自己的需要，如null跳过。

35. 查找错误信息

```
Select * from USER_ERRORS。
```

36. 获得所有的事件代码

事件代码范围一般为10000~10999，以下列出了这个范围的事件代码与信息。

```
SET SERVEROUTPUT ON
DECLARE
err_msg VARCHAR2(120);
BEGIN
dbms_output.enable (1000000);
FOR err_num IN 10000..10999
LOOP
err_msg := SQLERRM (-err_num);
IF err_msg NOT LIKE '%Message '||err_num||' not found%' THEN
dbms_output.put_line (err_msg);
END IF;
END LOOP;
END;
/
```

在Unix系统上，事件信息放在一个文本文件里。

```
$ORACLE_HOME/rdbms/mesg/oraus.msg
```

可以用如下脚本查看事件信息。

```
event=10000
while [ $event -ne 10999 ]
do
event='expr $event + 1'
oerr ora $event
done
```

对于已经确保的/正在跟踪的事件，可以用如下脚本获得。

```
SET SERVEROUTPUT ON
DECLARE
l_level NUMBER;
BEGIN
FOR l_event IN 10000..10999
LOOP
dbms_system.read_ev (l_event,l_level);
IF l_level > 0 THEN
dbms_output.put_line ('Event '||TO_CHAR (l_event)||
```

```
' is set at level '||TO_CHAR (l_level));
END IF;
END LOOP;
END;
/
```

37. 快速查询DB进程信息与正在执行的语句

在服务器系统上操作时，如执行TOP命令之后，可得到相关服务器系统进程，如需根据服务器系统信息快速获得DB信息，可以编写如下脚本。

```
$more whoit.sh
#!/bin/sh
sqlplus /nolog <<EOF
connect / as sysdba
col machine format a30
col program format a40
set line 200
select sid,serial# ,username,osuser,machine,program,process,to_char(logon_
time,'yyyy/mm/dd hh24:mi:ss')
from v\$session where paddr in
( select addr from v\$process where spid in($1));

select sql_text from v\$sqltext_with_newlines
where hash_value in
(select SQL_HASH_VALUE from v\$session where
paddr in (select addr from v\$process where spid=$1)
)
order by piece;

exit;
EOF
```

然后，只要在服务器系统环境下执行如下代码即可。

```
$./whoit.sh Spid
```

38. 查看今天是星期几

可以用TO_CHAR查看今天是星期几，示例如下。

```
select to_char(to_date('2002-08-26','yyyy-mm-dd'),'day') from dual;
```

在获取之前可以设置日期语言，代码如下。

```
ALTER SESSION SET NLS_DATE_LANGUAGE='AMERICAN';
```

还可以在函数中指定：

```
select to_char(to_date('2002-08-26','yyyy-mm-dd'),'day','NLS_DATE_LANGUAGE
= American') from dual;
```

其他更多用法，可以参考TO_CHAR与TO_DATE函数。

如获得完整的时间格式，代码如下。

```
select to_char(sysdate,'yyyy-mm-dd hh24:mi:ss') from dual;
```

下面介绍几个其他函数的用法。

（1）本月的天数：

```
SELECT to_char(last_day(SYSDATE),'dd') days FROM dual ;
```

（2）今年的天数：

```
select add_months(trunc(sysdate,'year'), 12) - trunc(sysdate,'year') from
dual;
```

（3）下个星期一的日期：

```
SELECT Next_day(SYSDATE,'monday') FROM dual ;
```

39. 在Oracle中查询某个用户下所有已建的表

```
select * from tab;
```

1.5　常见问题参考

1.5.1　事务处理

1. 事务概念

事务的机制是确保多个SQL语句被当作单个工作单元来处理。事务具有以下特性。

● 一致性：同时进行的查询和更新彼此不会发生冲突，其他用户不会看到发生了变
化但尚未提交的数据。

● 可恢复性：一旦系统故障，数据库会自动完全恢复未完成的事务。

2. 如何理解事务一致性

● 事务的一致性是事务原子性的体现，事务所对应的数据库操作只有成功与失败两

种情况。事务无论是否提交成功，都不能影响数据库数据的一致性状态。

- 事务：用户定义的一个数据库操作序列，这些操作要么全部成功完成，要么全部不做，是一个不可分割的整体。定义事务的SQL语句有BEGIN TRANSACTION，COMMIT，ROLLBACK。
- 事务的原子性：事务所包含的数据库操作要么都做，要么都不做。
- 事务的隔离性：事务对数据的操作不能受到其他事务的影响。
- 事务的持续性：事务对数据的影响是永久的。

3. 如何设置事务一致性

```
set transaction [isolation level] read committed; --设置默认语句级一致性。
set transaction [isolation level] serializable;
read only; --设置事务级一致性。
```

4. 如何快速计算事务的时间与日志量

快速计算事务的时间与日志量可以采用如下的脚本。

```
DECLARE
start_time NUMBER;
end_time NUMBER;
start_redo_size NUMBER;
end_redo_size NUMBER;
BEGIN
start_time := dbms_utility.get_time;
SELECT VALUE INTO start_redo_size FROM v$mystat m,v$statname s
WHERE m.STATISTIC#=s.STATISTIC#
AND s.NAME='redo size';
--transaction start
INSERT INTO t1
SELECT * FROM All_Objects;
--other dml statement
COMMIT;
end_time := dbms_utility.get_time;
SELECT VALUE INTO end_redo_size FROM v$mystat m,v$statname s
WHERE m.STATISTIC#=s.STATISTIC#
AND s.NAME='redo size';
dbms_output.put_line('Escape Time:'||to_char(end_time-start_time)||'
centiseconds');
dbms_output.put_line('Redo Size:'||to_char(end_redo_size-start_redo_
size)||' bytes');
END;
```

1.5.2 索引

1. 如何实现索引

实现索引的方式有两种:

（1）针对一张表的某些字段创建具体的索引，创建语法为 CREATE INDEX 索引名称 ON 表名(字段名);

（2）在创建表时为字段建立主键约束或者唯一约束，系统将自动为其建立索引。

2. 索引的原理

根据索引字段建立索引表，用于存放索引字段值以及对应记录的物理地址，从而在搜索时，根据字段值搜索索引表的物理地址，直接访问数据记录。

3. 索引的优势与代价

引入索引虽然提高了查询速度，但本身占用一定的系统存储容量和系统处理时间，需要根据实际情况进行具体的分析。

4. 索引的类型有哪些

索引类型包括B树索引、位图索引和函数索引等。

5. 如何将索引移动表空间

```
ALTERINDEX INDEX_NAME REBUILDTABLESPACE TABLESPACE_NAME;
```

6. 如何建立基于函数的索引

在Oracle 8i以上版本，确保:

```
Query_rewrite_enabled=true
Query_rewrite_integrity=trusted
```

Compatible=8.1.0以上，使用:

```
Create index indexname on table (function(field));
```

7. 如何监控无用的索引

在Oracle 9i以上的版本，可以监控索引的使用情况。如果索引在一段时间内没有使用，一般就是无用的索引。

下面介绍语法。

● 开始监控: alter index index_name monitoring usage;

- 检查使用状态：select * from v$object_usage;
- 停止监控：alter index index_name nomonitoring usage。

如果想监控某个用户下的索引，可以采用如下脚本。

```
set heading off
set echo off
set feedback off
set pages 10000
spool start_index_monitor.sql
SELECT 'alter index '||owner||'.'||index_name||' monitoring usage;'
FROM dba_indexes
WHERE owner = USER;
spool off
set heading on
set echo on
set feedback on
-------------------------------------------------
set heading off
set echo off
set feedback off
set pages 10000
spool stop_index_monitor.sql
SELECT 'alter index '||owner||'.'||index_name||' nomonitoring usage;'
FROM dba_indexes
WHERE owner = USER;
spool off
set heading on
set echo on
set feedback on
```

8. 如何创建约束的索引

（1）先创建索引，再创建约束。

（2）创建语句如下：

```
create table test
(c1 number constraint pk_c1_id primary key
using index tablespace useridex,
c2 varchar2(10)
) tablespace userdate;
```

9. 如何快速重整索引

通过Rebuild语句可以快速重整或移动索引到其他表空间。

Rebuild语句有重建整个索引树的功能，可以在不删除原始索引的情况下改变索引的存储参数，语法如下。

```
alter index index_name rebuild tablespace ts_name
storage(……);
```

如果要快速重建整个用户下的索引，可以用如下脚本。

注意：需要根据自己的情况做相应修改。

```
SQL> set heading off
SQL> set feedback off
SQL> spool d:\index.sql
SQL> SELECT 'alter index ' || index_name || ' rebuild '
||'tablespace INDEXES storage(initial 256K next 256K pctincrease 0);'
FROM all_indexes
WHERE ( tablespace_name != 'INDEXES'
OR next_extent != ( 256 * 1024 )
)
AND owner = USER
SQL>spool off
```

另外一个合并索引的语句如下。

```
alter index index_name coalesce
```

这个语句仅仅是合并索引中同一级的leaf block，消耗不大。如果索引中存在大量空间浪费，使用该语句有一些作用。

10. 如何避免使用特定索引

在很多时候，Oracle会错误地使用索引，进而导致效率明显下降，可以使用技巧避免使用不该使用的索引。

例如，表test有字段a,b,c,d，在a,b,c上建立联合索引inx_a(a,b,c)，在b上单独建立了一个索引inx_b(b)。

在正常情况下，where a=? and b=? and c=?会用到索引inx_a，where b=?会用到索引inx_b。但是where a=? and b=? and c=? group by b会用到哪个索引呢？在分析数据不正确（很长时间没有分析）或根本没有分析数据的情况下，Oracle往往会使用索引inx_b。通过执行计划的分析，使用这个索引将大大耗费查询时间。

当然，可以通过如下技巧避免使用inx_b，而使用inx_a。

（1）如果b是字符：where a=? and b=? and c=? group by b||''

（2）如果b是数字：where a=? and b=? and c=? group by b+0

通过这样简单的改变，往往可以提高查询效率。

使用no_index提示，也是一个不错的方法。

```
select /*+ no_index(t,inx_b) */ * from test t
where a=? and b=? and c=? group by b
```

11. Oracle什么时候会使用跳跃式索引扫描

Oracle 9i的一个新特性是跳跃式索引扫描(Index Skip Scan)。

例如，表有索引index(a,b,c)，当查询条件为where b=?的时候，可能会使用到索引index(a,b,c)。

如果执行计划中出现如下计划：

```
INDEX (SKIP SCAN) OF 'TEST_IDX' (NON-UNIQUE)
```

Oracle的优化器（这里指CBO）能对查询应用Index Skip Scans至少要有几个条件。

（1）优化器认为是合适的。

（2）索引中前导列唯一值的数量能满足一定的条件（例如：重复值很多）。

（3）优化器要知道前导列的值分布（通过分析/统计表得到）。

（4）合适的SQL语句。

12. 如何创建虚拟索引

可以使用nosegment选项创建，例如：

```
create index virtual_index_name on table_name(col_name) nosegment;
```

如果在哪个session需要测试虚拟索引，可以利用隐含参数来处理，示例如下。

```
alter session set "_use_nosegment_indexes" = true;
```

最后，根据需要，可以像删除普通索引一样删除虚拟索引，示例如下。

```
drop index virtual_index_name;
```

注意：虚拟索引并不是物理存在的，所以虚拟索引并不等同于物理索引。

在一些小表的测试上，虚拟索引不一定能提高查询速度。

13. 如何分析表或索引

命令行方式可以采用analyze命令，例如：

```
Analyze table tablename compute statistics;
Analyze index indexname estimate statistics;
ANALYZE TABLE tablename COMPUTE STATISTICS
FOR TABLE
FOR ALL INDEXES
```

```
FOR ALL INDEXED COLUMNS;
```

如果想分析整个用户或数据库，还可以采用：

- Dbms_utility(Oracle 8i版本之前的工具包);
- Dbms_stats(Oracle 8i版本之后的工具包)。

1.5.3　触发器

1. 触发器与存储过程

- 触发器是存储在数据库中的过程，当表被修改（增、删、改）时，它会隐式地被激发。
- 存储过程是数据库语言SQL集合，同样存储在数据库中，但是它是由其他应用程序来启动运行，也可以直接运行。

2. 触发器的作用

触发器是可以由事件来启动运行，存在于数据库服务器中的一个过程。触发器的作用可实现一般约束无法完成的复杂约束，从而实现更为复杂的完整性要求。

使用触发器并不存在严格的限定，只要用户想在无人工参与的情况下完成一般的定义约束不可以完成的约束来保证数据库完整性，那么就可以使用触发器。

由于触发器主要用于保证数据库的完整性，因此创建一个触发器之前，要明确该触发器应该属于哪一种（DML,INSTEAD OF,SYSTEM），因为它们各自的用途不同，其次还要确定触发器被触发以后涉及的数据。

触发器中不可以使用COMMIT语句。

1.5.4　存储过程

1. 使用存储过程访问数据库的优点

存储过程是预编译过的，执行时无须编译，执行速度更快；存储过程封装了一批SQL语句，便于维护数据的完整性与一致性，可以实现代码的复用。

2. 如何加密存储过程

用wrap命令可以加密存储过程。假定存储过程保存为a.sql，示例如下。

```
wrap iname=a.sql
PL/SQL Wrapper: Release 8.1.7.0.0 - Production on Tue Nov 27 22:26:48 2001
Copyright (c) Oracle Corporation 1993, 2000. All Rights Reserved.
Processing a.sql to a.plb
```

提示：a.sql转换为a.plb，这就是加密了的脚本，执行a.plb即可生成加密的存储过程。

3. 如何在Oracle中定时运行存储过程

可以利用dbms_job包来定时运行作业，如执行存储过程，或者提交一个作业。

```
VARIABLE jobno number;
BEGIN
DBMS_JOB.SUBMIT(:jobno, 'ur_procedure;',SYSDATE,'SYSDATE + 1');
commit;
END;
```

在执行存储过程之后，就可以用以下语句查询已经提交的作业。

```
select * from user_jobs;
```

4. 如何在过程中暂停指定时间

可以使用DBMS_LOCK包的sleep过程。例如，dbms_lock.sleep(5)表示暂停5秒。

5. 下标超界问题

完整错误信息如下。

```
SQL> exec dbms_logmnr_d.build('Logminer.ora','file directory')
BEGIN dbms_logmnr_d.build('Logminer.ora','file directory'); END;
*

ERROR 位于第 1 行
ORA-06532: 下标超出限制
ORA-06512: 在"SYS.DBMS_LOGMNR_D", line 793
ORA-06512: 在line 1
```

【解决办法】

（1）编辑位于"$ORACLE_HOME/rdbms/admin"目录下的文件"dbmslmd.sql"
改变行：

```
TYPE col_desc_array IS VARRAY(513) OF col_description;
```

为：

```
TYPE col_desc_array IS VARRAY(700) OF col_description;
```

并保存文件。

（2）运行改变后的脚本：

```
SQLPLUS> Connect internal
SQLPLUS> @$ORACLE_HOME/rdbms/admin/dbmslmd.sql
```

（3）重新编译该包：

```
SQLPLUS> alter package DBMS_LOGMNR_D compile body;
```

1.5.5　参数设置

1. 如何从数据库中获得毫秒

在Oracle 9i以上版本，用timestamp类型可以获得毫秒，例如：

```
SQL>select to_char(systimestamp,'yyyy-mm-dd hh24:mi:ssxff') time1,
to_char(current_timestamp) time2 from dual;
TIME1 TIME2
---------------------------- --------------------------------------------
--------------------
2013-10-24 11:48:45.656000 24-OCT-03 10.48.45.656000 AM +08:00
```

可以看到，毫秒在to_char中对应的是FF。

在Oracle 8i以上版本中可以创建如下Java函数：

```
SQL>create or replace and compile
java source
named "MyTimestamp"
as
import java.lang.String;
import java.sql.Timestamp;

public class MyTimestamp
{
public static String getTimestamp()
{
return(new Timestamp(System.currentTimeMillis())).toString();
}
};
SQL>java created.
```

注意：注意Java的语法和大小写。

```
SQL>create or replace function my_timestamp return varchar2
as language java
```

```
name 'MyTimestamp.getTimestamp() return java.lang.String';
/
SQL>function created.
SQL>select my_timestamp,to_char(sysdate,'yyyy-mm-dd hh24:mi:ss') ORACLE_
TIME from dual;
MY_TIMESTAMP ORACLE_TIME
----------------------- --------------------
2013-03-27 19:15:59.688 2003-03-17 19:15:59
```

如果只想获得1/100秒(hsecs)，还可以使用dbms_utility.get_time。

2. 如何把查询内容输出到文本

（1）控制语句，如set heading off。

（2）spool 完整文件名。

（3）查询语句。

（4）spool off。

3. 如何用命令创建用户，并为用户授权

```
Create user user_name
identified by password /
identified externally/
identified blobally as 'CN=user'
default tablespace tablespace_name
temporary tablespace tablespace_name;
grant role/privilege to user_name;
```

4. 如何计算REDO BLOCK的大小

计算方法为(redo size + redo wastage) / redo blocks written + 16，示例如下。

```
SQL> select name ,value from v$sysstat where name like '%redo%';
NAME VALUE
---------------------------------------------------------------- ----------
redo synch writes 2
redo synch time 0
redo entries 76
redo size 19412
redo buffer allocation retries 0
redo wastage 5884
redo writer latching time 0
redo writes 22
redo blocks written 51
```

```
redo write time 0
redo log space requests 0
redo log space wait time 0
redo log switch interrupts 0
redo ordering marks 0
SQL> select (19412+5884)/51 + 16 '"Redo black(byte)" from dual;
Redo black(byte)
------------------
512
```

5. 如何设置存储过程的调用者权限

普通存储过程都是所有者权限，如果想设置调用者权限，请参考如下语句。

```
create or replace
procedure ……()
AUTHID CURRENT_USER
As
begin
……
end;
```

6. 如何在SQL*PLUS环境中执行系统（简称OS）命令

例如，进入SQLPLUS，启动了数据库，忽然想起监听还没有启动，此时不用退出SQLPLUS，也不用另外起一个命令行窗口，可以直接输入SQL> host lsntctl start命令。

在Unix/Linux平台下输入SQL>!<OS command>。

在Windows平台下输入SQL>$<OS command>。

总结：HOST <OS command>可以直接执行系统命令。

备注：cd命令无法正确执行。

7. 如何快速获得用户下每个表或表分区的记录数

通过分析用户，然后查询user_tables字典，或者采用如下脚本可快速获得每个表或表分区记录数。

```
SET SERVEROUTPUT ON SIZE 20000
DECLARE
miCount INTEGER;
BEGIN
FOR c_tab IN (SELECT table_name FROM user_tables) LOOP
EXECUTE IMMEDIATE 'select count(*) from "' || c_tab.table_name || '"' into
miCount;
dbms_output.put_line(rpad(c_tab.table_name,30,'.') || lpad(miCount,10,'.'));
```

```
--if it is partition table
SELECT COUNT(*) INTO miCount FROM User_Part_Tables WHERE table_name = c_
tab.table_name;
IF miCount >0 THEN
FOR c_part IN (SELECT partition_name FROM user_tab_partitions WHERE table_
name = c_tab.table_name) LOOP
EXECUTE IMMEDIATE 'select count(*) from ' || c_tab.table_name || '
partition (' || c_part.partition_name || ')'

INTO miCount;
dbms_output.put_line(' '||rpad(c_part.partition_name,30,'.') ||
lpad(miCount, 10,'.'));
END LOOP;
END IF;
END LOOP;
END;
```

8. 如何在Oracle中发邮件

可以利用utl_smtp包发邮件，以下是发送简单邮件的示例。

```
/*******************************************************************
parameter: Rcpter in varchar2 接收者邮箱
Mail_Content in Varchar2 邮件内容
desc：·发送邮件到指定邮箱
      ·只能指定一个邮箱，如果需要发送到多个邮箱，需要另外的辅助程序
*******************************************************************/
CREATE OR REPLACE PROCEDURE sp_send_mail( rcpter IN VARCHAR2,
mail_content IN VARCHAR2)
IS
conn utl_smtp.connection;
--write title
PROCEDURE send_header(NAME IN VARCHAR2, HEADER IN VARCHAR2) AS
BEGIN
utl_smtp.write_data(conn, NAME||': '|| HEADER||utl_tcp.CRLF);
END;
BEGIN
--opne connect
conn := utl_smtp.open_connection('smtp.com');
utl_smtp.helo(conn, 'oracle');
utl_smtp.mail(conn, 'oracle info');
utl_smtp.rcpt(conn, Rcpter);
utl_smtp.open_data(conn);
--write title
send_header('From', 'Oracle Database');
```

```
send_header('To', '"Recipient" <'||rcpter||'>');
send_header('Subject', 'DB Info');
--write mail content
utl_smtp.write_data(conn, utl_tcp.crlf || mail_content);
--close connect
utl_smtp.close_data(conn);
utl_smtp.quit(conn);
EXCEPTION
WHEN utl_smtp.transient_error OR utl_smtp.permanent_error THEN
BEGIN
utl_smtp.quit(conn);
EXCEPTION
WHEN OTHERS THEN
NULL;
END;
WHEN OTHERS THEN
NULL;
END sp_send_mail;
```

9. 如何在Oracle中写操作系统文件

可以使用utl_file包，但是在写之前要注意设置好Utl_file_dir的初始化参数。

```
/**********************************************************************
parameter:textContext in varchar2 日志内容
desc:  ·写日志,把内容记到服务器指定目录下
       ·必须配置Utl_file_dir初始化参数,并保证日志路径与Utl_file_dir路径一致或者是其中
       一个
***********************************************************************/
CREATE OR REPLACE PROCEDURE sp_Write_log(text_context VARCHAR2)
IS
file_handle utl_file.file_type;
Write_content VARCHAR2(1024);
Write_file_name VARCHAR2(50);
BEGIN
--open file
write_file_name := 'db_alert.log';
file_handle := utl_file.fopen('/u01/logs',write_file_name,'a');
write_content := to_char(SYSDATE,'yyyy-mm-dd hh24:mi:ss')||'||'||text_context;
--write file
IF utl_file.is_open(file_handle) THEN
utl_file.put_line(file_handle,write_content);
END IF;
--close file
utl_file.fclose(file_handle);
```

```
EXCEPTION
WHEN OTHERS THEN
BEGIN
IF utl_file.is_open(file_handle) THEN
utl_file.fclose(file_handle);
END IF;
EXCEPTION
WHEN OTHERS THEN
NULL;
END;
END sp_Write_log;
```

10. 如何移动表或表分区

（1）移动表的语法。

```
Alter table tablename move
[Tablespace new_name
Storage(initial 50M next 50M
pctincrease 0 pctfree 10 pctused 50 initrans 2) nologging]
```

（2）移动分区的语法。

```
alter table tablename move (partition partname)
[update global indexes]
```

在移动表或移动表分区之后，所有表的索引必须重建，重建语法如下。

```
Alter index indexname rebuild
```

如果表有Lob段，那么正常的Alter不能移动Lob段到别的表空间，而仅仅是移动了表段，可以采用如下的方法移动Lob段。

```
alter table tablename move
lob(lobsegname) store as (tablespace newts);
```

11. 如何获取对象的DDL语句

Oracle 9i以上的版本可以通过使用dbms_metadata命令，获得单个对象的DDL语句。

```
set heading off
set echo off
set feedback off
set pages off
set long 90000
select dbms_metadata.get_ddl('TABLE','TABLENAME','SCAME') from dual;
```

获取整个用户的脚本，可使用如下语句。

```
select dbms_metadata.get_ddl('TABLE',u.table_name) from user_tables u;
```

如果是索引，则需要修改相关table到index。

12. 如何修改表的列名

Oracle 9i以上的版本可以使用rname命令，操作命令如下。

```
ALTER TABLE UserName.TabName
RENAME COLUMN SourceColumn TO DestColumn
```

Oracle 9i以下的版本可以采用create table … as select * from SourceTable的方式。

另外，Oracle 8i以上的版本支持删除列，操作命令如下。

```
ALTER TABLE UserName.TabName ;
SET UNUSED (ColumnName) CASCADE CONSTRAINTS ;
ALTER TABLE UserName.TabName ;
DROP (ColumnName) CASCADE CONSTRAINTS ;
```

13. 如何创建临时表

Oracle 8i以上的版本使用下面的语句创建临时表：

```
create global temporary tablename(column list)
on commit preserve rows; /*提交保留数据 会话临时表 */
on commit delete rows; /*提交删除数据 事务临时表 */
```

临时表是相对于会话的，别的会话看不到该会话的数据。

14. 如何向正在运行的表中添加字段

第一种方法：关闭数据库，然后使用受限模式打开，由sys/sysdba来进行。

第二种方法：不关闭数据库，将数据库置于静默状态，在SYS/SYSDBA模式下使用ALTER SYSTEM QUISCE RESTRICTED，这种状态下只有SYS/SYSDBA才可以对数据库进行操作，修改完毕之后再退出静默状态ALTER SYSTEM UNQUISCE。

15. 如何修改字符集

Oracle 8i以上的版本可以通过alter database来修改字符集，但也只限于子集到超集，不建议修改props$表，将可能导致严重错误。

```
Startup nomount;
Alter database mount exclusive;
```

```
Alter system enable restricted session;
Alter system set job_queue_process=0;
Alter database open;
Alter database character set zhs16gbk;
```

16. 如何设置自动跟踪

（1）用system用户登录 Oracle数据库系统。

（2）在System用户中，执行$ORACLE_HOME/rdbms/admin/utlplan.sql创建计划表。

（3）在System用户中，执行$ORACLE_HOME/rdbms/admin/plustrce.sql创建plustrace角色。

（4）将计划表和跟踪角色复权给用户。

如果让每个用户都能使用计划表，则：

```
SQL>create public synonym plan_table for plan_table;
SQL> grant all on plan_table to public;
```

如果让每个用户都能使用自动跟踪的角色，则：

```
SQL> grant plustrace to public;
```

（5）开启/停止跟踪。

```
SET AUTOTRACE ON |OFF
| ON EXPLAIN | ON STATISTICS | TRACEONLY | TRACEONLY EXPLAIN
```

17. 如何跟踪会话

跟踪当前会话，则：

```
Alter session set sql_trace true|false
or
exec dbms_session.set_sql_trace(TRUE);
```

如果跟踪其他用户的会话，需要调用一个包：

```
exec dbms_system.set_sql_trace_in_session(sid,serial#,true|false)
```

跟踪的信息在user_dump_dest 目录下可以找到，可以通过Tkprof来解析跟踪文件，如Tkprof 原文件 目标文件 sys=n。

18. 如何设置整个数据库系统跟踪

如果文档上的alter system set sql_trace=true是不成功的，还是可以通过设置事件来完成这个工作，作用相同。

```
alter system set events
'10046 trace name context forever,level 1';
```

如果关闭跟踪，可以使用如下语句：

```
alter system set events
'10046 trace name context off';
```

其中的level 1是跟踪级别。

- level 1：跟踪SQL语句，等于sql_trace=true。
- level 4：包括变量的详细信息。
- level 8：包括等待事件。
- level 12：包括绑定变量与等待事件。

19. 如何使用hint提示

在select/delete/update后写/*+ hint */，示例：select /*+ index(TABLE_NAME INDEX_NAME) */ col1...

注意：/*和+之间不能有空格。

例如，用hint指定使用某个索引：

```
select /*+ index(cbotab) */ col1 from cbotab;
select /*+ index(cbotab cbotab1) */ col1 from cbotab;
select /*+ index(a cbotab1) */ col1 from cbotab a;
```

示例中，TABLE_NAME是必须要写的，如果在查询中使用了表的别名，在hint也要用表的别名来代替表名。

INDEX_NAME可以不写，Oracle会根据统计值选一个索引。

如果索引名或表名写错了，那么hint就会被忽略。

20. 如何在PL/SQL中执行DDL语句

（1）Oracle 8i以下的版本用SBMS_SQL包。

（2）Oracle 8i以上的版本除使用SBMS_SQL包外，还可以用如下语句。

```
execute immediate sql;
dbms_utility.exec_ddl_statement('sql');
```

21. 如何给sqlplus安装帮助

sqlplus的帮助必须手工安装，shell脚本为$ORACLE_HOME/bin/helpins。在安装之前，必须先设置SYSTEM_PASS环境变量，如：

```
$ setenv SYSTEM_PASS SYSTEM/MANAGER
$ helpins
```

如果不设置该环境变量，将在运行脚本的时候提示输入环境变量。

当然，除了shell脚本，还可以利用sql脚本安装，那就不用设置环境变量了，但是必须以system登录。

```
$ sqlplus system/manager
SQL> @?/sqlplus/admin/help/helpbld.sql helpus.sql
```

安装之后，就可以用如下方法使用帮助了。

```
SQL> help index
```

22. 如何进行用户跳转

在不知道另外一个用户密码的时候，如需跳转到这个用户中执行操作，且执行完毕后切换回当前用户，示例如下。

（1）利用Alter wser权限或DBA权限查询另一个用户（SCOTT）的密码，并记录该密码。

```
SQL> select password from dba_users where username='SCOTT';
PASSWORD
------------------------------
F894844C34402B67
```

（2）修改用户（SCOTT）密码。

```
SQL> alter user scott identified by lion;
User altered.
```

（3）使用用户和新密码进行用户切换。

```
SQL> connect scott/lion
Connected.
REM Do whatever you like...
```

（4）登录管理员用户，将用户的密码调整回原密码。

```
SQL> connect system/manager
Connected.
SQL> alter user scott identified by values 'F894844C34402B67';
User altered.
SQL> connect scott/tiger
Connected.
```

23. 如何删除Oracle中的用户

在Oracle中使用DROP USER来删除用户。如果使用DROP USER CASCADE，那么用户的对象会同时被删除掉，为了在删除用户且不影响对用户下对象的使用，可以使用alter user username account lock将用户锁定。

24. 如何判断游标已经到最后一行

使用Cursor_name%notfound判断游标。

25. 如何利用光标更新数据

更新示例语句如下。

```
cursor c1 is
select * from tablename
where name is null for update [of column]
……
update tablename set column = ……
where current of c1;
```

26. 如何自定义异常

```
pragma_exception_init(exception_name,error_number);
```

27. 如何立即抛出异常

```
raise_application_error(error_number,error_msg,true|false);
```

其中，number从–20999～–20000，错误信息最大为2048B。

异常变量有两种。

（1）SQLCODE：错误代码。

（2）SQLERRM：错误信息。

28. 如何管理联机日志组与成员

以下是常见操作，如果在OPA/RAC下，需要注意线程号。

（1）增加一个日志文件组：

```
Alter database add logfile [group n] '文件全名' size 10M;
```

（2）在这个组上增加一个成员：

```
Alter database add logfile member '文件全名' to group n;
```

（3）在这个组上删除一个日志成员：

```
Alter database drop logfile member '文件全名';
```

（4）删除整个日志组：

```
Alter database drop logfile group n;
```

29. 坏块检索问题

发现表中有坏块时，检索其他未坏的数据，有如下两种方式。

方式1：检索坏块ID。

（1）需要找到坏块的ID（可以运行dbverify实现）。假设为<BID>，假定文件编码为<FID>，运行下面的查找段名。

```
SELECT segment_name,segment_type,extent_id,block_id, blocks
from dba_extents t
where
file_id = <FID>
AND <BID> between block_id and (block_id + blocks - 1)
```

（2）找到坏段名称后，若段是一个表，则建立一个临时表，存放好的数据；若段是索引，则删除后，再重建。

```
create table good_table
as
select from bad_table where rowid not in
(select rowid
from bad_table where substr(rowid,10,6) = <BID> )
```

在这里要注意Oracle 8i以前版本的受限ROWID与现在的ROWID的差别。

方式2：使用诊断事件10231。

```
SQL> ALTER SYSTEM SET EVENTS '10231 trace name context forever,level 10';
```

创建一个临时表good_table，把表中除坏块的数据都检索出来，语句如下。

```
SQL>CREATE TABLE good_table as select * from bad_table;
```

最后，关闭诊断事件，语句如下。

```
SQL> ALTER SYSTEM SET EVENTS '10231 trace name context off ';
```

关于ROWID的结构，还可以参考dbms_rowid.rowid_create函数。

30. 如何启动与关闭Oracle数据库

（1）启动：启动实例→加载数据库数据→打开数据库。

（2）关闭：关闭数据库→卸载数据库数据→关闭实例。

31. 在Oracle中如何删除用户问题

在创建Oracle数据库的时候，创建了一系列默认的用户和表空间，用户和表空间列表如下。

1）SYS/CHANGE_ON_INSTALL or INTERNAL

这是系统用户，也是数据字典所有者、超级权限所有者(SYSDBA)。

创建脚本：?/rdbms/admin/sql.bsq and various cat*.sql

建议创建后立即修改密码，此用户不能删除。

2）SYSTEM/MANAGER

这是数据库默认管理用户，拥有DBA角色权限。

创建脚本：?/rdbms/admin/sql.bsq

建议创建后立即修改密码，此用户不能删除。

3）OUTLN/OUTLN

这是优化计划的存储大纲用户。

创建脚本：?/rdbms/admin/sql.bsq

建议创建后立即修改密码，此用户不能删除。

4）SCOTT/TIGER, ADAMS/WOOD, JONES/STEEL, CLARK/CLOTH and BLAKE/PAPER.

这是实验、测试用户，含有例表EMP与DEPT。

创建脚本：?/rdbms/admin/utlsampl.sql

可以修改密码，用户可以被删除，在产品环境建议删除或锁定。

5）HR/HR (Human Resources), OE/OE (Order Entry), SH/SH (Sales History).

这是实验、测试用户，含有例表EMPLOYEES与DEPARTMENTS。

创建脚本：?/demo/schema/mksample.sql

可以修改密码，用户可以被删除，在产品环境建议删除或锁定。

6）DBSNMP/DBSNMP

这是Oracle Intelligent agent。

创建脚本：?/rdbms/admin/catsnmp.sql, called from catalog.sql

可以改变密码，需要放置新密码到snmp_rw.ora文件。如果不需要Intelligent Agents，可以删除。

以下用户都是可选安装用户，如果不需要，就不需要安装。

7）CTXSYS/CTXSYS

Oracle interMedia (ConText Cartridge)管理用户

创建脚本：?/ctx/admin/dr0csys.sql

8）TRACESVR/TRACE

Oracle Trace server

创建脚本：?/rdbms/admin/otrcsvr.sql

9）ORDPLUGINS/ORDPLUGINS

Object Relational Data (ORD) User used by Time Series, etc.

创建脚本：?/ord/admin/ordinst.sql

10）ORDSYS/ORDSYS

Object Relational Data (ORD) User used by Time Series, etc

创建脚本：?/ord/admin/ordinst.sql

11）DSSYS/DSSYS

Oracle Dynamic Services and Syndication Server

创建脚本：?/ds/sql/dssys_init.sql

12）MDSYS/MDSYS

Oracle Spatial administrator user

创建脚本：?/ord/admin/ordinst.sql

13）AURORAORBUNAUTHENTICATED/INVALID

Used for users who do not authenticate in Aurora/ORB

创建脚本：?/javavm/install/init_orb.sql called from ?/javavm/install/initjvm.sql

14）PERFSTAT/PERFSTAT

Oracle Statistics Package (STATSPACK) that supersedes UTLBSTAT/UTLESTAT

创建脚本：?/rdbms/admin/statscre.sql

32. 如何备份控制文件

在线备份为二进制的文件，备份语法如下。

```
alter database backup controlfile to '$BACKUP_DEPT/controlfile.000' [reuse];
```

在线备份为文本文件，备份语法如下。

```
alter database backup controlfile to trace [resetlogs|noresetlogs];
```

33. 如何恢复损坏的控制文件

（1）单个控制文件损坏。

只需要关闭数据库，拷贝一个好的数据文件覆盖坏的数据文件即可，也可以修改init.ora文件的相关部分。

（2）损失了全部控制文件。

需要创建控制文件或从备份恢复。创建控制文件的脚本可以通过alter database backup

controlfile to trace获取。

34. 如何热备份一个表空间

（1）Alter tablespace 名称 begin backup；

（2）host cp 表空间的数据文件目的地；

（3）Alter tablespace 名称 end backup。

如果是备份多个表空间或整个数据库，只需要逐个备份表空间就可以了。

35. 如何快速得到整个数据库的热备脚本

编写一段类似的脚本：

```
SQL>set serveroutput on
begin
dbms_output.enable(10000);
for bk_ts in (select t.ts#,t.name from v$tablespace t,v$datafile d where t.ts#=d.
ts#) loop
dbms_output.put_line('--'||bk_ts.name);
dbms_output.put_line('alter tablespace '||bk_ts.name||' begin backup;');
for bk_file in (select file#,name from v$datafile where ts#=bk_ts.ts#) loop
dbms_output.put_line('host cp '||bk_file.name||' $BACKUP_DEPT/');
end loop;
dbms_output.put_line('alter tablespace '||bk_ts.name||' end backup;');
end loop;
end;
/
```

36. 如何打开丢失数据文件的数据库

当一个数据库丢失数据文件，并且没有备份，该如何打开数据库呢？

删除丢失的数据文件，并重新开启数据库，但需要注意该数据文件不能是系统数据文件，且会导致相应的数据丢失。

```
SQL>startup mount
```

1）ARCHIVELOG模式命令

```
SQL>Alter database datafile 'file name' offline;
```

2）NOARCHIVELOG模式命令

```
SQL>Alter database datafile 'file name' offline drop;
SQLl>Alter database open;
```

37. 如何利用归档恢复数据文件

在丢失数据文件且没有备份，但有该数据文件创建以来的归档时，可按如下方式恢复数据文件。

前置条件如下：

（1）不能是系统数据文件；

（2）不能丢失控制文件。

恢复数据的语法如下：

（1）SQL>startup mount；

（2）SQL>Alter database create datafile 'file name' as 'file name' size ... reuse；

（3）选择以下一种恢复方式。

①按文件号恢复。

```
SQL>recover datafile n;
```

②按文件名恢复。

```
SQL>recover datafile 'file name';
```

③恢复全库。

```
SQL>recover database;
```

（4）打开数据库。

```
SQL>Alter database open;
```

38. 联机日志损坏后如何恢复

（1）如果是非当前日志且归档，可以使用Alter database clear logfile group n创建新的日志文件。

（2）如果该日志还没有归档，则需要用Alter database clear unarchived logfile group n新日志文件。

（3）如果是当前日志损坏，一般不能clear，可能意味着丢失数据。

（4）如果有备份，可以采用备份进行不完全恢复。

（5）如果没有备份，只能用_allow_resetlogs_corruption=true进行强制恢复，不建议使用该方法，建议在Oracle support的指导下进行。

（6）如果不是current and active 日志坏了，仅 inactive 坏了，则 clear log。

```
startup mount
alter database clear logfile '...';
```

39. 如何将恢复的数据文件转移到其他位置

RMAN实例如下。

```
run {
set until time 'Jul 01 1999 00:05:00';
allocate channel d1 type disk;
set newname for datafile '/u04/oracle/prod/sys1prod.dbf'
to '/u02/oracle/prod/sys1prod.dbf';
set newname for datafile '/u04/oracle/prod/usr1prod.dbf'
to '/u02/oracle/prod/usr1prod.dbf';
set newname for datafile '/u04/oracle/prod/tmp1prod.dbf'
to '/u02/oracle/prod/tmp1prod.dbf';
restore controlfile to '/u02/oracle/prod/ctl1prod.ora';
replicate controlfile from '/u02/oracle/prod/ctl1prod.ora';
restore database;
sql "alter database mount";
switch datafile all;
recover database;
sql "alter database open resetlogs";
release channel d1;
}
```

40. 操作系统重装时，如何恢复数据库

方式1：按照重装操作系统之前的目录结构安装Oracle软件，不需重新建库。

（1）把Oracle文件全部拷贝到另外一个分区。

（2）安装Oracle软件，按照重装操作系统之前的所有配置安装（SID，服务名，字符集）并保持目录完全一致，安装后停掉所有Oracle的相关服务。

（3）使用oradim创建一个实例。

（4）把备份的文件拷贝回来，重新启动服务。

方式2：不按照重装操作系统之前的目录结构安装Oracle软件，需重新建库。

（1）安装Oracle软件。

（2）运行DBCA，创建数据库，数据库位置没有限制，仅需要SID、DBNAME、CHARACTERSET与原数据库一致即可，保存为脚本。不运行建库，保存并退出。

（3）打开建库脚本（.BAT），手工运行如下语句（示例）。

```
mkdir E:\oracle\admin\everac\bdump
mkdir E:\oracle\admin\everac\cdump
mkdir E:\oracle\admin\everac\create
mkdir E:\oracle\admin\everac\pfile
mkdir E:\oracle\admin\everac\udump
mkdir v:\database
mkdir v:\oradata\everac
set ORACLE_SID=everac1
E:\oracle\ora92\bin\oradim.exe -new -sid EVERAC1 -startmode m
```

```
E:\oracle\ora92\bin\oradim.exe -edit -sid EVERAC1 -startmode a
E:\oracle\ora92\bin\orapwd.exe file=E:\oracle\ora92\database\PWDeverac1.
ora password=change_on_install
```

（4）打开数据库。

在恢复时，要将移动的数据文件恢复到其他位置，RMAN示例如下。

```
run {
set until time 'Jul 01 1999 00:05:00';
allocate channel d1 type disk;
set newname for datafile '/u04/oracle/prod/sys1prod.dbf'
to '/u02/oracle/prod/sys1prod.dbf';
set newname for datafile '/u04/oracle/prod/usr1prod.dbf'
to '/u02/oracle/prod/usr1prod.dbf';
set newname for datafile '/u04/oracle/prod/tmp1prod.dbf'
to '/u02/oracle/prod/tmp1prod.dbf';
restore controlfile to '/u02/oracle/prod/ctl1prod.ora';
replicate controlfile from '/u02/oracle/prod/ctl1prod.ora';
restore database;
sql "alter database mount";
switch datafile all;
recover database;
sql "alter database open resetlogs";
release channel d1;
}
```

41. 如何创建RMAN恢复目录

（1）创建一个数据库用户，一般是RMAN，并授予recovery_catalog_owner角色权限。

```
sqlplus sys
SQL> create user rman identified by rman;
SQL> alter user rman default tablespace tools temporary tablespace temp;
SQL> alter user rman quota unlimited on tools;
SQL> grant connect, resource, recovery_catalog_owner to rman;
SQL> exit;
```

（2）使用该用户（RMAN）登录，创建恢复目录。

```
rman catalog rman/rman
RMAN> create catalog tablespace tools;
RMAN> exit;
```

（3）在恢复目录中注册目标数据库。

```
rman catalog rman/rman target backdba/backdba
RMAN> register database;
```

42. 如何"杀掉"特定的数据库会话

语法1：Alter system kill session 'sid,serial#';

语法2：alter system disconnect session 'sid,serial#' immediate;

在Windows系统中，可以用oracle提供的orakill"杀掉"一个线程（其实就是一个Oracle进程）。

43. 如何有效删除一个大表(extent数量很多的表)

针对一个大表（look），如果只是简单地用drop table命令删除，会大量消耗CPU资源（Oracle要对fet$、uet$数据字典进行操作），可能需要几天的时间。较好的方法是多次删除extent，以减轻CPU消耗，示例如下。

```
truncate table big-table reuse storage;
alter table big-table deallocate unused keep 2000m ( 原来大小的n-1/n);
alter table big-table deallocate unused keep 1500m ;
....
drop table big-table;
```

44. 如何收缩临时数据文件的大小

Oracle 9i之前版本采用ALTER DATABASE DATAFILE 'file name' RESIZE 100M语句。

Oracle 9i之后版本采用ALTER DATABASE TEMPFILE 'file name' RESIZE 100M语句。

注意：临时数据文件在使用时一般不能收缩，除非关闭数据库或断开所有会话，停止对临时数据文件的使用。

45. 如何清理临时段

（1）使用如下语句查看哪个用户在用临时段。

```
SELECT username,sid,serial#,sql_address,machine,program,
tablespace,segtype, contents
FROM v$session se,v$sort_usage su
WHERE se.saddr=su.session_addr
```

（2）查看正在使用临时段的进程。

```
SQL>Alter system kill session 'sid,serial#';
```

（3）回缩TEMP表空间。

```
SQL>Alter tablespace TEMP coalesce;
```

还可以使用诊断事件清理临时段。

（1）确定TEMP表空间的ts#。

```
SQL> select ts#, name FROM v$tablespace;
TS# NAME
-----------------------
0 SYSYEM
1 RBS
2 USERS
3* TEMP
......
```

（2）执行清理操作。

```
alter session set events 'immediate trace name DROP_SEGMENTS level TS#+1'
```

说明：temp表空间的TS# 为 3*，So TS#+ 1= 4；如果想清除所有表空间的临时段，则 TS# = 2147483647。

46. 如何DUMP数据库内部结构

（1）分析数据文件块，转储数据文件n的块m：

```
alter system dump datafile n block m ;
```

（2）分析日志文件：

```
alter system dump logfile logfilename;
```

（3）分析控制文件的内容：

```
alter session set events 'immediate trace name CONTROLF level 10' ;
```

（4）分析所有数据文件头：

```
alter session set events 'immediate trace name FILE_HDRS level 10' ;
```

（5）分析日志文件头：

```
alter session set events 'immediate trace name REDOHDR level 10' ;
```

（6）分析系统状态，最好每10分钟一次，做三次对比：

```
alter session set events 'immediate trace name SYSTEMSTATE level 10' ;
```

（7）分析进程状态：

```
alter session set events 'immediate trace name PROCESSSTATE level 10' ;
```

（8）分析Library Cache的详细情况：

```
alter session set events 'immediate trace name library_cache level 10' ;
```

47. 如何固定执行计划

可以使用OUTLINE固定SQL语句的执行计划。

用如下语句可以创建OUTLINE：

```
Create oe replace outline OutLn_Name on
Select Col1,Col2 from Table
where ……
```

用如下语句可以删除OUTLINE：

```
Drop Outline OutLn_Name;
```

对于已经创建的OUTLINE，存放在OUTLINE用户的OL$HINTS表下面，可以使用update outln.ol$hints来更新outline：

```
update outln.ol$hints(ol_name,'TEST1','TEST2','TEST2','TEST1)
where ol_name in ('TEST1','TEST2');
```

这样，就把Test1 OUTLINE与Test2 OUTLINE互换了。

如果想利用已经存在的OUTLINE，需要设置以下参数：

```
Alter system/session set Query_rewrite_enabled = true
Alter system/session set use_stored_outlines = true
```

48. 如何使用STATSPACK

STATSPACK是Oracle 8i以上版本提供的一个非常好的性能监控与诊断工具，基本包含了BSTAT/ESTAT的功能。

1）安装STATSPACK

```
cd $ORACLE_HOME/rdbms/admin
sqlplus "/ as sysdba" @spdrop.sql    -- 卸载，第一次可以不需要
sqlplus "/ as sysdba" @spcreate.sql  -- 需要根据提示输入表空间名
```

2）使用STATSPACK

```
sqlplus perfstat/perfstat
exec statspack.snap; -- 进行信息收集统计，每次运行都将产生一个快照号
                     -- 获得快照号，必须要有两个以上的快照才能生成报表
select SNAP_ID, SNAP_TIME from STATS$SNAPSHOT;
@spreport.sql        -- 输入需要查看的开始快照号与结束快照号
```

3）其他相关脚本

```
spauto.sql：利用dbms_job提交一个作业，自动进行STATPACK的信息收集统计
sppurge.sql：清除一段范围内的统计信息，需要提供开始快照号与结束快照号
sptrunc.sql：清除(truncate)所有统计信息
```

49. 如何限定特IP访问数据库

可以利用登录触发器或者是修改sqlnet.ora（Oracle 9i以上版本）增加如下内容。

```
tcp.validnode_checking=yes
#允许访问的ip
tcp.inited_nodes=(ip1,ip2,……)
#不允许访问的ip
tcp.excluded_nodes=(ip1,ip2,……)
```

50. 如何穿过防火墙连接数据库

这个问题只会在Windows中出现，UNIX会自动解决，解决方法如下。

（1）在服务器端的SQLNET.ORA文件中添加如下信息。

```
SQLNET.AUTHENTICATION_SERVICES= (NTS)
NAMES.DIRECTORY_PATH= (TNSNAMES, ONAMES, HOSTNAME)
TRACE_LEVEL_CLIENT = 16
```

（2）在注册表HOME0中添加[HKEY_LOCAL_MACHINE]。

```
USE_SHARED_SOCKET=TRUE
```

51. 如何利用HOSTNAME方式连接数据库

HOSTNAME方式只支持TCP/IP协议的小局域网，具体方法如下。

（1）在服务端，修改listener.ora中的如下信息。

```
(SID_DESC =
(GLOBAL_DBNAME = ur_hostname)
(ORACLE_HOME = E:\oracle\ora92)
(SID_NAME = orcl)
)
# ur hostname代表机器名
# E:\oracle\ora 92 代表oracle home的位置
# orcl代表示例名字
```

（2）在客户端的sqlnet.ora中，确保有NAMES.DIRECTORY_PATH= (HOSTNAME)，就可以利用数据库服务器的名称访问数据库了。

52. 如何加固数据库

加固数据库的方法包括内容如下。

（1）修改sys和system的口令。

（2）锁定、修改、删除默认用户dbsnmp，ctxsys等。

（3）将REMOTE_OS_AUTHENT改成False，防止远程机器直接登录。

（4）将O7_DICTIONARY_ACCESSIBILITY改成False。

（5）将一些权限从PUBLIC Role取消。

（6）检查数据库的数据文件安全性，检查其访问权限（尽量避免777、666）。

（7）关闭非必要的服务（如ftp、nfs等）。

（8）限制数据库主机应用用户数量。

（9）定期检查Metalink/OTN上的security Alert，例如http://otn.oracle.com/deploy/security/alerts.htm。

（10）把数据库与应用放在一个单独的子网中，或者用advance security对用户登录加密。

（11）对访问数据库的机器进行IP限制。

（12）加密码lsnrctl，防止外部用户关掉listener。

（13）修改默认1521端口。

53. 如何检查用户是否用了默认密码

使用默认密码会对数据库带来一定的安全隐患，可以使用下面的查询语句得知哪些用户使用了默认密码。

```
select username "User(s) with Default Password!"
from dba_users
where password in
('E066D214D5421CCC', -- dbsnmp
'24ABAB8B06281B4C', -- ctxsys
'72979A94BAD2AF80', -- mdsys
'C252E8FA117AF049', -- odm
'A7A32CD03D3CE8D5', -- odm_mtr
'88A2B2C183431F00', -- ordplugins
'7EFA02EC7EA6B86F', -- ordsys
'4A3BA55E08595C81', -- outln
'F894844C34402B67', -- scott
'3F9FBD883D787341', -- wk_proxy
'79DF7A1BD138CF11', -- wk_sys
'7C9BA362F8314299', -- wmsys
'88D8364765FCE6AF', -- xdb
'F9DA8977092B7B81', -- tracesvr
```

```
'9300C0977D7DC75E', -- oas_public
'A97282CE3D94E29E', -- websys
'AC9700FD3F1410EB', -- lbacsys
'E7B5D92911C831E1', -- rman
'AC98877DE1297365', -- perfstat
'66F4EF5650C20355', -- exfsys
'84B8CBCA4D477FA3', -- si_informtn_schema
'D4C5016086B2DC6A', -- sys
'D4DF7931AB130E37') -- system
/
```

54. 如何修改默认的XDB监听端口

Oracle 9i默认的XML DB把HTTP的默认端口设为8080，这是一个常用的端口，很多其他WebServer会使用这个端口。

如果安装了XML DB，建议修改默认端口，以避免冲突。如果不使用，建议不要安装。

有三种修改XML DB默认端口的方法。

（1）DBCA，选择数据库，然后Standard Database Features->Customize->Oracle XML DB option，在该页面中修改。

（2）进入OEM console控制台，在XML Database 的配置里修改。

（3）用Oracle提供的包修改。

①把HTTP/WEBDAV端口从8080改到8081。

```
SQL> call dbms_xdb.cfg_update(updateXML(dbms_xdb.cfg_get(),
'/xdbconfig/sysconfig/protocolconfig/httpconfig/http-port/text()',8081))
/
```

②把FTP端口从2100改到2111。

```
SQL> call dbms_xdb.cfg_update(updateXML(dbms_xdb.cfg_get(),
'/xdbconfig/sysconfig/protocolconfig/ftpconfig/ftp-port/text()',2111))
/
SQL> commit;
SQL> exec dbms_xdb.cfg_refresh;
```

③检查修改是否成功。

```
SQL> select dbms_xdb.cfg_get from dual;
```

55. 如何生成日期格式的文件

在LINUX/UNIX上，使用'date +%y%m%d'（"这个是键盘上"所在的那个键）或$(date + %y%m%d)，语法如下。

```
touch exp_table_name_'date +%y%m%d'.dmp
DATE=$(date +%y%m%d)
```

或者

```
DATE=$(date +%Y%m%d --date '1 days ago') #获取昨天或多天前的日期
```

在Windows系统中，使用%date:~4,10%，其中4是开始字符，10是提取长度，表示从date生成的日期中提取从4开始的长度是10的串。可以改成其他需要的数字，如：

```
Echo %date:~4,10%
```

如果想得到更精确的时间，在Windows系统中还可以使用time。

56. 如何移动数据文件

1）关闭数据库，利用系统复制

（1）关闭数据库，语句为：shutdown immediate。

（2）在系统中复制数据文件到新的地点。

（3）启动到mount下，语句为Startup mount。

（4）修改文件名，语句为：Alter database rename datafile '老文件' to '新文件'。

（5）打开数据库的语句为：Alter database open。

2）利用Rman联机操作

```
RMAN> sql "alter database datafile ''file name'' offline";
RMAN> run {
2> copy datafile 'old file location'
3> to 'new file location';
4> switch datafile ' old file location'
5> to datafilecopy ' new file location';
6> }
RMAN> sql "alter database datafile ''file name'' online";
```

说明：利用系统复制也可以联机操作，不关闭数据库，与rman的步骤一样。利用rman与利用系统复制的原理一样，在rman中copy是复制数据文件，相当于系统复制，而switch则相当于alter database rename，用来更新控制文件。

3）联机

提示：不可移动system表空间，回滚段和临时表空间中的数据文件，命令为alter tablespace。

联机的具体步骤如下。

（1）connect internal as sysdba。

（2）alter tablespace xxxx offline（如果非归档加drop）。

（3）用系统命令移动数据文件mv or move。

（4）alter tablespace xxxx rename datafile 'xxxx' to 'xxxxx'。

（5）alter tablespace xxxx online。

57. 如何获得所有的事件代码

事件代码范围一般为10000 ～ 10999，下面列出了这个范围的事件代码与信息。

```
SET SERVEROUTPUT ON
DECLARE
err_msg VARCHAR2(120);
BEGIN
dbms_output.enable (1000000);
FOR err_num IN 10000..10999
LOOP
err_msg := SQLERRM (-err_num);
IF err_msg NOT LIKE '%Message '||err_num||' not found%' THEN
dbms_output.put_line (err_msg);
END IF;
END LOOP;
END;
/
```

在Unix系统中，事件信息放在oraus.msg文件里，文件位置为：

```
$ORACLE_HOME/rdbms/mesg/oraus.msg
```

可以用如下脚本查看事件信息：

```
event=10000
while [ $event -ne 10999 ]
do
event='expr $event + 1'
oerr ora $event
done
```

对于已经确保的和正在跟踪的事件，可以用如下脚本获得：

```
SET SERVEROUTPUT ON
DECLARE
l_level NUMBER;
BEGIN
FOR l_event IN 10000..10999
LOOP
dbms_system.read_ev (l_event,l_level);
```

```
IF l_level > 0 THEN
dbms_output.put_line ('Event '||TO_CHAR (l_event)||
' is set at level '||TO_CHAR (l_level));
END IF;
END LOOP;
END;
/
```

58. 如何实现sqlplus与shell结合

Sqlplus与Shell结合可以用下面的写法实现。

```
sqlplus /nolog << EOF
connect user/pass
spool test
select * from tab;
spool off
exit
EOF
```

当然，RMAN也支持这样的写法。

59. 如何测试磁盘与阵列性能

使用如下的方法测试磁盘写入能力。

```
time dd if=/dev/zero of=/oradata/biddb/testind/testfile.dbf bs=1024000
count=1000
```

期间系统IO使用可以用如下代码(Unix)：

```
iostat -xnp 2 --显示Busy程度
```

60. 如何配置SSH密匙可以防止"中间人"的进攻方式

SSH密匙可以防止"中间人"的进攻，配置方法如下。

（1）使用ssh-keygen 或ssh-keygen -d(ssh 2.x)生成钥匙。

（2）复制公匙到想登录的服务器，改名为authorized_keys，如果是3.0以下版本，需要改为authorized_keys2。

除以上方法外，还可利用config文件进一步简化操作，示例如下。

```
Host *bj
HostName 机器名或IP
User 用户名
```

有了这个配置文件，就可以利用ssh bj访问指定的机器，也就可以利用scp与sftp来传送文件。

61. 如何通过脚本实现FTP自动上传/下载

可以把FTP写到shell脚本中，示例如下。

```
ftp -n -i 主机IP <<EOF
user username pass
cd 目标目录
put file
get file
#查询文件
ls
#退出
bye
EOF
```

1.5.6 消息号

1. Ora-00001:违反唯一约束条件

原因分析：向数据表中插入数据时，唯一约束字段出现数据重复。

解决办法：

唯一约束的字段在插入数据时不能出现重复值，实现方法如下。

（1）查询表中唯一约束字段列的数据和要插入唯一约束字段列的数据是否存在重复值。

（2）查询即将插入唯一约束的字段列的数据中是否有重复值。

（3）在无重复的情况下，将数据插入目标表中。

2. Ora-00018:超出最大会话数

原因分析：Oracel默认Process的值为150，导致实际的Session值会超过Oracle的设置值（Session的数量是Process*1.1+5），所以会出错。

解决方法：

建议将Process的值调大，步骤如下。

（1）查看当前系统中的Process。

```
SQL> show parameter processes;
NAME TYPE VALUE
------------------------------------ ----------- -------
aq_tm_processes integer 1
db_writer_processes integer 1
job_queue_processes integer 10
```

```
log_archive_max_processes integer 2
processes integer 150
SQL> show parameter sessions;
NAME TYPE VALUE
------------------------------------ ----------- ------
java_max_sessionspace_size integer 0
java_soft_sessionspace_limit integer 0
license_max_sessions integer 0
license_sessions_warning integer 0
logmnr_max_persistent_sessions integer 1
mts_sessions integer 165
sessions integer 170
shared_server_sessions integer 165
```

（2）将Process设置为500。

```
SQL> alter system set processes=500 scope=spfile;
```

系统已更改。

（3）重新启动数据库，使更改生效。

①关闭数据库。

```
SQL> shutdown immediate;
```

②启动数据库。

```
SQL> startup
```

Oracle 例程已经启动。

（4）核查当前系统中的Process。

```
SQL> show parameter processes;
NAME TYPE VALUE
------------------------------------ ----------- -------
aq_tm_processes integer 1
db_writer_processes integer 1
job_queue_processes integer 10
log_archive_max_processes integer 2
processes integer 500
SQL> show parameter sessions;
NAME TYPE VALUE
------------------------------------ ----------- ------
java_max_sessionspace_size integer 0
java_soft_sessionspace_limit integer 0
license_max_sessions integer 0
license_sessions_warning integer 0
```

```
logmnr_max_persistent_sessions integer 1
mts_sessions integer 550
sessions integer 555
shared_server_sessions integer 550
```

3. Ora-00020:超出最大进程数的错误

```
SQL> show user
USER ?S "SYS"
SQL> select count(*) from v$session;
COUNT(*)
----------
496
SQL> select count(1) from v$session where status = 'INACTIVE';
COUNT(1)
----------
486
```

解决方法：在Oracle的管理控制台依次展开网络→数据库→服务名→例程→会话，双击查看右面的无效Session，核查与Session相关的程序逻辑性关闭不相关的Session。

4. Ora-00942:表或视图不存在

原因分析：当前用户下没有要查询的表。

解决办法：确定查询表所在用户或者在该用户下创建表后再查询。

5. Ora-01017:密码输入错误

现象：Ora-01017 invalid username/password;logon denied。

原因分析：密码输入错误。

解决方法：输入正确的密码。

6. Ora-01843:无效的月份

报错信息：执行execute dbms_logmnr.start_logmnr(DictFileName=>'DictFileName')提示ORA-01843:无效的月份。

原因分析：start_logmnr包导致的。

```
PROCEDURE start_logmnr(
startScn IN NUMBER default 0 ,
endScn IN NUMBER default 0,
startTime IN DATE default TO_DATE('01-jan-1988','DD-MON-YYYY'),
endTime IN DATE default TO_DATE('01-jan-2988','DD-MON-YYYY'),
DictFileName IN VARCHAR2 default '',
```

```
Options IN BINARY_INTEGER default 0 );
```

分析上述存储过程可知，如果TO_DATE('01-jan-1988','DD-MON-YYYY')失败，将导致以上错误。

解决办法：

（1）Alter session set NLS_LANGUAGE=American。

（2）用类似下面的方法执行。

```
execute dbms_logmnr.start_logmnr (DictFileName=> 'f:\temp2\TESTDICT.ora',
starttime => TO_DATE(
'01-01-1988','DD-MM-YYYY'), endTime=>TO_DATE('01-01-2988','DD-MM-YYYY'));
```

7. Ora-12545:因目标主机和对象不存在，连接失败

原因分析：错误代码ORA-12545表示网络连接串中使用的机器名和IP地址不存在。

解决方法：重新修改tnsnames.ora文件中HOST处对应的机器名或者IP地址，然后重新连接。

8. Ora-12651:TNS:没有监听器

原因分析：该信息说明所要连接的服务器没有启动监听进程Listener，该进程为Oracle服务器上的操作系统进程，监听进程没有启动时，服务器可以正常进行，但是客户端不能与服务器产生连接。

解决方法：在服务器上使用操作系统命令lsnrctl，正常启动监听进程。

9. Oracle监听启动后，立即停止

报错如下：

● TNS-12545：因目标主机或对象不存在，连接失败。

● TNS-12560：协议适配器错误。

原因分析：

（1）可能是在安装Oracle之后，修改了主机名。

（2）当服务器连接到网络时，IP地址可能发生了变化，这种情况多发生在个人移动设备中。

解决方法：

（1）直接修改数据库的监听文件listener.ora。

（2）路径是ORACLE安装目录/product/10.2.0/db_1/NETWORK/ADMIN/listener.ora。

修改HOST为主机名或者IP。

1.5.7 表级操作

1. 如何随机抽取前N条记录的问题

Oracle 8i以上版本适用下面的方法:

```
select * from (select * from tablename order by sys_guid()) where rownum < N;
select * from (select * from tablename order by dbms_random.value) where
rownum< N;
```

注意:dbms_random包需要手工安装,位于$ORACLE_HOME/rdbms/admin/dbmsrand.sql

dbms_random.value(100,200)可以产生100到200范围的随机数。

2. 如何抽取从N行到M行的记录

```
select * from (select rownum id,t.* from table) where id between N and M;
```

3. 如何抽取重复记录

1)方式1

```
select * from table t1 where where t1.rowed !=
(select max(rowed) from table t2
where t1.id=t2.id and t1.name=t2.name) ;
```

2)方式2

```
select count(*), t.col_a,t.col_b from table t
group by col_a,col_b
having count(*)>1 ;
```

注意:如果想删除重复记录,可以把第一个语句的select替换为delete。

4. 如何快速复制表或者插入数据

快速复制表时,可以指定Nologging选项,实现方法如下。

```
Create table t1 nologging
as select * from t2;
```

快速插入数据时可以指定append提示,但是在noarchivelog模式下,使用append就默认是nologging模式的。在archivelog下,需要把表设置为Nologging模式,例如:

```
insert /*+ append */ into t1
select * from t2
```

注意：如果在Oracle 9i环境中设置了FORCE LOGGING，则以上操作是无效的，并不会加快。可以通过如下语句设置为NO FORCE LOGGING：

```
Alter database no force logging;
```

是否开启了FORCE LOGGING，可以用如下语句查看：

```
SQL> select force_logging from v$database;
```

5. 如何用TEST2表更新TEST1表中与TEST2表有关联的字段

```
UPDATE TEST1
SET BNS_SNM =
        (SELECT BNS_SNM FROM TEST2 WHERE TEST1.DPT_NO = TEST2.DPT_NO)
WHERE TEST2.DPT_NO ISNOTNULL;
```

6. 如何实现存在就更新，不存在就插入

在Oracle 9i以上版本中可通过Merge语法实现。

如果是单条数据记录，可以写作select … from dual的子查询。

语法为：

```
MERGE INTO table
USING data_source
ON (condition)
WHEN MATCHED THEN update_clause
WHEN NOT MATCHED THEN insert_clause;
```

例如：

```
MERGE INTO course c
USING (SELECT course_name, period,
course_hours
FROM course_updates) cu
ON (c.course_name = cu.course_name
AND c.period = cu.period)
WHEN MATCHED THEN
UPDATE
SET c.course_hours = cu.course_hours
WHEN NOT MATCHED THEN
INSERT (c.course_name, c.period,
c.course_hours)
VALUES (cu.course_name, cu.period,
cu.course_hours);
```

7. 如何实现左联、右联与外联

在Oracle 9i以下的版本中可以按下面的方式实现。

1）左联

```
select a.id,a.name,b.address from a,b
where a.id=b.id(+)
```

2）右联

```
select a.id,a.name,b.address from a,b
where a.id(+)=b.id
```

3）外联

```
SELECT a.id,a.name,b.address
FROM a,b
WHERE a.id = b.id(+)
UNION
SELECT b.id,'' name,b.address
FROM b
WHERE NOT EXISTS (
SELECT * FROM a
WHERE a.id = b.id);
```

在Oracle 9i以上的版本中实现方法如下。

1）默认内部联结

```
select a.id,a.name,b.address,c.subject
from (a inner join b on a.id=b.id)
inner join c on b.name = c.name
where other_clause
```

2）左联

```
select a.id,a.name,b.address
from a left outer join b on a.id=b.id
where other_clause
```

3）右联

```
select a.id,a.name,b.address
from a right outer join b on a.id=b.id
where other_clause
```

4）外联

```
select a.id,a.name,b.address
```

```
from a full outer join b on a.id=b.id
where other_clause
or
select a.id,a.name,b.address
from a full outer join b using (id)
where other_clause
```

8. 如何实现一条记录根据条件多表插入

在Oracle 9i以上的版本中可以通过Insert all语句完成，实现方法如下。

```
INSERT ALL
WHEN (id=1) THEN
INTO table_1 (id, name)
values(id,name)
WHEN (id=2) THEN
INTO table_2 (id, name)
values(id,name)
ELSE
INTO table_other (id, name)
values(id, name)
SELECT id,name
FROM a;
```

如果没有限定条件，则完成每个表的插入，实现方法如下。

```
INSERT ALL
INTO table_1 (id, name)
values(id,name)
INTO table_2 (id, name)
values(id,name)
INTO table_other (id, name)
values(id, name)
SELECT id,name
FROM a;
```

9. 如何实现行列转换

1）固定列数的行列转换
将如下内容：

student	subject	grade
student1	语文	80
student1	数学	70
student1	英语	60
student2	语文	90

（续表）

student2	数学	80
student2	英语	100

转换为：

	语文	数学	英语
student1	80	70	60
student2	90	80	100

实现语句如下：

```
select student,sum(decode(subject,'语文', grade,null)) "语文",
sum(decode(subject,'数学', grade,null)) "数学",
sum(decode(subject,'英语', grade,null)) "英语"
from table
group by student
```

2）不定列数的行列转换

将如下内容：

c1	c2
1	我
1	是
1	谁
2	知
2	道
3	不

转换为：

1	我是谁
2	知道
3	不

这类型的转换必须借助PL/SQL来完成，这里给一个例子。

```
CREATE OR REPLACE FUNCTION get_c2(tmp_c1 NUMBER)
RETURN VARCHAR2
IS
Col_c2 VARCHAR2(4000);
BEGIN
FOR cur IN (SELECT c2 FROM t WHERE c1=tmp_c1) LOOP
Col_c2 := Col_c2||cur.c2;
END LOOP;
Col_c2 := rtrim(Col_c2,1);
RETURN Col_c2;
```

```
END;
/
SQL> select distinct c1 ,get_c2(c1) cc2 from table;即可
```

10. 如何实现分组取前N条记录

在Oracle 8i以上版本中，利用分析函数可以实现。

例如，获取每个部门薪水前三名的员工或每个班成绩前三名的学生。

```
Select * from
(select depno,ename,sal,row_number() over (partition by depno
order by sal desc) rn
from emp)
where rn<=3 ;
```

11. 如何把相邻记录合并到一条记录

在Oracle 8i以上的版本中，使用分析函数lag与lead可以提取后一条或前一条记录到本记录。

```
Select deptno,ename,hiredate,lag(hiredate,1,null) over
(partition by deptno over by hiredate,ename) last_hire
from emp
order by depno,hiredate ;
```

12. 如何取得一列中第N大的值

```
select * from
(select t.*,dense_rank() over (order by t2 desc) rank from t)
where rank = &N;
```

13. 如何把单引号插入到数据库表中

（1）可以用ASCII码处理，其他特殊字符如&一样，例如：

```
insert into t values('i'||chr(39)||'m'); -- chr(39)代表字符'
```

（2）用两个单引号表示一个。

```
or insert into t values('I''m'); -- 两个''可以表示一个'
```

14. 如何查询特殊字符，如通配符%与_

```
select * from table where name like 'A\_%' escape '\' ;
```

1.5.8　锁操作

1. 如何解锁

```
ALTERSYSTEMKILLSESSION'SID,SERIR#';
```

2. 如何快速查找锁与锁等待

数据库的锁比较耗费资源，特别是发生锁等待的时候，需快速找到发生等待的锁，根据锁的重要程度，选择是否杀掉该进程。

查找数据库中所有的DML语句产生的锁，可辨别是表锁还是行锁，通过如下SQL语句实现。

```
SELECT /*+ rule */ s.username,
decode(l.type,'TM','TABLE LOCK',
'TX','ROW LOCK',
NULL) LOCK_LEVEL,
o.owner,o.object_name,o.object_type,
s.sid,s.serial#,s.terminal,s.machine,s.program,s.osuser
FROM v$session s,v$lock l,dba_objects o
WHERE l.sid = s.sid
AND l.id1 = o.object_id(+)
AND s.username is NOT NULL
```

可以通过alter system kill session 'sid,serial#'来杀掉会话。如果发生了锁等待，通过以下语句可以查询到谁锁了表，而谁在等待。

```
SELECT /*+ rule */ lpad(' ',decode(l.xidusn ,0,3,0))||l.oracle_username User_
name,
o.owner,o.object_name,o.object_type,s.sid,s.serial#
FROM v$locked_object l,dba_objects o,v$session s
WHERE l.object_id=o.object_id
AND l.session_id=s.sid
ORDER BY o.object_id,xidusn DESC
```

以上查询结果是一个树状结构，如果有子节点，则表示有等待发生。如果想知道锁用了哪个回滚段，还可以关联到V$rollname，其中xidusn就是回滚段的USN。

3. 如何查看锁的状况

```
SELECT S.SID SESSION_ID,S.USERNAME,
DECODE(LMODE,0,'None',1,'Null',2,'Row-S (SS)',3,'Row-X
(SX)',4,'Share',5,'S/Row-X (SSX)',6,'Exclusive',TO_CHAR(LMODE)) MODE_HELD,
DECODE(REQUEST,0,'None',1,'Null',2,'Row-S (SS)',3,
```

```
'Row-X (SX)',4,'Share',5,'S/Row-X (SSX)',6,
'Exclusive',TO_CHAR(REQUEST)) MODE_REQUESTED,
O.CCBZZP || '.' || O.OBJECT_NAME || ' (' || O.OBJECT_TYPE || ')',S.TYPE
LOCK_TYPE, L.ID1 LOCK_ID1, L.ID2 LOCK_ID2
FROM V$LOCK L, SYS.DBA_OBJECTS O, V$SESSION S
WHERE L.SID = S.SID
AND L.ID1 = O.OBJECT_ID;
```

1.5.9　归档的开启与关闭

1. 如何开启/关闭归档

如果开启归档，请保证log_archive_start=true开启自动归档，否则只能手工归档，如果关闭了归档，则设置该参数为false。

注意：如果是OPS/RAC环境，需要先把parallel_server = true注释掉，然后执行如下步骤，最后用这个参数重新启动。

1）开启归档

（1）shutdown immediate。

（2）startup mount。

（3）alter database archivelog。

（4）alter database opne。

2）禁止归档

（1）shutdown immediate。

（2）startup mount。

（3）alter database noarchivelog。

（4）alter database open。

归档信息可以通过如下语句查看。

```
SQL> archive log list
Database log mode Archive Mode
Automatic archival Enabled
Archive destination E:\oracle\ora92\database\archive
Oldest online log sequence 131
Next log sequence to archive 133
Current log sequence 133
```

2. 如何设置定时归档

在Oracle 9i以上的版本中，保证归档的最小间隔不超过n秒。设置Archive_lag_target = n，单位为秒，范围为0～7200。

1.5.10　数据的导入与导出

1. 在不同版本中如何导出/导入

导出用低版本，导入用当前版本。如果版本跨越太大，需要使用中间版本过渡。

2. 不同的字符集之前怎么导数据

（1）前提条件是保证导出/导入符合其他字符集标准，如客户环境与数据库字符集一致。

（2）修改dmp文件的2、3字节为目标数据库的字符集，注意要换成十六进制。

参考函数（以下函数中的ID是十进制的）如下：

- nls_charset_name 用于根据字符集ID获得字符集名称。
- nls_charset_id 用于根据字符集名称获得字符集ID。

1.5.11　其他

1. dbms_output提示缓冲区不够，如何增加缓冲区

增加方式为：dbms_output.enable(20000)。

另外，如果dbms_output的信息不能显示，需要设置set serveroutput on。

2. dbms_repcat_admin能带来什么安全隐患

如果一个用户能执行dbms_repcat_admin包，将获得极大的系统权限。

以下情况可能获得该包的执行权限：

（1）在sys用户下grant execute on dbms_repcat_admin to public[|user_name]。

（2）用户拥有execute any procedure特权（仅限于Oracle 9i以下的版本，Oracle 9i版本必须显示授权）。

用户通过执行如下语句，该用户将获得极大的系统特权，可以从user_sys_privs中获得用户权限的详细信息。

```
exec sys.dbms_repcat_admin.grant_admin_any_schema('user_name');
```

3. 关系数据库系统与文件数据库系统的区别

（1）关系数据库的整体数据是结构化的，采用关系数据模型来描述，这是它与文件数据库系统的根本区别。数据模型包括数据结构，数据操作以及完整性约束条件。

（2）关系数据库系统的共享性高，冗余低，可以面向整个系统，而文件数据库系统则具有应用范围的局限性，不易扩展。

（3）关系数据库系统采用两级映射机制保证了数据的高独立性，从而使得程序的编

写和数据都存在很高的独立性。这方面是文件数据库系统无法达到的，它只能针对某一个具体的应用。

- 两级映射：保证逻辑独立性的外模式/模式映射和保证物理独立性的内模式/模式映射。
- 外模式：用户模式，是数据库用户的局部数据的逻辑结构特征的描述。
- 模式：数据库全体数据的逻辑结构特征的描述。
- 内模式：也就是数据最终的物理存储结构的描述。

（4）关系数据库系统由统一的DBMS进行管理，从而为数据提供安全性保护、并发控制、完整性检查和数据库恢复服务。

4. 理解Oracle的归档与不归档工作模式

Oracle归档模式是指在创建数据库时指定了ARCHIVELOG参数。在这种模式下，当重做日志文件写满时，会将该重做日志文件的内容保存到指定的位置（由初始化文件中的参数ARCHIVE_LOG_DEST_n来决定），并不是数据库在归档模式下工作的时候就可以自动完成归档操作。在归档模式下可以有两种归档方式：自动归档（在初始化文件中的参数ARCHIVE_LOG_START被设置为TRUE）和手动归档。如果归档模式下没有启动自动归档，而且没有实行手动归档，那么当LGWR进程将重做日志信息写入已经写满的重做日志文件时，数据库将会被挂起直到进行了归档。可见归档是对重做日志文件信息的一种保护措施。

Oracle非归档模式是指重做日志文件写满以后，若有LGWR进行重做日志信息的写入操作，以前保存在重做日志文件中的重做日志信息就会被覆盖。

5. 什么是视图

view是对表级数据的多角度的透视，适用于对查询安全性、灵活性有一定要求的环境。

6. Oracle数据库文件的类型

Oracle数据库的文件类型包括数据文件、控制文件、日志文件和参数文件。

7. 执行TRUNCATE命令后，存储空间是否还存在

执行TRUNCATE命令后，为表分配的区空间将被回收，HWM将回退。如果使用TRUNCATE时没有指定REUSE STORAGE，那么执行操作后仅仅留下由MINEXTENTS所指定的区，否则表的所有空间将被回收用于再分配。

8. TRUNCATE与DELETE的区别

DELETE一般用于删除少量记录，要使用回滚段，并且要显式提交事务。TRUNCATE用于删除大量数据，而且要隐式提交事务，其速度要比使用DELETE快得多。

（1）TRUNCATE在各种表上无论大小，都非常快。如果有ROLLBACK命令，

DELETE将被撤销，而TRUNCATE则不会被撤销。

（2）TRUNCATE是一个DDL语言，而DELETE是DML语句。与其他DDL语言一样，TRUNCATE将被隐式提交，不能对TRUNCATE使用ROLLBACK命令。

（3）TRUNCATE将重新设置高水平线和所有的索引。在对整个表和索引进行完全浏览时，经过TRUNCATE操作后的表比DELETE操作后的表要快得多。

（4）TRUNCATE不能触发触发器，DELETE会触发触发器。

（5）不能授予任何人清空他人的表的权限。

（6）当表被清空后，表和表的索引将重新设置成初始大小，而DELETE则不能。

（7）不能清空父表。

9. 在Oracle数据库中，Exits和in的执行效率有何区别

Exits执行效率比in高。

10. DDL和DML分别代表什么

DDL表示数据定义语言，在Oracle中主要包括CREATE、ALTER、DROP。
DML表示数据操作语言，主要的DML有SELECT、INSERT、UPDATE、DELETE。

11. 在Oracle中，创建的表空间信息放在哪里

存放在数据字典中，数据字典内容对应于系统表空间SYSTEM表空间。

12. Oracle中的控制文件什么时候读取

Oracle服务器启动时，先启动实例，再读取数据库的各个文件（也包括控制文件），在数据库服务器启动的第二步时读取控制文件。

13. Rman的format格式中与%s类似的内容代表什么意义

各参数代表的含义如下。

- %c：备份片的复制数。
- %d：数据库名称。
- %D：位于该月中的第几天 (DD)。
- %M：位于该年中的第几月 (MM)。
- %F：一个基于DBID唯一的名称，这个格式的形式为c-IIIIIIIIII-YYYYMMDD-QQ，其中IIIIIIIIII为该数据库的DBID，YYYYMMDD为日期，QQ是一个1~256的序列
- %n：数据库名称，向右填补到最大8个字符。
- %u：一个8个字符的名称代表备份集与创建时间。
- %p：该备份集中的备份片号，从1开始到创建的文件数。
- %U：一个唯一的文件名，代表%u_%p_%c。

- %s：备份集的号。
- %t：备份集时间戳。
- %T：年月日格式(YYYYMMDD)。

14. v$sysstat中的class分别代表什么

- 1：代表事例活动。
- 2：代表Redo buffer活动。
- 4：代表锁。
- 8：代表数据缓冲活动。
- 16：代表OS活动。
- 32：代表并行活动。
- 64：代表表访问。
- 128：代表调试信息。

15. Oracle的有哪些数据类型

下面介绍常见的数据类型。

- CHAR：固定长度字符域，最大长度可达2000个字节。
- NCHAR：多字节字符集的固定长度字符域，长度随字符集而定，最多为2000个字符或2000个字节。
- VARCHAR2：可变长度字符域，最大长度可达4000个字符。
- NVARCHAR2：多字节字符集的可变长度字符域，长度随字符集而定，最多为4000个字符或4000个字节。
- DATE：用于存储全部日期的固定长度（7个字节）字符域，时间作为日期的一部分存储其中。除非通过设置init.ora文件的NLS_DATE_FORMAT参数来取代日期格式，否则查询时，日期以DD-MON-YY格式表示，如13-APR-99表示1999.4.13。
- NUMBER：可变长度数值列，允许值为0、正数和负数。NUMBER值通常以4个字节或更少的字节存储，最多21字节。
- LONG：可变长度字符域，最大长度可到2GB。
- RAW：表示二进制数据的可变长度字符域，最长为2000个字节。
- LONGRAW：表示二进制数据的可变长度字符域，最长为2GB。
- MLSLABEL：只用于TrustedOracle，这个数据类型每行使用2～5个字节。
- BLOB：二进制大对象，最大长度为4GB。
- CLOB：字符大对象，最大长度为4GB。
- NCLOB：多字节字符集的CLOB数据类型，最大长度为4GB。
- BFILE：外部二进制文件，大小由操作系统决定。
- ROWID：表示RowID的二进制数据，在Oracle 8中RowID的数值为10个字节，在

Oracle 7中使用的RowID：格式为6个字节。

- UROWID：用于数据寻址的二进制数据，最大长度为4000个字节。

16. 哪些常见关键字不能被用于对象名

以Oracle 8i版本为例，保留关键字一般不能用作对象名，保留关键字如下：

ACCESS ADD ALL ALTER AND ANY AS ASC AUDIT BETWEEN BY CHAR CHECK CLUSTER COLUMN COMMENT COMPRESS CONNECT CREATE CURRENT DATE DECIMAL DEFAULT DELETE DESC DISTINCT DROP ELSE EXCLUSIVE EXISTS FILE FLOAT FOR FROM GRANT GROUP HAVING IDENTIFIED IMMEDIATE IN INCREMENT INDEX INITIAL INSERT INTEGER INTERSECT INTO IS LEVEL LIKE LOCK LONG MAXEXTENTS MINUS MLSLABEL MODE MODIFY NOAUDIT NOCOMPRESS NOT NOWAIT NULL NUMBER OF OFFLINE ON ONLINE OPTION OR ORDER PCTFREE PRIOR PRIVILEGES PUBLIC RAW RENAME RESOURCE REVOKE ROW ROWID ROWNUM ROWS SELECT SESSION SET SHARE SIZE SMALLINT START SUCCESSFUL SYNONYM SYSDATE TABLE THEN TO TRIGGER UID UNION UNIQUE UPDATE USER VALIDATE VALUES VARCHAR VARCHAR2 VIEW WHENEVER WHERE WITH。

详细信息可以查看v$reserved_words视图。

17. ROWID的结构与组成

在Oracle 8以上的版本中，ROWID组成如下：

```
OOOOOOFFFBBBBBBRRR
```

在Oracle 8以下的版本中，ROWID组成（也叫受限Rowid）如下：

```
BBBBBBBB.RRRR.FFFF
```

其中：O是对象ID，F是文件ID，B是块ID，R是行ID。

如果查询一个表的ROWID，根据其中块的信息，可以知道该表确切占用了多少个块，进而知道占用了多少数据空间（此数据空间不等于表的分配空间）。

18. 数据库系统体系结构

对Oracle 系统而言，数据库系统体系结构包括sga、后台进程表空间的分配策略；回滚段的结构。

Oracle的sga（系统全局区）包括的主要区有：数据库缓存区、重做日志缓存区、共享池（数据字典缓存和库缓存）、大池等。数据库缓存区用来存放最近使用过的数据块，主要和后台进程中的数据库写进程（DBWR）以及数据文件发生关系。重做日志缓存区用于存放操作数据库数据所产生的重做日志信息，与之合作的有重做日志写进程（LGWR）和重做日志文件。共享池主要缓存SQL/PLSQL、资源锁、控制信息等，其中的库缓存主要缓存被解析执行过的SQL/PLSQL。库缓存可分为共享SQL和私有SQL两个区，共享SQL用于存放SQL语句的语法分析结果和执行计划，私有SQL则用来存放与具体SQL语句执行有关的绑定变量、会话参数等。

主要的后台进程有：数据库写进程（DBWR）、重做日志写进程（LGWR）、系统监视器（SMON）、进程监视器（PMON）、检查点进程（CKPT）。DBWR主要是对数据库缓存区中的数据进行写入数据文件操作；LGWR主要是将对数据库数据操作所产生的重做日志信息写入重做日志文件中；SMON用于非正常关闭数据库的情况下重启数据库时对数据库的恢复；PMON用来恢复失败的用户进程和服务进程，并释放其所占系统资源；CKPT可以表示数据库在此处于完整状态。

逻辑存储结构有：数据块（BLOCK）、区（EXTENT）、段（SEGMENT）、表空间（TABLESPACE）。

物理存储空间有：表空间、数据文件、控制文件、日志文件、数据字典。

19. 联机备份机制与恢复机制

描述相关数据库的实时联机备份策略，如数据库系统在运行中通过何种方式保证其数据的实时备份，出现问题时，应采取何种办法从联机备份进行恢复。

对Oracle而言，其archive online 备份方式应如何设置、修改什么参数、如何安排备份空间等。

20. Oracle数据库表存放到磁盘的位置

Oracle数据库表存放在数据文件上。

21. Oracle给用户分配权限的语法

使用GRANT TO 语句。

22. 如何理解Oracle中回滚的概念

回滚是在事务提交之前，将数据库数据恢复到事务修改之前的数据库数据状态。

回滚段为回滚提供依据，记录的是事务操作数据库之前的数据或者对应于以前操作的操作，这要根据以前的操作而定。之前的事务操作如果是UPDATE，那么回滚段存储UPDATE以前的数据；如果事务是DELETE操作，那么存储的内容，则是与之相对应的INSERT操作语句；如果事务操作是INSERT，那么记录DELETE操作。

23. 客户端如何访问服务器端的Oracle

客户端通过网络或者进程方式以合法的用户身份来取得和服务器端Oracle的连接。如果客户端无法访问服务器端，Oracle可能出现的原因是：用户无权访问；服务器端数据库并没有打开（启动数据库的第三步没有完成）；如果服务器是在共享模式下，则有可能没有对应于该客户所使用的通信协议的调度进程Dnnn。

24. 在执行insert语句并提交后，数据存储到哪里

数据被存储到数据文件中。

25. 客户端对服务器端的Oralce操作的流程是什么

在专用模式下，用户通过应用程序进程试图去得到一个与Oracle数据库服务器的连接。客户端通过网络传递连接请求，Oracle服务器则使用监听进程监听用户请求，并验证用户身份，通过验证为用户分配一个专用服务进程。用户提交SQL语句，专用服务进程首先在SGA区的共享池中检查是否有与该SQL语句相似的已经被解析执行并且缓存的SQL语句。如果有，则采用它的解析结果和执行计划执行SQL语句。如果没有，则对SQL语句进行语法解析生成执行计划。通过解析执行操作获取数据，将执行结果返回给客户。

在共享模式下，监听程序验证用户的合法性以后，并不为它分配一个专用的服务进程，而是将该请求与响应的调度进程联系起来，并将其放入一个请求队列中，最终由响应的Dnnn从调度队列中获取一个请求，并为之分配一个空闲的服务进程。服务进程对该请求的服务操作和专用模式下相同，处理之后由服务进程先将结果放入一个返回队列，最后由调度进程（Dnnn）将返回队列中的结果返回给对应的用户。

26. 基本SQL语句有哪些

基本SQL语句有select、insert、update、delete、create、drop、truncate。

27. 控制文件包含哪些基本内容

控制文件主要包含如下条目，可以通过dump控制文件内容看到。

```
DATABASE ENTRY
CHECKPOINT PROGRESS RECORDS
REDO THREAD RECORDS
LOG FILE RECORDS
DATA FILE RECORDS
TEMP FILE RECORDS
TABLESPACE RECORDS
LOG FILE HISTORY RECORDS
OFFLINE RANGE RECORDS
ARCHIVED LOG RECORDS
BACKUP SET RECORDS
BACKUP PIECE RECORDS
BACKUP DATAFILE RECORDS
BACKUP LOG RECORDS
```

```
DATAFILE COPY RECORDS
BACKUP DATAFILE CORRUPTION RECORDS
DATAFILE COPY CORRUPTION RECORDS
DELETION RECORDS
PROXY COPY RECORDS
INCARNATION RECORDS
```

第2章
MySQL数据库应用

本章从MySQL简介、安装配置、数据库函数、常见问题参考等方面，介绍MySQL的产品特点、常见问题及解决技巧。

- MySQL简介
- 安装配置
- 数据库函数
- 常见问题参考

2.1　MySQL简介

　　MySQL是一个关系型数据库管理系统，由瑞典的MySQL AB 公司开发，目前是Oracle旗下的产品。MySQL 是最流行的关系型数据库管理系统之一，在 Web应用方面，MySQL是最好的关系数据库管理系统（Relational Database Management System，RDBMS）应用软件。关系数据库将数据保存在不同的表中，而不是将所有数据放在一个大仓库内，这样就增加了运行速度并提高了灵活性。

　　MySQL使用的 SQL 语言是用于访问数据库的常用标准化语言。MySQL 软件采用了双授权政策，分为社区版和商业版，由于其体积小、速度快、总体拥有成本低，尤其是开放源码，一般中小型网站的开发都选择 MySQL 作为网站数据库。

　　由于其社区版的性能卓越，搭配 PHP 和 Apache 可组成良好的开发环境。

2.1.1　产品历史

　　MySQL的历史最早可以追溯到1979年，有一个叫Monty Widenius的人为一个叫TcX的小公司打工，并用BASIC设计了一个报表工具，可以在4MB主频和16KB内存的计算机上运行。过了不久，他又将此工具使用C语言重写，移植到Unix平台。当时，它只是一个很底层的面向报表的存储引擎，这个工具叫Unireg。

　　1985 年，几位志同道合的瑞典小伙子（以David Axmark 为首）成立了一家公司，这就是MySQL AB 的前身。这个公司最初并不是为了开发数据库产品，而是在实现他们想法的过程中需要一个数据库。他们希望能够使用开源的产品，但当时并没有合适的选择，于是他们自己开发了一个数据库。

　　最初，他们只是自己设计了一个利用索引顺序存取数据的方法，也就是ISAM（Indexed Sequential Access Method）存储引擎核心算法的前身，利用ISAM 结合mSQL 来实现他们的应用需求。早期，他们主要为瑞典的一些大型零售商提供数据仓库服务。在系统使用过程中，随着数据量越来越大，系统复杂度越来越高，ISAM 和mSQL 的组合逐渐不堪重负。在分析性能瓶颈之后，他们发现问题出在mSQL。不得已，他们抛弃了mSQL，重新开发了一套功能类似的数据存储引擎，这就是ISAM 存储引擎。他们当时的主要客户是数据仓库，直至现在，MySQL 最擅长的也是查询，而不是事务处理（需要借助第三方存储引擎）。

1990年，TcX的customer中开始有人要求为它的API提供SQL支持。当时，有人想到了直接使用商用数据库，但是Monty觉得商用数据库的速度难以令人满意。于是，他直接借助mSQL的代码，将它集成到自己的存储引擎中，但效果并不太好。于是Monty决心自己重写一个SQL支持。

1996年，MySQL 1.0发布，在小范围内使用，到了1996年10月，MySQL 3.11.1发布了，没有2.x版本。开始，只提供Solaris下的二进制版本。一个月后，Linux版本出现了。此时的MySQL非常简陋，除了在一个表上做Insert、Update、Delete和Select操作之外，没有更多其他的功能。

在接下来的两年里，MySQL依次移植到了各个平台。它发布时采用的许可策略与众不同：允许免费商用，但是不能将MySQL与自己的产品绑定在一起发布。如果想一起发布，就必须使用特殊许可，意味着要付费。当然，商业支持也是需要付费的。这种特殊许可为MySQL带来了一些收入，从而为它的持续发展打下了良好的基础。

1999—2000年，MySQL AB公司在瑞典成立，叫他们与Sleepycat合作，开发出了Berkeley DB引擎，因为BDB支持事务处理，所以MySQL从此开始支持事务处理。

2000年，MySQL公布了自己的源代码，并采用GPL（GNU General Public License）许可协议，正式进入开源世界。

2000年4月，MySQL对旧的存储引擎进行了整理，命名为MyISAM。

2001年，Heikiki Tuuri向MySQL提出建议，希望能集成他们的存储引擎InnoDB，这个引擎同样支持事务处理，还支持行级锁。在2001年发布3.23版本的时候，该版本已经支持大多数的基本SQL操作，而且集成了MyISAM和InnoDB存储引擎。MySQL与InnoDB的正式结合版本是4.0。

2004年10月，发布了经典的4.1版本。2005年10月，发布了里程碑式的版本MySQL 5.0。在5.0中加入了游标、存储过程、触发器、视图和事务的支持。在5.0之后的版本中，MySQL明确地迈出了向高性能数据库发展的步伐。

2008年1月16日，MySQL被Sun公司收购。

2009年4月20日，Oracle收购Sun公司，MySQL转入Oracle门下。

2010年4月22，发布MySQL 5.5和MySQLcluster 7.1。

现在从官网可以下载的MySQL版本是5.5.18。Oracle对MySQL版本重新进行了划分，分成了社区版和企业版，企业版是收费的，也会提供更多功能。

2.1.2　应用环境

与其他的大型数据库（如Oracle、DB2、SQL Server等）相比，MySQL自有它的不足之处，但是这丝毫没有降低它受欢迎的程度。对于一般的个人使用者和中小型企业来说，MySQL提供的功能已经绰绰有余，而且MySQL是开放源码软件，可以大大降低成本。

Linux作为操作系统，Apache或Nginx作为Web服务器，MySQL作为数据库，PHP/Perl/Python作为服务器端脚本解释器，这四个软件都是免费或开放源码软件（FLOSS），因此除了人工成本，可以免费建立一个稳定的网站系统，被业界称为LAMP或LNMP组合。

2.1.3 数据库特点

下面介绍MySQL数据库的特点。

- 使用 C和 C++编写，并使用多种编译器进行测试，保证了源代码的可移植性。
- 支持 AIX、FreeBSD、HP-UX、Linux、Mac OS、NovellNetware、OpenBSD、OS/2 Wrap、Solaris、Windows等多种操作系统。
- 为多种编程语言提供了API。这些编程语言包括C、C++、Python、Java、Perl、PHP、Eiffel、Ruby、.NET、Tcl等。
- 支持多线程，充分利用 CPU 资源。
- 优化的 SQL查询算法有效提高了查询速度。
- 既能作为一个单独的应用程序应用在客户端服务器网络环境中，也能作为一个库嵌入其他软件中。
- 提供多语言支持，常见编码（如中文的GB 2312、BIG5、日文的Shift_JIS等）都可以用作数据表名和数据列名。
- 提供 TCP/IP、ODBC、JDBC等多种数据库连接途径。
- 提供用于管理、检查、优化数据库操作的管理工具。
- 支持大型数据库，可以处理拥有上千万条记录的大型数据库。
- 支持多种存储引擎。
- MySQL是开源的，所以不需要支付额外的费用。
- MySQL使用标准的SQL数据语言形式。
- MySQL对PHP有很好的支持，PHP是目前最流行的 Web 开发语言。
- MySQL是可以定制的，采用了GPL协议，可以通过修改源码来开发MySQL系统。
- 在线 DDL/更改功能，数据架构支持动态应用程序和开发人员灵活性（5.6[4]版新增）。
- 复制全局事务标识，可支持自我修复式集群（5.6[4]版新增）。
- 复制无崩溃从机，可提高可用性（5.6[4]版新增）。
- 复制多线程从机，可提高性能（5.6[4]版新增）。
- 更快的性能（5.7[5]版新增）。
- 新的优化器（5.7[5]版新增）。
- 原生JSON支持（5.7[5]版新增）。
- 多源复制（5.7[5]版新增）。
- GIS的空间扩展（5.7[5]版新增）。

2.2 安装配置

1. 安装MySQL服务

使用如下指令安装MySQL及相关服务。

```
yum install mysql.x86_64 mysql-server.x86_64 mysql-connector-java.noarch mysql-connector-
odbc.x86_64
```

启动MySQL服务。

```
service mysqld start
……
正在启动 mysqld： ［确定］
[root@sjzx15 ~]# service mysqld status
mysqld (pid  5785) 正在运行...
[root@sjzx15 ~]# chkconfig mysqld on
[root@sjzx15 ~]# chkconfig --list |grep mysqld
mysqld          0:关闭  1:关闭  2:启用  3:启用  4:启用  5:启用  6:关闭
```

将MySQL服务设置为自动启动。

```
chkconfig mysqld on
```

检查MySQL服务是否自动启动。

```
chkconfig --list |grep mysqld
```

修改root用户的密码。

```
/usr/bin/mysqladmin -u root password '********'
/usr/bin/mysqladmin -u root -h bigdata-a-004 password '********'
```

使用root用户登录。

```
[root@sjzx15 ~]# mysql -u root -p
Enter password:
Welcome to the MySQL monitor.  Commands end with ; or \g.
Your MySQL connection id is 4
Server version: 5.1.71 Source distribution
```

2. 修改MySQL服务器端口和大小写敏感

将MySQL的端口改成13306。

```
vi /etc/my.cnf
```

在[mysqld]下修改或者添加。

```
port=13306
lower_case_table_names=1
```

保存退出后重启MySQL服务。

```
service mysqld restart
```

3. 创建MySQL数据库

创建4个数据库hive、scm、oozie、sentry，创建用户hadoop并授权。密码默认为 ********。

```
# mysql -u root -p
create database hive default charset utf8 collate utf8_general_ci;
create database scm default charset utf8 collate utf8_general_ci;
create database sentry default charset utf8 collate utf8_general_ci;
create database oozie default charset utf8 collate utf8_general_ci;
CREATE USER 'hadoop'@'%' IDENTIFIED BY '********';
CREATE USER 'hadoop'@'localhost' IDENTIFIED BY '********';
GRANT ALL PRIVILEGES ON *.* TO 'hadoop'@'%'  IDENTIFIED BY '********';
GRANT ALL PRIVILEGES ON *.* TO 'hadoop'@'localhost'  IDENTIFIED BY
'********';
flush privileges;
```

检查用户是否创建成功。

```
select user,host,password from mysql.user;
```

2.3　数据库函数

本节介绍数学函数、字符串函数、日期函数、条件判断函数、系统信息函数、加密函数和其他函数。

2.3.1　数学函数

本节主要介绍ABS()、CEIL()、FLOOR()、RAND()、SIGM()、PI()等25个数字函数。

1. ABS(x)

说明：返回x的绝对值。

示例：SELECT ABS(-1) -- 返回值1

2. CEIL(x)

说明：返回大于或等于x的最小整数。

示例：SELECT CEIL(1.5) -- 返回值1

3. FLOOR(x)

说明：返回小于或等于x的最大整数。

示例：SELECT FLOOR(1.5) -- 返回值1

4. RAND()

说明：返回0->1的随机数。

示例：SELECT RAND() --返回值0.93099315644334

5. RAND(x)

说明：返回0->1的随机数，x值相同时返回的随机数相同。

示例：SELECT RAND(2) --返回值1.5865798029924

6. SIGN(x)

说明：返回x的符号，x是负数、0、正数时分别返回-1、0和1。

示例：SELECT SIGN(-10) -- 返回值-1

7. PI()

说明：返回圆周率(3.141593)。

示例：SELECT PI() --返回值3.141593

8. TRUNCATE(x,y)

说明：返回数值x保留到小数点后y位的值（与ROUND最大的区别是不会进行四舍五入）。

示例：SELECT TRUNCATE(1.23456,3) -- 返回值1.234

9. ROUND(x)

说明：返回离x最近的整数。

示例：SELECT ROUND(1.23456) -- 返回值 -1

10. ROUND(x,y)

说明：保留x小数点后y位的值，但截断时要进行四舍五入。

示例：SELECT ROUND(1.23456,3) -- 返回值1.235

11. POW(x,y).POWER(x,y)

说明：返回x的y次方。

示例：SELECT POW(2,3) -- 返回值 8

12. SQRT(x)

说明：返回x的平方根。

示例：SELECT SQRT(25) -- 返回值5

13. EXP(x)

说明：返回e的x次方。

示例：SELECT EXP(3) --返回值 20.085536923188

14. MOD(x,y)

说明：返回x除以y以后的余数。

示例：SELECT MOD(5,2) --返回值 1

15. LOG(x)

说明：返回自然对数(以e为底的对数)。

示例：SELECT LOG(20.085536923188) --返回值 3

16. LOG10(x)

说明：返回以10为底的对数。

示例：SELECT LOG10(100) --返回值 2

17. RADIANS(x)

说明：将角度转换为弧度。

示例：SELECT RADIANS(180) --返回值 3.1415926535898

18. DEGREES(x)

说明：将弧度转换为角度

示例：SELECT DEGREES(3.1415926535898) --返回值 180

19. SIN(x)

说明：求正弦值。

示例：SELECT SIN(RADIANS(30)) --返回值 0.5

20. ASIN(x)

说明：求反正弦值(参数是弧度)。

21. COS(x)

说明：求余弦值(参数是弧度)。

22. ACOS(x)

说明：求反余弦值(参数是弧度)。

23. TAN(x)

说明：求正切值(参数是弧度)。

24. ATAN(x) ATAN2(x)

说明：求反正切值(参数是弧度)。

25. COT(x)

说明：求余切值(参数是弧度)。

2.3.2　字符串函数

本节主要介绍CHAR_LENGTH()、LENGTH()、CONCAT()、CONCAT_WS()、INSERT()、VPPER()等30个字符串函数。

1. CHAR_LENGTH(s)

说明：返回字符串s的字符数。
示例：SELECT CHAR_LENGTH('好123') --返回值 5

2. LENGTH(s)

说明：返回字符串s的长度。
示例：SELECT LENGTH('好123') --返回值 9

3. CONCAT(s1,s2,...)

说明：将字符串s1、s2等多个字符串合并为一个字符串。
示例：SELECT CONCAT('12','34') --返回值 1234

4. CONCAT_WS(x,s1,s2,...)

说明：同CONCAT(s1,s2,...)函数，但是每个字符串之前要加上x。

示例：SELECT CONCAT_WS('@','12','34') -- 返回值12@34

5. INSERT(s1,x,len,s2)

说明：将字符串s2替换s1的x位置开始长度为len的字符串。

示例：SELECT INSERT('12345',1,3,'abc') --返回值 abc45

6. UPPER(s)

说明：将字符串s的所有字母变成大写字母。

示例：SELECT UPPER('abc') --返回值 ABC

7. LOWER(s),LCASE(s)

说明：将字符串s的所有字母变成小写字母。

示例：SELECT LOWER('ABC') --返回值 abc

8. LEFT(s,n)

说明：返回字符串s的前n个字符。

示例：SELECT LEFT('abcde',2) --返回值 ab

9. RIGHT(s,n)

说明：返回字符串s的后n个字符。

示例：SELECT RIGHT('abcde',2) --返回值 de

10. LPAD(s1,len,s2)

说明：用字符串s2来填充s1的开始处，使字符串长度达到len。

示例：SELECT LPAD('abc',5,'xx') --返回值 xxabc

11. RPAD(s1,len,s2)

说明：用字符串s2来填充s1的结尾处，使字符串的长度达到len。

示例：SELECT RPAD('abc',5,'xx') --返回值 abcxx

12. LTRIM(s)

说明：去掉字符串s开始处的空格。

13. RTRIM(s)

说明：去掉字符串s结尾处的空格。

14. TRIM(s)

说明：去掉字符串s开始和结尾处的空格。

15. TRIM(s1 FROM s)

说明：去掉字符串s中开始处和结尾处的字符串s1。

示例：SELECT TRIM('@' FROM '@@abc@@') --返回值 abc

16. REPEAT(s,n)

说明：将字符串s重复n次。

示例：SELECT REPEAT('ab',3) --返回值 ababab

17. SPACE(n)

说明：返回n个空格。

18. REPLACE(s,s1,s2)

说明：将字符串s2替代字符串s中的字符串s1。

示例：SELECT REPLACE('abc','a','x') --返回值xbc

19. STRCMP(s1,s2)

说明：比较字符串s1和s2。

20. SUBSTRING(s,n,len)

说明：获取从字符串s中的第n个位置开始长度为len的字符串。

21. MID(s,n,len)

说明：同SUBSTRING(s,n,len)。

22. LOCATE(s1,s),POSITION(s1 IN s)

说明：从字符串s中获取s1的开始位置。

示例：SELECT LOCATE('b', 'abc') --返回值 2

23. INSTR(s,s1)

说明：从字符串s中获取s1的开始位置。

示例：SELECT INSTR('abc','b') --返回值 2

24. REVERSE(s)

说明：将字符串s的顺序反过来。

示例：SELECT REVERSE('abc') --返回值 cba

25. ELT(n,s1,s2,...)

说明：返回第n个字符串。

示例：SELECT ELT(2,'a','b','c') --返回值 b

26. EXPORT_SET(x,s1,s2)

说明：返回一个字符串，在bits中设定每一位，得到一个on字符串，并且对于每个复位(reset)的位，得到一个off字符串。每个字符串用separator分隔(默认"，")，并且只有bits的number_of_bits (默认64)位被使用。

示例：SELECT EXPORT_SET(5,'Y','N',',',4) --返回值 Y,N,Y,N

27. FIELD(s,s1,s2，...)

说明：返回第一个与字符串s匹配的字符串位置。

示例：SELECT FIELD('c','a','b','c') --返回值 3

28. FIND_IN_SET(s1,s2)

说明：返回在字符串s2中与s1匹配的字符串的位置。

29. MAKE_SET(x,s1,s2)

说明：返回一个集合 (包含由"，"字符分隔的子串组成的一个字符串)，由相应的位在bits集合中的字符串组成。str1对应位0，str2对应位1，依次类推。

示例：SELECT MAKE_SET(1|4,'a','b','c'); --返回值 a,c

30. SUBSTRING_INDEX

说明：返回从字符串str的第count个出现的分隔符delim之后的子串。如果count是正数，返回第count个字符左边的字符串。如果count是负数，返回第(count的绝对值(从右边数))个字符右边的字符串。

示例：

SELECT SUBSTRING_INDEX('a*b','*',1) --返回值 a

SELECT SUBSTRING_INDEX('a*b','*',-1) --返回值 b

SELECT SUBSTRING_INDEX(SUBSTRING_INDEX('a*b*c*d*e','*',3),'*',-1) -- 返回值c（31）

LOAD_FILE(file_name)

说明：读入文件并且作为一个字符串返回文件内容。文件必须在服务器上，必须指定到文件的完整路径名，而且必须有file权限。文件所有内容必须都是可读的，并且小于max_allowed_packet。 如果文件不存在或由于上面原因之一不能被读出，函数返回NULL。

2.3.3　日期函数

本节主要介绍CURDATE()、CURTIME()、NOW()、UNIX_TIMESTAMP()、FORM_UNIXTIME、UPC_TIME等35个日期函数。

1. CURDATE()

说明：返回当前日期。

示例：SELECT CURDATE() --返回值 2014-12-17

2. CURTIME()

说明：返回当前时间。

示例：SELECT CURTIME() --返回值 15:59:02

3. NOW()

说明：返回当前日期和时间。

示例：SELECT NOW() --返回值 2014-12-17 15:59:02

4. UNIX_TIMESTAMP()

说明：以UNIX时间戳的形式返回当前时间。

示例：SELECT UNIX_TIMESTAMP() --返回值 1418803177

5. UNIX_TIMESTAMP(d)

说明：将时间d以UNIX时间戳的形式返回。

示例：SELECT UNIX_TIMESTAMP('2011-11-11 11:11:11') --返回值 1320981071

6. FROM_UNIXTIME(d)

说明：将UNIX时间戳的时间转换为普通格式的时间。

示例：SELECT FROM_UNIXTIME(1320981071) --返回值 2011-11-11 11:11:11

7. UTC_DATE()

说明：返回UTC日期。

示例：SELECT UTC_DATE() --返回值 2014-12-17

8. UTC_TIME()

说明：返回UTC时间。

示例：SELECT UTC_TIME() --返回值 08:01:45 (慢了8小时)

9. MONTH(d)

说明：返回日期d中的月份值，范围是1～12。

示例：SELECT MONTH('2011-11-11 11:11:11') --返回值11

10. MONTHNAME(d)

说明：返回日期中的月份名称，如Janyary。

示例：SELECT MONTHNAME('2011-11-11 11:11:11') --返回值 November

11. DAYNAME(d)

说明：返回日期d是星期几，如Monday。

示例：SELECT DAYNAME('2011-11-11 11:11:11') --返回值 Friday

12. DAYOFWEEK(d)

说明：返回日期d是星期几，如1表示星期日，2表示星期一。

示例：SELECT DAYOFWEEK('2011-11-11 11:11:11') --返回值 6

13. WEEKDAY(d)

说明：返回日期d是星期几，如0表示星期一，1表示星期二。

示例：SELECT WEEKDAY（'2001-11-11' 11:11:11）--返回值4

14. WEEK(d)，WEEKOFYEAR(d)

说明：计算日期d是本年的第几周，范围是0～53。

示例：SELECT WEEK('2011-11-11 11:11:11') --返回值 45

15. DAYOFYEAR(d)

说明：计算日期d是本年的第几天。

示例：SELECT DAYOFYEAR('2011-11-11 11:11:11') --返回值 315

16. DAYOFMONTH(d)

说明：计算日期d是本月的第几天。

示例：SELECT DAYOFMONTH('2011-11-11 11:11:11') --返回值11

17. QUARTER(d)

说明：返回日期d是第几季度，范围是1～4。

示例：SELECT QUARTER('2011-11-11 11:11:11') --返回值 4

18. HOUR(t)

说明：返回t中的小时值。

示例：SELECT HOUR('1:2:3') --返回值1

19. MINUTE(t)

说明：返回t中的分钟值。

示例：SELECT MINUTE('1:2:3') --返回值2

20. SECOND(t)

说明：返回t中的秒钟值。

示例：SELECT SECOND('1:2:3') --返回值3

21. EXTRACT(type FROM d)

说明：从日期d中获取指定的值，type指定返回的值。type可取值为：MICROSECOND、SECOND、MINUTE、HOUR、DAY、WEEK、MONTH、QUARTER、YEAR、SECOND_MICROSECOND、MINUTE_MICROSECOND、MINUTE_SECOND、HOUR_MICROSECOND、HOUR_SECOND、HOUR_MINUTE、DAY_MICROSECOND、DAY_SECOND、DAY_MINUTE、DAY_HOUR、YEAR_MONTH。

示例：SELECT EXTRACT(MINUTE FROM '2011-11-11 11:11:11') --返回值11

22. TIME_TO_SEC(t)

说明：将时间t转换为秒。

示例：SELECT TIME_TO_SEC('1:12:00') --返回值4320

23. SEC_TO_TIME(s)

说明：将以秒为单位的时间s转换为时分秒的格式。

示例：SELECT SEC_TO_TIME(4320) --返回值 01:12:00

24. TO_DAYS(d)

说明：计算日期d距离0000年1月1日的天数。

示例：SELECT TO_DAYS('0001-01-01 01:01:01') --返回值366

25. FROM_DAYS(n)

说明：计算从0000年1月1日开始n天后的日期。

示例：SELECT FROM_DAYS(1111) --返回值 0003-01-16

26. DATEDIFF(d1,d2)

说明：计算日期d1、d2之间相隔的天数。

示例：SELECT DATEDIFF('2001-01-01','2001-02-02') --返回值-32

27. ADDDATE(d,n)

说明：计算起始日期d加上n天的日期。

示例：

SELECT ADDDATE('2011-11-11 11:11:11',1) --返回值 2011-11-12 11:11:11 （默认是天）

SELECT ADDDATE('2011-11-11 11:11:11', INTERVAL 5 MINUTE) --返回值 2011-11-11 11:16:11

28. DATE_ADD(d,INTERVAL expr type)

说明：计算起始日期d加上n天的日期。

示例：SELECT ADDDATE（'2001-11-11 11:11:11'，INTERVAL 5 MINUTE）--返回值 2011-11-11 11:16:11

29. SUBDATE(d,n)

说明：日期d减去n天后的日期。

示例：SELECT SUBDATE('2011-11-11 11:11:11', 1) --返回值 2011-11-10 11:11:11 （默认是天）

30. SUBDATE(d,INTERVAL expr type)

说明：日期d减去一个时间段后的日期。

示例：SELECT SUBDATE('2011-11-11 11:11:11', INTERVAL 5 MINUTE) --返回值 2011-11-11 11:06:11

31. ADDTIME(t,n)

说明：时间t加上n秒的时间。

示例：SELECT ADDTIME('2011-11-11 11:11:11', 5) --返回值 2011-11-11 11:11:16 （秒）

32. SUBTIME(t,n)

说明：时间t减去n秒的时间。

示例：SELECT SUBTIME('2011-11-11 11:11:11', 5) --返回值 2011-11-11 11:11:06 (秒)

33. DATE_FORMAT(d,f)

说明：按表达式f的要求显示日期d。

示例：SELECT DATE_FORMAT('2011-11-11 11:11:11','%Y-%m-%d %r') --返回值 2011-11-11 11:11:11 AM

34. TIME_FORMAT(t,f)

说明：按表达式f的要求显示时间t。

示例：SELECT TIME_FORMAT('11:11:11','%r') --返回值 11:11:11 AM

35. GET_FORMAT(type,s)

说明：获得国家地区时间格式函数。

示例：select get_format(date,'usa') --返回值 %m.%d.%Y

注意：返回的就是这个奇怪的字符串(format字符串)。

2.3.4　条件判断函数

本节主要介绍IF()、IFNULL()、CASE()等3个条件判断函数。

1. IF(expr,v1,v2)

说明：如果表达式expr成立，返回结果v1；否则，返回结果v2。

示例：SELECT IF(1 > 0,'正确','错误') --返回值 正确

2. IFNULL(v1,v2)

说明：如果v1的值不为NULL，则返回v1，否则返回v2。

示例：SELECT IFNULL(null,'Hello Word') --返回值 Hello Word

3. CASE

说明1：CASE
　　　WHEN e1
　　　THEN v1
　　　WHEN e2
　　　THEN e2

```
...
    ELSE vn
END
```

CASE表示函数开始，END表示函数结束。如果e1成立，则返回v1；如果e2成立，则返回v2；如果全部不成立，则返回vn；如果有一个成立，后面的就不执行了。

示例1：

```
SELECT CASE
    WHEN 1 > 0
    THEN '1 > 0'
    WHEN 2 > 0
    THEN '2 > 0'
    ELSE '3 > 0'
    END
--返回值 1 > 0
```

说明2：

```
CASE expr
    WHEN e1 THEN v1
    WHEN e1 THEN v1
    ...
    ELSE vn
END
```

如果表达式expr的值等于e1，返回v1；如果等于e2，则返回e2；否则返回vn。

示例2：

```
SELECT CASE 1
    WHEN 1 THEN '我是1'
    WHEN 2 THEN '我是2'
ELSE '是谁'
```

2.3.5　系统信息函数

本节主要介绍VERSON()、CONNECTION-ID()、DATABASE()、USER()、CHARSET()等7个信息系统函数。

1. VERSION()

说明：返回数据库的版本号。

示例：SELECT VERSION() --返回值 5.0.67-community-nt

2. CONNECTION_ID()

说明：返回服务器的连接数。

3. DATABASE()

说明：返回当前数据库名。

4. USER()、SYSTEM_USER()、SESSION_USER()、CURRENT_USER()、CURRENT_USER

说明：返回当前用户。

5. CHARSET(str)

说明：返回字符串str的字符集。

6. COLLATION(str)

说明：返回字符串str的字符排列方式。

7. LAST_INSERT_ID()

说明：返回最近生成的AUTO_INCREMENT值。

2.3.6 加密函数

1. PASSWORD(str)

说明：该函数可以对字符串str进行加密，一般情况下，PASSWORD(str)用于给用户的密码加密。

示例：SELECT PASSWORD('123') --返回值 *23AE809DDACAF96AF0FD78ED04B6A265E05AA257

2. MD5（str）

说明：对字符串str进行散列，可以用于一些普通的不需要解密的数据加密。

示例：SELECT md5('123') --返回值 202cb962ac59075b964b07152d234b70

3. ENCODE(str,pswd_str)与DECODE(crypt_str,pswd_str)

说明：ENCODE函数可以使用加密密码pswd_str加密字符串str，加密结果是二进制数，需要使用BLOB类型的字段保存。该函数与DECODE是一对，需要同样的密码才能够解密。

示例：SELECT ENCODE('123','xxoo')

　　　--返回值;vx

　　　SELECT DECODE(';vx','xxoo')

　　　--返回值 123

2.3.7　其他函数

1. 格式化函数FORMAT(x,n)

说明：将数字x进行格式化，将x保留到小数点后n位。

示例：SELECT FORMAT(3.1415926,3)--返回值 3.142

2. 不同进制的数字进行转换

说明：

- ASCII(s) 返回字符串s的第一个字符的ASCII码。
- BIN(x) 返回x的二进制编码。
- HEX(x) 返回x的十六进制编码。
- OCT(x) 返回x的八进制编码。
- CONV(x,f1,f2) 返回f1进制数变成f2进制数。

3. IP地址与数字相互转换的函数

说明：

INET_ATON(IP)函数可以将IP地址转换为数字表示，IP值需要加上引号。

INET_NTOA(n)函数可以将数字n转换成IP形式。

示例：SELECT INET_ATON('192.168.0.1')

　　　--返回值 3232235521

　　　SELECT INET_NTOA(3232235521)

　　　--返回值 192.168.0.1

4. 加锁函数和解锁函数

说明：

GET_LOCK(name,time)函数定义一个名称为nam的持续时间长度为time秒的锁。如果锁定成功，返回1；如果尝试超时，返回0；如果遇到错误，返回NULL。

RELEASE_LOCK(name)函数解除名称为name的锁。如果解锁成功，返回1；如果尝试超时，返回0；如果解锁失败，返回NULL。

IS_FREE_LOCK(name)函数判断是否已使用名为name的锁。如果使用，返回0；否则，返回1。

示例：

SELECT GET_LOCK('MySQL',10) --返回值 （持续10秒）

SELECT IS_FREE_LOCK('MySQL') --返回值

SELECT RELEASE_LOCK('MySQL') --返回值

5. 重复执行指定操作的函数

说明：BENCHMARK(count.expr)函数将表达式expr重复执行count次，然后返回执行时间。该函数可以用来判断MySQL处理表达式的速度。

示例：

SELECT BENCHMARK(10000,NOW()) --返回值 返回系统时间1万

6. 改变字符集的函数

说明：CONVERT(s USING cs)函数将字符串s的字符集变成cs。

示例：

SELECT CHARSET('ABC') --返回值 utf-8

SELECT CHARSET(CONVERT('ABC' USING gbk))--返回值gbk

7. 转换数据类型

说明：CAST(x AS type)和CONVERT(x,type)函数只作用于BINARY、CHAR、DATE、DATETIME、TIME、SIGNED INTEGER、UNSIGNED INTEGER。

示例：

SELECT CAST('123' AS UNSIGNED INTEGER) + 1 --返回值 124

SELECT '123' + 1 --返回值 124 其实MySQL能默认转换

SELECT CAST(NOW() AS DATE) --返回值 2014-12-18

2.4 常见问题参考

2.4.1 数据库创建

不能创建数据库xxx，数据库已经存在。

【问题描述】Can't create database 'xxx'. Database exists。

【问题分析】一个MySQL下面的数据库名称必须保证唯一性，否则就会出现这个错误。

【解决方式】

（1）把已经存在的数据库改名（不建议，除非必须如此）。

（2）把将要创建的数据库改名。

2.4.2　数据库删除

删除数据库失败。

【问题描述】dropping database (can't delete %s, errno: %d) error.:1009。

【问题分析】不能删除数据库文件，导致删除数据库失败。

【解决方式】

（1）检查使用的数据库管理账号是否有权限删除数据。

（2）检查数据库是否存在。

2.4.3　数据库连接

1. 不能连接到本地的MySQL

【问题描述】Can't connect to MySQL server on 'localhost' (10061)。

【问题分析】根据问题描述分析可知，localhost计算机是存在的，但没提供MySQL服务，需要启动这台计算机上的MySQL服务，如果计算机负载太高，不能及时响应请求也会产生这种错误。

【解决方式】既然没有启动，就要启动这台计算机的MySQL。如果启动不成功，多数是因为my.ini配置有问题，重新配置即可。

如果MySQL负载异常，可以到mysql/bin 的目录下执行mysqladmin -uroot -p123 processlist以查看MySQL当前的进程。

2. 出现未知的MySQL服务器

【问题描述】Unknown MySQL Server Host 'localhosadst' (11001)。

【问题分析】服务器 localhosasdst 不存在或者根本无法连接。

【解决方式】仔细检查服务器中的 ./config.inc.php，找到$dbhost并重新设置为正确的mysql 服务器地址。

3. MySQL服务器连接问题

【问题描述】Can't connect to MySQL server on 'localhost' error.:2003。

【问题分析】MySQL服务没有启动，一般是因异常情况下MySQL无法启动导致的，比如无可用的磁盘空间，my.ini 里 MySQL 的 basedir 路径设置错误等。

【解决方式】

（1）检查磁盘空间是否还有剩余可用空间，尽量保持有足够的磁盘空间可用。

（2）检查 my.ini 里的 basedir 等参数设置是否正确，然后重新启动 MySQL 服务。

4. 本地MySQL服务器连接问题

【问题描述】Error: Can't connect to local MySQL server through socket '/var/lib/mysql/mysql.sock' error.:2002。

【问题分析】

出现这个错误一般是下面两个原因：

（1）MySQL服务器没有开启。

（2）MySQL服务器开启了，但找不到 socket 文件。

【解决方式】

（1）虚拟服务器用户需要确认数据库是否正常启动。

（2）独立服务器用户需要检查MySQL服务是否已经开启。如果没有开启，则启动MySQL服务；如果已经开启并且是Linux系统时，则检查MySQL的socket的路径，然后打开config.inc.php文件，找到$dbhost='localhost'，修改为 "$dbhost='localhost:/temp/mysql.sock';"，localhost为MySQL服务器的名字，tmp/mysql.soc为MySQL的socket的路径。

5. 服务器上没有权限操作数据库问题

【问题描述】Access denied for user:'red@localhost' to database 'newbbs'。

【问题分析】以上错误是在对数据库进行操作时引起的（通常在执行select、update等操作发生），引发上述错误是由于用户没有操作数据库的相关权利，例如Select操作在mysql.user.Select_priv里的记录是Y时，可以操作；记录是N时，不可以操作。

【解决方式】如果是独立服务器，那么可以更新mysql.user 的相应用户记录。如果要更新的用户为red，或者直接修改 ./config.inc.php 为其配置一个具有对数据库有操作权限的用户，或者通过如下命令来更新授权。

```
grant all privileges on dbname.* to 'user'@'localhost' identified by
'password。
```

注意：更新MySQL库中的记录后一定要重启MySQL服务器，才能使更新生效。

6. 服务器连接阻塞

【问题描述】Host '*****' is blocked because of many connection errors; unblock with 'mysqladmin flush-hosts' error.:1129。

【问题分析】数据库出现异常，请重启数据库。

【解决方式】由于存在很多连接错误，服务器'****'被屏蔽，在 MySQL 的命令控制台执行'mysqladmin flush-hosts'命令解除屏蔽即可，或者重启 MySQL 数据库。

7. 达到最大连接数

【问题描述】Too many connections (1040)链接过多。

【问题分析】连接数超过了mysql设置的值，与max_connections 和wait_timeout 都有关系。wait_timeout的值越大，连接的空闲等待就越长，这样就会造成当前连接数越大。

【解决方式】

（1）优化MySQL服务器的配置。

（2）优化 MySQL 服务器的配置，可以修改MySQL配置文件my.ini或者my.cnf 中的参数： max_connections= 1000 wait_timeout = 10，修改后要重启 MySQL ，如果经常报此错误，应做服务器的整体优化。

8. 在查询SQL期间，MySQL服务器失去连接

【问题描述】Lost connection to MySQL server during query。

【问题分析】远程连接数据库时，有时会出现这个问题，因为MySQL服务器在执行SQL语句的时候失去了连接。

【解决方式】

（1）如果频繁出现该问题，则应考虑改善硬件环境。

（2）优化SQL。

2.4.4 数据表操作

1. 表不存在问题

【问题描述】Table 'test.xxx_sessions'doesn't exist。

【问题分析】在执行SQL语句时没有找到表，如SELECT * FROM xxx_members WHERE uid='XX' 。例句中如果表xxx_members不存在于$dbname库里，就会提示这个错误。具体情况可分为以下两种情况。

（1）安装插件或者hack时修改了程序文件，而忘记了对数据库作相应的升级；

（2）后台使用了不完全备份，导入数据时没有导入到已经安装了相应版本的论坛的数据库中。

【解决方式】仔细对照插件的安装说明，把对数据库遗漏的操作补充完整。

2. 字段名重复问题

【问题描述】Duplicate column name 'xxx'。

【问题分析】添加的字段xxx已经存在，多发生在升级过程中。

【解决方式】看一下已经存在的字段是否和将要添加的字段属性完全相同，如果相同则可以跳过不执行这句SQL；如果不一样就删除这个字段，之后继续执行升级程序。

3. 数据表已经存在

【问题描述】Table 'xxx' already exists。

【问题分析】xxx表已经存在于库中，如果再次试图创建这个名字的表，就会引发这个错误。

【解决方式】看看已经存在的表是否和将要创建的表完全一样。如果一样则可以跳过不执行这个SQL，否则请将存在的表先删除，之后继续执行升级文件。

4. 表的错误处理

【问题描述】Got error 28 from table handler error.:1030。

【问题分析】数据库所在磁盘空间已满。

【解决方式】

联系服务器管理员，增加MySQL所在的磁盘空间或者清理一些无用文件。

5. 重命名错误

【问题描述】Error on rename of %s to %s (errno: %d) error.:1025。

【问题分析】请检查一下程序是否有修改数据库表名的语句。

【解决方式】

（1）检查程序中哪些地方需要修改数据库表名。

（2）如果实际应用确实需要修改数据库表名，则需要联系服务器管理员开放修改数据表名的权限。

6. 超过了最大更新次数

【问题描述】User 'red' has exceeded the 'max_updates' resource (current value: 500)。

【问题分析】在MySQL数据库中有一个库为MySQL，其中有一个表为user，这里面的每一条记录都对应为一个MySQL用户的授权，其中字段max_questions、max_updates、max_connections分别记录最大查询次数、最大更新数和最大连接数。如果目前的任何一个参数大于任何一个设定的值，就会产生这个错误。

【解决方式】

（1）独立服务器用户可以直接修改授权表，修改完之后重启MySQL或者更新授权表，进入MySQL提示符下执行" FLUSH PRIVILEGES;"命令（注意：后面要有分号";"）。

（2）虚拟服务器的用户如果总是遇到这个问题，可以找虚拟机管理员解决。

2.4.5　索引操作

1. 索引名重复

【问题描述】Duplicate key name 'xxx'。

【问题分析】如果要创建的索引已经存在，就会引发这个错误，这个错误多发生在升级的时候。

【解决方式】查看已经存在的索引和要添加的索引是否一样，如果一样则可以跳过这条SQL语句；如果不一样，要先删除已存在的索引再执行。

2. 插入数据使索引重复

【问题描述】Duplicate entry 'xxx' for key 1。

【问题分析】如果是primary、unique这两种索引，那么数据表的数据对应的字段就必须保证其每条记录的唯一性，否则就会产生错误。以下列举可能存在的3种情况。

（1）一般发生在对数据库进行写操作的时候。例如，某网站要求所有会员的用户名（username）必须唯一，即username的索引是 unique，如果强行往cdb_members表里插入一个已有的username的记录，就会发生该错误，或者将一条记录的username更新为已有的username。

（2）改变表结构时也可能导致这个错误。例如，某网站数据库中cdb_members.username 的索引类型是index，允许有相同的username记录存在。在升级的时候，要将username的索引由原来的index变为unique，如果这时cdb_members中存在相同的username记录，那么就会引发错误。

（3）导出数据时，会因某些原因导致同一条记录被重复导出，那么这个备份数据在导入时出现这个错误在所难免。修改了auto_increment的值，导致"下一个 Autoindex"为一条已经存在的记录。

【解决方式】

方式1：破坏唯一性的索引。

方式2：按照错误提示里的信息把数据库中重复的记录删除，仅保留一条即可。

2.4.6　其他

1. 没有数据库被选择

【问题描述】No Database Selected。

【问题分析】

产生这个问题的原因有两种。

（1）config.inc.php 中的$dbname设置错误，致使数据库根本不存在，所以在 $db->select_db($dbname); 时返回了false。

（2）数据库用户没有select权限，同样会导致这样的错误。当发现config.inc.php的设置没有任何问题，但还是提示这个错误，那一定就是这种情况了。

【解决方式】打开config.inc.php，找到$dbname核实重新配置并保存。

2. 不能打开xxx_forums.MYI

【问题描述】Can't open file: 'xxx_forums.MYI'. (errno: 145)。

【问题分析】

这是因为不能打开cdb_forums.MYI造成的，引起这种情况的原因如下。

（1）服务器非正常关机，数据库所在空间已满，或一些其他未知的原因导致数据库表损坏。

（2）在Unix操作系统中，直接复制移动数据库文件会因为文件的属组问题而产生这个错误。

【解决方式】

（1）修复数据表。使用以下两种方式可以修复数据表（第一种方法仅适合独立服务器用户）。

①使用myisamchk修复。MySQL自带了专门用于数据表检查和修复的工具 —— myisamchk，更改当前目录到MySQL/bin下面，一般情况下只有在这里才能运行 myisamchk 命令。常用的修复命令为：myisamchk -r 数据文件目录/数据表名.MYI。

②使用phpMyAdmin修复。phpMyAdmin带有修复数据表的功能。进入某一个表后，单击"操作"按钮，在下方的"表维护"中单击"修复表"按钮即可。

注意：使用以上两种修复方式之前一定要备份数据库。

（2）修改文件的属组（仅适合独立服务器用户）。

复制数据库文件的过程中没有将数据库文件设置为MySQL运行的账号可读写（一般适用于Linux和FreeBSD用户）。

3. 未知的系统变量NAMES。

【问题描述】Unknown system variable 'NAMES' 。

【问题分析】MySQL版本不支持字符集设定，此时如果强行设定字符集，就会出现这个错误。

【解决方式】将SQL语句中的SET NAMES 'xxx'语句去掉。

4. 没有授权定义user或主机

【问题描述】There is no such grant defined for user %s on host %s error：1141。

【问题分析】MySQL当前用户无权访问数据库。

【解决方式】

（1）虚拟主机服务器需确认管理员提供的账号是否有授权数据库的权限。

（2）独立主机服务器请联系服务器管理员，确认其提供的数据库账号是否有管理此数据库的权限。

5. 读文件出错

【问题描述】Error reading file %s (errno: %d) error.:1023。

【问题分析】数据库文件不能被读取。

【解决方式】

（1）虚拟服务器用户需联系空间商查看数据库是否完好。

（2）独立服务器用户需联系服务器管理员检查MySQL本身是否正常，MySQL是否可以读取文件。Linux 用户可以检查MySQL的数据库文件的属主是否正确以及本身的文件是否损坏。

6. 新线程创建错误

【问题描述】Can't create a new thread; if you are not out of available memory, you can consult the manual for a possible OS-dependent bug error.:1135。

【问题分析】数据库服务器问题，数据库操作无法创建新线程。一般有两个原因：服务器系统内存溢出；环境软件损坏或系统损坏。

【解决方式】检查服务器的内存和系统是否正常，如果服务器内存紧张，需检查哪些进程消耗了服务器的内存，同时考虑增加服务器的内存来提高整体负载能力。

7. 客户端不支持身份验证协议

【问题描述】Error: Client does not support authentication protocol requested by server; consider upgrading MySQL client error.:1251。

【问题分析】如果升级MySQL到4.1以上版本后遇到以上问题，请先确定MySQL Client 是 4.1 或者更高版本。

【解决方式】

（1）在Windows系统中，主要是改变连接MySQL的账户的加密方式，MySQL 4.1/5.0版本是通过PASSWORD这种方式加密的，可以通过以下两种方法解决：

```
① mysql->SET PASSWORD FOR 'some_user'@'some_host'=OLD_PASSWORD('new_
password');
② mysql->UPDATE mysql.user SET Password=OLD_PASSWORD('new_password') WHERE
Host='some_host' AND User='some_user';
```

（2）在Linux/Unix系统中，首先确定是否安装过MySQL的客户端。用rpm安装客户端很简单，Linux代码为rpm-ivhMySQL-client-4.1.15-0.i386.rpm，在编译php的时候要加上–

with-mysql=/your/path/to/mysql。

安装之后，如果还出现这种错误，可以按照下面的方法修改。

```
mysql->SET PASSWORD FOR 'some_user'@'some_host'
=OLD_PASSWORD('new_password');mysql->UPDATE mysql.user SET
Password=OLD_PASSWORD('new_password') WHERE Host='some_host' AND
User='some_user';
```

8. 如何查询丢失的连接

【问题描述】Lost connection to MySQL server during query error.:2013。

【问题分析】数据库查询过程中丢失了与 MySQL 服务器的连接。

【解决方式】

（1）请确认程序中是否存在效率很低的程序。如卸载某些插件，再检查服务器是否正常。

（2）如果服务器本身资源紧张，虚拟服务器用户需联系空间商确认，独立服务器用户需联系服务器管理员，检查服务器是否正常。

9. 数据包超最大允许量问题

【问题描述】Got a packet bigger than \'max_allowed_packet\' bytes error.：1153。

【问题分析】调整了Mantis的上传附件的大小，却没有调整 MySQL 的配置文件。

【解决方式】查找MySQL的配置文件（my.cnf 或者 my.ini），在文件中的[mysqld] 部分添加（如果存在，调整其值就可以）=max_allowed_packet=128M，再重启 MySQL 服务就可以了。

第二篇
ETL工具篇

第3章
Informatica PowerCenter工具应用

本章从Informatica PowerCenter简介、安装配置、常见问题参考等方面，介绍Informatica PowerCenter的产品特点、常见问题及解决技巧。

- Informatica PowerCenter简介
- 安装配置
- 常见问题参考

3.1　Informatica简介

　　Informatica PowerCenter是Informatica公司开发的世界级的企业数据集成平台，也是业界领先的ETL工具。Informatica PowerCenter使用户能够方便地从异构的已有系统和数据源中抽取数据，用来建立、部署、管理企业的数据仓库，从而帮助企业做出快速、正确的决策。此产品为满足企业级要求而设计，可以提供企业部门的数据和电子商务数据源之间的集成，如XML、网站日志、关系型数据、服务器和遗留系统等数据源。此平台性能可以满足企业分析最严格的要求。

　　Informatica公司创立于1993年，总部位于Palo Alto，California of USA，作为电子商务分析型软件市场的领先者，一直致力于通过自身的产品和服务提升企业的竞争性优势。其拳头产品Informatica PowerCenter已被全球多家著名企业用来建设BI/DW系统，它可集成和分析企业的关键商务信息，优化整个商务价值链的表现并提高响应速度。

　　Informatica公司作为业界领先的BI/DW系统方案提供商，拥有包括分析型应用软件、广泛的支持服务和强大的数据集成平台在内的综合性产品家族。其产品系列有Informatica PowerCenter（企业级数据集成平台）、Informatica PowerCenterRT（实时数据集成平台）、Informatica PoweMart（部门级数据集成平台）、Informatica PowerChannel（远程数据集成平台）、Informatica Metadata Exchange（元数据交换平台）等。Informatica的基础设施产品以可伸缩的、可扩展的企业级数据集成平台为特点，并广泛支持来自Informatica和其他的领先商务智能提供商的数据仓库基础设施和分析型应用软件的开发和管理。

3.2　安装配置

3.2.1　准备安装环境

1. 创建Oracle与infa用户

```
groupadd dba
```

```
useradd -g dba oracle
useradd -g dba infa
--设置密码
passwd oracle
passwd infa
```

2. 配置yum源

将系统镜像挂载至服务器，将系统镜像内的package目录内的所有文件复制到指定目录。

```
mkdir /rpm_directory
cp -rv media/Centos6.3_final/Packages/* /rpm_directory
通过rpm命令手工安装createrepo:
cd /rpm_directory
rpm -ivh createrepo* deltarpm* python-deltarpm*
创建repodata，用于存放索引信息:
cd /rpm_directory
createrepo -v /rpm_directory
在/etc/yum.repos.d增加repo配置文件:
cd /etc/yum.repos.d
vi myyum.repo
添加如下内容:
[myyum-repo]
name=myyum
baseurl=file:///rpm_directory
enabled=1
gpgcheck=0
清除yum缓存
yum clean all
```

3. 安装Oracle客户端（Linux_64位）

将Oracle客户端上传至服务器，解压后使用xstart或export DISPLAY=10.***.***.***:0.0（本机IP）进入图形化安装。进行到check步骤时，会提示缺失部分依赖包，这时需要按照提示安装相应的依赖包，基本命令如下。

```
yum install unixODBC*
```

4. 配置tns

在Oracle用户下使用netca命令进行tns配置。确认jdk版本为1.70以上（64位），如果没有jdk，可以从infa的安装介质中获取，并在infa用户的.bash_profile中配置INFA_JDK_HOME即可（命令：java –version）。

环境变量为：

```
export INFA_JDK_HOME=/infa/media/961HF3_Server_Installer_linux-x64/source/
java/bin
export PATH=$INFA_JDK_HOME:$PATH
```

确认所需端口在服务器防火墙下可通过，端口如下：

- 6005至6010；
- 6013至6113。

确认ulimit –n 和 ulimit –u的值均为大于等于32000，修改方法如下：

- 以root身份vim /etc/security/limits.conf。
- 在该配置文件最下方追加 ulimit –u 32000。
- 在该配置文件最下方追加 ulimit –n 32000。
- 进入root目录，修改.bash_profile，追加ulimit –u 32000和ulimit –n 32000。
- 以infa身份修改infa的.bash_profile，追加ulimit –u 32000和ulimit –n 32000。
- 以infa身份运行 ulimit –a 查看值是否已经改为32000。

确认Oracle 64位客户端被正常安装，tns可以连通oracle server端。

确认Oracle用户的环境变量追加到infa用户中去，确保infa拥有/home/oracle的目录权限。

```
chmod 775 -R /home/oracle
```

以root身份，临时export DISPLAY=10.162.210.208:0.0，然后xhost +，再以infa身份，临时export DISPLAY=10.162.210.208:0.0，然后xhost +，回显：access control disabled，clients can connect from any host表示可以进行安装。

安装完成infa server后，需要在infa用户的.bash_profile中追加环境变量如下。

```
##### infa server #####
export INFA_HOME=/home/infa/infa961
export INFA_CODEPAGENAME="UTF-8"
export INFA_DOMAINS_FILE=$INFA_HOME/domains.infa
export PATH=$INFA_HOME/server/bin:$PATH
export LD_LIBRARY_PATH=$INFA_HOME/server/bin:$LD_LIBRARY_PATH
```

生效环境变量，然后重启infa主进程。启动|关闭 infa主进程的命令如下。

（1）infa用户。

```
cd $INFA_HOME/tomcat/bin
./infaservice.sh startup          【启动进程】
./infaservice.sh shutdown         【结束进程】
```

以infa身份cd到/home/oracle/app/oracle/product/11.2.0/client_1/lib，创建软连接到$INFA_HOME/server/bin下。

```
ln -s libclntsh.so.10.1 $INFA_HOME/server/bin
```

（2）Infa用户环境变量。

```
# .bash_profile
# Get the aliases and functions
if [ -f ~/.bashrc ]; then
  . ~/.bashrc
fi
# User specific environment and startup programs
PATH=$PATH:$HOME/bin
export PATH
export DISPALY=10.162.210.208:0.0
export LANG=C
export LC_ALL=C
ulimit -u 32000
ulimit -n 32000
export INFA_JDK_HOME=/infa/media/961HF3_Server_Installer_linux-x64/source/
java/bin
export PATH=$INFA_JDK_HOME:$PATH
##### oracle client #####
export ORACLE_HOME=/home/oracle/app/oracle/product/11.2.0/client_1
export TNS_ADMIN=$ORACLE_HOME/network/admin
export PATH=$ORACLE_HOME/bin:$PATH
export LD_LIBRARY_PATH=$ORACLE_HOME/lib:$LD_LIBRARY_PATH
##### infa server #####
export INFA_HOME=/home/infa/infa961
export INFA_CODEPAGENAME="UTF-8"
export INFA_DOMAINS_FILE=$INFA_HOME/domains.infa
export PATH=$INFA_HOME/server/bin:$PATH
export LD_LIBRARY_PATH=$INFA_HOME/server/bin:$LD_LIBRARY_PATH
```

（3）Oracle用户环境变量。

```
# Get the aliases and functions
if [ -f ~/.bashrc ]; then
  . ~/.bashrc
fi
# User specific environment and startup programs
PATH=$PATH:$HOME/bin
export PATH
#export DISPALY=10.162.210.208:0.0
export ORACLE_HOME=/home/oracle/app/oracle/product/11.2.0/client_1
export TNS_ADMIN=$ORACLE_HOME/network/admin
export PATH=$ORACLE_HOME/bin:$PATH
export LD_LIBRARY_PATH=$ORACLE_HOME/lib:$LD_LIBRARY_PATH
```

3.2.2　Informatica软件安装

```
 [infa@qywtysjzx3 961HF3_Server_Installer_linux-x64]$ ./install.sh
OS detected is Linux
\*************************************************************************
\* Welcome to the Informatica 9.6.1 HotFix 3 Server Installer.  *
\*************************************************************************
Before you continue ,  read the following documents:
* Informatica 9.6.1 HotFix 3 Installation Guide and Release Notes.
* B2B Data Transformation 9.6.1 HotFix 3 Installation ,  Configuration Guide
and Release Notes.
You can find the 9.6.1 HotFix 3 documentation in the Product Documentation
section at http://mysupport.informatica.com.
Configure the LANG and LC_ALL variables to generate appropriate code pages and
create and connect to repositories and Repository Services.
Do you want to continue? (Y/N)y
Installer requires Linux version 2.6.18-0 or later versions of the 2.6.18
series or version 2.6.32-0 or later versions of the 2.6.32 series.
Current operating system Linux version 2.6.32-131.
Current operating system meets minimum requirements.
Select to install or upgrade:
1. Install or upgrade Informatica.
    Select this option if the machine does not have Informatica services
installed or if it has Informatica 9.6.0 or an earlier version installed.
2. Install or upgrade Data Transformation Engine Only.
   Select this option to install or upgrade only Data Transformation Engine.
3. Apply Hotfix 3 to Informatica 9.6.1.
   Select this option if the machine has Informatica 9.6.1 installed.
Enter the choice(1 ,  2 or 3):1
-------------------------------------------------------------
Checking for existing 9.6.1 HotFix 3 product installation.
To verify whether the machine meets the system requirements for the
Informatica installation or upgrade ,  run the Pre-Installation (i9Pi)
System Check Tool before you start the installation or upgrade process. It
is recommended that you verify the minimum system requirements.
Select one of the following options:
1. Run the Pre-Installation (i9Pi) System Check Tool
2. Run the Informatica Kerberos SPN Format Generator
3. Run the Informatica services installation
Select the option to proceed : (Default : 3)3
Preparing to install...
Extracting the JRE from the installer archive...
Unpacking the JRE...
Extracting the installation resources from the installer archive...
```

```
Configuring the installer for this system's environment...
*******************************************************************
Installation Type - Step 1 of 7
*******************************************************************
[ Type 'back' to go to the previous panel or 'quit' to cancel the
installation at any time. ]
Copyright (c) 1998-2015 Informatica Corporation. All rights reserved.
This Software is protected by U.S. Patent Numbers 5 , 794 , 246;
6 , 014 , 670; 6 , 016 , 501; 6 , 029 , 178; 6 , 032 , 158; 6 , 035 , 307;
6 , 044 , 374;
6 , 092 , 086; 6 , 208 , 990; 6 , 339 , 775; 6 , 640 , 226; 6 , 789 , 096;
6 , 823 , 373; 6 , 850 , 947; 6 , 895 , 471; 7 , 117 , 215; 7 , 162 , 643;
7 , 243 , 110;
7 , 254 , 590; 7 , 281 , 001; 7 , 421 , 458; 7 , 496 , 588; 7 , 523 , 121;
7 , 584 , 422;
7 , 676 , 516; 7 , 720 , 842; 7 , 721 , 270; 7 , 774 , 791; 8 , 065 , 266;
8 , 150 , 803;
8 , 166 , 048; 8 , 166 , 071; 8 , 200 , 622; 8 , 224 , 873; 8 , 271 , 477;
8 , 327 , 419;
8 , 386 , 435; 8 , 392 , 460; 8 , 453 , 159; 8 , 458 , 230; 8 , 707 , 336;
8 , 886 , 617;
and RE44 , 478; International Patents and other Patents Pending.
Select to install or upgrade:
    * 1->Install Informatica 9.6.1 HotFix 3.
Select this option to perform a full installation of Informatica 9.6.1
HotFix 3.
      2->Upgrade to Informatica 9.6.1 HotFix 3.
Select this option to upgrade previous versions of Informatica products to
Informatica 9.6.1 HotFix 3.
:1
Enable Kerberos network authentication
    * 1->No
2->Yes
:1
WHEN YOU SELECT AGREE AND INSTALL INFORMATICA PLATFORM , YOU AGREE TO BE
BOUND BY THE PRODUCT USAGE TOOLKIT END USER LICENSE AGREEMENT , WHICH IS
AVAILABLE AT: http://www.informatica.com/us/eula/en-support-eula.aspx. AS
FURTHER DESCRIBED IN THE EULA , YOUR USE OF THE INFORMATICA PLATFORM WILL
ENABLE THE PRODUCT USAGE TOOLKIT TO COLLECT CERTAIN PRODUCT USAGE AND FAILURE
INFORMATION. YOU MAY DISABLE THIS FEATURE AT ANY TIME. FOR MORE INFORMATION
ON HOW TO DISABLE THIS FEATURE REFER THE INFORMATICA ADMINISTRATOR GUIDE.
I agree to terms and conditions
    * 1->No
2->Yes
:2
```

```
*********************************************************************
Installation Pre-Requisites - Step 2 of 7
*********************************************************************

[ Type 'back' to go to the previous panel or 'quit' to cancel the
installation at any time. ]


Verify the installation pre-requisites and complete the
pre-installation tasks before you continue.
Disk Space Requirement: 7 GB
Memory Requirement (RAM): 4 GB
Database Requirements
- Verify the Oracle , IBM DB2 , Microsoft SQL Server , or Sybase ASE
database version.
- Verify the database user account. The account must have permissions to
create and drop tables and views , and insert , update , and delete
data.
Pre-installation Tasks
- Obtain the Informatica license key.
- Verify the minimum system requirements.
- Set the environment variables.
- Verify the port availability.
- Set up the keystore file.
- On UNIX , set the file descriptor limit.
- On UNIX , configure POSIX asynchronous I/O.
- Download and extract the Informatica installer files.
- Run the Informatica Pre-Installation (i9Pi) System Check Tool.
- If you are enabling Kerberos network authentication , run the Informatica
Kerberos SPN Format Generator.
Press <Enter> to continue ...
*********************************************************************
License Key - Step 3 of 7
*********************************************************************
[ Type 'back' to go to the previous panel or 'quit' to cancel the installation
at any time. ]
Enter the license key file (default :- /home/infa/license.key) :/infa/media/key.key
*********************************************************************
Installation Directory - Step 3 of 7
*********************************************************************
[ Type 'back' to go to the previous panel or 'quit' to cancel the installation
at any time. ]
Enter the installation directory (default :- /home/infa/Informatica/9.6.1) :/
home/infa/infa961
*********************************************************************
Pre-Installation Summary - Step 4 of 7
*********************************************************************
```

```
[ Type 'back' to go to the previous panel or 'quit' to cancel the installation
at any time. ]
Product Name : Informatica 9.6.1 HotFix 3 Services
Installation Type  :     New Installation
Installation Directory    :     /home/infa/infa961
Disk Space Requirements
Required Disk Space :    7 , 408 MB
Available Disk Space       :      99 , 068 MB
Press <Enter> to continue ...
*****************************************************************************
Installing - Step 5 of 7
*****************************************************************************
  [==================|==================|==================|================
===]
  [==================|==================|==================|================
===]
  [==================|==================|==================|================
===]
  [==================|==================|==================|================
===]
*****************************************************************************
Domain Selection - Step 5A of 7
*****************************************************************************
[ Type 'back' to go to the previous panel or 'quit' to cancel the installation at
any time. ]
    * 1->Create a domain
2->Join a domain
:1
Enable secure communication for the domain
    * 1->No
2->Yes
:1
    * 1->Enable HTTPS for Informatica Administrator
2->Disable HTTPS
:
Port: (default :- 8443) :
    * 1->Use a keystore file generated by the installer
    2->Specify a keystore file and password:
:
Generating keystore...
-
*****************************************************************************
Domain Configuration Repository - Step 5B of 7
*****************************************************************************
```

```
[ Type 'back' to go to the previous panel or 'quit' to cancel the installation
at any time. ]
Configure the database for the domain configuration repository:
Database type:
    * 1->Oracle
      2->SQLServer
      3->DB2
      4->Sybase
:
Database user ID: (default :- admin) :infa_domain
User password: :
Configure the database connection
    * 1->JDBC URL
2->Custom JDBC Connection String
:
Database address: (default :- host_name:port_no) :
Database service name: (default :- ServiceName) :
Configure JDBC parameters
    * 1->Yes
2->No
:
JDBC parameters (default :- MaxPooledStatements=20;CatalogOptions=0;BatchP
erformanceWorkaround=true) :
Error !!! The connection failed.
 Correct the database connection information and test the connection again.
Select a Choice
    * 1->OK
:
*************************************************************************
Domain Configuration Repository - Step 5B of 7
*************************************************************************
[ Type 'back' to go to the previous panel or 'quit' to cancel the installation
at any time. ]
Configure the database for the domain configuration repository:
Database type:
    * 1->Oracle
      2->SQLServer
      3->DB2
      4->Sybase
:
Database user ID: (default :- infa_domain) :
User password: (default :- ) :
Configure the database connection
    * 1->JDBC URL
2->Custom JDBC Connection String
```

```
:
Database address: (default :- host_name:port_no) :10.160.13.191:1521
Database service name: (default :- ServiceName) :qywdb
Configure JDBC parameters
    * 1->Yes
2->No
:
JDBC parameters (default :- MaxPooledStatements=20;CatalogOptions=0;BatchP
erformanceWorkaround=true) :
**********************************************************************
Domain Security - Encryption Key - Step 5C of 7
**********************************************************************
[ Type 'back' to go to the previous panel or 'quit' to cancel the installation
at any time. ]
Keyword: :
Encryption key directory: (default :- /home/infa/infa961/isp/config/keys) :

Information !!! The encryption key will be generated in /home/infa/infa961/
isp/config/keys
with the file name siteKey. You must keep the name of the domain ,  the
keyword for the encryption key ,
and the encryption key file in a secure location. The domain name ,  keyword ,
and
encryption key are required when you change the encryption key for the domain
or move a repository to another domain.
Select a Choice
    * 1->OK
:
**********************************************************************
Domain and Node Configuration - Step 6 of 7
**********************************************************************
[ Type 'back' to go to the previous panel or 'quit' to cancel the installation
at any time. ]
Enter the following information for the Informatica domain.
Domain name: (default :- Domain_qywtysjzx3) :infa_domain
Node host name: (default :- qywtysjzx3) :
Node name: (default :- node01_qywtysjzx3) :node01
Node port number: (default :- 6005) :
Domain user name: (default :- Administrator) :
Domain password: (default :- ) :
Confirm password: (default :- ) :
Display advanced port configuration page
    * 1->No
2->Yes
```

```
:
Executing Command...
--
Defining domain...
-
Registering plugins...
-
Starting service...
-
Pinging domain...
-
Pinging domain...
-
Pinging domain...
-
Pinging domain...
-
Pinging domain...
-
Pinging Administrator...
-
Pinging Administrator...
-
Pinging Administrator...
-
Pinging Administrator...
-
Pinging Administrator...
-
Pinging Administrator...
-
Pinging Administrator...
-
Pinging Administrator...
-
*********************************************************************
Post-Installation Summary - Step 7 of 7
*********************************************************************
Installation Status SUCCESS
The Informatica 9.6.1 HotFix 3 installation is complete.
For more information ,  see the debug log file:
/home/infa/infa961/Informatica_9.6.1_Services_HotFix3.log
Installation Type :New Installation
Informatica Administrator Home Page::
```

```
http://qywtysjzx3:6008
Product Name:  Informatica 9.6.1 HotFix 3 Services
Press <Enter> to continue ...
```

3.3　常见问题参考

3.3.1　软件安装

目标端数据库表死锁

【问题描述】在安装Informatica 8.1版本时出现 connecting to repository service 提示，总是连接不上，报cannot connect to repository service错误时会弹出一个窗口，有2个选项：重试和忽略，弹出的信息如下。

```
The installer created the Repository Service, but could not enable it. Use
the Administration Console at http://smu-o7542xepp54:6001/adminconsole to
correct the error and enable the service. You can get more information
in the Repository Service logs in the Administration Console Log Viewer.
Select Ignore to continue with the installation and enable the Repository
Service after installation.
STDOUT:
......
```

【问题分析】

与数据库操作相同，可以连接只是前提，在执行大的SQL时，因为权限、网络、字符集不统一或大SQL的原因，极有可能会失败。

【解决方式】检查数据库连接权限、网络连通情况，字符集是否为UTF8，SQL是否过大。

3.3.2　软件启动

1. SERVER启动失败

【问题描述】

Repository Server服务启动成功，但是Informatica Server启动失败，在配置的时候，Informatica Server的IP解析不出来，如何才能把服务器地址和服务器对应起来。

【解决方式】

（1）直接写IP。

（2）编辑客户端的%WINDOWS%/SYSTEM32/DRIVERS/ETC/HOSTS文件，把IP与名字的对应关系加进去，客户端的计算机就可以自己解析了。

2. 配置文件位置

【问题描述】

Informatica Server安装在Unix操作系统下，其对应的配置文件名称是什么？

【解决方式】

在Unix中，默认的配置文件是pmserver.cfg，可以用pmconfig这个命令行工具修改配置文件，也可以直接打开编辑。

如果配置文件名不通过，可以通过 ps -efl|grep pmserver查看是哪个文件名。

3.3.3 目标库表

1. 目标端数据库表死锁

【问题描述】

```
RR_4036 Error connecting to database [
Database driver error...
Function Name : Logon
ORA-12154: TNS:could not resolve the connect identifier specified
Database driver error...
Function Name : Connect
Database Error: Failed to connect to database using user [mw_sys] and
connection string [CONN_S_MOM].].
```

【问题分析】报Oracle锁表错误ORA-00060: deadlock detected while waiting for resource。锁表包括两种，一种是锁等待，另一种是死锁。所谓的锁等待是一个事务a对一个数据表进行ddl或dml操作时，系统对该表加上表级的排他锁，如果其他事务对该表进行操作，需要等待a提交或回滚后，才可以继续b的操作。

当两个或多个用户相互等待锁定的数据时就会发生死锁，这时用户被卡在不能继续处理业务，Oracle可以自动检测死锁并解决，通过回滚一个死锁中的语句，释放锁定的数据，回滚会遇到ORA-00060错误。

【解决方式】以管理员权限登录目标端数据库，查看MWT_WF_PRCV状态。如果是锁等待状态，则等待正在执行的动作结束后，再执行该ETL。如果是死锁状态，则直接解锁该表执行ETL抽取工作。

2. 目标端表或视图不存在

【问题描述】

```
RR_4035 SQL Error [
ORA-00942: table or view does not exist
Database driver error...
Function Name : Execute
SQL Stmt : SELECT PT_BB_REPORT.OBJ_ID , PT_BB_REPORT.REPORT_NAME , PT_BB_
REPORT.TEMPLATE_ID , PT_BB_REPORT.MAKE_PERSON , PT_BB_REPORT.MAKE_DATE ,
PT_BB_REPORT.CONTENT , PT_BB_REPORT.REMARK , PT_BB_REPORT.OBJ_DISPIDX
FROMMW_SYS.PT_BB_REPORT
Oracle Fatal Error
Database driver error...
Function Name : Execute
SQL Stmt : SELECT PT_BB_REPORT.OBJ_ID , PT_BB_REPORT.REPORT_NAME , PT_BB_
REPORT.TEMPLATE_ID , PT_BB_REPORT.MAKE_PERSON , PT_BB_REPORT.MAKE_DATE ,
PT_BB_REPORT.CONTENT , PT_BB_REPORT.REMARK ,
```

【问题分析】Oracle数据插入错误，不能向BUF_ALMM用户的MWT_OM_OBJ的OBJ_LOCALID字段插入空值。

【解决办法】

（1）源端补全与OBJ_LOCALID字段对应的源字段信息。

（2）在ETL过程中，将与OBJ_LOCALID字段对应的中间字段填补为非空。

3. 向目标表插入空值

【问题描述】

```
WRT_8229 Database errors occurred:
ORA-01400: cannot insert NULL into ("BUF_ALMM"."MWT_OM_OBJ"."OBJ_LOCALID")
Database driver error...
Function Name : Execute
SQL Stmt : INSERT INTO MWT_OM_OBJ(OBJ_ID , OBJ_CAPTION , CLS_ID , SDOBJ_ID ,
STATE_ID , OBJ_WID , OBJ_CTIME , OBJ_MTIME , CUSER_ID , MUSER_ID) VALUES ( ? ,
? , ? , ? , ? , ? , ? , ? , ? , ?)
Database driver error...
Function Name : Execute Multiple
SQL Stmt : INSERT INTO MWT_OM_OBJ(OBJ_ID , OBJ_CAPTION , CLS_ID , SDOBJ_ID ,
STATE_ID , OBJ_WID , OBJ_CTIME , OBJ_MTIME , CUSER_ID , MUSER_ID) VALUES ( ? ,
? , ? , ? , ? , ? , ? , ? , ?)
```

【问题分析】Oracle数据插入错误，不能向BUF_ALMM用户的MWT_OM_OBJ的OBJ_LOCALID字段插入空值。

【解决方式】

（1）源端补全与OBJ_LOCALID字段对应的源字段信息。

（2）在ETL过程中，将与OBJ_LOCALID字段对应的中间字段填补为非空。

4. 插入数据的长度超过了目标表字段的长度

【问题描述】

```
WRT_8229 Database errors occurred:
ORA-12899: value too large for column "BUF_AADMM"."MID_AG_CUST_INFO"."CUST_
ADDR" (actual: 257 , maximum: 256)
Database driver error...
Function Name : Execute
SQL Stmt : INSERT INTO MID_AG_CUST_INFO(APPLY_NUM , SERIAL_NO , APPLY_MONTH ,
CUST_ID , LEGAL_ID , CUST_NAME , DEPT_ID , CUST_ADDR , VOLT_LEVEL , TRADE_TYPE ,
HTRADE_TYPE , ELEC_TYPE_OLD , ELEC_TYPE_NEW , ESOURCE_TYPE , INSTALL_CAPA ,
LOAD_DATE) VALUES ( ? , ? , ? , ? , ? , ? , ? , ? , ? , ? , ? ,
? , ? , ? , ?)
Database driver error...
Function Name : Execute Multiple
SQL Stmt : INSERT INTO MID_AG_CUST_INFO(APPLY_NUM , SERIAL_NO , APPLY_MONTH
```

【问题分析】Oracle数据插入错误，抽取字段的数据信息过长，超过目标端数据表字段的长度。

【解决办法】增加目标端BUF_AADMM用户下MID_AG_CUST_INFO表的CUST_ADDR字段的长度。

3.3.4　数据库连接

无法解析指定的连接标识符

【问题描述】

```
WRT_8229 Database errors occurred:
ORA-00060: deadlock detected while waiting for resource
Database driver error...
Function Name : Execute
SQL Stmt : INSERT INTO MWT_WF_PRCV(PRCV_ID , PRCD_ID , PRCV_NAME , PRCV_VALUE ,
PRCV_CTIME , PRCV_MTIME , PRCV_DISPIDX) VALUES ( ? , ? , ? , ? , ? , ? , ?)
Deadlock error encountered.
Database driver error...
Function Name : Execute Multiple
```

```
SQL Stmt : INSERT INTO MWT_WF_PRCV(PRCV_ID , PRCD_ID , PRCV_NAME , PRCV_VALUE ,
PRCV_CTIME , PRCV_MTIME , PRCV_DISPIDX) VALUES ( ? , ? , ? , ? , ? , ? , ?)
Deadlock error encountered.
```

【问题分析】报Oracle连接错误，ora12154tns无法解析指定的连接标识符。

【解决方式】配置正确的数据库连接串。

3.3.5 组件应用

1. 数据更新与插入

【问题描述】WORKFLOW的MAPPING中的UPDATE ELSE INSERT是什么意思？目标表没有主键可以用该方法实现数据更新与插入吗？

【解决方式】

UPDATE AS INSERT 的含意如下：

语句一： update tab_name set c1= value1 ,c2 = value2 where c_prikey = value_pri

语句二： insert into tab_name values(******)

在tab_name的c_prikey找到等于value_pri的，就执行语句一，把所有对应的记录update；没有匹配的，就执行语句二。

可在PowerCenter的 source defination中自定义主键，也可以直接 override update sql，可以不用理会真实表结构中是否有主键。

2. Folder权限的问题

【问题描述】Informatica用不同的用户创建不同的Folder，为什么互相看不见？

【解决方式】

这是保护机制在起作用，创建Folder的时候，在安全选项里，把read权限赋给Repository user就可以了。

3. WorkFlow执行错误

【问题描述】FATAL ERROR : Unexpected Condition in file [/u05/bld65_64/pm713n/server/dmapper/widget/wjoiner.cpp] line [3176]. Contact Informatica Technical Support for assistance. Aborting this DTM process due to an unexpected condition.

【问题分析】

可能是因某一个字段的连接线没有连上导致的错误。

【解决方式】

检查组件中字段的连线情况。

3.3.6　其他

1. 修改域用户名、密码

【问题描述】如何修改domain对应数据库的密码用户的密码。

【解决方式】

（1）进入adminconsole，停止所有服务（如存储库服务、集成服务）。

（2）以infa用户登录服务器，命令关闭infa主进程。

（3）修改infa_domain的密码（由DBA操作数据库）。

（4）进入到$INFA__HOME/server目录。

（5）执行如下命令。

```
./infasetup.sh UpdateGatewayNode -cs "连接字符串" -du 数据库用户 -dp 新密码
```

示例：

```
./infasetup.sh UpdateGatewayNode -cs "jdbc:informatica:oracle://192.168.1.
200:1521;ServiceName=infa;MaxPooledStatements=20;CatalogOptions=0;BatchPer
formanceWorkaround=true" -du infa_domain -dp infa_new_passwd
```

（6）重新启动infa主进程。

（7）进入adminconsole，启动存储库服务和集成服务。

2. 修改资料库用户名、密码

【问题描述】修改rep对应数据库的密码用户的密码。

【解决方式】

（1）进入AdminConsole，停止存储库服务以及集成服务。

（2）修改infa_rep的密码（由DBA操作数据库）。

（3）选择rep服务的属性页面，执行数据库属性｜编辑｜修改数据库密码命令，然后单击确定按钮。

（4）启动存储库服务以及集成服务。

第4章
Kettle工具应用

本章从Kettle简介、安装配置、常见问题参考等方面，介绍Kettle的产品特点、常见问题及解决技巧。
- Kettle简介
- 安装配置
- 常见问题

4.1　Kettle简介

Kettle是一款开源的ETL工具，用纯Java语言编写，可以在Window、Linux、Unix系统中运行，数据抽取高效、稳定。Kettle 的中文名称叫水壶，该项目的主程序员MATT希望把各种数据放到一个壶里，然后以一种指定的格式流出。Kettle允许管理来自不同数据库的数据，通过提供一个图形化的用户环境来描述想做什么。Kettle中有两种脚本文件transformation和job。Transformation完成针对数据的基础转换，job完成整个工作流的控制。

作为Pentaho的一个重要组成部分，现在Kettle在国内项目中的应用逐渐增多。Kettle家族目前包括4个产品：SPOON、PAN、CHEF、KITCHEN。SPOON 允许通过图形界面来设计ETL转换过程（Transformation）。PAN 允许批量运行由Spoon设计的ETL转换 （如使用一个时间调度器）。Pan是一个后台执行的程序，没有图形界面。CHEF 允许创建任务（Job）。任务通过允许每个转换、任务、脚本等，更有利于自动化更新数据仓库的复杂工作。任务会被检查，看看是否正确地运行了。KITCHEN 允许批量使用由Chef设计的任务（如使用一个时间调度器）。KITCHEN也是一个后台运行的程序。

4.2　安装配置

1. Kettle的安装

要运行Kettle工具必须安装Sun公司的JAVA运行环境，Kettle 4.2.0需要运行Java 1.6或者更高版本，可以在http://kettle.pentaho.org/下载Kettle的最新版本。Kettle不需要安装，安装好Java环境后，在操作系统环境变量path中配置jre路径，把Kettle工具压缩包解压后可直接使用。

2. 运行Spoon

下面介绍在不同平台上运行 Spoon所支持的脚本。

- Spoon.bat：在Windows 平台上运行Spoon。
- Spoon.sh：在Linux、Apple OSX、Solaris平台上运行Spoon。

3. 资源库

资源库是用来保存转换任务的，用户通过图形界面创建的转换任务可以保存在资源库中。资源库可以使多用户共享转换任务，转换任务在资源库中是以文件夹形式分组管理，用户可以自定义文件夹名称。资源库有两种形式。

（1）Kettle database repository，保存在各种常见数据库中的资源库类型，用户通过用户名/密码来访问资源库中的资源，默认的用户名/密码是admin/admin和guest/guest。

（2）Kettle file repository，保存在服务器硬盘文件夹内的资源库类型，此类型的资源库无须用户进行登录，可直接进行操作。

当然，资源库并不是必需的。如果没有资源库，还可以把转换任务保存在xml文件中。为了方便管理，建议用户建立并使用数据库类型资源库Kettle database repository。

注意：在删除资源库中的单个内容时，不会提示"是否确定需要删除"，需要特别注意。

4.3 常见问题

4.3.1 连接资源库报错

【问题描述】Kettle上资源库测试通过，但是连接资源库报错。

```
The version of the repository is -1.-1.
This Kettle edition requires it to be at least version 5.0 and as such an
upgrade is required.
To upgrade ,  backup your database and export the repository to XML for
additional safety.
Then select the 'Edit' button followed by the 'Create or Upgrade' button.
Please consult the Upgrade Guide for eventually special instructions for
this version.
```

【问题分析】因为Kettle库没有完全初始化。

【解决方式】初始化kettle库。

4.3.2　日志级别设置

【问题描述】在Kettle二次开发中，运行时如何设置日志级别。

【解决方式】

```
TransMeta meta = new TransMeta("etl/日志test.ktr");
Trans trans = new Trans(meta);
LogLevel logLevel = LogLevel.DETAILED;
trans.setLogLevel(logLevel);
trans.execute(null);
```

4.3.3　时间格式问题

【问题描述】在MySQL中有一张表A，其中有一个字段CREATE_TIME是datetime格式。需要将它转成varchar格式，并导入DB2数据库的相应表中。

使用DATE_FORMAT(C_CREATE_TIME , '%Y-%c-%d %h:%i:%s') as C_CREATE_TIME这个句子对时间进行处理，预览可以运行，但是执行后报错。

【解决方式】因为字段类型不匹配，需要检查字段类型源表和目标表这个字段的类型是否匹配。

4.3.4　打开资源库后页面空白

【问题描述】如何解决在Kettle 7.0 中打开资源库后页面空白的问题。

【解决方式】单击connect后弹出页面空白，只需升级IE浏览器到IE 9以上即可。

4.3.5　Kettle连接Oracle报错

【问题描述】

用Kettle连接的时候，提示的错误是：错误连接数据库 [DS_TAX]：

```
org.Pentaho.di.core.exception.KettleDatabaseException:
Error occurred while trying to connect to the database
Driver class 'oracle.jdbc.driver.OracleDriver' could not be found , make
sure the 'Oracle' driver (jar file) is installed.
oracle.jdbc.driver.OracleDriver
org.pentaho.di.core.exception.KettleDatabaseException:
Error occurred while trying to connect to the database
Driver class 'oracle.jdbc.driver.OracleDriver' could not be found , make
sure the 'Oracle' driver (jar file) is installed.
oracle.jdbc.driver.OracleDriver
```

【解决方式】

（1）下载OJDBC14.jar包。

（2）将该包复制到Kettle的kettle\pdi-ce-5.0.1.A-stable\data-integration\libswt或者kettle\pdi-ce-5.0.1.A-stable\data-integration\lib 路径下都可以。

（3）重启Kettle，重新配置数据源连接。

第三篇
高级调优篇

第5章
数据库调优与ETL工具应用技巧

该章针对Oracle调优、MySQL调优和Informatica应用技巧进行介绍。

- Oracle调优
- MySQL调优
- Informatica应用技巧

5.1 Oracle调优

5.1.1 最大限度使用索引

1. 访问表的方式

Oracle 采用两种方式访问表中记录。

1）全表扫描

全表扫描就是顺序地访问表中每条记录。Oracle采用一次读入多个数据块（DATABASE BLOCK）的方式优化全表扫描。

2）通过ROWID访问表

采用基于ROWID的访问方式，提高访问表的效率，ROWID包含表中记录的物理位置信息。Oracle采用索引（INDEX）实现了数据和存放数据的物理位置（ROWID）之间的联系。通常索引会提供快速访问ROWID的方法，可以提高基于索引列的查询的性能。

提示：

（1）如果检索数据量超过表中记录数的30%，使用索引将不能显著地提高效率。

（2）在特定情况下，使用索引也许会比全表扫描慢，但这是同一个数量级上的区别。通常情况下，使用索引比全表扫描要快很多。

2. 常见的索引使用注意事项

1）%的使用

%只有在查询条件的尾部时，才会按索引进行查询。

前置条件：假设DEPT 表中的DEPT_ID字段为索引字段。

示例1：

```
SELECT DEPT_ID FROM DEPTWHERE DEPT_ID LIKE'%15';
```

不会按索引进行查询。

示例2：

```
SELECT DEPT_ID FROM DEPTWHERE DEPT_ID LIKE'%15%';
```

不会按索引进行查询。

示例3:

```
SELECT DEPT_ID FROM DEPTWHERE DEPT_ID LIKE'15%';
```

不会按索引进行查询。

2）NULL的使用

尽量避免使用NULL值。对表索引字段使用NULL查询条件时，不会按索引进行查询。

前置条件：假设DEPT表中的DEPT_ID字段为索引字段。

示例1:

```
SELECT * FROM DEPTWHERE DEPT_ID ISNULL;
```

不会按索引进行查询。

示例2:

```
SELECT * FROM DEPTWHERE DEPT_ID ISNOTNULL;
```

不会按索引进行查询。

3）<>的使用

尽量避免使用<>。对表索引字段使用<>查询条件时，不会按索引进行查询，要尽量使用>和<代替。

前置条件：DEPT表的EMPNO字段为索引字段。

示例1:

```
SELECT * FROM DEPTWHERE EMPNO<>1000;
```

不会按索引进行查询。

示例2:

```
SELECT * FROM DEPTWHERE EMPNO<1000AND EMPNO>1000;
```

按索引进行查询。

4）||的使用

尽量避免使用||。对表索引字段使用||查询条件时，不会按索引进行查询，要尽量分开查询，示例如下。

示例1:

```
SELECT *
FROM DEPARTMENT
WHERE F_NAME||'&'||L_NAME='jackson$micheal';
```

不会按索引进行查询。

示例2：

```
SELECT *
FROM DEPARTMENT
WHERE F_NAME='jackson'AND L_NAME='micheal';
```

按索引进行查询。

5）索引列上的计算

尽量避免在索引列上进行数据计算。在表的索引列上进行数据计算时，不会按索引进行查询，要尽量将计算条件转移。

前置条件：DEPT表的SALARY字段为索引字段。

示例1：

```
SELECT * FROM DEPTWHERE SALARY*2.25<10000;
```

不会按索引进行查询。

示例2：

```
SELECT * FROM DEPTWHERE SALARY < (10000/2.25);
```

按索引进行查询。

6）复合主键的应用

当一个表的主键为复合主键时，前导列字段必须在查询条件中，复合主键的索引才会生效。

前置条件：DEPT表的主键为PK_DEPT(DEPT_NO,DEPT_NAME,TEL)。

示例1：

```
SELECT * FROM DEPT;
```

不会按索引进行查询。

示例2：

```
SELECT * FROM DEPT  WHERE ENAME='SALES'AND TEL=6668;
```

不会按索引进行查询。

示例3：

```
SELECT * FROM DEPT WHERE DEPT_NO= 1001;
```

按索引进行查询。

示例4：

```
SELECT * FROM DEPT WHERE DEPT_NO=1001AND ENAME='sales';
```

按索引进行查询。

示例5：

```
SELECT * FROM DEPT WHERE DEPT_NO=1001AND TEL=6668;
```

按索引进行查询。

注意：前导列DEPT_NO必须在WHERE条件中，复合主键索引才会生效。

7）复合索引的应用

当一个表的主键为复合主键时，前导列字段必须在查询条件中，复合主键的索引才会生效。

前置条件：为DEPT创建一个复合索引，复合索引包括DEPT_NO,DEPT_NAME,TLE（即CREATE INDEX MULTI_INDEX ON DEPT (DEPT_NO,DEPT_NAME,TEL)）。

示例1：

```
SELECT * FROM DEPT;
```

不会按索引进行查询。

示例2：

```
SELECT * FROM DEPT WHERE ENAME='sales'AND TEL=6668;
```

不会按索引进行查询。

示例3：

```
SELECT * FROM DEPT WHERE DEPT_NO=1001;
```

按索引进行查询。

示例4：

```
SELECT * FROM DEPT WHERE DEPT_NO=1001AND ENAME='sales';
```

按索引进行查询。

示例5：

```
SELECT * FROM DEPT WHERE DEPT_NO=1001AND TEL=6668;
```

按索引进行查询。

注意：前导列DEPT_NO必须在WHERE条件中，复合索引才会生效。

8）！=的使用

尽量避免使用！=。对表索引字段使用！=进行查询条件时，不会按索引进行查询，条件允许的情况下可使用IN或其他方式代替。

前置条件：表DEPARTMENT的DEPT_NO字段为索引字段。

示例：

```
SELECT * FROM DEPARTMENTWHERE DEPT_NO!=1001 ;
```

不会按索引进行查询。

9）子查询的位置与效率

子查询的使用位置会影响SQL语句的执行效率，当子查询的结果作为查询表时效率最高。

示例1：

```
SELECT  （子查询位置）  FROM DEPT;
```

最低效。

示例2：

```
SELECT  * FROM DEPTWHERE  （子查询位置）;
```

次低效。

示例3：

```
SELECT * FROM （子查询位置）;
```

最高效。

10）隐式转换

由于字段类型不同，有时会因自动的字段类型隐式转换导致索引失效，但是有时会生效，应避免改变索引列的类型。当比较不同数据类型的数据时，Oracle自动对列进行简单的类型转换。

前置条件：假设 EMPNO是一个数值类型的索引列。

示例1：

```
SELECT *
FROM EMP
WHERE EMPNO ='456';
```

当Oracle执行以上SQL时，实际上语句先进行转换，然后进行SQL执行。以上SQL会转化为：

```
SELECT *
FROM EMP
WHERE EMPNO = TO_NUMBER('456');
```

再进行查询执行，以上示例中，类型转换没有发生在索引列上，索引的用途没有被改变，所有会按索引查询。

前置条件：假设EMP_TYPE是一个字符类型的索引列。

示例2：

```
SELECT *
FROM EMP
WHERE EMP_TYPE = 456;
```

当Oracle执行以上SQL语句时，实际上语句先进行转换，然后再执行SQL语句。以上SQL会转化为：

```
SELECT *
FROM EMP
WHERE TO_NUMBER(EMP_TYPE)=456;
```

再进行查询，执行以上示例时，因为内部发生了类型转换，这个索引将不会被使用。为了避免Oracle对执行的SQL进行隐式类型转换，最好把类型转换显式表现出来。

注意：当字符和数值比较时，Oracle会优先转换数值类型到字符类型。

5.1.2 SQL优化

1. WHERE子句中的连接顺序

Oracle采用自下而上的顺序解析WHERE子句，表之间的连接必须写在其他WHERE条件之前，那些可以过滤掉最大数量记录的条件推荐写在WHERE子句的末尾。

示例1（低效）：

```
SELECT *
FROM EMP E
WHERE SAL >50000
AND JOB = 'MANAGER'
AND25< (SELECTCOUNT(*) FROM EMP WHERE MGR = E.EMPNO);
```

示例2（高效）：

```
SELECT *
FROM EMP E
WHERE25< (SELECTCOUNT(*) FROM EMP WHERE MGR = E.EMPNO)
AND SAL >50000
AND JOB = 'MANAGER';
```

2. 尽可能使用COMMIT

在程序中尽可能使用COMMIT，因为可以通过COMMIT命令进行资源释放，这样程序的性能会提高。

3. 删除表中全部数据，应该使用TRUNCATE而不使用DELETE

TRUNCATE TABLE命令是快速删除命令，可以将表中数据快速删除，但保留数据表结构，不可以恢复。用DELETE命令删除的数据将存储在系统回滚字段中，需要时回滚恢复。因此用DELETE命令删除数据时速度慢，消耗内存。

4. Select 子句中避免使用 *

在SELECT子句中列出所有COLUMN时，使用动态SQL列引用 * 是一种方便的方法。但这是一种非常低效的方法。Oracle在解析的过程中，会将 * 依次转换成所有列名，这个工作是通过查询数据字典完成的，这将耗费更多的时间，所以列出需求字段效率会更高。

5. 减少访问数据库的次数

当执行每条SQL语句时，Oracle在内部完成了许多工作：解析SQL语句，估算索引的利用率，绑定变量，读数据块等。因此，减少访问数据库的次数，就能减少Oracle的工作量。

示例要求：检索出雇员号等于342或291的职员。

示例1（效率最低）：

```
SELECT EMP_NAME, SALARY, GRADE FROM EMP WHERE EMP_NO = 342;
SELECT EMP_NAME, SALARY, GRADE FROM EMP WHERE EMP_NO = 291;
```

示例2（效率次低）：

```
DECLARE
CURSOR C1 (E_NO NUMBER) IS
SELECT EMP_NAME,SALARY,GRADE
FROM EMP
WHERE EMP_NO = E_NO;
BEGIN
OPEN C1(342);
FETCH C1 INTO …,..,.. ;
OPEN C1(291);
FETCH C1 INTO …,..,.. ;
CLOSE C1;
END;
```

示例3（效率高）：

```
SELECT A.EMP_NAME, A.SALARY, A.GRADE, B.EMP_NAME, B.SALARY, B.GRADE
FROM EMP A, EMP B
WHERE A.EMP_NO = 342
AND B.EMP_NO = 291;
```

注意：在SQL*PLUS、SQL*FORMS和PRO*C中重新设置ARRAYSIZE参数，可以增加每次数据库访问的检索数据量，建议值为200。

6. 建议使用WHERE替换HAVING

要避免使用HAVING子句，因为HAVING只会在检索出所有记录之后才对结果集进行过滤，这个处理需要排序、总计等操作。通过WHERE子句限制记录的数目，能减少这方面的开销。

示例1（效率低）：

```
SELECTREGION, AVG(LOG_SIZE)
FROMLOCATION
GROUPBYREGION
HAVINGREGIONREGION != 'SYDNEY'ANDREGION != 'PERTH';
```

示例2（效率高）：

```
SELECTREGION, AVG(LOG_SIZE)
FROMLOCATION
WHEREREGIONREGION != 'SYDNEY'
ANDREGION != 'PERTH'
GROUPBYREGION;
```

注意：HAVING中的条件一般用于比较一些集合函数，如COUNT（）等。除此以外，一般的条件应该写在WHERE子句中。

7. 减少对表的查询

下面是UPDATE 多个COLUMN 的例子。

示例1（效率低）：

```
UPDATE EMP
SET EMP_CAT  =
      (SELECTMAX(CATEGORY) FROM EMP_CATEGORIES),
      SAL_RANGE =
      (SELECTMAX(SAL_RANGE) FROM EMP_CATEGORIES)
WHERE EMP_DEPT = 10020;
```

示例2（效率高）：

```
UPDATE EMP
SET (EMP_CAT, SAL_RANGE) =
      (SELECTMAX(CATEGORY), MAX(SAL_RANGE) FROM EMP_CATEGORIES)
WHERE EMP_DEPT = 10020;
```

8. EXISTS与IN的替代关系

如果子查询得出的结果集记录较少，主查询中的表较大且有索引时应该用IN。如果主查询的记录较少，子查询中的表大且有索引时使用EXISTS。

在许多基于基础表的查询中，为了满足一个条件，往往需要对另一个表进行联接。在这种情况下，使用EXISTS（或NOT EXISTS）通常会提高查询的效率。

示例1（效率低）：

```
SELECT *
FROM EMP(基础表)
WHERE EMPNO >0
AND DEPTNO IN (SELECT DEPTNO FROM DEPT WHERE LOC = 'MELB');
```

示例2（效率高）：

```
SELECT *
FROM EMP(基础表)
WHERE EMPNO >0
ANDEXISTS (SELECT'X'
FROM DEPT
WHERE DEPT.DEPTNO = EMP.DEPTNO
AND LOC = 'MELB');
```

在子查询中，NOT IN子句将执行一个内部的排序和合并。无论哪种情况，NOT IN都是最低效的，因为它对子查询中的表执行了全表遍历。为了避免使用NOT IN，可以把它改写成外连接（OUTER JOINS）或NOT EXISTS。

示例1（效率低）：

```
SELECT *
FROM EMP
WHERE DEPT_NO NOTIN (SELECT DEPT_NO FROM DEPT WHERE DEPT_CAT = 'A');
```

为了提高效率，改写示例如下。

示例2（效率高）：

```
SELECT *
FROM EMP A, DEPT B
WHERE A.DEPT_NO = B.DEPT_NO
AND B.DEPT_NO ISNULL
AND B.DEPT_CAT = 'A';
```

示例3（效率最高）：

```
SELECT *
```

```
FROM EMP E
WHERENOTEXISTS (SELECT'X'
FROM DEPT D
WHERE D.DEPT_NO = E.DEPT_NO
AND DEPT_CAT = 'A');
```

9. 用EXISTS替换DISTINCT

当提交一个包含一对多表信息（如部门表和雇员表）的查询时，避免在SELECT子句中使用DISTINCT，一般可以考虑用EXIST替换。

示例1（效率低）：

```
SELECTDISTINCT DEPT_NO, DEPT_NAME
FROM DEPT D, EMP E
WHERE D.DEPT_NO = E.DEPT_NO;
```

示例2（效率高）：

```
SELECT DEPT_NO, DEPT_NAME
FROM DEPT D
WHEREEXISTS (SELECT'X'FROM EMP E WHERE E.DEPT_NO = D.DEPT_NO);
```

EXISTS使查询更迅速，因为RDBMS核心模块将在子查询的条件满足后，立刻返回结果。

10. 重建索引提高效率

索引是表的一个概念部分，用来提高检索数据的效率。实际上，Oracle使用了一个复杂的自平衡B-tree结构。通常，通过索引查询数据比全表扫描要快。当Oracle找出执行查询和UPDATE语句的最佳路径时，Oracle优化器将使用索引。在联结多个表时使用索引也可以提高效率。另外，索引提供了主键（PRIMARY KEY）的唯一性验证。除了那些LONG或LONG RAW数据类型，几乎可以索引所有的列。通常，在大型表中使用索引特别有效。在扫描小表时，使用索引同样能提高效率。

虽然使用索引能提高查询效率，但是也有代价。索引需要存储空间，也需要定期维护。每当有记录在表中增减或索引列被修改时，索引本身也会被修改。这意味着每条记录的INSERT、DELETE、UPDATE将为此多付出四五次磁盘I/O。因为索引需要额外的存储空间和处理，那些不必要的索引反而会使查询反应时间变慢。

定期重构索引是有必要的。

```
ALTERINDEX INDEX_NAME REBUILD;
```

11. 避免在索引列上使用NOT

通常要避免在索引列上使用NOT，因为NOT会产生和在索引列上使用函数相同的影响。当Oracle遇到NOT，就会停止使用索引转而执行全表扫描。

前置条件：DEPT表的DEPT_CODE字段是索引字段。

示例1：

```
SELECT * FROM DEPT WHERE DEPT_CODE NOT = 0;
```

全表扫描不使用索引，效率低。

示例2：

```
SELECT *
FROM DEPT
WHERE DEPT_CODE >0
AND DEPT_CODE <0;
```

使用索引，效率高。

注意：在某些时候，Oracle优化器会自动将NOT转化成相对应的关系操作符。NOT > 转为<= ，NOT >= 转为<，NOT <转为>= ，NOT <= 转为>。

12. 用>= 替代 >

前置条件：DEPT表的DEPT_ID字段是索引字段,且DEPT_ID字段为数值型。

示例1（效率低）：

```
SELECT * FROM EMP WHERE DEPT_ID >3;
```

示例2（效率高）：

```
SELECT * FROM EMP WHERE DEPT_ID >= 4;
```

示例2的DBMS将直接跳到第一个DEPT_ID等于4的记录，然后查询DEPT_ID大于等于4的记录，而示例1将首先定位到DEPT_ID=3的记录并且向前扫描到第一个DEPT_ID大于3的记录。

13. 对于索引列用UNION替换OR

通常情况下，对索引列使用OR将导致全表扫描，用UNION替换WHERE子句中的OR将会起到较好的效果。

前置条件：在LOCATION表中，LOC_ID字段和REGION字段上都建有索引。

示例1（效率低）：

```
SELECT LOC_ID, LOC_DESC, REGION
FROMLOCATION
WHERE LOC_ID = 10
ORREGION = 'MELBOURNE';
```

示例2（效率高）：

```
SELECT LOC_ID, LOC_DESC, REGION
FROMLOCATION
WHERE LOC_ID = 10
UNION
SELECT LOC_ID, LOC_DESC, REGION
FROMLOCATION
WHEREREGION = 'MELBOURNE';
```

注意：以上规则只对多个索引列有效。如果有COLUMN没有被索引，查询效率可能会因为没有选择OR而降低。

14. 尽量使用索引的第一个列

如果索引是建立在多个列上，只有在它的第一个列被WHERE子句引用时，优化器才会选择使用该索引。当仅引用索引的第二个列时，优化器使用全表扫描而忽略了索引。

15. UNION ALL替换UNION

当SQL语句需要UNION两个查询结果集合时，这两个结果集合会以UNION ALL的方式被合并，然后在输出最终结果前进行排序。如果用UNION ALL替代UNION，这样排序就不必要了，效率就会提高。

示例1（效率低）：

```
SELECT ACCT_NUM, BALANCE_AMT
FROM DEBIT_TRANSACTIONS
WHERE TRAN_DATE = '22-DEC-95'
UNION
SELECT ACCT_NUM, BALANCE_AMT
FROM DEBIT_TRANSACTIONS
WHERE TRAN_DATE = '22-DEC-95';
```

示例2（效率高）：

```
SELECT ACCT_NUM, BALANCE_AMT
FROM DEBIT_TRANSACTIONS
WHERE TRAN_DATE = '22-DEC-95'
UNIONALL
SELECT ACCT_NUM, BALANCE_AMT
FROM DEBIT_TRANSACTIONS
WHERE TRAN_DATE = '22-DEC-95';
```

注意：UNION ALL 将重复输出两个结果集合中的相同记录，因此要根据业务需求分析使用UNION ALL的可行性。UNION 将对结果集合排序，这个操作会使用SORT_

AREA_SIZE这块内存。这块内存的优化也是相当重要的。

16. 使用DECODE减少处理时间

使用DECODE函数可以避免重复扫描相同记录或重复连接相同的表。

示例1：

```
SELECTCOUNT(*),SUM(SAL)
FROM EMP
WHERE DEPT_NO = 10020
AND ENAME LIKE'SMITH%';
```

示例2：

```
SELECTCOUNT(*),SUM(SAL)
FROM EMP
WHERE DEPT_NO = 10030
AND ENAME LIKE'SMITH%';
```

可以用DECODE函数高效地得到与示例1和示例2的查询结果相同的结果。

示例3：

```
SELECTCOUNT(DECODE(DEPT_NO, 10020, 'X', NULL)) D0020_COUNT,
COUNT(DECODE(DEPT_NO, 10030, 'X', NULL)) D0030_COUNT,
SUM(DECODE(DEPT_NO, 10020, SAL, NULL)) D0020_SAL,
SUM(DECODE(DEPT_NO, 10030, SAL, NULL)) D0030_SAL
FROM EMP
WHERE ENAME LIKE'SMITH%';
```

注意： DECODE函数也可以用于GROUP BY和ORDER BY子句中。

17. 优化GROUP BY

将不需要GROUP BY的数据在GROUP BY之前先过滤掉，可提高GROUP BY语句的效率。

示例1（效率低）：

```
SELECT JOB, AVG(SAL)
FROM EMP
GROUPBY JOB
HAVING JOB = 'PRESIDENT'OR JOB = 'MANAGER';
```

示例2（效率高）：

```
SELECT JOB, AVG(SAL)
FROM EMP
```

```
WHERE JOB = 'PRESIDENT'
OR JOB = 'MANAGER'
GROUPBY JOB;
```

18. EXPORT 和 IMPORT的优化

使用较大的BUFFER（如10MB）可以提高EXPORT和IMPORT的速度。

Oracle将尽可能获取所指定的内存大小，即使内存不足，也不会报错。这个值至少要和表中最大的列相当，否则列值会被截断。可以肯定的是，增加BUFFER会大大提高EXPORT 和IMPORT的效率。

19. 条带化表和索引

要将表和索引建立在不同的表空间内（TABLESPACES），决不要将不属于Oracle内部系统的对象存放到SYSTEM表空间里。同时，确保数据表空间和索引表空间置于不同的硬盘上。

20. 尽量避免可能引起排序的操作

带有DISTINCT、UNION、MINUS、INTERSECT、ORDER BY的SQL语句会启动SQL引擎执行耗费资源的排序（SORT）功能。DISTINCT需要一次排序操作，而其他的至少需要执行两次排序。例如，一个UNION查询中的每个查询都带有GROUP BY子句，GROUP BY会触发嵌入排序（NESTED SORT）；这样，每个查询需要执行一次排序，然后在执行UNION时，又一个唯一排序（SORT UNIQUE）操作被执行，而且它只能在前面的嵌入排序结束后才能开始执行。嵌入排序的深度会大大影响查询的效率。通常，带有UNION、MINUS、INTERSECT的SQL语句都可以用其他方式重写。如果数据库的SORT_AREA_SIZE调配得好，也可以考虑使用UNION、MINUS、 INTERSECT语句。

5.1.3　hint用法

在SQL执行过程中，有时候系统自动优化的方式并不是最优的，需要手工添加hint来提高查询效率。

1. /*+ALL_ROWS*/

表明对语句块选择基于开销的优化方法,并获得最佳吞吐量,使资源消耗最小化。
示例：

```
SELECT /*+ALL+_ROWS*/ EMP_NO,EMP_NAM,DAT_IN FROM BSEMPMS WHERE EMP_NO='SCOTT';
```

2. /*+FIRST_ROWS*/

表明对语句块选择基于开销的优化方法。并获得最佳响应时间,使资源消耗最小化。

示例:

```
SELECT /*+FIRST_ROWS*/ EMP_NO,EMP_NAM,DAT_IN FROM BSEMPMS WHERE EMP_
NO='SCOTT';
```

3. /*+CHOOSE*/

表明如果数据字典中有访问表的统计信息,将基于开销的优化方法,并获得最佳吞吐量;表明如果数据字典中没有访问表的统计信息,将基于规则开销的优化方法。

示例:

```
SELECT /*+CHOOSE*/ EMP_NO,EMP_NAM,DAT_IN FROM BSEMPMS WHERE EMP_NO='SCOTT';
```

4. /*+RULE*/

表明对语句块选择基于规则的优化方法。

示例:

```
SELECT /*+ RULE */ EMP_NO,EMP_NAM,DAT_IN FROM BSEMPMS WHERE EMP_NO='SCOTT';
```

5. /*+FULL(TABLE)*/

表明对表选择全局扫描的方法。

示例:

```
SELECT /*+FULL(A)*/ EMP_NO,EMP_NAM FROM BSEMPMS A WHERE EMP_NO='SCOTT';
```

6. /*+ROWID(TABLE)*/

提示明确表明对指定表根据ROWID进行访问。

示例:

```
SELECT /*+ROWID(BSEMPMS)*/ * FROM BSEMPMS WHERE ROWID>='AAAAAAAAAAAAAA'
AND EMP_NO='SCOTT';
```

7. /*+CLUSTER(TABLE)*/

提示明确表明对指定表选择簇扫描的访问方法,它只对簇对象有效。

示例:

```
SELECT /*+CLUSTER */ BSEMPMS.EMP_NO,DPT_NO FROM BSEMPMS,BSDPTMS
WHERE DPT_NO='TEC304' AND BSEMPMS.DPT_NO=BSDPTMS.DPT_NO;
```

8. /*+INDEX(TABLE INDEX_NAME)*/

表明对表选择索引的扫描方法，通常用于指定谓词列使用索引。

示例：

```
SELECT /*+INDEX(BSEMPMS SEX_INDEX) USE SEX_INDEX BECAUSE THERE ARE FEWMALE
BSEMPMS */ FROM BSEMPMS WHERE SEX='M';
```

9. /*+INDEX_ASC(TABLE INDEX_NAME)*/

表明对表选择索引升序的扫描方法。

示例：

```
SELECT /*+INDEX_ASC(BSEMPMS PK_BSEMPMS) */ FROM BSEMPMS WHERE DPT_
NO='SCOTT';
```

10. /*+INDEX_COMBINE*/

为指定表选择位图访问路经，如果INDEX_COMBINE中没有提供作为参数的索引，
将选择出位图索引的布尔组合方式。

示例：

```
SELECT /*+INDEX_COMBINE(BSEMPMS SAL_BMI HIREDATE_BMI)*/ * FROM BSEMPMS
WHERE SAL<5000000 AND HIREDATE<SYSDATE;
```

11. /*+INDEX_JOIN(TABLE INDEX_NAME)*/

提示明确命令优化器使用索引作为访问路径，index_join通常用于小于10000行的
连接。

示例：

```
SELECT /*+INDEX_JOIN(BSEMPMS SAL_HMI HIREDATE_BMI)*/ SAL,HIREDATE
FROM BSEMPMS WHERE SAL<60000;
```

12. /*+INDEX_DESC(TABLE INDEX_NAME)*/

表明对表选择索引降序的扫描方法。

示例：

```
SELECT /*+INDEX_DESC(BSEMPMS PK_BSEMPMS) */ FROM BSEMPMS WHERE DPT_
NO='SCOTT';
```

13. /*+INDEX_FFS(TABLE INDEX_NAME)*/

对指定的表执行快速全索引扫描，而不是全表扫描的办法，只能用于not null列。

示例：

```
SELECT /*+INDEX_FFS(BSEMPMS IN_EMPNAM)*/ * FROM BSEMPMS WHERE DPT_
NO='TEC305';
```

14. /*+ADD_EQUAL TABLE INDEX_NAM1,INDEX_NAM2,...*/

提示明确进行执行规划的选择，将几个单列索引的扫描合起来。

示例：

```
SELECT /*+INDEX_FFS(BSEMPMS IN_DPTNO,IN_EMPNO,IN_SEX)*/ * FROM BSEMPMS
WHERE EMP_NO='SCOTT' AND DPT_NO='TDC306';
```

15. /*+USE_CONCAT*/

对查询中的WHERE后面的OR条件进行转换为UNION ALL的组合查询。

示例：

```
SELECT /*+USE_CONCAT*/ * FROM BSEMPMS WHERE DPT_NO='TDC506' AND SEX='M';
```

16. /*+NO_EXPAND*/

对于WHERE后面的OR 或者IN-LIST的查询语句，NO_EXPAND将阻止其基于优化器对其进行扩展。

示例：

```
SELECT /*+NO_EXPAND*/ * FROM BSEMPMS WHERE DPT_NO='TDC506' AND SEX='M';
```

17. /*+NOWRITE*/

禁止对查询块的查询重写操作。

18. /*+REWRITE*/

可以将视图作为参数。

19. /*+MERGE(TABLE)*/

能够对视图的各个查询进行相应的合并。

示例：

```
SELECT /*+MERGE(V) */ A.EMP_NO,A.EMP_NAM,B.DPT_NO FROM BSEMPMS A (SELET DPT_NO,
AVG(SAL) AS AVG_SAL FROM BSEMPMS B GROUP BY DPT_NO) V WHERE A.DPT_NO=V.DPT_NO
AND A.SAL>V.AVG_SAL;
```

20. /*+NO_MERGE(TABLE)*/

对于有可合并的视图不再合并。

示例：

```
SELECT /*+NO_MERGE(V) */ A.EMP_NO,A.EMP_NAM,B.DPT_NO FROM BSEMPMS A (SELECT
DPT_NO,AVG(SAL) AS AVG_SAL FROM BSEMPMS B GROUP BY DPT_NO) V WHERE A.DPT_
NO=V.DPT_NO AND A.SAL>V.AVG_SAL;
```

21. /*+ORDERED*/

根据表出现在FROM中的顺序，ORDERED使ORACLE依此顺序对其连接。

示例：

```
SELECT /*+ORDERED*/ A.COL1,B.COL2,C.COL3 FROM TABLE1 A,TABLE2 B,TABLE3 C
WHERE A.COL1=B.COL1 AND B.COL1=C.COL1;
```

22. /*+USE_NL(TABLE)*/

将指定表与嵌套的连接的行源进行连接，并把指定表作为内部表。

示例：

```
SELECT /*+ORDERED USE_NL(BSEMPMS)*/ BSDPTMS.DPT_NO,BSEMPMS.EMP_NO,BSEMPMS.
EMP_NAM FROM BSEMPMS,BSDPTMS WHERE BSEMPMS.DPT_NO=BSDPTMS.DPT_NO;
```

23. /*+USE_MERGE(TABLE)*/

将指定的表与其他行源通过合并排序连接方式连接起来。

示例：

```
SELECT /*+USE_MERGE(BSEMPMS,BSDPTMS)*/ * FROM BSEMPMS,BSDPTMS WHERE
BSEMPMS.DPT_NO=BSDPTMS.DPT_NO;
```

24. /*+USE_HASH(TABLE)*/

将指定的表与其他行源通过哈希连接方式连接起来。

示例：

```
SELECT /*+USE_HASH(BSEMPMS,BSDPTMS)*/ * FROM BSEMPMS,BSDPTMS WHERE BSEMPMS.
DPT_NO=BSDPTMS.DPT_NO;
```

25. /*+DRIVING_SITE(TABLE)*/

强制与Oracle所选择的位置不同的表进行查询执行。

示例：

```
SELECT /*+DRIVING_SITE(DEPT)*/ * FROM BSEMPMS,DEPT@BSDPTMS WHERE BSEMPMS.
DPT_NO=DEPT.DPT_NO;
```

26. /*+LEADING(TABLE)*/

将指定的表作为连接次序中的首表。

27. /*+CACHE(TABLE)*/

当进行全表扫描时，CACHE提示能够将表的检索块放置在缓冲区缓存中最近最少列表LRU的最近使用端。

示例：

```
SELECT /*+FULL(BSEMPMS) CAHE(BSEMPMS) */ EMP_NAM FROM BSEMPMS;
```

28. /*+NOCACHE(TABLE)*/

当进行全表扫描时，CACHE提示能够将表的检索块放置在缓冲区缓存中最近最少列表LRU的最近使用端。

示例：

```
SELECT /*+FULL(BSEMPMS) NOCAHE(BSEMPMS) */ EMP_NAM FROM BSEMPMS;
```

29. /*+APPEND*/

直接插入到表的最后，可以提高速度。

```
insert /*+append*/ into test1 select * from test4 ;
```

30. /*+NOAPPEND*/

通过在插入语句生存期内停止并行模式来启动常规插入。

示例：

```
insert /*+noappend*/ into test1 select * from test4 ;
```

5.2　MySQL调优

5.2.1　最大限度使用索引

（1）应尽量避免在WHERE子句中使用!=或<>操作符，否则引擎放弃使用索引而进行全表扫描。

（2）对查询进行优化时，应尽量避免全表扫描，首先应考虑在WHERE 及 ORDER BY 涉及的列上建立索引。

（3）应尽量避免在 WHERE 子句中对字段进行 NULL 值判断，否则将导致引擎放弃使用索引而进行全表扫描，例如：

```
select id from t where num is null;
```

可以在num上设置默认值0，确保表中num列没有NULL值，然后按如下方法查询：

```
select id from t where num=0;
```

（4）尽量避免在 WHERE 子句中使用 OR 连接条件，否则将导致引擎放弃使用索引而进行全表扫描，例如：

```
select id from t where num=10 or num=20;
```

可以按如下方法查询：

```
select id from t where num=10
union all
select id from t where num=20;
```

（5）下面的查询也将导致全表扫描（不能前置百分号）：

```
select id from t where name like '%c%';
```

若要提高效率，可以考虑全文检索。

（6）in 和 not in 也要慎用，否则会导致全表扫描，例如：

```
select id from t where num in(1,2,3);
```

对于连续的数值，建议用 between 替代 in，示例如下：

```
select id from t where num between 1 and 3;
```

（7）如果在 WHERE 子句中使用参数，也会导致全表扫描。因为SQL只有运行时才会解析局部变量，但优化程序不能将访问计划的选择推迟到运行时，必须在编译时进行选择。然而，如果在编译时建立访问计划，变量的值还是未知的，因而无法作为索引选择的输入项，如下面语句将进行全表扫描：

```
select id from t where num=@num;
```

可以改为强制查询使用索引：

```
select id from t with(index(索引名)) where num=@num;
```

（8）应尽量避免在 WHERE 子句中对字段进行表达式操作，否则将导致引擎放弃使用索引而进行全表扫描，例如：

```
select id from t where num/2=100;
```

应改为：

```
select id from t where num=100*2
```

（9）应尽量避免在 WHERE 子句中对字段进行函数操作，否则将导致引擎放弃使用索引而进行全表扫描。例如：

```
select id from t where substring(name,1,3)='abc'
select id from t where datediff(day,createdate,'2005-11-30')=0-'
```

应改为：

```
select id from t where name like 'abc%'
select id from t where createdate>='2005-11-30' and createdate<'2005-12-1'
```

（10）不要在 WHERE 子句中的=左边进行函数、算术运算或其他表达式运算，否则系统将可能无法正确使用索引。

（11）在使用索引字段作为条件时，如果该索引是复合索引，那么必须使用该索引中第一个字段作为条件时才能保证系统使用该索引，否则该索引将不会使用，并且应尽可能让字段顺序与索引顺序相一致。

（12）不要写一些没有意义的查询，如需要生成一个空表结构，代码如下。

```
select col1,col2 into #t from t where 1=0
```

这类代码不会返回任何结果集，但是会消耗系统资源，应改成如下代码。

```
create table #t(…)
```

（13）很多时候用 EXISTS 代替 IN 是一个好的选择：

```
select num from a where num in(select num from b)
```

用下面的语句替换：

```
select num from a where exists(select 1 from b where num=a.num)
```

（14）并不是所有索引对查询都有效，SQL是根据表中数据进行查询优化的。当索引列有大量数据重复时，SQL查询可能不会利用索引，如一个表中有字段 sex、male、female 几乎各一半，那么即使在sex上建了索引也对查询效率起不了作用。

（15）索引并不是越多越好。索引固然可以提高相应的 SELECT 效率，但同时降低了INSERT及UPDATE的效率，因为INSERT或UPDATE时有可能会重建索引，所以怎样建索引需要慎重考虑，视具体情况而定。一个表的索引数最好不要超过6个，若太多则应考虑在一些不常使用的列上建的索引是否有必要。

（16）应尽可能避免更新clustered索引数据列，因为clustered索引数据列的顺序就是表记录的物理存储顺序，一旦该列值改变，将导致整个表记录顺序的调整，会耗费相当大的资源。若应用系统需要频繁更新clustered索引数据列，那么需要考虑是否应将该索引建为clustered索引。

（17）尽量使用数字型字段。若使用只含数值信息的字段，尽量不要设计为字符型，这会降低查询和连接的性能，并且会增加存储开销。因为引擎在处理查询和连接时会逐个比较字符串中的每一个字符，而对于数字型，只需要比较一次就够了。

（18）尽可能用varchar/nvarchar代替char/nchar。首先，长字段的存储空间小，可以节省存储空间；其次，在一个相对较小的字段内搜索，查询效率显然要高些。

（19）任何地方都不要使用select * from t，用具体的字段列表代替*，不要返回用不到的任何字段。

（20）尽量使用表变量代替临时表。如果表变量包含大量数据，请注意索引非常有限（只有主键索引）。

（21）避免频繁创建和删除临时表，以减少系统表资源的消耗。

（22）临时表并不是不可使用，适当地使用它们可以使某些例程更有效。例如，当需要重复引用大型表或常用表中的某个数据集时，可以使用临时表。但是，对于一次性事件，最好使用导出表。

（23）在新建临时表时，如果一次性插入的数据量很大，那么可以使用select into代替create table，避免造成大量log；如果数据量不大，为了缓和系统表的资源，应先使用create table命令，然后使用insert命令。

（24）如果使用了临时表，在存储过程的最后务必将所有的临时表显式删除，先truncate table，然后drop table，这样可以避免系统表的较长时间锁定。

（25）尽量避免使用游标，因为游标的效率较差，如果游标操作的数据超过10 000行，那么就应该考虑改写。

（26）使用基于游标的方法或临时表方法之前，应先寻找基于集的解决方案来解决问题，基于集的方法通常更有效。

（27）与临时表一样，游标并不是不可使用。对小型数据集使用 FAST_FORWARD游标通常要优于其他逐行处理方法，尤其是在必须引用几个表才能获得所需的数据时。在结果集中包括"合计"的例程通常要比使用游标执行的速度快。如果开发时间允许，基于游标的方法和基于集的方法都可以尝试一下，看哪一种方法的效果更好。

（28）在所有存储过程和触发器的开始处设置SET NOCOUNT ON，在结束时设置SET NOCOUNT OFF。无须在执行存储过程和触发器的每个语句后向客户端发送DONE_IN_PROC消息。

（29）尽量避免向客户端返回大数据量，若数据量过大，应该考虑相应需求是否合理。

（30）尽量避免大事务操作，提高系统并发能力。

5.2.2 优化提升

1. 优化IS NULL

可以结合col_name = constant_value使用的col_name IS NULL进行相同的优化。例如，MySQL可以使用索引和范围用IS NULL搜索NULL。

```
SELECT * FROM tbl_name WHERE key_col IS NULL;
SELECT * FROM tbl_name WHERE key_col <=> NULL;
SELECT * FROM tbl_name WHERE key_col=const1 OR key_col=const2 OR key_col IS
NULL;
```

如果WHERE子句包括声明为NOT NULL的列的col_name IS NULL条件，表达式则优化。当列产生NULL时，不会进行优化，如来自LEFT JOIN右侧的表。

MySQL也可以优化组合col_name = expr AND col_name IS NULL，这是解决子查询的一种常用形式。当使用优化时，EXPLAIN显示ref_or_null。

该优化可以为任何关键元素处理IS NULL。

下面是优化的查询例子，假定表t2的列a和b有一个索引：

```
SELECT * FROM t1 WHERE t1.a=expr OR t1.a IS NULL;
SELECT * FROM t1, t2 WHERE t1.a=t2.a OR t2.a IS NULL;
SELECT * FROM t1, t2
    WHERE (t1.a=t2.a OR t2.a IS NULL) AND t2.b=t1.b;
SELECT * FROM t1, t2
    WHERE t1.a=t2.a AND (t2.b=t1.b OR t2.b IS NULL);
SELECT * FROM t1, t2
    WHERE (t1.a=t2.a AND t2.a IS NULL AND ...)
    OR (t1.a=t2.a AND t2.a IS NULL AND ...);
```

ref_or_null首先读取参考关键字，然后单独搜索NULL关键字的行。

该优化只能处理一个IS NULL。在后面的查询中，MySQL只对表达式(t1.a=t2.a AND t2.a IS NULL)使用关键字查询，不能使用b的关键元素：

```
SELECT * FROM t1, t2
    WHERE (t1.a=t2.a AND t2.a IS NULL)
    OR (t1.b=t2.b AND t2.b IS NULL);
```

2. 优化DISTINCT

在大多数情况下，DISTINCT子句可以视为GROUP BY的特殊情况。例如，下面两个查询是等效的：

```
SELECT DISTINCT c1, c2, c3 FROM t1 WHERE c1 > const;
```

```
SELECT c1, c2, c3 FROM t1 WHERE c1 > const GROUP BY c1, c2, c3;
```

由于这个等效性，适用于GROUP BY查询的优化也适用于有DISTINCT子句的查询。结合LIMIT row_count和DISTINCT后，MySQL发现唯一的row_count行后立即停止。

如果不使用查询中命名的所有表的列，MySQL发现第1个匹配后立即停止扫描未使用的表。在下面的情况中，假定t1在t2之前使用（可以用EXPLAIN检查），发现t2中的第1行后，MySQL不再（为t1中的任何行）读t2：

```
SELECT DISTINCT t1.a FROM t1, t2 where t1.a=t2.a;
```

3. 优化LEFT JOIN和RIGHT JOIN

A LEFT JOIN B join_condition执行过程如下：

- 根据表A和A依赖的所有表设置表B。
- 根据LEFT JOIN条件中使用的所有表（除了B）设置表A。

LEFT JOIN条件用于确定如何从表B搜索行。换句话说，不使用WHERE子句中的任何条件。

- 可以对所有标准联接进行优化，只有从它依赖的所有表读取的表例外。如果出现循环依赖关系，MySQL提示出现一个错误。
- 进行所有标准WHERE优化。
- 如果A中有一行匹配WHERE子句，但B中没有一行匹配ON条件，则生成另一个B行，其中所有列设置为NULL。
- 如果使用LEFT JOIN找出在某些表中不存在的行，并且进行了测试，即WHERE部分的col_name IS NULL，其中col_name是一个声明为NOT NULL的列，MySQL找到匹配LEFT JOIN条件的一个行后停止（为具体的关键字组合）搜索其他行。

  RIGHT JOIN的执行类似于LEFT JOIN，只是表的角色反过来。

联接优化器计算表应联接的顺序。LEFT JOIN和STRAIGHT_JOIN强制的表读顺序可以帮助联接优化器更快地工作，因为检查的表交换更少。如果执行下面类型的查询，MySQL全扫描b，因为LEFT JOIN强制它在d之前读取：

```
SELECT *
  FROM a,b LEFT JOIN c ON (c.key=a.key) LEFT JOIN d ON (d.key=a.key)
  WHERE b.key=d.key;
```

在这种情况下，修复时用a的相反顺序，b列于FROM子句中：

```
SELECT *
  FROM b,a LEFT JOIN c ON (c.key=a.key) LEFT JOIN d ON (d.key=a.key)
  WHERE b.key=d.key;
```

MySQL可以进行LEFT JOIN优化：如果对于产生的NULL行，WHERE条件总为假，

LEFT JOIN变为普通联接。

例如，在下面的查询中，如果t2.column1为NULL，WHERE 子句将为false：

```
SELECT * FROM t1 LEFT JOIN t2 ON (column1) WHERE t2.column2=5;
```

因此，可以安全地将查询转换为普通联接：

```
SELECT * FROM t1, t2 WHERE t2.column2=5 AND t1.column1=t2.column1;
```

这样可以更快，因为如果可以使查询更佳，MySQL可以在表t1之前使用表t2。为了强制使用表顺序，会使用STRAIGHT_JOIN。

4. 优化嵌套Join

同SQL标准比较，table_factor语法已经扩展了。后者只接受table_reference，而不是括号内所列的。

table_reference项列表内的每个逗号等价于内部联接，这是一个保留扩展名，示例如下。

```
SELECT * FROM t1 LEFT JOIN (t2, t3, t4)
                ON (t2.a=t1.a AND t3.b=t1.b AND t4.c=t1.c)
```

等价于：

```
SELECT * FROM t1 LEFT JOIN (t2 CROSS JOIN t3 CROSS JOIN t4)
                ON (t2.a=t1.a AND t3.b=t1.b AND t4.c=t1.c)
```

在MySQL中，CROSS JOIN语法上等价于INNER JOIN（它们可以彼此代替）。在标准SQL中，它们不等价。INNER JOIN结合ON子句使用，CROSS JOIN 用于其他地方。

总的来说，在只包含内部联接操作的联接表达式中可以忽略括号。删除括号并将操作组合到左侧后，联接表达式：

```
t1 LEFT JOIN (t2 LEFT JOIN t3 ON t2.b=t3.b OR t2.b IS NULL)
  ON t1.a=t2.a
```

转换为表达式：

```
(t1 LEFT JOIN t2 ON t1.a=t2.a) LEFT JOIN t3
  ON t2.b=t3.b OR t2.b IS NULL
```

但是这两个表达式不等效。为了说明这点，假定表t1、t2和t3有下面的状态：

● 表t1包含行{1}、{2}
● 表t2包含行{1,101}
● 表t3包含行{101}

在这种情况下，第1个表达式返回包括行{1,1,101,101}、{2,NULL,NULL,NULL}的结果，第2个表达式返回行{1,1,101,101}、{2,NULL,NULL,101}：

```
mysql> SELECT *
    -> FROM t1
    ->        LEFT JOIN
    ->        (t2 LEFT JOIN t3 ON t2.b=t3.b OR t2.b IS NULL)
    ->        ON t1.a=t2.a;
+------+------+------+------+
| a    | a    | b    | b    |
+------+------+------+------+
|    1 |    1 |  101 |  101 |
|    2 | NULL | NULL | NULL |
+------+------+------+------+

mysql> SELECT *
    -> FROM (t1 LEFT JOIN t2 ON t1.a=t2.a)
    ->        LEFT JOIN t3
    ->        ON t2.b=t3.b OR t2.b IS NULL;
+------+------+------+------+
| a    | a    | b    | b    |
+------+------+------+------+
|    1 |    1 |  101 |  101 |
|    2 | NULL | NULL |  101 |
+------+------+------+------+
```

在下面的例子中，外面的联接操作结合内部联接操作使用：

```
t1 LEFT JOIN (t2,t3) ON t1.a=t2.a
```

该表达式不能转换为下面的表达式：

```
t1 LEFT JOIN t2 ON t1.a=t2.a, t3.
```

对于给定的表状态，第1个表达式返回行{1,1,101,101}、{2,NULL,NULL,NULL}，第2个表达式返回行{1,1,101,101}、{2,NULL,NULL,101}：

```
mysql> SELECT *
    -> FROM t1 LEFT JOIN (t2, t3) ON t1.a=t2.a;
+------+------+------+------+
| a    | a    | b    | b    |
+------+------+------+------+
|    1 |    1 |  101 |  101 |
|    2 | NULL | NULL | NULL |
+------+------+------+------+
 mysql> SELECT *
    -> FROM t1 LEFT JOIN t2 ON t1.a=t2.a, t3;
+------+------+------+------+
```

```
| a    | a    | b    | b    |
+------+------+------+------+
|    1 |    1 |  101 |  101 |
|    2 | NULL | NULL |  101 |
+------+------+------+------+
```

因此，如果忽略联接表达式中的括号连同外面的联接操作符，会改变原表达式的结果。

更确切地说，不能忽视左外联接操作的右操作数和右联接操作的左操作数中的括号。换句话说，不能忽视外联接操作中的内表达式中的括号，可以忽视其他操作数中的括号（外部表的操作数）。

对于任何表t1、t2、t3和属性t2.b和t3.b的任何条件P，表达式：

```
(t1,t2) LEFT JOIN t3 ON P(t2.b,t3.b)
```

等价于表达式：

```
t1,t2 LEFT JOIN t3 ON P(t2.b,t3.b)
```

如果联接表达式(join_table)中的联接操作的执行顺序不是从左到右，应讨论嵌套的联接，查询语句如下：

```
SELECT * FROM t1 LEFT JOIN (t2 LEFT JOIN t3 ON t2.b=t3.b) ON t1.a=t2.a
  WHERE t1.a > 1;

SELECT * FROM t1 LEFT JOIN (t2, t3) ON t1.a=t2.a
  WHERE (t2.b=t3.b OR t2.b IS NULL) AND t1.a > 1
```

联接表如下：

```
t2 LEFT JOIN t3 ON t2.b=t3.b
t2, t3
```

认为是嵌套的。第1个查询结合左联接操作，形成嵌套的联接；在第2个查询中结合内联接操作，形成嵌套联接。

在第1个查询中，括号可以忽略，联接表达式的语法结构与联接操作的执行顺序相同。在第2个查询中，括号不能省略，如果没有括号，这里的联接表达式解释不清楚。在外部扩展语法中，需要第2个查询的（t2,t3）的括号，尽管从理论上对查询分析时不需要括号。这些查询的语法结构将仍然不是很清楚，因为LEFT JOIN和ON将充当表达式（t2,t3）的左、右界定符的角色。

总之，对于只包含内联接（而非外联接）的联接表达式，可以删除括号。可以移除括号并从左到右评估。实际上，可以按任何顺序评估表。对于外联接不是这样，去除括号可能会更改结果。对于外联接和内联接的结合，也不是这样。去除括号可能会更改结果。

含嵌套外联接的查询按含内联接的查询的相同的管道方式执行。更确切地说，是利用了嵌套环联接算法。

假定有一个如下形式的表T1、T2、T3的联接查询:

```
SELECT * FROM T1 INNER JOIN T2 ON P1(T1,T2)
INNER JOIN T3 ON P2(T2,T3)
WHERE P(T1,T2,T3).
```

这里,P1(T1,T2)和P2(T3,T3)是一些联接条件(表达式),其中P(t1,t2,t3)是表T1、T2、T3的列的一个条件。

嵌套环联接算法将按下面的方式执行该查询:

```
FOR each row t1 in T1 {
  FOR each row t2 in T2 such that P1(t1,t2) {
    FOR each row t3 in T3 such that P2(t2,t3) {
      IF P(t1,t2,t3) {
        t:=t1||t2||t3; OUTPUT t;
      }
    }
  }
}
```

符号t1||t2||t3表示"连接行t1、t2和t3的列组成的行"。例如,t1||t2||NULL表示"连接行t1和t2的列以及t3的每个列的NULL组成的行"。

现在考虑带嵌套的外联接的查询:

```
SELECT * FROM T1 LEFT JOIN
              (T2 LEFT JOIN T3 ON P2(T2,T3))
ON P1(T1,T2)
WHERE P(T1,T2,T3)。
```

对于该查询,修改嵌套环模式可以得到:

```
FOR each row t1 in T1 {
  BOOL f1:=FALSE;
  FOR each row t2 in T2 such that P1(t1,t2) {
    BOOL f2:=FALSE;
    FOR each row t3 in T3 such that P2(t2,t3) {
      IF P(t1,t2,t3) {
        t:=t1||t2||t3; OUTPUT t;
      }
      f2=TRUE;
      f1=TRUE;
    }
IF (!f2) {
```

```
    IF P(t1,t2,NULL) {
       t:=t1||t2||NULL; OUTPUT t;
    }
    f1=TRUE;
  }
 }
IF (!f1) {
   IF P(t1,NULL,NULL) {
      t:=t1||NULL||NULL; OUTPUT t;
   }
  }
 }
}
```

总的来说，对外联接操作中的第一个内表的嵌套环，引入了一个标志，在环之前关闭并且在环之后打开。对于外部表的当前行，如果匹配表示内操作数的表，则标志打开。如果在循环结尾处标志仍然关闭，则表示对于外部表的当前行，没有发现匹配。在这种情况下，对于内表的列，应使用NULL值补充行。结果行被传递到输出进行最终检查或传递到下一个嵌套环，但只能在行满足所有嵌入式外联接的联接条件时。

例如，嵌入下面表达式表示的外联接表：

```
(T2 LEFT JOIN T3 ON P2(T2,T3))
```

对于有内联接的查询，优化器可以选择不同的嵌套环顺序：

```
FOR each row t3 in T3 {
  FOR each row t2 in T2 such that P2(t2,t3) {
    FOR each row t1 in T1 such that P1(t1,t2) {
      IF P(t1,t2,t3) {
         t:=t1||t2||t3; OUTPUT t;
      }
    }
  }
}
```

对于有外联接的查询，优化器可以只选择外表的环优先于内表的环。这样，对于有外联接的查询，只可能有一种嵌套顺序。在下面的查询中，优化器将评估两个不同的嵌套：

```
SELECT * T1 LEFT JOIN (T2,T3) ON P1(T1,T2) AND P2(T1,T3)
WHERE P(T1,T2,T3)
```

嵌套为：

```
FOR each row t1 in T1 {
  BOOL f1:=FALSE;
  FOR each row t2 in T2 such that P1(t1,t2) {
```

```
      FOR each row t3 in T3 such that P2(t1,t3) {
        IF P(t1,t2,t3) {
          t:=t1||t2||t3; OUTPUT t;
        }
        f1:=TRUE
      }
    }
IF (!f1) {
    IF P(t1,NULL,NULL) {
      t:=t1||NULL||NULL; OUTPUT t;
    }
  }
}
```

和：

```
FOR each row t1 in T1 {
  BOOL f1:=FALSE;
  FOR each row t3 in T3 such that P2(t1,t3) {
    FOR each row t2 in T2 such that P1(t1,t2) {
      IF P(t1,t2,t3) {
        t:=t1||t2||t3; OUTPUT t;
      }
      f1:=TRUE
    }
  }
IF (!f1) {
    IF P(t1,NULL,NULL) {
      t:=t1||NULL||NULL; OUTPUT t;
    }
  }
}
```

在两个嵌套中，必须在外环中处理T1，因为它用于外联接。T2和T3用于内联接，因此联接必须在内环中处理。但是，该联接是一个内联接，T2和T3可以任何顺序处理。

当讨论内联接嵌套环的算法时，忽略了部分详情，可能对查询执行的性能影响很大，因为没有提及所谓的"下推"条件。假定可以用连接公式表示WHERE条件P(T1,T2,T3)：

```
P(T1,T2,T2) = C1(T1) AND C2(T2) AND C3(T3)
```

在这种情况下，MySQL实际使用了下面的嵌套环方案来执行带内联接的查询：

```
FOR each row t1 in T1 such that C1(t1) {
  FOR each row t2 in T2 such that P1(t1,t2) AND C2(t2)  {
    FOR each row t3 in T3 such that P2(t2,t3) AND C3(t3) {
```

```
        IF P(t1,t2,t3) {
            t:=t1||t2||t3; OUTPUT t;
        }
    }
  }
}
```

连接 C1(T1)、C2(T2)、C3(T3)从最内部的环内被推出到可以对它进行评估的最外部的环中。如果C1(T1)是一个限制性很强的条件，下推条件可以大大降低从表T1传递到内环的行数。其结果是查询大大加速。

对于有外联接的查询，只有查出外表的当前行可以匹配内表后，才可以检查WHERE条件。这样，对内嵌套环下推的条件不能直接用于带外联接的查询。这里必须以引入有条件下推前提，由遇到匹配后打开的标志保护。

下面是带外联接的例子。

```
P(T1,T2,T3)=C1(T1) AND C(T2) AND C3(T3)
```

使用受保护的下推条件的嵌套环方案看起来应为：

```
FOR each row t1 in T1 such that C1(t1) {
  BOOL f1:=FALSE;
  FOR each row t2 in T2
      such that P1(t1,t2) AND (f1?C2(t2):TRUE) {
    BOOL f2:=FALSE;
    FOR each row t3 in T3
        such that P2(t2,t3) AND (f1&&f2?C3(t3):TRUE) {
      IF (f1&&f2?TRUE:(C2(t2) AND C3(t3))) {
        t:=t1||t2||t3; OUTPUT t;
      }
      f2=TRUE;
      f1=TRUE;
    }
IF (!f2) {
    IF (f1?TRUE:C2(t2) && P(t1,t2,NULL)) {
      t:=t1||t2||NULL; OUTPUT t;
    }
    f1=TRUE;
  }
 }
IF (!f1 && P(t1,NULL,NULL)) {
    t:=t1||NULL||NULL; OUTPUT t;
  }
}
```

总之，可以从联接条件（如P1(T1,T2)和P(T2,T3)）提取下推前提。在这种情况下，下推前提也受一个标志保护，防止检查由相应外联接操作所产生的NULL-补充的行的断言。

如果从判断式的WHERE条件推导，根据从一个内表到相同嵌套联接的另一个表的关键字进行的访问被禁止。

5. 简化外部联合

在许多情况下，一个查询的FROM子句的表的表达式可以简化。

在分析阶段，带右外联接操作的查询被转换为只包含左联接操作的等效查询。根据以下原则进行转换：

```
(T1, ...) RIGHT JOIN (T2,...) ON P(T1,...,T2,...) =
(T2, ...) LEFT JOIN (T1,...) ON P(T1,...,T2,...)
```

所有T1 INNER JOIN T2 ON P(T1,T2)形式的内联接表达式被替换为T1,T2、P(T1,T2)，并根据WHERE条件（或嵌入连接的联接条件）联接为一个连接。

当优化器为用外联接操作的联接查询评估方案时，它只考虑在访问内表之前访问外表的操作的方案。优化器选项受到限制，因为只有这样的方案允许用嵌套环机制执行带外联接操作的查询。

假定有一个下列形式的查询：

```
SELECT * T1 LEFT JOIN T2 ON P1(T1,T2)
WHERE P(T1,T2) AND R(T2)
```

R(T2)大大减少了表T2中匹配的行数。如果这样执行查询，优化器将不会有其他选择，只能在访问表T2之前访问表T1，导致执行方案非常低。

幸运的是，如果WHERE条件拒绝NULL，MySQL可以将此类查询转换为没有外联接操作的查询。如果为该操作构建的NULL补充的行评估为FALSE或UNKNOWN，则该条件称为对于某个外联接操作拒绝NULL。

因此，对于外联接。

```
T1 LEFT JOIN T2 ON T1.A=T2.A
```

类似下面的条件为拒绝NULL：

```
T2.B IS NOT NULL,
T2.B > 3,
T2.C <= T1.C,
T2.B < 2 OR T2.C > 1
```

类似下面的条件不为拒绝NULL：

```
T2.B IS NULL,
```

```
T1.B < 3 OR T2.B IS NOT NULL,
T1.B < 3 OR T2.B > 3
```

检查一个外联接操作的条件是否拒绝NULL的总原则很简单，以下情况为拒绝NULL的条件。

- 形式为A IS NOT NULL，其中A是任何内表的一个属性。
- 包含内表引用的判断式，当某个参量为NULL时评估为UNKNOWN。
- 包含用于连接的拒绝NULL的条件的联合。
- 拒绝NULL的条件的逻辑和。

一个条件可以对一个查询中的一个外联接操作拒绝NULL，而对另一个不拒绝NULL。在下面的查询中，WHERE条件对第2个外联接操作拒绝NULL，但对第1个不拒绝NULL。

```
SELECT * FROM T1 LEFT JOIN T2 ON T2.A=T1.A
LEFT JOIN T3 ON T3.B=T1.B
WHERE T3.C > 0
```

如果WHERE条件对一个查询中的一个外联接操作拒绝NULL，外联接操作被一个内联接操作代替。

例如，前面的查询被下面的查询代替：

```
SELECT * FROM T1 LEFT JOIN T2 ON T2.A=T1.A
INNER JOIN T3 ON T3.B=T1.B
WHERE T3.C > 0
```

对于原来的查询，优化器将评估只与一个访问顺序T1、T2、T3兼容的方案。在替换的查询中，还考虑了访问顺序T3、T1、T2。

一个外联接操作的转化可以触发另一个的转化。这样，查询：

```
SELECT * FROM T1 LEFT JOIN T2 ON T2.A=T1.A
LEFT JOIN T3 ON T3.B=T2.B
WHERE T3.C > 0
```

将首先转换为查询：

```
SELECT * FROM T1 LEFT JOIN T2 ON T2.A=T1.A
INNER JOIN T3 ON T3.B=T2.B
WHERE T3.C > 0
```

该查询等效于查询：

```
SELECT * FROM (T1 LEFT JOIN T2 ON T2.A=T1.A), T3
WHERE T3.C > 0 AND T3.B=T2.B
```

现在剩余的外联接操作也可以被一个内联接替换，因为条件T3.B=T2.B拒绝NULL，可以得到一个根本没有外联接的查询：

```
SELECT * FROM (T1 INNER JOIN T2 ON T2.A=T1.A), T3
WHERE T3.C > 0 AND T3.B=T2.B
```

有时可以成功替换嵌入的外联接操作，但不能转换嵌入的外联接。查询如下：

```
SELECT * FROM T1 LEFT JOIN
            (T2 LEFT JOIN T3 ON T3.B=T2.B)
ON T2.A=T1.A
WHERE T3.C > 0
```

被转换为：

```
SELECT * FROM T1 LEFT JOIN
            (T2 INNER JOIN T3 ON T3.B=T2.B)
ON T2.A=T1.A
WHERE T3.C > 01,
```

只能重新写为仍然包含嵌入式外联接操作的形式：

```
SELECT * FROM T1 LEFT JOIN
            (T2,T3)
ON (T2.A=T1.A AND T3.B=T2.B)
WHERE T3.C > 0。
```

如果试图转换一个查询中的嵌入式外联接操作，必须考虑嵌入式外联接的联接条件和WHERE条件。在下面的查询中，WHERE条件对于嵌入式外联接不拒绝NULL，但嵌入式外联接T2.A=T1.A AND T3.C=T1.C的联接条件为拒绝NULL。

```
SELECT * FROM T1 LEFT JOIN
            (T2 LEFT JOIN T3 ON T3.B=T2.B)
ON T2.A=T1.A AND T3.C=T1.C
WHERE T3.D > 0 OR T1.D > 0
```

因此该查询可以转换为：

```
SELECT * FROM T1 LEFT JOIN


            (T2, T3)
ON T2.A=T1.A AND T3.C=T1.C AND T3.B=T2.B
WHERE T3.D > 0 OR T1.D > 0
```

6. 优化ORDER BY

在某些情况中，MySQL可以使用一个索引来满足ORDER BY子句，而不需要额外的排序。

即使ORDER BY不确切匹配索引，只要WHERE子句中的所有未使用的索引部分和所有额外的ORDER BY 列为常数，就可以使用索引。下面的查询使用索引来解决ORDER BY部分：

```
SELECT * FROM t1
    ORDER BY key_part1,key_part2,... ;
SELECT * FROM t1
    WHERE key_part1=constant
    ORDER BY key_part2;
SELECT * FROM t1
    ORDER BY key_part1 DESC, key_part2 DESC;
SELECT * FROM t1
    WHERE key_part1=1
    ORDER BY key_part1 DESC, key_part2 DESC;
```

在某些情况下，MySQL不能使用索引来解决ORDER BY，尽管它仍然使用索引来找到匹配WHERE子句的行。

（1）对不同的关键字使用ORDER BY语句：

```
SELECT * FROM t1 ORDER BY key1, key2;
```

（2）对关键字的非连续元素使用ORDER BY语句：

```
SELECT * FROM t1 WHERE key2=constant ORDER BY key_part2;
```

（3）混合ASC和DESC语句：

```
SELECT * FROM t1 ORDER BY key_part1 DESC, key_part2 ASC;
```

（4）用于查询行的关键字与ORDER BY语句中所使用的不相同：

```
SELECT * FROM t1 WHERE key2=constant ORDER BY key1;
```

通过EXPLAIN SELECT ...ORDER BY可以检查MySQL是否可以使用索引来解决查询。如果Extra列内有Using filesort，则不能解决查询。文件排序优化不仅用于记录排序关键字和行的位置，并且记录查询需要的列，这样可以避免两次读取行。文件排序算法的过程如下。

（1）读行匹配WHERE子句的行。

（2）对于每个行，记录构成排序关键字和行位置的一系列值，并且记录查询需要的列。

（3）根据排序关键字排序元组。

（4）按排序的顺序检索行，但直接从排序的元组读取需要的列，而不是再一次访问表。

该算法比以前版本的MySQL有很大的改进。为了避免速度变慢，该优化只用于排序元组中的extra列的总大小不超过max_length_for_sort_data系统变量值的时候。如果该变量设置得太高，硬盘活动会太频繁，导致CPU活动较低。如果想要增加ORDER BY的速度，可以让MySQL使用索引而不是额外的排序阶段。如果不能，可以尝试下面的策略：

- 增加sort_buffer_size变量的大小。
- 增加read_rnd_buffer_size变量的大小。

更改tmpdir指向具有大量空闲空间的专用文件系统。该选项接受几个使用round-robin(循环)模式的路径。在Unix中，路径应用冒号(:)区间开，在Windows、NetWare和OS/2中用分号(；)。可以使用该特性将负载均分到几个目录中。路径应为位于不同物理硬盘上的文件系统的目录，而不是同一硬盘的不同分区。

默认情况下，MySQL排序所有GROUP BY col1，col2，...查询的方法如同在查询中指定ORDER BY col1，col2，...如果显式包括一个包含相同列的ORDER BY子句，MySQL可以毫不减速地对它进行优化，尽管仍然进行排序。如果查询包括GROUP BY，但想避免排序结果的消耗，可以指定ORDER BY NULL禁止排序。例如：

```
INSERT INTO foo
SELECT a, COUNT(*) FROM bar GROUP BY a ORDER BY NULL;
```

7. 优化GROUP BY

满足GROUP BY子句的最一般的方法是扫描整个表并创建一个新的临时表，表中每个组的所有行应为连续的，然后使用该临时表来找到组并应用累积函数（如果有）。在某些情况下，MySQL能够做得更好，通过索引访问而不用创建临时表。

为GROUP BY使用索引的最重要的前提条件是所有GROUP BY列引用同一索引的属性，并且索引按顺序保存其关键字。例如，这是B-树索引，而不是HASH索引。是否用索引访问来代替临时表的使用还取决于在查询中使用了哪部分索引、为该部分指定的条件、选择的累积函数。

有两种方法通过索引访问执行GROUP BY查询。在第1个方法中，组合操作结合所有范围判断式使用（如果有）。第2个方法首先执行范围扫描，然后组合结果元组。

1）方法1：松散索引扫描

使用索引时最有效的途径是直接搜索组域。通过该访问方法，MySQL使用某些关键字排序的索引类型（如B-树）的属性。该属性允许使用索引中的查找组而不需要考虑满足所有WHERE条件的索引中的所有关键字。既然该访问方法只考虑索引中的关键字的一小部分，它被称为松散索引扫描。如果没有WHERE子句，松散索引扫描读取的关键字数量与组数量一样多，可以比所有关键字数小得多。如果WHERE子句包含范围判断式，松散索引扫描查找满足范围条件的每个组的第1个关键字，并且再次读取尽可能最少数量的关键字。

查询针对一个单表。

GROUP BY包括索引的第1个连续部分。如果对于GROUP BY，查询有一个DISTINCT子句，则所有显式属性指向索引开头。

只使用累积函数（如果有）MIN()和MAX()，并且它们均指向相同的列。

索引的任何其他部分（除了那些来自查询中引用的GROUP BY）必须为常数，也就是说，必须按常量数量来引用它们，但MIN()或MAX() 函数的参数例外。

此类查询的EXPLAIN输出显示Extra列的Using indexforgroup-by。

下面的查询就是松散索引扫描，假定表t1(c1,c2,c3,c4)有一个索引idx(c1,c2,c3)：

```
SELECT c1, c2 FROM t1 GROUP BY c1, c2;
SELECT DISTINCT c1, c2 FROM t1;
SELECT c1, MIN(c2) FROM t1 GROUP BY c1;
SELECT c1, c2 FROM t1 WHERE c1 < const GROUP BY c1, c2;
SELECT MAX(c3), MIN(c3), c1, c2 FROM t1 WHERE c2 > const GROUP BY c1, c2;
SELECT c2 FROM t1 WHERE c1 < const GROUP BY c1, c2;
SELECT c1, c2 FROM t1 WHERE c3 = const GROUP BY c1, c2;
```

不能用该快速选择方法执行下面的查询。

（1）除了MIN()或MAX()，还有其他累积函数，示例如下：

```
SELECT c1, SUM(c2) FROM t1 GROUP BY c1;
```

（2）GROUP BY子句中的域不引用索引开头，示例如下：

```
SELECT c1,c2 FROM t1 GROUP BY c2,c3;
```

（3）查询引用了GROUP BY部分后面的关键字的一部分，并且没有等于常量的等式，示例如下：

```
SELECT c1,c3 FROM t1 GROUP BY c1,c2;
```

2）紧凑索引扫描

紧凑索引扫描可以为索引扫描或一个范围索引扫描，取决于查询条件。

如果不满足松散索引扫描条件，GROUP BY查询仍然可以不用创建临时表。如果WHERE子句中有范围条件，该方法只读取满足这些条件的关键字。否则，进行索引扫描。该方法读取由WHERE子句定义的每个范围的所有关键字，或没有范围条件式扫描整个索引，将它定义为紧凑索引扫描。对于紧凑索引扫描，只有找到了满足范围条件的所有关键字后才进行组合操作。

要想让该方法工作，对于引用GROUP BY关键字元素的前面、中间关键字元素的查询中的所有列，有一个常量等式条件就足够了。等式条件中的常量填充了搜索关键字中的"差距"，可以形成完整的索引前缀。这些索引前缀可以用于索引查找。如果需要排序GROUP BY结果，并且能够形成索引前缀的搜索关键字，MySQL还可以避免额外的排序操作，因为使用有顺序的索引的前缀进行搜索已经按顺序检索到了所有关键字。

上述第1种方法不适合下面的查询，但第2种索引访问方法可以工作（假定已经提及了表t1的索引idx）。

GROUP BY中有一个差距，但已经由条件c2 = 'a'覆盖。

```
SELECT c1,c21,c3 FROM t1 WHERE c2 = 'a' GROUP BY c1,c3;
```

GROUP BY不以关键字的第1个元素开始，但是有一个条件提供该元素的常量：

```
SELECT c1,c2,c3 FROM t1 WHERE c1 = 'a' GROUP BY c2,c3;
```

8. 优化LIMIT

在一些情况下，当使用LIMIT row_count而不使用HAVING时，MySQL将以不同方式处理查询。

如果用LIMIT只选择一些行，当MySQL选择做完整的表扫描时，它将在一些情况下使用索引。

如果使用LIMIT row_count与ORDER BY，MySQL一旦找到了排序结果的第1个row_count行，将结束排序而不是排序整个表。如果使用索引，将很快。如果必须进行文件排序（filesort），必须选择所有匹配查询没有LIMIT子句的行，并且在确定已经找到第1个row_count行前，必须对它们的大部分进行排序。在任何一种情况下，一旦找到了行，则不需要再排序结果的其他部分，并且MySQL不再进行排序，当结合LIMIT row_count和DISTINCT时，MySQL一旦找到row_count个唯一的行，它将停止。

在一些情况下，GROUP BY能通过顺序读取键（或在键上做排序）来解决，然后计算摘要直到关键字的值改变。在这种情况下，LIMIT row_count将不计算任何不必要的GROUP BY值。

只要MySQL已经发送了需要的行数到客户，它将放弃查询，除非正在使用SQL_CALC_FOUND_ROWS。

LIMIT 0将总是快速返回一个空集合，这对检查查询的有效性是有用的。当使用MySQL API时，它也可以用来得到结果列的列类型。该技巧在MySQL Monitor中不工作，只显示Empty set；应使用SHOW COLUMNS或DESCRIBE。

当服务器使用临时表进行查询时，使用LIMIT row_count子句计算需要多少空间。

5.3 Informatica应用技巧

5.3.1 元数据解析

Informatica所有元数据信息均以数据库表的方式存到了元数据库中。当然Informatica本身的工具提供了很多人性化的功能，使开发时可以很方便地进行操作。但客户的需求总是不断变化的，为了方便地获取自己需要的信息，那就需要对Informatica元数据库有很深的了解。

Informatica通过表和视图提供所有的信息。这里将介绍一些常见的且非常有用的表和视图。基于这些表和视图，使用者可以根据不同的需求查询需要的数据，也可以开发一些辅助的Informaticon应用程序。

1. OPB_ATTR

该表记录INFORMATICA（Designer、Workflow等）设计时及服务器设置的所有属性项的名称、当前值及该属性项的简要说明。

示例：

```
ATTR_NAME:TracingLevel
ATTR_VALUE:2
ATTR_COMMENT:Amountofdetailinthesessionlog
```

用途：可以通过该表快速查看设计或设置时碰到的一些属性项的用途与说明。

2. OPB_ATTR_CATEGORY

该表记录INFORMATICA各属性项的分类及说明。

示例：

```
CATEGORY_NAME:FilesandDirectories
DESCRIPTION:Attributesrelatedtofilenamesanddirectorylocations
```

用途：查看上表所提的属性项的几种分类及说明。

3. OPB_CFG_ATTR

该表记录WORKFLOWMANAGER中的各个Folder下的SessionConfiguration的配置数据，每个配置对应表中一组Config_Id相同的数据，一组配置数据共23条。

示例：

```
ATTR_ID:221
ATTR_VALUE:$PMBadFileDir
```

用途：查看所有SessionConfiguration的配置项及值，并便于进行各个不同Folder间的配置异同比较。

4. OPB_CNX

该表记录WORKFLOWMANAGER中关于源、目标数据库连接的定义，包括RelationalConnection、QueueConnection、LoaderConnection等。

示例：

```
OBJECT_NAME:Orace_Source
USER_NAME:oral
USER_PASSWORD:`?53S{$+*$*[X]
CONNECT_STRING:Oratest
```

用途：查看在WorkFlowManager中进行配置的所有连接及其配置数据。

5. OPB_CNX_ATTR

该表记录所有数据库连接的一些相关属性值，一种属性值一条数据。例如，RelationalConnection类的连接有三个属性，对应该表则有三条记录，分别记录其RollbackSegment EnvironmentSQL、EnableParallelMode的属性值，分别对应ATTR_ID为10、11、12。

示例：

```
OBJECT_ID:22
ATTR_ID:10
ATTR_VALUE:1（代表EnableParallelMode为选中）
VERSION_NUMBER:1
```

用途：查看所有配置好的连接的相关属性值、一些环境SQL、回滚段设置，方便统一查看及比较。

6. OPB_DBD

该表记录INFORMATICADESIGNER中所有导入的源的属性及位置。

示例：

```
DBSID:37
DBDNAM:DSS_VIEW
ROOTID:37
```

用途：关联查看所有源的属性。

7. OPB_DBDS

该表记录INFORMATICAMAPPING中所引用的源，即Mapping与上表中源的对应关系。

示例：

```
MAPPING_ID:3
DBD_ID:4
VERSION_NUMBER:1
```

用途：查看一个定义了的源被哪些Mapping引用过，作为源或给出Mapping名，根据OPB_MAPPING表关联，可以查看该Mapping引用到哪些源。

8. OPB_EXPRESSION

该表记录INFORMATICADESIGNER中所有定义了的表达式。

示例：

```
WIDGET_ID:1003
EXPRESSION:DECODE(IIF(TYPE_PLAN!='05' , 1 , 0) , 1 , QTY_GROSS , 0)
```

用途：通过与OPB_WIDGET表关联，查看整个元数据库中的所有Expression转换模块中的表达式定义。

9. OPB_EXTN_ATTR

该表记录在WORKFLOWMANAGER中EditTasks时的Mapping页中，选中Targets时，其相关属性的设置值。每个属性值一条记录。

示例：

```
ATTR_ID:2
ATTR_VALUE:ora_test1.bad
```

用途：通过关联直接查看所有Session的相关目标表数据加载设置。

10. OPB_FILE_DESC

该表记录INFORMATICA中所有文本文件的读入规则定义，如分隔符等。

示例：

```
STR_DELIMITER:11 ,
FLD_DELIMITER:9 , 44 , 0
CODE_PAGE:936
```

用途：查看系统中不同文本的规则定义。

11. OPB_GROUPS

该表记录INFORMATICA中所有组的定义。

示例：

```
GROUP_ID:2
GROUP_NAME:Administrators
```

用途：查看当前系统中所设置的所有组。

12. OPB_MAPPING

该表记录INFORMATICA中所有Mapping的存储，并存储Mapping的一些属性，如最后一次存储时间、说明等。

示例：

```
MAPPING_NAME:m_PM_COUNT_BILL
MAPPING_ID:1521
LAST_SAVED:03/27/200620:00:24
```

用途：这张表的用途非常大，可以通过本表的数据查询，得出某个时间以后修改过的所有Mapping以及所有失效的Mapping。这个表的更大作用是和其他表作关联，得出更多Mapping相关的信息。

13. OPB_MAP_PARMVAR

该表记录INFORMATICA中Mapping的所有参数的定义、初始值等相关信息。

示例：

```
MAPPING_ID:1538
PV_NAME:$$DP_ENABLE_RAND_SAMPLING
PV_DEFAULT:0
```

用途：查看系统设置的所有参数信息，与OPB_MAPPING关联可以根据所给出的Mapping名查看该Mapping下所设置的所有参数信息。

14. OPB_METAEXT_VAL

该表记录IINFORMATICA元数据扩展信息，记录了在设计中所扩展的所有元数据相关信息。

示例：

```
METAEXT_NAME:COMMENT
OBJECT_TYPE:68(Session)
PM_VALUE:TheLink'sMainTable , DesignbyJack
```

用途：查看在设计中所有扩展了的元数据信息，通过关联可以查看指定对象的元数据扩展信息，帮助集中查看了解设计过程中的一些信息。

15. OPB_OBJECT_TYPE

该表记录INFORMATICA设计中所有对象的定义表。

示例：

```
OBJECT_TYPE_ID:1
OBJECT_TYPE_NAME:SourceDefinition
```

用途：可以查看现在INFOMATICA定义的所有对象，可作为其他表的关联维表，查看某个对象的所有相关信息。

16. OPB_PARTITION_DEF

该表记录SESSION中所有的PARTITION定义。

示例：

```
SESSION_ID:2578
PARTITION_NAME:Partition#1
```

用途：通过关联，根据Session的名称，查出该Session包含的所有Partition设置。

17. OPB_REPOSIT

该表记录INFORMATICAREP服务器配置相关信息。

示例：

```
DATAVERSION:5002
PEPOSIT_NAME:hnsever
```

用途：查看INFORMATICAREP服务器配置信息。

18. OPB_REPOSIT_INFO

该表记录INFORMATICAREP数据库的连接配置信息。

示例：

```
REPOSITORY_NAME:TEST-REP
DB_USER:infa_user
DB_NATIVE_CONNECT:infa_conn
HOSTNAME:hnsever
PORTNUM:5001
```

用途：查看INFORMATICAREP服务器数据库的连接配置信息。

19. OPB_SCHEDULER

该表记录WORKFLOW中的所有SCHEDULER设置信息表。

示例：

```
SCHEDULER_ID:81
```

```
SCHEDULER_NAME:Scheduler_DAY_10
START_TIME:3/13/2005/00/20
```

用途：该表记录了所有的SCHEDULER信息，以及它的各项属性设置，方便整体考虑各个SCHEDULER间的调度配合。

20. OPB_SERVER_INFO

该表记录INFORMATICASEVER服务器配置信息。

示例：

```
SERVER_NAME:INFA_SEVER
TIMEOUT:300
HOSTNAME:hnsever
PORT_NO:4001
IP_ADDRESS:196.125.13.1
```

用途：查看INFORMATICASEVER服务器的配置信息。

21. OPB_SESSION

该表记录WORKFLOW中的所有Session，记录了Session与Mapping的对应关系及Session相关的一些基本属性。

示例：

```
SESSION_ID:11
MAPPING_ID:3
```

用途：查看Session与Mapping的对应关系，通过关联得出Session名与Mapping名的对应。

22. OPB_SESSION_CONFIG

该表记录WORKFLOW中所有Session的Config配置信息。

示例：

```
CONFIG_NAME:default_session_config
COMMENTS:Defaultsessionconfigurationobject
```

用途：查看当前系统中所有配置的SessionConfig信息。

23. OPB_SESS_FILE_REF

该表记录INFORMATICA抽取过程中所有FlatFile与Session的相关关系定义。

示例：

```
SESSION_ID:682
```

```
FILE_ID:66
```

用途：查看整个系统中的FlatFile源的相关情况。

24. OPB_SESS_FILE_VALS

该表记录系统中所有FlatFile文件的具体情况，包括文件名、路径等。

示例：

```
SESSION_ID:1560
FILE_NAME:PTM_LU_CHILD.txt
DIR_NAME:$PMSourceFileDirPTM
```

用途：通过关联可以查看Session相关的Flat文件名及其路径，还可以查看系统所有相关Flat文件及统计。

25. OPB_SESS_TASK_LOG

该表记录INFORMATICA对于Session运行的所有日志的信息，并且记录Session的出错情况。

示例：

```
INSTANCE_ID:6
MAPPING_NAME:m_ASSET_SUB_ACCOUNT
LOG_FILE:C:ProgramFiles……s_ASSET_SUB_ACCOUNT.log
FIRST_ERROR_MSG:Noerrorsencountered.
```

用途：这是检查Session运行情况的最重要的表之一，可以最简便地得到Session是否运行正常、出错时的首个错误的简要信息、日志文件的位置。

26. OPB_SRC

该表记录INFORMATICADESIGNER中定义的所有源。

示例：

```
SRC_ID:12
SUBJ_ID:27
FILE_NAME:AM_EQP_ASSESS
SOURCE_NAME:AM_EQP_ASSESS
```

用途：通过Subj_Id的关联，可以查出每个Folder中所有定义了的源。

27. OPB_SRC_FLD

该表记录INFORMATICA中源表的所有字段的定义。

示例：

```
FLDID:82
SRC_ID:12
SRC_NAME:FLAG_ID
```

用途：关联上表，得出该源表的所有字段、定义和相关属性值。

28. OPB_SRV_LOC_VARS

该表记录INFORMATICA系统服务器配置中所有系统变量及变量的当前值。
示例：

```
VAR_ID:13
VAR_NAME:$PMRootDir
VAR_VALUE:D:ProgramFilesInformaticaPowerCenter7.1.1Server
```

用途：查看当前服务器的所有系统变量及其当前值。

29. OPB_SUBJECT

该表记录INFORMATICA中所有主题定义，即所有Folder的定义及相关属性。
示例：

```
SUBJ_NAME:OAM
SUBJ_ID:2
GROUP_ID:3
```

用途：Folder的ID是其他很多表的外键，作为其他表的关联，可以查看该Folder下所有相关对象的信息。

30. OPB_SWIDGET_INST

该表记录一个Session中用到Mapping引用的所有对象及其相关属性，即细化到每个转化模块的一条记录。
示例：

```
SESSION_ID:11
MAPPING_ID:3
INSTANCE_NAME:LKP_OTHER_CHECK11
PARTITION_TYPE:1
```

用途：查看每个Session引用的所有对象及其当前的属性值。

31. OPB_SWIDGINST_LOG

该表记录INFORMATICA运行后所有运行了的Session中的相关源及目标对象的运行日

志,即运行的时间、抽取的数据成功条数等。

示例:

```
TASK_INSTANCE_ID:92
PARTITION_ID:1
PARTITION_NAME:Partition#1
WIDGET_NAME:SQ_SHIFT_CODE
APPLIED_ROWS:723
START_TIME:2004-11-48:48:12
END_TIME:2004-11-48:48:31
```

用途: 这是INFORMATICA运行后,对每个对象的运行情况的最详细的日志记录,对于数据正确性的检查、性能的调优等有很重要的参考价值。

32. OPB_SWIDG_GROUP

该表记录在INFORMATICADESIGNER中Union_Transformation模块上的所有Group的定义表。

示例:

```
SESSION_ID:1410
GROUP_NAME:PM_GROUP1
```

用途: 该表单独记录了Union_Transformation模块上所有设置了的Group,可以通过关联查出一个Session上所有的UnionGroup定义。

33. OPB_TABLE_GROUP

该表记录在INFORMATICADESIGNER中RouterTransformation模块上的所有Group的定义表。

示例:

```
OBJECT_ID:3409
ATTR_VALUE:FROM_ID='xx'
```

用途: 该表单独记录了RouterTransformation模块上所有设置了的Group以及Group的分组条件,可以通过关联查出一个Mapping中Router的所有分组设置及其分组条件。

34. OPB_TARG

该表记录在INFORMATICADESIGNER中所有目标表的定义。

示例:

```
TARGET_ID:3
SUBJ_ID:2
```

```
TARGET_NAME:HAM_DEPT
```

用途：该表存储了所有的目标表定义，通过关联可以查出某个Folder下所有的目标表定义。

35. OPB_TARGINDEX

该表记录在INFORMATICA中对目标表可进行Index定义，该表存储了所有目标表的Index定义。

示例：

```
TARGET_ID:1626
INDEXNAME:IDX_AUDIT
```

用途：查出所有在INFORMATICA中进行的Index定义及相关目标表信息。

36. OPB_TARGINDEXFLD

该表记录INFORMATICA中目标表上进行了Index定义的相关所有字段。

示例：

```
INDEXID:6
FLDNAME:AREC_BILL_ID
```

用途：关联查出在INFORMATICA中进行了Index定义的表及其字段。

37. OPB_TARG_FLD

该表记录INFORMATICA中所有目标表的字段信息。

示例：

```
TARGET_ID:131
TARGET_NAME:CHECK_PROPERTY
```

用途：查看目标表的所有字段信息或给出字段名，查找该字段在哪些目标表中出现过。

38. OPB_TASK

该表记录WORKFLOW中所有Task的记录，包括Session、Worklet、WorkFlow等。

示例：

```
TASK_ID:1717
TASK_NAME:s_OAM_LOG_ARR
```

用途：该表是Workflow关于Task的记录的主表，通过关联可以查出某个folder包含的所有Workflow、Worklet、Task等，还可以查出一个Workflow下的所有Task。

39. OPB_TASK_ATTR

该表记录了Task的所有属性值，每个属性一条记录。

示例：

```
ATTR_ID:2
ATTR_VALUE:s_AM_ASSET_TYPE.log
```

用途：查看相关Task的属性设置，查找系统中同一属性设置的所有Task。

40. OPB_TASK_INST

Task实例表与OPB_TASK表的信息类似，但该表主要突出Workflow与Task的关系，OPB_TASK表是Task的基表。

示例：

```
WORKFLOW_ID:9
INSTANCE_NAME:s_USED_KIND
```

用途：查找一个Workflow下的所有Task信息。

41. OPB_TASK_INST_RUN

该表记录所有Task每次运行的日志信息，包括当前的运行起始时间、服务名等。
示例：

```
INSTANCE_NAME:s_ASSET_ACCOUNT
START_TIME:2004-11-315:20:01
END_TIME:2004-11-315:20:08
SERVER_NAME:ETL-SVR
```

用途：该表记录了Task每次运行的日志信息，其中关于时间的信息对于性能调优有极其重要的作用，可以观察同一个Task一段时间的运行效果，也可以评估服务器的运行情况。

42. OPB_TASK_VAL_LIST

该表记录了某些Task中的属性值，如CommandTask中的Command值。
示例：

```
TASK_ID:2990
PM_VALUE:DEL"D:FILE_LIST.TXT"
VAL_NAME:DELETE
```

用途：可以查看当前系统中设置的任务属性值，也可查看所有Command的命令值。

43. OPB_USERS

该表记录了RepManager中所设置的所有用户及其相关属性。

示例：

```
USER_ID:5
USER_NAME:DEMO
USER_PASSWD:hG63"4$7.`
USER_PRIVILEGES1:79
```

用途：可以查看系统中INFORMATICA定义的所有用户及相关属性。

44. OPB_USER_GROUPS

该表记录了RepManager中用户与组的关系。

示例：

```
USER_ID:2
GROUP_ID:3
```

用途：查看一个组中存在哪些用户或关联出每个用户到底属于哪个组。

45. OPB_VALIDATE

该表记录Designer或WorkflowManager中设计开发时所有Validate的信息。

示例：

```
OBJECT_ID:4
INV_COMMENTS:Replacedsource[V_RCT_CREDIT]duringimport.
```

用途：查看同一个对象的历史Validate信息，查看对象的修改历程。

46. OPB_VERSION_PROPS

该表记录了系统中各种对象的当前版本信息、最后的修改时间，甚至包括各个Mapping中各个模块的当前版本信息。

47. OPB_WFLOW_VAR

该表记录了Workflow的中各个系统变量的定义，是Workflow设计过程中所有各模块间系统变量的设计记录。

示例：

```
SUBJECT_ID:2
```

```
VAR_NAME:ErrorMsg
VAR_DESC:Errormessageforthistask'sexecution
LAST_SAVED:08/20/200622:38:41
```

用途：查看Workflow中相应的系统变量的设计。

48. OPB_WIDGET

该表是所有Mapping中所有转换模块的基础信息表，记录了每个转换模块的基础信息。

示例：

```
WIDGET_NAME:AGG_PIM_RES
WIDGET_TYPE:9
IS_REUSABLE:0
```

用途：可以与其他表进行关联，按条件查出需要各个基础的转换模块。

49. OPB_WIDGET_ATTR

该表是OPB_WIDGET的子表，记录了每个转换模块的各种属性值。一个模块的一个属性占一条记录。

示例：

```
WIDGET_ID:2
WIDGET_TYPE:11
ATTR_VALUE:$PMCacheDir
```

用途：该表记录了所有转换模块的所有属性值，是在进行某属性查找时非常有用的一个基础表，通过与其他表的关联即可得出同一设置的所有转换模块的信息。

50. OPB_WIDGET_FIELD

该表记录了各个转换模块中所有字段的定义。

示例：

```
WIDGET_ID:4
FIELD_NAME:IN_PL_CD
WGT_PREC:10
WGT_DATATYPE:12
```

用途：可以实现对某个字段名称的统计与查找。

51. OPB_WORKFLOW

该表是Workflow定义的一个基表，记录Workflow的关系信息。

示例：

```
WORKFLOW_ID:6
SERVER_ID:0
SCHEDULER_ID:3
```

用途：该表主要用作关于Workflow的各种相关查找的关联表。

52. REP_DB_TYPES

该表记录了INFA支持的数据库的类型。

示例：

```
DATYPE_NUM:3
DATYPE_NAME:ORACLE
```

用途：该表是系统的一个基础代码表，用于显示INFA所支持的所有数据库类型。

53. REP_FLD_DATATYPE

该表记录了INFA支持的各种数据类型以及INFA支持的各种数据库的数据类型。

示例：

```
DTYPE_NUM:3001
DTYPE_NAME:char
DTYPE_DATABASE:ORACLE
```

用途：该表是系统的一个基础代码表，用于显示INFA支持的所有数据类型。

54. REP_SRC_KEY_TYPES

该表记录了INFA在源定义中所设定的所有键值类型。

示例：

```
KEYTYPE_NUM:1
KEYTYPE_NAME:PRIMARYKEY
```

用途：该表是系统的一个基础代码表，用于显示INFA源设计中所有支持的键值类型。

55. REP_TARG_KEY_TYPES

该表记录了INFA在目标定义中设定的所有键值类型。

示例：

```
KEYTYPE_NUM:2
KEYTYPE_NAME:FOREIGNKEY
```

用途：该表是系统的一个基础代码表，用于显示INFA目标设计中所有支持的键值类型。

56. REP_TARG_TYPE

该表记录了INFA的目标表类型。

示例：

```
TARGET_TYPE:1
TYPE_NAME:DIMENSION
```

用途：该表是系统的一个基础代码表，用于显示INFA设计中所有支持的目标表类型。

基于元数据库的应用可以满足很多INFA没有提供的东西。例如，在整个系统中给出一个表名，查找所有引用其作为LKP表的mapping，如果不通过元数据库查，就只能查每个Mapping了。

以下这个SQL即可完成这样的查找。

示例1：查找应用LKP表的Mapping。

```
select A.MAPPING_NAME , e.INSTANCE_NAME
from REP_WIDGET_INST E , rep_widget_attr t , OPB_MAPPING A
where t.ATTR_VALUE = 'XXXX'
AND t.WIDGET_TYPE = 11
AND t.ATTR_NAME = 'Lookup table name'
AND T.WIDGET_ID = E.WIDGET_ID AND E.MAPPING_ID= A.MAPPING_ID;
```

示例2：查询WorkFlow执行消息。

```
select s.subj_name as folder_name , w.workflow_run_id , w.workflow_name ,
t.task_name, to_char(t.start_time , 'YYYY-MM-DD HH24:MI') as etl_time ,
(t.end_time - t.start_time) * 24 * 60 * 60 as run_seconds ,
round((t.end_time - t.start_time) * 24 * 60) as run_minutes ,
 t.run_err_code , t.run_err_msg
from opb_task_inst_run t , opb_wflow_run w , opb_subject s
where t.workflow_run_id = w.workflow_run_id
  and w.subject_id = s.subj_id
   order by t.start_time;
```

5.3.2 资料库操作

1. 资料库备份

1）pmrep connect连接资料库

```
pmrep connect -r QYW_YD -d Domain_yanda  -n Administrator -x Administrator
```

下面介绍pmrep connect的参数。

● -r：资料库名。

- -d：域名。
- -n：用户名。
- -x：密码。

2）Pmrepbackup备份资料库

```
Pmrepbackup -o C:\Informatica\PowerCenter8.1.1\server\infa_shared\Backup\
alletl_2008-04-11.rep -f
```

下面介绍pmrep backup 的参数。

- -o：备份文件的名字和目录，如果省略路径，默认保存在\…\Informatica\ PowerCenter8.1.1\server\infa_shared\Backup\中。
- -f：是否替换已存在的备份文件。

备注：

- 使用pmrep backup 命令之前，先用(pmrep connect)连接资料库。
- 在备份前，要进入\…\Informatica\PowerCenter8.1.1\server\bin\。

2. 资料库删除

1）infacmd UpdateRepositoryService更改资料库服务运行模式为Exclusive

```
infacmd UpdateRepositoryService -dn Domain_yanda -un admin -pd ADMIN -sn
QYW_YD -so OperatingMode=Exclusive
```

下面介绍infacmd UpdateRepositoryService的参数。

- -dn：域名。
- -un：登录控制台用户名。
- -pd：登录控制台密码。
- -sn：资料库名。
- -so：资料库服务运行模式，参数不需要改变。

2）infacmd DisableService 停止资料库服务

```
infacmd DisableService  -dn Domain_yanda -un admin -pd ADMIN -sn QYW_YD -mo
Complete
```

下面介绍infacmd DisableService 的参数。

- -dn：域名。
- -un：登录控制台用户名。
- -pd：登录控制台密码。
- -sn：资料库名。
- -mo Complete：默认值。

3）infacmd EnableService 重启资料库服务

infacmd EnableService -dn Domain_yanda -un admin -pd ADMIN -sn QYW_YD

下面介绍infacmd EnableService 的参数。

- -dn：域名。
- -un：登录控制台用户名。
- -pd：登录控制台密码。
- -sn：资料库名。

4）pmrep delete 删除资料库

```
pmrep connect -r QYW_YD -d Domain_yanda  -n Administrator -x Administrator
pmrep delete -x Administrator
```

下面介绍pmrep delete 的参数。

- -r：资料库名。
- -d：域名。
- -n：用户名。
- -x：密码。

备注：如果一个域下有多个资料库，执行pmrep delete时，进入资料库的密码要正确，不要误删其他资料库。

3. 资料库恢复

1）infacmd UpdateRepositoryService更改资料库服务运行模式为Normal

```
infacmd UpdateRepositoryService -dn Domain_yanda -un admin -pd ADMIN -sn
QYW_YD -so OperatingMode=Normal
```

下面介绍infacmd UpdateRepositoryService的参数。

- -dn：域名。
- -un：登录控制台用户名。
- -pd：登录控制台密码。
- -sn：资料库名。
- -so：资料库服务运行模式，参数不需要改变。

2）infacmd DisableService 停止资料库服务

```
infacmd DisableService  -dn Domain_yanda -un admin -pd ADMIN -sn QYW_YD -mo
Complete
```

下面介绍infacmd DisableService 的参数。

- -dn：域名。
- -un：登录控制台用户名。
- -pd：登录控制台密码。

- -sn：资料库名。
- -mo Complete：默认值。

3）infacmd EnableService 重启资料库服务

```
infacmd EnableService  -dn Domain_yanda -un admin -pd ADMIN -sn QYW_YD
```

- -dn：域名。
- -un：登录控制台用户名。
- -pd：登录控制台密码。
- -sn：资料库名。

4）pmrep restore 恢复资料库

```
pmrep connect -r QYW_YD -d Domain_yanda
```

备注：pmrep connect 不要输入用户名和密码。

```
pmrep restore -u admin -p ADMIN -i alletl-2008-04-10.rep
pmrep cleanup
```

下面介绍 pmrep restore 的参数。

- -u：登录控制台用户名。
- -p：登录控制台密码。
- -I：资料库备份文件。

附录A
Oracle错误信息表

（续表）

错误号	说明
ORA-00001	违反唯一约束条件
ORA-00017	请求会话以设置跟踪事件
ORA-00018	超出最大会话数
ORA-00019	超出最大会话许可数
ORA-00020	超出最大进程数
ORA-00021	会话附属于其他某些进程，无法转换会话
ORA-00022	无效的会话ID，访问被拒绝
ORA-00023	会话引用进程私用内存，无法分离会话
ORA-00024	单一进程模式下不允许从多个进程注册
ORA-00025	无法分配
ORA-00026	丢失或无效的会话ID
ORA-00027	无法删去当前会话
ORA-00028	您的会话已被删去
ORA-00029	会话不是用户会话
ORA-00030	用户会话ID不存在
ORA-00031	标记要删去的会话
ORA-00032	无效的会话移植口令
ORA-00033	当前的会话具有空的移植口令
ORA-00034	无法在当前PL/SQL会话中
ORA-00035	LICENSE_MAX_USERS不能小于当前用户数
ORA-00036	超过递归SQL()级的最大值
ORA-00037	无法转换到属于不同服务器组的会话
ORA-00038	无法创建会话：服务器组属于其他用户
ORA-00050	获取入队时操作系统出错
ORA-00051	等待资源超时
ORA-00052	超出最大入队资源数
ORA-00053	超出最大入队数
ORA-00054	资源正忙，要求指定NOWAIT
ORA-00055	超出DML锁的最大数
ORA-00056	对象上的DDL锁以不兼容模式挂起
ORA-00057	超出临时表锁的最大数
ORA-00058	DB_BLOCK_SIZE必须为某一个定值时，才可安装此数据库（非）
ORA-00059	超出DB_FILES的最大值
ORA-00060	等待资源时检测到死锁
ORA-00061	另一个例程设置了不同的DML_LOCKS
ORA-00062	无法获得DML全表锁定，DML_LOCKS为0
ORA-00063	超出LOG_FILES的最大数
ORA-00064	对象过大以至无法分配在此O/S
ORA-00065	FIXED_DATE的初始化失败
ORA-00066	LOG_FILES为当前值，但需要成为另一个值才可兼容
ORA-00067	值对参数无效；需与参数要求一致
ORA-00068	值对参数无效，必须在参数要求范围之间
ORA-00069	无法获得锁定，禁用了表锁定
ORA-00070	命令无效
ORA-00071	进程号必须介于1和某值之间
ORA-00072	进程不活动
ORA-00073	该命令介于某两个参数之间时使用
ORA-00074	未指定进程
ORA-00075	在此例程未找到相应进程
ORA-00076	未找到转储
ORA-00077	转储无效
ORA-00078	无法按名称转储变量
ORA-00079	未找到变量
ORA-00080	层次指定的全局区域无效
ORA-00081	地址范围不可读
ORA-00082	内存大小不在有效集合[1]、[2]、[4]之内
ORA-00083	警告：可能损坏映射的SGA
ORA-00084	全局区域必须为PGA、SGA或UGA
ORA-00085	当前调用不存在
ORA-00086	用户调用不存在
ORA-00087	命令无法在远程例程上执行
ORA-00088	共享服务器无法执行命令
ORA-00089	ORADEBUG命令中无效的例程号
ORA-00090	未能将内存分配给群集数据库ORADEBUG命令
ORA-00091	LARGE_POOL_SIZE必须为某限定值
ORA-00092	LARGE_POOL_SIZE必须大于LARGE_POOL_MIN_ALLOC
ORA-00093	必须介于X和Y之间
ORA-00094	要求整数值
ORA-00096	值对参数无效，它必须来自参数要求范围之间
ORA-00097	使用Oracle SQL特性不在SQL92级中
ORA-00099	等待资源时发生超时，可能是PDML死锁所致
ORA-00100	未找到数据
ORA-00101	系统参数DISPATCHERS的说明无效
ORA-00102	调度程序无法使用网络协议

（续表）

错误号	说明
ORA-00103	无效的网络协议，供调度程序备用
ORA-00104	检测到死锁，全部公用服务器已锁定等待资源
ORA-00105	未配置网络协议的调度机制
ORA-00106	无法在连接到调度程序时启动/关闭数据库
ORA-00107	无法连接到Oracle监听器进程
ORA-00108	无法设置调度程序以同步进行连接
ORA-00111	由于服务器数目限制，所以没有启动所有服务器
ORA-00112	仅能创建多达（最多指定）个调度程序
ORA-00113	协议名过长
ORA-00114	缺少系统参数SERVICE_NAMES的值
ORA-00115	连接被拒绝，调度程序连接表已满
ORA-00116	SERVICE_NAMES名过长
ORA-00117	系统参数SERVICE_NAMES的值超出范围
ORA-00118	系统参数DISPATCHERS的值超出范围
ORA-00119	系统参数的说明无效
ORA-00120	未启用或安装调度机制
ORA-00121	在缺少DISPATCHERS的情况下指定了SHARED_SERVERS
ORA-00122	无法初始化网络配置
ORA-00123	空闲公用服务器终止
ORA-00124	在缺少MAX_SHARED_SERVERS的情况下指定了DISPATCHERS
ORA-00125	连接被拒绝，无效的演示文稿
ORA-00126	连接被拒绝，无效的重复
ORA-00127	调度进程不存在
ORA-00128	此命令需要调度进程名
ORA-00129	监听程序地址验证失败
ORA-00130	监听程序地址无效
ORA-00131	网络协议不支持注册
ORA-00132	语法错误或无法解析的网络名称
ORA-00150	重复的事务处理ID
ORA-00151	无效的事务处理ID
ORA-00152	当前会话与请求的会话不匹配
ORA-00153	XA库中的内部错误
ORA-00154	事务处理监视器中的协议错误
ORA-00155	无法在全局事务处理之外执行工作
ORA-00160	全局事务处理长度超出了最大值
ORA-00161	事务处理的分支长度非法

（续表）

错误号	说明
ORA-00162	外部dbid的长度超出了最大值
ORA-00163	内部数据库名长度超出了最大值
ORA-00164	在分布式事务处理中不允许独立的事务处理
ORA-00165	不允许对远程操作进行可移植分布式自治转换
ORA-00200	无法创建控制文件
ORA-00201	控制文件版本与Oracle版本不兼容
ORA-00202	某控制文件出现错误
ORA-00203	使用了错误的控制文件
ORA-00204	读控制文件时出错（块，#块）
ORA-00205	标识控制文件出错，有关详情请检查警告日志
ORA-00206	写控制文件时出错（块，#块）
ORA-00207	控制文件不能用于同一数据库
ORA-00208	控制文件的名称数超出限制
ORA-00209	控制文件块大小不匹配，有关详情请检查警告日志
ORA-00210	无法打开指定的控制文件
ORA-00211	控制文件与先前的控制文件不匹配
ORA-00212	块大小低于要求的最小值（字节）
ORA-00213	不能重新使用控制文件，需与原文件大小一致
ORA-00214	控制文件版本与某文件版本不一致
ORA-00215	必须至少存在一个控制文件
ORA-00216	无法重新调整从8.0.2移植的控制文件大小
ORA-00217	从9.0.1进行移植无法重新调整控制文件的大小
ORA-00218	控制文件的块大小与DB_BLOCK_SIZE()不匹配
ORA-00219	要求的控制文件大小超出了允许的最大值
ORA-00220	第一个例程未安装控制文件，有关详情请检查警告日志
ORA-00221	写入控制文件出错
ORA-00222	操作将重新使用当前已安装控制文件的名称
ORA-00223	转换文件无效或版本不正确
ORA-00224	控制文件重设大小，尝试使用非法记录类型
ORA-00225	控制文件的预期大小与实际大小不同
ORA-00226	备用控制文件打开时不允许进行操作
ORA-00227	控制文件中检测到损坏的块：（块，#块）
ORA-00228	备用控制文件名长度超出了最大长度

（续表）

（续表）

错误号	说明
ORA-00229	操作不允许：已挂起快照控制文件入队
ORA-00230	操作不允许：无法使用快照控制文件入队
ORA-00231	快照控制文件未命名
ORA-00232	快照控制文件不存在，已损坏或无法读取
ORA-00233	控制文件副本已损坏或无法读取
ORA-00234	打开快照或复制控制文件时出错
ORA-00235	控制文件固定表因并发更新而不一致
ORA-00236	快照操作不允许：挂上的控制文件为备份文件
ORA-00237	快照操作不允许：控制文件新近创建
ORA-00238	操作将重用属于数据库一部分的文件名
ORA-00250	未启动存档器
ORA-00251	LOG_ARCHIVE_DUPLEX_DEST不能是与字符串相同的目的地
ORA-00252	日志在线程上为空，无法存档
ORA-00253	字符限制在限定值以内，归档目的字符串超出此限制
ORA-00254	存档控制字符串时出错
ORA-00255	存档日志（线程，序列#）时出错
ORA-00256	无法翻译归档目的字符串
ORA-00257	存档器错误，在释放之前仅限于内部连接
ORA-00258	NOARCHIVELOG模式下的人工存档必须标识日志
ORA-00259	日志（打开线程）为当前日志，无法存档
ORA-00260	无法找到联机日志序列（线程）
ORA-00261	正在存档或修改日志（线程）
ORA-00262	当前日志（关闭线程）无法切换
ORA-00263	线程没有需要存档的记录
ORA-00264	不要求恢复
ORA-00265	要求例程恢复，无法设置ARCHIVELOG模式
ORA-00266	需要存档日志文件名
ORA-00267	无须存档日志文件名
ORA-00268	指定的日志文件不存在
ORA-00269	指定的日志文件为线程的一部分（非）
ORA-00270	创建存档日志时出错
ORA-00271	没有需要存档的日志
ORA-00272	写存档日志时出错
ORA-00273	未记录的直接加载数据的介质恢复
ORA-00274	非法恢复选项
ORA-00275	已经开始介质恢复

错误号	说明
ORA-00276	CHANGE关键字已指定但未给出更改编号
ORA-00277	UNTIL恢复标志的非法选项
ORA-00278	此恢复不再需要日志文件
ORA-00279	更改（在生成）对于线程是必需的
ORA-00280	更改对于线程是按序列#进行的
ORA-00281	不能使用调度进程执行介质恢复
ORA-00282	UPI调用不被支持，请使用ALTER DATABASE RECOVER
ORA-00283	恢复会话因错误而取消
ORA-00284	恢复会话仍在进行
ORA-00285	TIME未作为字符串常数给出
ORA-00286	无可用成员，或成员无有效数据
ORA-00287	未找到指定的更改编号（在线程中）
ORA-00288	要继续恢复，请输入ALTER DATABASE RECOVER CONTINUE
ORA-00290	操作系统出现存档错误，请参阅下面的错误
ORA-00291	PARALLEL选项要求数字值
ORA-00292	未安装并行恢复功能
ORA-00293	控制文件与重做日志不同步
ORA-00294	无效的存档日志格式标识
ORA-00295	数据文件号无效，必须介于1与限定值之间
ORA-00296	已超出RECOVER DATAFILE LIST的最大文件数
ORA-00297	必须在RECOVER DATAFILE START之前指定RECOVER DATAFILE LIST
ORA-00298	丢失或无效的TIMEOUT间隔
ORA-00299	必须在数据文件上使用文件级介质恢复
ORA-00300	指定的重做日志块大小非法，超出限制
ORA-00301	添加日志文件时出错，无法创建文件
ORA-00302	日志超出限制
ORA-00303	无法处理多次中断的重做
ORA-00304	请求的INSTANCE_NUMBER在使用中
ORA-00305	日志与线程不对应，属于另一个数据库
ORA-00306	此数据库中的例程限制
ORA-00307	请求的INSTANCE_NUMBER超出限制
ORA-00308	无法打开存档日志
ORA-00309	日志属于错误的数据库
ORA-00310	存档日志包含序列，要求序列
ORA-00311	无法从存档日志读取标题
ORA-00312	联机日志线程出错

（续表）

错误号	说明
ORA-00313	无法打开日志组的成员
ORA-00314	日志（线程），预计序号与实际不匹配
ORA-00315	日志（线程），标题中的线程错误
ORA-00316	日志（线程），标题中的类型不是日志文件
ORA-00317	标题中的文件类型不是日志文件
ORA-00318	日志（线程），预计文件大小与实际不匹配
ORA-00319	日志（线程）具有错误的日志重置状态
ORA-00320	无法从日志（线程）读取文件标题
ORA-00321	日志（线程）无法更新日志文件标题
ORA-00322	日志（线程）不是当前副本
ORA-00323	线程的当前日志不可用，而所有其他日志均需要存档
ORA-00324	日志文件的翻译名太长，字符超出限制
ORA-00325	已归档线程的日志，标题中的线程错误
ORA-00326	日志需要更早的更改
ORA-00327	日志（线程）的实际大小小于需要的
ORA-00328	归档日志更改结束，需要稍后更改某值
ORA-00329	归档日志更改开始，需要更改某值
ORA-00330	归档日志更改结束，需要更改某值
ORA-00331	日志版本与Oracle版本不兼容
ORA-00332	归档日志过小-可能未完全归档
ORA-00333	重做日志读取块计数出错
ORA-00334	归档日志错误
ORA-00335	联机日志：没有此编号的日志，日志不存在
ORA-00336	日志文件块数小于限定的最小块数
ORA-00337	日志文件不存在，且未指定大小
ORA-00338	日志（线程）比控制文件更新
ORA-00339	归档日志未包含任何重做
ORA-00340	处理联机日志（线程）时出现I/O错误
ORA-00341	日志（线程）标题中的日志错误
ORA-00342	归档日志在上一个RESETLOGS之前创建程序包
ORA-00343	错误过多，已关闭日志成员
ORA-00344	无法重新创建联机日志
ORA-00345	重做日志写入块计数出错
ORA-00346	日志成员标记为STALE
ORA-00347	日志（线程）预计块大小不匹配
ORA-00348	单一进程重做失败，必须中止例程
ORA-00349	无法获得块大小
ORA-00350	日志（线程）需要归档

（续表）

错误号	说明
ORA-00351	recover-to时间无效
ORA-00352	线程的所有日志均需要归档，无法启用
ORA-00353	日志损坏接近块更改时间
ORA-00354	损坏重做日志块标题
ORA-00355	更改编号无次序
ORA-00356	更改说明中的长度不一致
ORA-00357	日志文件指定了过多成员，超过了限定值
ORA-00358	指定了过多文件成员，超过了限定值
ORA-00359	日志文件组不存在
ORA-00360	非日志文件成员
ORA-00361	无法删除最后一个日志成员（组）
ORA-00362	组成组中的有效日志文件要求输入成员
ORA-00363	日志不是归档版本
ORA-00364	无法将标题写入新日志成员
ORA-00365	指定日志不是正确的下一个日志
ORA-00366	日志（线程）文件标题中的校验和错误
ORA-00367	日志文件标题中的校验和错误
ORA-00368	重做日志块中的校验和错误
ORA-00369	线程的当前日志不可用，且其他日志已被清除
ORA-00370	Rcbchange操作过程中可能出现死锁
ORA-00371	共享池内存不足
ORA-00372	此时无法修改文件
ORA-00373	联机日志版本与Oracle版本不兼容
ORA-00374	参数db_block_size无效，它必须是某值的倍数
ORA-00375	无法获得默认db_block_size
ORA-00376	此时无法读取文件
ORA-00377	文件的频繁备份导致写操作延迟
ORA-00378	无法按指定创建缓冲池
ORA-00379	缓冲池中无法提供K块大小的空闲缓冲区
ORA-00380	无法指定db_k_cache_size，因为K是标准块大小
ORA-00381	无法将新参数和旧参数同时用于缓冲区高速缓存的大小说明
ORA-00382	不是有效的块大小，不在有效范围
ORA-00383	DEFAULT高速缓存的块大小不能减少至零
ORA-00384	没有足够的内存来增加高速缓存的大小
ORA-00385	无法使用新缓冲区缓存参数
ORA-00390	日志（线程）正被清除，无法成为当前日志

（续表）

错误号	说明
ORA-00391	所有线程必须同时转换为新的日志格式
ORA-00392	日志（线程）正被清除，不允许操作
ORA-00393	脱机数据文件的恢复需要日志（线程）
ORA-00394	在尝试存档时重新使用联机日志
ORA-00395	"克隆"数据库的联机日志必须重命名
ORA-00396	错误需要退回到单次遍历恢复
ORA-00397	对于文件（块），检测到写入丢失情况
ORA-00398	由于重新配置而中止了线程恢复
ORA-00399	重做日志中的更改说明已损坏
ORA-00400	无效的版本值（对于参数）
ORA-00401	此版本不支持参数的值
ORA-00402	当前版本数据库更改无法用于版本
ORA-00403	不同于其他例程
ORA-00404	未找到转换文件
ORA-00405	兼容类型
ORA-00406	COMPATIBLE参数需要更大
ORA-00407	不允许从版本M到N滚动升级
ORA-00408	参数设置为TRUE
ORA-00409	COMPATIBLE必须是更高值才能使用AUTO SEGMENT SPACE MANAGEMENT
ORA-00436	没有Oracle软件使用权，请与Oracle公司联系获得帮助
ORA-00437	没有Oracle软件使用权，请与Oracle公司联系获得帮助
ORA-00438	未安装某选项
ORA-00439	未启用特性：
ORA-00443	背景进程未启动
ORA-00444	背景进程启动时失败
ORA-00445	背景进程在限定秒之后仍没有启动
ORA-00446	背景进程意外启动
ORA-00447	背景进程出现致命错误
ORA-00448	背景进程正常结束
ORA-00449	背景进程因错误异常终止
ORA-00470	LGWR进程因错误而终止
ORA-00471	DBWR进程因错误而终止
ORA-00472	PMON进程因错误而终止
ORA-00473	ARCH进程因错误而终止
ORA-00474	SMON进程因错误而终止
ORA-00475	TRWR进程因错误而终止
ORA-00476	RECO进程因错误而终止

（续表）

错误号	说明
ORA-00477	SNP*进程因错误而终止
ORA-00478	SMON进程因错误而终止
ORA-00480	LCK*进程因错误而终止
ORA-00481	LMON进程因错误而终止
ORA-00482	LMD*进程因错误而终止
ORA-00483	关闭进程过程中异常终止
ORA-00484	LMS*进程因错误而终止
ORA-00485	DIAG进程因错误而终止
ORA-00486	功能不可用
ORA-00568	超出中断处理程序的最大数
ORA-00574	osndnt：$CANCEL失败（中断）
ORA-00575	osndnt：$QIO失败（发送out-of-band中断）
ORA-00576	带内中断协议错误
ORA-00577	带外中断协议错误
ORA-00578	重置协议错误
ORA-00579	osndnt：服务器收到连接请求格式不正确
ORA-00580	协议版本不匹配
ORA-00581	osndnt：无法分配上下文区域
ORA-00582	osndnt：无法撤销分配上下文区域
ORA-00583	osndnt：$TRNLOG失败
ORA-00584	无法关闭连接
ORA-00585	主机名称格式错误
ORA-00586	osndnt：LIB$ASN_WTH_MBX失败
ORA-00587	无法连接到远程主机
ORA-00588	来自主机的信息过短
ORA-00589	来自主机的信息数据长度错误
ORA-00590	来自主机的信息类型错误
ORA-00591	写入的字节数错误
ORA-00592	osndnt：$QIO失败（邮箱队列）
ORA-00593	osndnt：$DASSGN失败（网络设备）
ORA-00594	osndnt：$DASSGN失败（邮箱）
ORA-00595	osndnt：$QIO失败（接收）
ORA-00596	osndnt：$QIO失败（发送）
ORA-00597	osndnt：$QIO失败（邮箱队列）
ORA-00598	osndnt：$QIO IO失败（邮箱读取）
ORA-00600	内部错误代码
ORA-00601	清除锁定冲突
ORA-00602	内部编程异常错误
ORA-00603	Oracle服务器会话因致命错误而终止
ORA-00604	递归SQL层出现错误

（续表）

错误号	说明
ORA-00606	内部错误代码
ORA-00607	当更改数据块时出现内部错误
ORA-00701	无法改变热启动数据库所需的对象
ORA-00702	引导程序版本与当前版本不一致
ORA-00703	超出行高速缓存例程锁的最大数
ORA-00704	引导程序进程失败
ORA-00705	启动过程中的状态不一致，请在关闭例程后重新启动
ORA-00706	更改文件的格式时出错
ORA-00816	错误信息无法转换
ORA-00900	无效SQL语句
ORA-00901	无效CREATE命令
ORA-00902	无效数据类型
ORA-00903	表名无效
ORA-00904	无效的标识符
ORA-00905	缺少关键字
ORA-00906	缺少左括号
ORA-00907	缺少右括号
ORA-00908	缺少NULL关键字
ORA-00909	参数个数无效
ORA-00910	指定的长度对于数据类型而言过长
ORA-00911	无效字符
ORA-00913	值过多
ORA-00914	缺少ADD关键字
ORA-00915	当前不允许网络访问字典表
ORA-00917	缺少逗号
ORA-00918	未明确定义列
ORA-00919	无效函数
ORA-00920	无效的关系运算符
ORA-00921	未预期的SQL命令结尾
ORA-00922	缺少或无效选项
ORA-00923	未找到预期FROM关键字
ORA-00924	缺少BY关键字
ORA-00925	缺失INTO关键字
ORA-00926	缺少VALUES关键字
ORA-00927	缺少等号
ORA-00928	缺少SELECT关键字
ORA-00929	缺少句号
ORA-00930	缺少星号
ORA-00931	缺少标识

（续表）

错误号	说明
ORA-00932	不一致的数据类型：要求值与得到值不一致
ORA-00933	SQL命令未正确结束
ORA-00934	此处不允许使用分组函数
ORA-00935	分组函数的嵌套太深
ORA-00936	缺少表达式
ORA-00937	非单组分组函数
ORA-00938	函数没有足够的参数
ORA-00939	函数的参数过多
ORA-00940	无效的ALTER命令
ORA-00941	群集名缺少
ORA-00942	表或视图不存在
ORA-00943	群集不存在
ORA-00944	没有足够的聚簇列数
ORA-00945	指定的聚簇列不存在
ORA-00946	缺少TO关键字
ORA-00947	没有足够的值
ORA-00948	不再支持ALTER CLUSTER语句
ORA-00949	非法引用远程数据库
ORA-00950	无效的DROP选项
ORA-00951	群集非空
ORA-00952	缺少GROUP关键字
ORA-00953	缺少或无效索引名
ORA-00954	缺少IDENTIFIED关键字
ORA-00955	名称已由现有对象使用
ORA-00956	缺少或无效审计选项
ORA-00957	列名重复
ORA-00958	缺少CHECK关键字
ORA-00959	某表空间不存在
ORA-00960	选择列表中的命名含糊
ORA-00961	错误的日期/间隔值
ORA-00962	group-by/order-by表达式过多
ORA-00963	不支持的间隔类型
ORA-00964	表名不在FROM列表中
ORA-00965	列别名中不允许使用*
ORA-00966	缺少TABLE关键字
ORA-00967	缺少WHERE关键字
ORA-00968	缺少INDEX关键字
ORA-00969	缺少ON关键字
ORA-00970	缺少WITH关键字
ORA-00971	缺少SET关键字

（续表）

错误号	说明
ORA-00972	标识过长
ORA-00973	无效的行数估计
ORA-00974	无效的PCTFREE值（百分比）
ORA-00975	不允许日期+日期
ORA-00976	此处不允许为LEVEL、PRIOR或ROWNUM
ORA-00977	重复的审计选项
ORA-00978	嵌套分组函数没有GROUT BY
ORA-00979	不是GROUP BY 表达式
ORA-00980	同义词转换不再有效
ORA-00981	不能将表和系统审计选项混在一起
ORA-00982	缺少加号
ORA-00984	列在此处不允许
ORA-00985	无效的程序名
ORA-00986	缺少或无效组名
ORA-00987	缺少或无效用户名
ORA-00988	缺少或无效口令
ORA-00989	给出的用户名口令过多
ORA-00990	缺少或无效权限
ORA-00991	过程仅有MAC权限
ORA-00992	REVOKE命令格式无效
ORA-00993	缺少GRANT关键字
ORA-00994	缺少OPTION关键字
ORA-00995	缺少或无效同义词标识
ORA-00996	连接运算符是||，而不是|
ORA-00997	非法使用LONG数据类型
ORA-00998	必须使用列别名命名此表达式
ORA-00999	无效的视图名
ORA-01000	超出打开游标的最大数
ORA-01001	无效的游标
ORA-01002	读取违反顺序
ORA-01003	语句未进行语法分析
ORA-01004	不支持默认用户名特性，登录被拒绝
ORA-01005	未给出口令，登录被拒绝
ORA-01006	赋值变量不存在
ORA-01007	选择列表中没有变量
ORA-01008	并非所有变量都已关联
ORA-01009	缺少法定参数
ORA-01010	无效的OCI操作
ORA-01011	在与第6版服务器会话时不能使用第7版的兼容模式

（续表）

错误号	说明
ORA-01012	没有登录
ORA-01013	用户请求取消当前的操作
ORA-01014	Oracle正在关闭过程中
ORA-01015	循环登录请求
ORA-01016	此函数仅可以在读取后调用
ORA-01017	无效的用户名/口令，拒绝登录
ORA-01018	列不具有LONG数据类型
ORA-01019	无法在用户方分配内存
ORA-01020	未知的上下文状态
ORA-01021	指定的上下文大小无效
ORA-01022	此配置中不支持数据库操作
ORA-01023	未找到游标上下文（无效的游标编号）
ORA-01024	OCI调用中的数据类型无效
ORA-01025	UPI参数超出范围
ORA-01026	赋值列表中存在多个大小>4000的缓冲区
ORA-01027	在数据定义操作中不允许对变量赋值
ORA-01028	内部双工错误
ORA-01029	内部双工错误
ORA-01030	SELECT...INTO变量不存在
ORA-01031	权限不足
ORA-01032	没有这样的用户标识
ORA-01033	Oracle正在初始化或关闭过程中
ORA-01034	Oracle不可用
ORA-01035	Oracle只允许具有RESTRICTED SESSION权限的用户使用
ORA-01036	非法的变量名/编号
ORA-01037	超出最大游标内存
ORA-01038	无法写入数据库文件版本（使用Oracle版本）
ORA-01039	视图基本对象的权限不足
ORA-01040	口令中的字符无效，登录被拒绝
ORA-01041	内部错误，hostdef扩展名不存在
ORA-01042	不允许使用打开游标分离会话
ORA-01043	用户方内存损坏
ORA-01044	缓冲区大小（与变量关联）超出了最大限制
ORA-01045	用户没有CREATE SESSION权限，登录被拒绝
ORA-01046	无法获得扩展上下文区域的空间
ORA-01047	以上错误出现在schema=，package=，procedure=中

（续表）

错误号	说明
ORA-01048	给定的上下文中无法找到指定的过程
ORA-01049	流动RPC中不支持按名称赋值
ORA-01050	无法获得打开上下文区域的空间
ORA-01051	延迟rpc缓冲区格式无效
ORA-01052	未指定所需的目的LOG_ARCHIVE_DUPLEX_DEST
ORA-01053	无法读取用户存储地址
ORA-01054	无法写入用户存储地址
ORA-01057	用户出口中引用的block.field无效或有歧义
ORA-01058	内部New Upi接口错误
ORA-01059	在赋值或执行之前进行语法分析
ORA-01060	不允许数组赋值或执行
ORA-01061	无法使用第7版客户应用程序启动第8版服务器
ORA-01062	无法分配定义缓冲区所需的内存
ORA-01070	服务器使用的是Oracle的旧版本
ORA-01071	无法不启动Oracle而执行操作
ORA-01072	无法停止Oracle，因为Oracle没有在运行
ORA-01073	致命的连接错误：不能识别的调用类型
ORA-01074	无法关闭Oracle，请首先在注册会话中注销
ORA-01075	您现在已登录
ORA-01076	尚不支持每个进程的多次登录
ORA-01077	背景进程初始化失败
ORA-01078	处理系统参数失败
ORA-01079	Oracle数据库未正确创建，操作中止
ORA-01080	关闭Oracle时出错
ORA-01081	无法启动已在运行的Oracle—请首先关闭
ORA-01082	row_locking=always要求事务处理处理选项
ORA-01083	参数的值与其他例程序的相应参数值不一致
ORA-01084	OCI调用中的参数无效
ORA-01085	延迟rpc到限定值之前的错误
ORA-01086	从未创建保留点
ORA-01087	不能启动Oracle，现在已登录
ORA-01088	不能在存在活动进程时关闭Oracle
ORA-01089	正在进行紧急关闭，不允许进行任何操作
ORA-01090	正在进行关闭，不允许连接
ORA-01091	强行启动出错
ORA-01092	Oracle例程终止，强行断开连接
ORA-01093	ALTER DATABASE CLOSE仅允许在没有连接会话时使用

（续表）

错误号	说明
ORA-01094	ALTER DATABASE CLOSE正在进行，不允许连接
ORA-01095	DML语句处理了零个行
ORA-01096	程序版本与例程不兼容
ORA-01097	无法在事务处理过程中关闭-首先提交或返回
ORA-01098	在Long Insert过程中出现程序接口错误
ORA-01099	如果在单进程模式下启动，则无法在SHARED模式下安装数据库
ORA-01100	数据库已安装
ORA-01101	要创建的数据库当前正由其他例程安装
ORA-01102	无法在EXCLUSIVE模式下安装数据库
ORA-01103	控制文件中的数据库名错误
ORA-01104	控制文件数不等于设定值
ORA-01105	安装与其他例程的安装不兼容
ORA-01106	必须在卸下之前关闭数据库
ORA-01107	必须安装数据库才可以进行介质恢复
ORA-01108	文件正处于备份或介质恢复过程中
ORA-01109	数据库未打开
ORA-01110	数据文件错误
ORA-01111	数据文件名称未知-请重命名以更正文件
ORA-01114	将块写入文件时出现IO错误（块#）
ORA-01115	从文件读取块时出现IO错误（块#）
ORA-01116	打开数据库文件时出错
ORA-01117	对文件添加非法块大小超过限制范围
ORA-01118	无法添加任何其他数据库文件-超出限制
ORA-01119	创建数据库文件时出错
ORA-01120	无法删除联机数据库文件
ORA-01121	无法重命名数据库文件-文件在使用中或在恢复中
ORA-01122	数据库文件验证失败
ORA-01123	无法启动联机备份，未启用介质恢复
ORA-01124	无法恢复数据文件-文件在使用中或在恢复中
ORA-01125	无法禁用介质恢复-文件设置了联机备份
ORA-01126	对于此操作，数据库必须以EXCLUSIVE模式安装且未打开
ORA-01127	数据库名超出限定值
ORA-01128	无法启动联机备份-文件处于脱机状态
ORA-01129	用户默认或临时表空间不存在
ORA-01130	数据库文件版本与Oracle版本不兼容

（续表）　　　　　　　　　　　　　　　　　　　　（续表）

错误号	说明
ORA-01131	DB_FILES系统参数值超出限制
ORA-01132	数据库文件名的长度超出限定值的限制
ORA-01133	日志文件名的长度超出限定值的限制
ORA-01134	数据库已由其他例程独立安装
ORA-01135	DML/query访问的文件处于脱机状态
ORA-01136	文件（块）的指定大小小于块的原大小
ORA-01137	数据文件仍处于脱机过程中
ORA-01138	数据库必须在此例程中打开或根本没有打开
ORA-01139	RESETLOGS选项仅在不完全数据库恢复后有效
ORA-01140	无法结束联机备份，所有文件均处于脱机状态
ORA-01141	重命名数据文件时出错，未找到新文件
ORA-01142	无法结束联机备份-没有文件在备份中
ORA-01143	不能禁用介质恢复-文件需要介质恢复
ORA-01144	文件大小（块）超出块的最大数
ORA-01145	除非启用了介质恢复，否则不允许紧急脱机
ORA-01146	无法启动联机备份-文件已在备份中
ORA-01147	SYSTEM表空间文件 处于脱机状态
ORA-01149	无法关闭-文件 设置了联机备份
ORA-01150	无法防止写入-文件 设置了联机备份
ORA-01151	如果需要，请使用介质恢复以恢复块和恢复备份
ORA-01152	文件没有从完备的旧备份中恢复
ORA-01153	激活了不兼容的介质恢复
ORA-01154	数据库正在运行，现在不允许打开、关闭、安装和拆卸
ORA-01155	正在打开、关闭、安装或拆卸数据库
ORA-01156	进行中的恢复可能需要访问文件
ORA-01157	无法标识/锁定数据文件-请参阅DBWR跟踪文件
ORA-01158	数据库已安装
ORA-01159	文件并非来自先前文件的同一数据库-数据库标识错误
ORA-01160	不是要求的文件
ORA-01161	文件标题中的数据库名与给定的名称不匹配
ORA-01162	文件标题中的块大小与配置的块大小不匹配
ORA-01163	SIZE子句表示（块），但应与标题匹配

错误号	说明
ORA-01164	MAXLOGFILES不可以超出
ORA-01165	MAXDATAFILES不可以超出
ORA-01166	文件数量大于限定值
ORA-01167	这两个文件为相同的文件/组号或相同的文件
ORA-01168	物理块大小与其他成员的大小不匹配
ORA-01169	未找到DATAFILE编号1，此编号必须存在
ORA-01170	文件未找到
ORA-01171	数据文件因高级检查点错误而将脱机
ORA-01172	线程的恢复停止在块（在文件中）
ORA-01173	数据字典指明从系统表空间丢失的数据文件
ORA-01174	DB_FILES不兼容
ORA-01175	例程允许数据字典具有多个文件
ORA-01176	控制文件允许数据字典具有多个文件
ORA-01178	文件在最后一个CREATE CONTROLFILE之前创建，无法重新创建
ORA-01179	文件不存在
ORA-01180	无法创建数据文件1
ORA-01181	文件在最后一个RESETLOGS之前创建，无法重新创建
ORA-01182	无法创建数据文件-文件在使用中或在恢复中
ORA-01183	无法在SHARED模式下安装数据库
ORA-01184	日志文件组已经存在
ORA-01185	日志文件组号无效
ORA-01186	文件验证测试失败
ORA-01187	由于验证测试失败而无法从文件读取
ORA-01188	标题中的块大小与物理块大小不匹配
ORA-01189	文件来自于与先前文件不同的RESETLOGS
ORA-01190	控制文件或数据文件来自于最后一个RESETLOGS之前
ORA-01191	文件已经脱机-无法进行正常脱机
ORA-01192	必须启用至少一个线程
ORA-01193	文件与恢复开始时的文件不同
ORA-01194	文件需要更多的恢复来保持一致性
ORA-01195	文件的联机备份需要更多的恢复来保持一致性
ORA-01196	文件由于介质恢复会话失败而不一致
ORA-01197	线程仅包含一个日志
ORA-01198	在选项为RESETLOGS时，必须指定日志文件的大小

（续表）

错误号	说明
ORA-01199	文件不处于联机备份模式
ORA-01200	实际文件大小小于块的正确大小
ORA-01201	文件标题无法正确写入
ORA-01202	此文件的原型错误-创建时间错误
ORA-01203	此文件的原型错误-创建SCN错误
ORA-01204	文件号错误
ORA-01205	不是数据文件
ORA-01206	文件不是此数据库的一部分-数据库标识错误
ORA-01207	文件比控制文件更新-旧的控制文件
ORA-01208	数据文件是旧的版本-不能访问当前版本
ORA-01209	数据文件来自最后一个RESETLOGS之前
ORA-01210	某数据文件的介质损坏
ORA-01211	Oracle7数据文件不是来自于Oracle8的移植版本
ORA-01212	MAXLOGMEMBERS不可以超出
ORA-01213	MAXINSTANCES不可以超出
ORA-01214	MAXLOGHISTORY不可以超出
ORA-01215	启用的线程在CREATE CONTROLFILE之后丢失
ORA-01216	线程预计在CREATE CONTROLFILE之后禁用
ORA-01217	日志文件成员属于一个不同的日志文件组
ORA-01218	日志文件成员来自于不同的时间点
ORA-01219	数据库未打开: 仅允许在固定表/视图中查询
ORA-01220	在数据库打开之前基于文件的分类非法
ORA-01221	数据文件与背景进程的文件不同
ORA-01222	MAXINSTANCES中的MAXLOGFILES值与要求不符
ORA-01223	必须指定RESETLOGS以设置新的数据库名
ORA-01224	标题中的组号与GROUP不匹配
ORA-01225	线程编号大于MAXINSTANCES
ORA-01226	日志成员的文件标题与其他成员不一致
ORA-01227	日志与其他日志不一致
ORA-01228	SET DATABASE选项要求安装源数据库
ORA-01229	数据文件与日志不一致
ORA-01230	无法设置只读-文件处于脱机状态
ORA-01231	无法设置读写-文件处于脱机状态
ORA-01232	无法启动联机备份-文件是只读文件
ORA-01233	文件是只读文件-无法使用备份控制文件恢复

（续表）

错误号	说明
ORA-01234	无法终止文件的备份-文件在使用或在恢复中
ORA-01235	END BACKUP对文件1失败而对文件2成功
ORA-01236	文件标题访问的初始化过程中出现错误
ORA-01237	无法扩展数据文件
ORA-01238	无法收缩数据文件
ORA-01239	数据库必须在ARCHIVELOG模式下使用外部高速缓存
ORA-01243	系统表空间文件出现介质错误
ORA-01242	数据文件出现介质错误: 数据库处于NOARCHIVELOG模式
ORA-01243	系统表空间文件出现介质错误
ORA-01244	未命名的数据文件由介质恢复添加至控制文件
ORA-01245	RESETLOGS完成时脱机文件将丢失
ORA-01246	通过表空间的TSPITR来恢复文件
ORA-01247	通过表空间的TSPITR来恢复数据库
ORA-01248	文件在将来的不完整恢复中创建
ORA-01249	不允许在"克隆"数据库中存档
ORA-01250	文件标题访问的终止过程中出现错误
ORA-01251	文件号的未知文件标题版本读取
ORA-01252	无法禁止写-文件在恢复管理器备份中
ORA-01253	无法启动联机备份-文件在恢复管理器备份中
ORA-01254	无法结束联机备份-文件在恢复管理器备份中
ORA-01255	无法关闭, 文件在恢复管理器备份中
ORA-01256	在锁定数据库文件时出错
ORA-01257	不能重用数据库文件, 文件大小未知
ORA-01258	无法删除临时文件
ORA-01259	无法删除数据文件
ORA-01260	当数据库打开时, 不能发出ALTER DATABASE END BACKUP命令
ORA-01261	无法转换参数目标字符串
ORA-01262	在文件目标目录上无法进行统计
ORA-01263	文件目标目录的名称无效
ORA-01264	无法创建文件名
ORA-01265	无法删除文件
ORA-01266	无法创建唯一的文件名
ORA-01267	无法获取日期/时间

（续表）

（续表）

错误号	说明
ORA-01268	用于变更永久性TABLESPACE的TEMPFILE子句无效
ORA-01269	目标参数字符串过长
ORA-01270	STANDBY_PRESERVES_NAMES为true时，不允许进行操作
ORA-01271	无法创建文件的新文件名
ORA-01272	只有提供文件名时，才允许REUSE
ORA-01274	无法添加数据文件-无法创建文件
ORA-01275	自动进行备用文件管理时，不允许进行操作
ORA-01276	无法添加文件，相应文件具有一个Oracle管理文件文件名
ORA-01277	某文件已存在
ORA-01278	创建某文件时出错
ORA-01279	db_files太大
ORA-01280	严重的LogMiner错误
ORA-01281	指定的SCN范围无效
ORA-01282	指定的日期范围无效
ORA-01283	指定的选项无效
ORA-01284	文件无法打开
ORA-01285	读取文件时出错
ORA-01286	由于DB_ID不匹配，无法添加文件
ORA-01287	文件来源于其他数据库原型
ORA-01288	文件来自不同的数据库实体
ORA-01289	无法添加重复的日志文件
ORA-01290	无法删除未列出的日志文件
ORA-01291	丢失的日志文件
ORA-01292	当前LogMiner会话无指定的日志文件
ORA-01293	时间或SCN范围没有完全包含在列出的日志文件中
ORA-01294	处理字典文件中的信息时出错，可能损坏
ORA-01295	字典和日志文件之间的DB_ID不匹配
ORA-01296	字典和日志文件之间的字符集不匹配
ORA-01297	字典和日志文件之间的重做版本不匹配
ORA-01298	字典和最早的日志文件不是SCN可兼容的
ORA-01299	字典对应于不同的数据库原型
ORA-01300	字典和最早的日志文件之间已启用的线程位向量不匹配
ORA-01301	dbms_logmnr.USE_COLMAP只用于有效字典
ORA-01302	在logmnr.opt文件中出现语法错误

错误号	说明
ORA-01303	在logmnr.opt文件中指定的方案不存在
ORA-01304	在logmnr.opt文件中指定的表、方案不存在
ORA-01305	在logmnr.opt文件中指定的列不存在于某表方案中
ORA-01306	在从v$logmnr_contents中选择之前必须调用dbms_logmnr.start_logmnr()
ORA-01307	当前无活动的LogMiner会话
ORA-01309	会话无效
ORA-01310	lcr_mine函数不支持请求的返回类型
ORA-01311	mine_value函数的调用非法
ORA-01312	指定的表/列不存在
ORA-01313	LogMiner字典列类型不同于指定的类型
ORA-01314	要挖掘的列名字面上应是字符串
ORA-01315	日志文件在选取过程中已被添加或移去
ORA-01316	已连接到Logminer会话中
ORA-01317	未连接到Logminer会话中
ORA-01318	Logminer会话未启动
ORA-01319	Logminer会话属性无效
ORA-01320	Logminer字典属性无效
ORA-01321	SCN范围没有完全包含在所列日志文件中
ORA-01322	这样的表不存在
ORA-01323	状态无效
ORA-01324	由于DB_ID匹配出错，无法添加文件
ORA-01325	要构建日志流，必须启用"归档日志"模式
ORA-01326	要构建日志流，兼容性必须大于等于8.2
ORA-01327	无法按构建的要求锁定系统字典（锁为排他锁）
ORA-01328	一次只能进行一个构建操作
ORA-01329	无法截断所需的构建表
ORA-01330	加载所需的构建表时出现问题
ORA-01331	运行构建时出现一般错误
ORA-01332	Logminer字典内部错误
ORA-01333	无法构建Logminer字典
ORA-01334	logminer字典进程上下文无效或缺失
ORA-01335	此功能尚未实现
ORA-01336	无法打开指定的字典文件
ORA-01337	日志文件的兼容版本不同
ORA-01338	其他进程已附加到LogMiner会话
ORA-01339	日志文件过旧
ORA-01340	NLS error

（续表）

错误号	说明
ORA-01341	LogMiner内存不足
ORA-01342	LogMiner因无法暂存检查点数据而无法恢复会话
ORA-01343	LogMiner遇到崩溃的重做块
ORA-01344	LogMiner协调器已挂接
ORA-01345	必须启用补充日志数据以纳入到日志流中
ORA-01346	从属LogMiner会话依赖于存在补充性的记录数据
ORA-01347	未找到补充日志数据
ORA-01348	LogMiner测试事件
ORA-01349	LogMiner跟踪事件
ORA-01350	必须指定表空间名
ORA-01351	为Logminer字典提供的表空间不存在
ORA-01352	为Logminer溢出提供的表空间不存在
ORA-01353	正在退出Logminer会话
ORA-01370	指定的重启SCN太旧
ORA-01371	未找到完整的LogMiner目录
ORA-01372	用于指定LogMiner操作的进程数不足
ORA-01373	内存不足，无法执行持久LogMiner会话
ORA-01374	在此版本中不支持大于1的LoguxLoopistic
ORA-01400	插入空值错误
ORA-01401	插入的值对于列过大
ORA-01402	视图WITH CHECK OPTIDN违反where子句
ORA-01403	未找到数据
ORA-01404	ALTER COLUMN将使索引过大
ORA-01405	读取的列值为NULL
ORA-01406	读取的列值被截断
ORA-01407	无法更新为NULL
ORA-01408	此列表已编制索引
ORA-01409	不可以使用NOSORT选项，行不是按升序排列
ORA-01410	无效的ROWID
ORA-01411	无法在指示器中存储列长度
ORA-01412	此数据类型不允许零长度
ORA-01413	压缩十进制数字缓冲区中的非法值
ORA-01414	尝试对数组赋值时的无效数组长度
ORA-01415	太多不同的聚组函数
ORA-01416	两表无法彼此外部连接
ORA-01417	表可以外部连接到至多一个其他的表
ORA-01418	指定的索引不存在

（续表）

错误号	说明
ORA-01420	datstd：非法的格式代码
ORA-01421	datrnd/dattrn：非法的精确度规定
ORA-01422	实际返回的行数超出请求的行数
ORA-01423	检查实际读取的多余行时出错
ORA-01424	换码符之后缺少相应字符，或该字符为非法字符
ORA-01425	换码符必须是长度为1的字符串
ORA-01426	数字溢出
ORA-01427	单行子查询返回多于一个行
ORA-01428	参数值超出范围
ORA-01429	索引组织表：没有存储溢出行段的数据段
ORA-01430	表中已经存在要添加的列
ORA-01431	GRANT命令的内部不一致
ORA-01432	要删除的公用同义词不存在
ORA-01433	要创建的同义词已经定义
ORA-01434	要删除的隐含同义词不存在
ORA-01435	用户不存在
ORA-01436	用户数据中的CONNECT BY循环
ORA-01437	无法连接CONNECT BY
ORA-01438	值大于此列指定的允许精确度
ORA-01439	要更改数据类型，则要修改的列必须为空（empty）
ORA-01440	要降低精确度或标度，则要修改的列必须为空（empty）
ORA-01441	无法缩小列长度，因为一些值过大
ORA-01442	要修改为NOT NULL的列已经是NOT NULL
ORA-01443	内部不一致，结果视图列中的数据类型非法
ORA-01444	内部不一致，内部数据类型映射为无效外部类型
ORA-01445	无法从没有键值保存表的连接视图中选择ROWID
ORA-01446	无法从含DISTINCT，GROUP BY等子句的视图中选择ROWID
ORA-01447	ALTER TABLE语句无法用于聚簇列
ORA-01448	在更改要求的类型之前必须删除索引
ORA-01449	列包含NULL值，无法将其改变为NOT NULL
ORA-01450	超出最大的关键字长度
ORA-01451	要修改为NULL的列无法修改为NULL
ORA-01452	无法CREATE UNIQUE INDEX，找到重复的关键字

（续表）

错误号	说明
ORA-01453	SET TRANSACTION必须是事务处理的第一个语句
ORA-01454	无法将列转换为数值数据类型
ORA-01455	转换列溢出整数数据类型
ORA-01456	不可以在READ ONLY事务处理中执行插入、删除、更新操作
ORA-01457	转换列溢出十进制数据类型
ORA-01458	内部变量字符串长度非法
ORA-01459	变量字符串长度非法
ORA-01460	转换请求无法实现或不合理
ORA-01461	仅可以为插入LONG列的LONG值赋值
ORA-01462	不能插入超出4000个字符的文字型字符串
ORA-01463	不能使用当前约束条件修改列数据类型
ORA-01464	表或视图的循环授权（授予原始授权者）
ORA-01465	无效的十六进制数字
ORA-01466	无法读数据-表定义已更改
ORA-01467	分类（sort）关键字过长
ORA-01468	一个谓词只能引用一个外部连接表
ORA-01469	PRIOR后面只能跟列名
ORA-01470	In-list迭代不支持混合运算符
ORA-01471	无法创建与对象同名的同义词
ORA-01472	无法将CONNECT BY用于DISTINCT、GROUP BY等的视图
ORA-01473	CONNECT BY子句中不能有子查询
ORA-01474	START WITH或PRIOR不能没有CONNECT BY
ORA-01475	必须对游标重新进行语法分析以更改赋值变量的数据类型
ORA-01476	除数为0
ORA-01477	用户数据区域描述符过大
ORA-01478	数组赋值不可以包括任何LONG列
ORA-01479	缓冲区中的最后一个字符不是Null
ORA-01480	STR赋值变量缺少空后缀
ORA-01481	无效的数字格式模型
ORA-01482	不受支持的字符集
ORA-01483	DATE或NUMBER赋值变量的长度无效
ORA-01484	数组仅可以与PL/SQL语句关联
ORA-01485	编译赋值长度不同于执行赋值长度
ORA-01486	数组元素的大小过大
ORA-01487	给定缓冲区的压缩十进制数字过大

（续表）

错误号	说明
ORA-01488	输入数据中的无效半字节或字节
ORA-01489	字符串连接的结果过长
ORA-01490	无效的ANALYZE命令
ORA-01491	CASCADE选项无效
ORA-01492	LIST选项无效
ORA-01493	指定的SAMPLE大小无效
ORA-01494	指定的SIZE无效
ORA-01495	未找到指定的链接行表
ORA-01496	指定的链接行表不正确
ORA-01497	非法的ANALYZE CLUSTER选项
ORA-01498	块检查失败，请参阅跟踪文件
ORA-01499	表/索引交叉引用失败，请参阅跟踪文件
ORA-01500	无法获得日期、时间
ORA-01501	CREATE DATABASE失败
ORA-01502	索引'.'或这类索引的分区处于不可用状态
ORA-01503	CREATE CONTROLFILE失败
ORA-01504	某数据库名与参数db_name中的数据库名不匹配
ORA-01505	添加日志文件时出错
ORA-01506	缺少或非法数据库名
ORA-01507	未安装数据库
ORA-01508	无法创建数据库，某文件的行出错
ORA-01509	指定的名称与实际名称不匹配
ORA-01510	删除日志文件时出错
ORA-01511	重命名日志/数据文件时出错
ORA-01512	重命名日志文件时出错，未找到新文件
ORA-01513	操作系统返回无效的当前时间
ORA-01514	日志说明中出现错误：没有此类日志
ORA-01515	删除日志组时出错：没有此类日志
ORA-01516	不存在的日志文件、数据文件或临时文件
ORA-01517	日志成员错误
ORA-01518	CREATE DATABASE必须指定多于一个日志文件
ORA-01519	在处理某文件的邻近行时出错
ORA-01520	要添加的数据文件数超出限制
ORA-01521	添加数据文件时出错
ORA-01522	要重命名的某文件不存在
ORA-01523	无法将数据文件重命名为'某文件名'–该文件已是数据库的一部分

（续表）

错误号	说明
ORA-01524	无法将数据文件创建为‘某文件名’–该文件已是数据库的一部分
ORA-01525	重命名数据文件时出错
ORA-01526	打开某文件时出错
ORA-01527	读文件时出错
ORA-01528	处理SQL语句时出现EOF
ORA-01529	关闭文件时出错
ORA-01530	例程已安装数据库
ORA-01531	例程已打开数据库
ORA-01532	无法创建数据库，例程在他处启动
ORA-01533	无法重命名文件，文件不属于表空间
ORA-01534	回退段不存在
ORA-01535	回退段已经存在
ORA-01536	超出表空间的空间限量
ORA-01537	无法添加数据文件，文件已是数据库的一部分
ORA-01538	无法获得任何回退段
ORA-01539	表空间未联机
ORA-01540	表空间未脱机
ORA-01541	系统表空间无法脱机，如有必要请关闭
ORA-01542	表空间脱机，无法在其中分配空间
ORA-01543	表空间已经存在
ORA-01544	无法删除系统回退段
ORA-01545	指定的回退段不可用
ORA-01546	表空间包含活动回退段
ORA-01547	警告：RECOVER成功但OPEN RESETLOGS将出现如下错误
ORA-01548	已找到活动回退段，终止删除表空间
ORA-01549	表空间非空，请使用INCLUDING CONTENTS选项
ORA-01550	无法删除系统表空间
ORA-01551	扩展回退段，释放用的块
ORA-01552	非系统表空间无法使用系统回退段
ORA-01553	MAXEXTENTS不得小于当前分配的区
ORA-01554	超出事务处理表的事务处理空间
ORA-01555	快照过旧：回退段号在名称过小
ORA-01556	回退段的MINEXTENTS必须大于1
ORA-01557	回退段的区必须至少为块
ORA-01558	超出回退段中的事务处理标识（号）
ORA-01559	回退段的MAXEXTENTS值必须大于1

（续表）

错误号	说明
ORA-01560	LIKE样式包含的字符不完整或非法
ORA-01561	无法删除指定表空间中的所有对象
ORA-01562	扩展回退段号失败
ORA-01563	回退段是PUBLIC，需要使用PUBLIC关键字
ORA-01564	回退段不是PUBLIC
ORA-01565	标识文件时出错
ORA-01566	文件在DROP LOGFILE中被指定了多次
ORA-01567	删除日志时将在线索中保留少于两个日志文件
ORA-01569	对于系统字典表来说，数据文件过小
ORA-01570	MINEXTENTS不得大于当前分配的区
ORA-01571	重做版本与Oracle版本不兼容
ORA-01572	回退段无法联机
ORA-01573	正在关闭例程，不允许继续更改
ORA-01574	超出并发事务处理的最大数
ORA-01575	等待空间管理资源超时
ORA-01576	例程锁定协议版本与Oracle版本不兼容
ORA-01577	无法添加日志文件-文件已是数据库的一部分
ORA-01578	Oracle数据块损坏（文件号、块号）
ORA-01579	恢复过程中出现写错误
ORA-01580	创建控制备份文件时出错
ORA-01581	尝试使用已分配的回退段新区
ORA-01582	无法打开要备份的控制文件
ORA-01583	无法获得要备份的控制文件的块大小
ORA-01584	无法获得要备份的控制文件的文件大小
ORA-01585	标识备份文件时出错
ORA-01586	无法打开要备份的目标文件
ORA-01587	复制控制文件的备份文件时出错
ORA-01588	要打开数据库，必须使用RESETLOGS选项
ORA-01589	要打开数据库，必须使用RESETLOGS或NORESETLOGS选项
ORA-01590	段可用列表数超出最大数
ORA-01591	锁定已被有问题的分配事务处理挂起
ORA-01592	将第7版回退段转换为Oracle 8版格式时出错
ORA-01593	回退段最佳大小（blks）小于计算的初始大小（blks）
ORA-01594	尝试放回已释放的某回退段和区

（续表）

错误号	说明
ORA-01595	释放某区和回退某段时出错
ORA-01596	无法在参数中指定系统
ORA-01597	无法改变联机或脱机系统回退段
ORA-01598	某回退段未联机
ORA-01599	无法获得回退段，高速缓存空间已满
ORA-01600	至多只有一个语句在子句中
ORA-01601	子句中的存储桶大小非法
ORA-01603	子句中的分组大小非法
ORA-01604	子句中的编号范围非法
ORA-01605	子句中缺少编号
ORA-01606	gc_files_to_locks不同于另一已安装例程的参数
ORA-01608	无法将回退段联机
ORA-01609	日志是线程的当前日志-无法删除成员
ORA-01610	使用BACKUP CONTROLFILE选项的恢复必须已完成
ORA-01611	线程编号无效-必须介于1和之间
ORA-01612	线程已经启用
ORA-01613	线程只有日志-要求至少启用2个日志
ORA-01614	线程正忙-无法启用
ORA-01615	线程已安装-无法禁用
ORA-01616	线程已打开-无法禁用
ORA-01617	无法安装：不是有效的线程编号
ORA-01618	线程未启用-无法安装
ORA-01619	线程已由另一例程安装
ORA-01620	没有可用于安装的公用线程
ORA-01621	数据库打开时无法重命名当前日志的成员
ORA-01622	必须指定线程编号-没有特定默认值
ORA-01623	日志是线程的当前日志-无法删除
ORA-01624	线程的紧急恢复需要日志
ORA-01625	回退段不属于此例程
ORA-01626	回退段号无法处理更多事务处理
ORA-01627	回退段号未联机
ORA-01628	已达到max # extents()（回退段）
ORA-01629	已达到max # extents()，此时正在保存表空间的撤销
ORA-01630	表空间中的temp段达到max # extents()
ORA-01631	表达到max # extents()
ORA-01632	索引达到max # extents()
ORA-01633	此操作需要Real Application Clusters选件

（续表）

错误号	说明
ORA-01634	回退段号即将脱机
ORA-01635	指定的回退段编号不可用
ORA-01636	回退段已联机
ORA-01637	回退段正被另一例程（#）使用
ORA-01638	参数不允许Oracle版本装载群集数据库
ORA-01640	无法将活动事务处理的表空间设置为只读
ORA-01641	表空间未联机-无法添加数据文件
ORA-01642	只读表空间无须开始备份
ORA-01643	系统表空间无法设置为只读
ORA-01644	表空间已经是只读
ORA-01645	上次尝试设置读写已完成一半
ORA-01646	表空间不是只读，无法设置为读写
ORA-01647	表空间是只读，无法在其中分配空间
ORA-01648	日志是禁用线程的当前日志
ORA-01649	不允许进行备份控制文件操作
ORA-01650	回退段无法通过（在表空间中）扩展
ORA-01651	无法通过（在表空间中）扩展保存撤销段
ORA-01652	无法通过（在表空间中）扩展temp段
ORA-01653	某表无法通过（在表空间中）扩展
ORA-01654	某索引无法通过（在表空间中）扩展
ORA-01655	某群集无法通过（在表空间中）扩展
ORA-01656	最大区数已在某群集中达到
ORA-01657	无效的SHRINK选项值
ORA-01658	无法为表空间中的段创建INITIAL区
ORA-01659	无法分配超出的MINEXTENTS（在表空间中）
ORA-01660	表空间已是永久性
ORA-01661	表空间已是临时性
ORA-01662	表空间非空且无法设置为暂时性
ORA-01663	表空间的内容不断变动
ORA-01664	扩展排序段的事务处理已终止
ORA-01665	控制文件不是一个备用控制文件
ORA-01666	控制文件用于备用数据库
ORA-01667	无法添加任何其他表空间：超出限制
ORA-01668	对于数据文件的脱机，备用数据库要求使用DROP选项
ORA-01669	备用数据库控制文件不一致
ORA-01670	备用数据库恢复需要新数据文件
ORA-01671	控制文件是备份文件，无法设置备用控制文件

（续表）

错误号	说明
ORA-01672	控制文件可能缺少文件或具有额外文件
ORA-01673	未标识数据文件
ORA-01674	数据文件是一个旧的原型而非当前文件
ORA-01675	max_commit_propagation_delay与其他例程不一致
ORA-01676	备用文件名转换超出的最大长度
ORA-01677	备用文件名转换参数不同于其他例程
ORA-01678	某参数必须是一对样式字符串和取代字符串
ORA-01680	无法通过（在表空间中）扩展LOB段
ORA-01681	max # extents()已在表空间中的LOB段达到
ORA-01682	只读DB无法在表空间中分配临时空间
ORA-01683	某索引分区无法通过（在表空间中）扩展
ORA-01684	max # extents()已在某表分区中达到
ORA-01685	max # extents()已在某索引分区中达到
ORA-01686	max # files()对于表空间已达到
ORA-01687	表空间的指定记录属性与现有属性相同
ORA-01688	表分区无法通过（在表空间中）扩展
ORA-01689	子句中出现语法错误
ORA-01690	排序区太小
ORA-01691	某Lob段无法通过（在表空间中）扩展
ORA-01692	某Lob段分区无法通过（在表空间中）扩展
ORA-01693	max # extents()已在某lob段中达到
ORA-01694	max # extents()已在某lob段分区中达到
ORA-01695	将回退段转换为版本8.0.2时出错
ORA-01696	控制文件不是"克隆"控制文件
ORA-01697	控制文件用于"克隆"数据库
ORA-01698	数据库仅可以具有SYSTEM联机回退段
ORA-01699	正在导入表空间，以用于时间点恢复
ORA-01700	列表中的用户名重复
ORA-01701	此处不允许有群集
ORA-01702	此处不允许有视图
ORA-01703	缺少SYNONYM关键字
ORA-01704	文字字符串过长
ORA-01705	无法在关联列中指定外部连接
ORA-01706	用户函数的结果值过大
ORA-01707	缺少LIST关键字
ORA-01708	需要ACCESS或SESSION
ORA-01709	程序不存在

（续表）

错误号	说明
ORA-01710	缺少OF关键字
ORA-01711	列出的权限重复
ORA-01712	您不能授予不具有的权限
ORA-01713	该权限的GRANT OPTION不存在
ORA-01714	执行用户函数时出错
ORA-01715	UNIQUE不可以与簇索引一起使用
ORA-01716	NOSORT不可以与簇索引一起使用
ORA-01718	NOAUDIT不允许BY ACCESS	SESSION子句
ORA-01719	OR或IN操作数中不允许外部连接运算符（+）
ORA-01720	授权选项不存在
ORA-01721	USERENV（COMMITSCN）在事务处理中调用了多次
ORA-01722	无效数字
ORA-01723	不允许长度为0的列
ORA-01724	浮点（数）精确度超出范围（1～126）
ORA-01725	此处不允许USERENV（COMMITSCN）
ORA-01726	此处不允许有表
ORA-01727	数字精度说明符超出范围（1～38）
ORA-01728	数字标度说明符超出范围（−84～127）
ORA-01729	需要数据库链接名
ORA-01730	指定的列名数无效
ORA-01731	出现循环的视图定义
ORA-01732	此视图的数据操纵操作非法
ORA-01733	此处不允许虚拟列
ORA-01734	非法的参数，EXTENT MIN高于EXTENT MAX
ORA-01735	非法的ALTER TABLE选项
ORA-01736	需要[NOT] SUCCESSFUL
ORA-01737	有效模式：[ROW] SHARE，[[SHARE] ROW] EXCLUSIVE，SHARE UPDATE
ORA-01738	缺少IN关键字
ORA-01739	缺少MODE关键字
ORA-01740	标识中缺少双引号
ORA-01741	非法的零长度标识
ORA-01742	备注错误终止
ORA-01743	仅能编制纯函数的索引
ORA-01744	不合理的INTO
ORA-01745	无效的主机/赋值变量名

（续表）

错误号	说明
ORA-01746	此处不允许指示符变量
ORA-01747	无效的用户.表.列、表.列、或列规格
ORA-01748	此处只允许简单的列名
ORA-01749	用户不可以自/至自己GRANT/REVOKE权限
ORA-01750	UPDATE/REFERENCES仅可以从整个表而不能按列REVOKE
ORA-01751	无效的转储撤销选项
ORA-01752	不能从没有一个键值保存表的视图中删除
ORA-01753	列定义与聚簇列定义不兼容
ORA-01754	表只能包含一个LONG类型的列
ORA-01755	必须指定区编号或块编号
ORA-01756	括号内的字符串没有正确结束
ORA-01757	必须指定对象编号
ORA-01758	要添加法定（NOT NULL）列，则表必须为空
ORA-01759	未正确定义用户函数
ORA-01760	函数的参数非法
ORA-01761	DML操作与连结中的唯一表不对应
ORA-01762	vopdrv：FROM 中没有视图查询块
ORA-01763	更新或删除涉及外部连结表
ORA-01764	连接的新更新值不能保证为唯一
ORA-01765	不允许指定表的所有者名
ORA-01766	此上下文中不允许有字典表
ORA-01767	UPDATE...SET表达式必须是子查询
ORA-01768	数字字符串过长
ORA-01769	重复的CLUSTER选项说明
ORA-01770	CREATE CLUSTER命令中不允许有CLUSTER选项
ORA-01771	选项对聚簇表非法
ORA-01772	必须指定LEVEL的值
ORA-01773	此CERATE TABLE中没有指定列的数据类型
ORA-01774	转储撤销选项指定了多次
ORA-01775	同义词的循环嵌套链
ORA-01776	无法通过连接视图修改多个基表
ORA-01777	此系统中不允许WITH GRANT OPTION
ORA-01778	超出最大子查询的嵌套层
ORA-01779	无法修改与非键值保存表对应的列
ORA-01780	要求文字字符串

（续表）

错误号	说明
ORA-01781	UNRECOVERABLE不能指定没有AS SELECT
ORA-01782	不能为群集或聚簇表指定UNRECOVERABLE
ORA-01783	只可以指定RECOVERABLE或UNRECOVERABLE子句
ORA-01784	不能指定RECOVERABLE具有禁用的数据库介质恢复
ORA-01785	ORDERBY 项必须是SELECT-list表达式的数目
ORA-01786	此查询表达式不允许FOR UPDATE
ORA-01787	每个查询块只允许有一个子句
ORA-01788	此查询块中要求CONNECT BY子句
ORA-01789	查询块具有不正确的结果列数
ORA-01790	表达式必须具有与对应表达式相同的数据类型
ORA-01791	不是SELECTed表达式
ORA-01793	索引列的最大数为32
ORA-01794	群集列的最大数目为32
ORA-01795	列表中的最大表达式数为1000
ORA-01796	此运算符不能与列表一起使用
ORA-01797	此运算符后面必须跟ANY或ALL
ORA-01798	缺少EXCEPTION关键字
ORA-01799	列不可以外部连接到子查询
ORA-01800	日期格式中的文字过长以致无法处理
ORA-01801	日期格式对于内部缓冲区过长
ORA-01802	Julian日期超出范围
ORA-01803	无法获得日期/时间
ORA-01804	时区信息无法初始化
ORA-01810	格式代码出现两次
ORA-01811	Julian日期导致年度中的日无法使用
ORA-01812	只可以指定一次年度
ORA-01813	只可以指定一次小时
ORA-01814	AM/PM因使用A.M./P.M.而发生冲突
ORA-01815	BC/AD因使用B.C./A.D.而发生冲突
ORA-01816	只可以指定一次月份
ORA-01817	只可以指定一次周中的日
ORA-01818	HH24导致上下午指示符无法使用
ORA-01819	带符号的年度导致BC/AD无法使用
ORA-01820	格式代码无法以日期输入格式显示

（续表）

错误号	说明
ORA-01821	日期格式无法识别
ORA-01822	此日历的纪元格式代码无效
ORA-01830	日期格式图片在转换整个输入字符串之前结束
ORA-01831	年度与Julian日期发生冲突
ORA-01832	年度中的日与Julian日期发生冲突
ORA-01833	月份与Julian日期发生冲突
ORA-01834	月份中的日与Julian日期发生冲突
ORA-01835	周中的日与Julian日期发生冲突
ORA-01836	小时与日中的秒发生冲突
ORA-01837	小时中的分与日中的秒发生冲突
ORA-01838	分中的秒与日中的秒发生冲突
ORA-01839	指定月份的日期无效
ORA-01840	输入值对于日期格式不够长
ORA-01841	（全）年度值必须介于-4713～+9999之间，且不为0
ORA-01842	季度值必须介于1～4之间
ORA-01843	无效的月份
ORA-01844	年度中的周值必须介于1～52之间
ORA-01845	月份中的周值必须介于1～5之间
ORA-01846	周中的日无效
ORA-01847	月份中的日值必须介于1和当月最后一日之间
ORA-01848	年度中的日值必须介于1～365之间（闰年为366）
ORA-01849	小时值必须介于1～12之间
ORA-01850	小时值必须介于0～23之间
ORA-01851	分钟值必须介于0～59之间
ORA-01852	秒值必须介于0～59之间
ORA-01853	日中的秒值必须介于0～86399之间
ORA-01854	julian日期必须介于1～5373484之间
ORA-01855	要求AM/A.M.或PM/P.M.
ORA-01856	要求BC/B.C.或AD/A.D.
ORA-01857	无效的时区
ORA-01858	在要求输入数字处找到非数字字符
ORA-01859	在要求输入字母处找到非字母字符
ORA-01860	年度中的周值必须介于1～53之间
ORA-01861	文字与格式字符串不匹配
ORA-01862	数字值与格式项目的长度不匹配
ORA-01863	年度不支持当前日历

（续表）

错误号	说明
ORA-01864	日期超出当前日历的范围
ORA-01865	无效的纪元
ORA-01866	日期时间类无效
ORA-01867	间隔无效
ORA-01868	间隔的前导精度太小
ORA-01869	保留以供将来使用
ORA-01870	间隔或日期时间不是相互可比较的
ORA-01871	秒数必须少于60
ORA-01872	保留以供将来使用
ORA-01873	间隔的前导精度太小
ORA-01874	时区小时必须在-12～13之间
ORA-01875	时区分钟必须在-59～59之间
ORA-01876	年份必须不少于-4713
ORA-01877	内部缓冲区的字符串太长
ORA-01878	在日期时间或间隔中没有找到指定的字段
ORA-01879	hh25字段必须在0～24之间
ORA-01880	零点几秒必须在0～999999999之间
ORA-01881	时区区域ID %d无效
ORA-01882	未找到时区区域
ORA-01883	在区域转换过程中禁用了重叠
ORA-01890	检测到NLS错误
ORA-01891	日期时间/间隔内部错误
ORA-01898	精度说明符过多
ORA-01899	错误的精度说明符
ORA-01900	需要LOGFILE关键字
ORA-01901	需要ROLLBACK关键字
ORA-01902	需要SEGMENT关键字
ORA-01903	需要EVENTS关键字
ORA-01904	需要DATAFILE关键字
ORA-01905	需要STORAGE关键字
ORA-01906	需要BACKUP关键字
ORA-01907	需要TABLESPACE关键字
ORA-01908	需要EXISTS关键字
ORA-01909	需要REUSE关键字
ORA-01910	需要TABLES关键字
ORA-01911	需要CONTENTS关键字
ORA-01912	需要ROW关键字
ORA-01913	需要EXCLUSIVE关键字
ORA-01914	审计选项对于序号无效
ORA-01915	审计选项对于视图无效

（续表）

错误号	说明
ORA-01917	用户或角色不存在
ORA-01918	用户不存在
ORA-01919	角色不存在
ORA-01920	用户名与另外一个用户名或角色名发生冲突
ORA-01921	角色名与另一个用户名或角色名发生冲突
ORA-01922	必须指定CASCADE以删除
ORA-01923	CASCADE已中止，对象被另一用户锁定
ORA-01924	角色未被授权或不存在
ORA-01925	超出已启用角色的最大数
ORA-01926	无法将WITH GRANT OPTION GRANT角色
ORA-01927	无法REVOKE未授权的权限
ORA-01928	未对GRANT选项授权所有权限
ORA-01929	没有要GRANT的权限
ORA-01930	不支持审计对象
ORA-01931	无法授予角色
ORA-01932	ADMIN选项未授权给角色
ORA-01933	无法使用角色权限来创建存储对象
ORA-01934	检测到循环的角色授权
ORA-01935	缺少用户或角色名
ORA-01936	不能在创建用户或角色时指定所有者
ORA-01937	缺少或无效的角色名
ORA-01938	必须为CREATE USER指定IDENTIFIED BY
ORA-01939	只可以指定ADMIN OPTION
ORA-01940	无法删除当前已连接的用户
ORA-01941	需要SEQUENCE关键字
ORA-01942	无法同时指定IDENTIFIED BY和EXTERNALLY
ORA-01943	已经指定IDENTIFIED BY
ORA-01944	已经指定IDENTIFIED EXTERNALLY
ORA-01945	已经指定DEFAULT ROLE[S]
ORA-01946	已经指定DEFAULT TABLESPACE
ORA-01947	已经指定TEMPORARY TABLESPACE
ORA-01948	标识符的名称长度超过最大长度
ORA-01949	需要ROLE关键字
ORA-01950	表空间中无权限
ORA-01951	某ROLE未授予
ORA-01952	系统权限未授予
ORA-01953	命令不再有效，请参阅ALTER USER
ORA-01954	DEFAULT ROLE子句对CREATE USER无效

（续表）

错误号	说明
ORA-01955	DEFAULT ROLE未授予用户
ORA-01956	使用OS_ROLES时命令无效
ORA-01957	需要的MIN或MAX关键字未找到
ORA-01958	必须为LAYER选项提供整数
ORA-01959	必须为OPCODE选项提供整数
ORA-01960	无效的转储日志文件选项
ORA-01961	无效的转储选项
ORA-01962	必须指定文件号或日志序号
ORA-01963	必须指定块编号
ORA-01964	必须为TIME选项指定时间
ORA-01965	必须指定PERIOD
ORA-01967	无效的CREATE CONTROLFILE选项
ORA-01968	仅指定RESETLOGS或NORESETLOGS一次
ORA-01969	必须指定RESETLOGS或NORESETLOGS
ORA-01970	必须为CREATE CONTROLFILE指定数据库名
ORA-01971	非法的ALTER TRACING选项
ORA-01972	必须为ALTER TRACING ENABLE或DISABLE指定字符串
ORA-01973	缺少更改编号
ORA-01974	非法的存档选项
ORA-01975	更改编号中的字符非法
ORA-01976	缺少更改编号
ORA-01977	缺少线程编号
ORA-01978	缺少序号
ORA-01979	角色缺少口令或口令无效
ORA-01980	OS ROLE初始化过程中出错
ORA-01981	必须指定CASCADE CONSTRAINTS以执行此撤销
ORA-01982	审计选项对于视图无效
ORA-01983	无效的DEFAULT审计选项
ORA-01984	无效的程序/程序包/函数审计选项
ORA-01985	因超出LICENSE_MAX_USERS参数而无法创建用户
ORA-01986	无效的OPTIMIZER_GOAL选项
ORA-01987	客户OS用户名过长
ORA-01988	不允许远程os登录
ORA-01989	操作系统未授权角色
ORA-01990	打开口令文件时出错
ORA-01991	无效的口令文件

（续表）

错误号	说明
ORA-01992	关闭口令文件时出错
ORA-01993	写口令文件时出错
ORA-01994	GRANT失败：无法添加用户至公用口令文件
ORA-01995	读口令文件时出错
ORA-01996	GRANT失败：口令文件已满
ORA-01997	GRANT失败：用户由外部标识
ORA-01998	REVOKE失败：用户SYS始终具有SYSOPER 和SYSDBA
ORA-01999	口令文件模式已由更改为
ORA-02000	缺少关键字
ORA-02001	用户SYS不允许创建可用列表组的索引
ORA-02002	写入审记线索时出错
ORA-02003	无效的USERENV参数
ORA-02004	违反安全性
ORA-02005	隐含（-1）长度对数据类型的定义和赋值无效
ORA-02006	无效的压缩十进制格式字符串
ORA-02007	不能使用含REBUILD的ALLOCATE或DEALLOCATE选项
ORA-02008	已指定非数字列的非零标度
ORA-02009	指定的文件大小不得为0
ORA-02010	缺少主机连接字符串
ORA-02011	重复的数据库链接名
ORA-02012	缺少USING关键字
ORA-02013	缺少CONNECT关键字
ORA-02014	不能从具有DISTINCT、GROUP BY等的视图选择UPDATE FOR
ORA-02015	不能从远程表选择FOR UPDATE
ORA-02016	不能在远程数据库中使用START WITH子查询
ORA-02017	要求整数值
ORA-02018	同名的数据库链接具有开放连接
ORA-02019	未找到远程数据库的连接说明
ORA-02020	过多的数据库链接在使用中
ORA-02021	不允许对远程数据库进行DDL操作
ORA-02022	远程语句的远程对象具有未优化的视图
ORA-02023	远程数据库无法对START WITH或CONNECT BY谓词求值
ORA-02024	未找到数据库链接
ORA-02025	SQL语句的所有表均必须在远程数据库中

（续表）

错误号	说明
ORA-02026	缺少LINK关键字
ORA-02027	不支持LONG列的多行UPDATE
ORA-02028	服务器不支持行数的准确读取
ORA-02029	缺少FLLE关键字
ORA-02030	只能从固定的表/视图查询
ORA-02031	没有ROWID适用于固定表或外部组织的表
ORA-02032	聚簇表无法在簇索引建立之前使用
ORA-02033	此簇的簇索引已经存在
ORA-02034	不允许加速赋值
ORA-02035	非法的成组操作组合
ORA-02036	自动游标打开的变量描述过多
ORA-02037	未初始化的加速赋值存储
ORA-02038	不允许对数组类型定义
ORA-02039	不允许对数组类型赋值
ORA-02040	远程数据库不支持两段式提交
ORA-02041	客户数据库未开始一个事务处理
ORA-02042	分布式事务处理过多
ORA-02043	必须在执行之前结束当前事务处理
ORA-02044	事务处理管理器登录被拒绝：事务处理正在进行
ORA-02045	全局事务处理中的本地会话过多
ORA-02046	分布式事务处理已经开始
ORA-02047	无法连接运行中的分布式事务处理
ORA-02048	尝试不登录而开始分布式事务处理
ORA-02049	超时：分布式事务处理等待锁定
ORA-02050	事务处理已重算，某些远程DBs可能有问题
ORA-02051	同一事务处理中的另一会话失败
ORA-02052	远程事务处理在失败
ORA-02053	事务处理已提交，某些远程DBs可能有问题
ORA-02054	事务处理有问题
ORA-02055	分布式更新操作失效，要求回退
ORA-02056	2PC：无效的两段命令编号
ORA-02057	2PC：无效的两段恢复状态编号
ORA-02058	未找到ID的准备事务处理
ORA-02059	ORA-2PC-CRASH-TEST-在提交备注中
ORA-02060	选择指定了分布表连接的更新
ORA-02061	锁定表指定了分布式表的列表
ORA-02062	分布式恢复收到DBID
ORA-02063	紧接着（源于）

（续表）

错误号	说明
ORA-02064	不支持分布式操作
ORA-02065	非法的ALTER SYSTEM选项
ORA-02066	DISPATCHERS文本缺失或无效
ORA-02067	要求事务处理或保存点回退
ORA-02068	以下严重错误源于
ORA-02069	此操作的global_names参数必须设置为TRUE
ORA-02070	数据库不支持此上下文中的
ORA-02071	初始化远程数据库的功能时出错
ORA-02072	分布式数据库网络协议匹配错误
ORA-02073	远程更新中不支持序号
ORA-02074	无法在分布式事务中处理
ORA-02075	另一例程已更改事务处理的状态
ORA-02076	序列与更新表或long列位于不同的地方
ORA-02077	选择的long列必须来自于同一地方的表
ORA-02078	ALTER SYSTEM FIXED_DATE的设置无效
ORA-02079	没有新的会话可与提交的分布式事务处理连接
ORA-02080	数据库链接正在使用中
ORA-02081	数据库链接未打开
ORA-02082	回送数据库链接必须具有连结限定词
ORA-02083	数据库名称含有非法字符
ORA-02084	数据库名不全
ORA-02085	数据库链接与相连接
ORA-02086	数据库（链路）名过长
ORA-02087	对象被同一事务处理的另一进程锁定
ORA-02088	未安装分布式数据库选项
ORA-02089	COMMIT不允许在附属会话中
ORA-02090	网络错误：试图callback+passthru
ORA-02091	事务处理已重算
ORA-02092	超出分布式事务处理的事务处理表槽
ORA-02093	TRANSACTIONS_PER_ROLLBACK_SEGMENT值大于最大的限定值
ORA-02094	未安装复制选项
ORA-02095	无法修改指定的初始化参数
ORA-02096	此选项的指定初始化参数不可修改
ORA-02097	无法修改参数，因为指定的值无效
ORA-02098	对索引表引用（：I）进行语法分析时出错
ORA-02099	内部使用，不得打印
ORA-02100	PCC：内存不足（如无法分配）

（续表）

错误号	说明
ORA-02101	PCC：不一致的游标高速缓存（uce/cuc不匹配）
ORA-02102	PCC：不一致的游标高速缓存（此uce无cur条目）
ORA-02103	PCC：不一致的游标高速缓存（超出cuc的引用范围）
ORA-02104	PCC：不一致的主高速缓存（cuc不可用）
ORA-02105	PCC：不一致的游标高速缓存（高速缓存中无cuc条目）
ORA-02106	PCC：不一致的游标高速缓存（OraCursornr已坏）
ORA-02107	PCC：对运行时库来说，此程序过旧，请重新对其编译
ORA-02108	PCC：无效的描述符传送给运行时库
ORA-02109	PCC：不一致的主高速缓存（超出位置引用范围）
ORA-02110	PCC：不一致的主高速缓存（无效的sqi类型）
ORA-02111	PCC：堆栈（Heap）一致性错误
ORA-02112	PCC：SELECT..INTO返回过多行
ORA-02140	无效的表空间名称
ORA-02141	无效的OFFLINE选项
ORA-02142	缺少或无效的ALTER TABLESPACE选项
ORA-02143	无效的STORAGE选项
ORA-02144	未指定ALTER CLUSTER的选项
ORA-02145	缺少STORAGE选项
ORA-02146	SHARED指定了多次
ORA-02147	与SHARED/EXCLUSIVE选项冲突
ORA-02148	EXCLUSIVE指定了多次
ORA-02149	指定的分区不存在
ORA-02153	无效的VALUES口令字符串
ORA-02155	无效的DEFAULT表空间标识
ORA-02156	无效的TEMPORARY表空间标识
ORA-02157	未指定ALTER USER的选项
ORA-02158	无效的CREATE INDEX选项
ORA-02159	安装的DLM不支持可释放锁定模式
ORA-02160	索引编排表不能包含LONG类型的列
ORA-02161	MAXLOGFILES值无效
ORA-02162	MAXDATAFILES值无效
ORA-02163	FREELIST GROUPS值无效
ORA-02164	DATAFILE子句指定了多次

（续表）

错误号	说明
ORA-02165	无效的CREATE DATABASE选项
ORA-02166	已指定ARCHIVELOG和NOARCHIVELOG
ORA-02167	LOGFILE子句指定了多次
ORA-02168	FREELISTS值无效
ORA-02169	不允许的FREELISTS存储选项
ORA-02170	不允许的FREELIST GROUPS存储选项
ORA-02171	MAXLOGHISTORY值无效
ORA-02172	PUBLIC关键字不适用于禁用线程
ORA-02173	无效的DROP TABLESPACE选项
ORA-02174	缺少要求的线程编号
ORA-02175	无效的回退段名
ORA-02176	无效的CRATE ROLLBACK SEGMENG选项
ORA-02177	缺少要求的组号
ORA-02178	正确的语法是：SET TRANSACTION READ {ONLY|WRITE}
ORA-02179	有效选项：ISOLATION LEVEL{SERIALIZABLE|READ COMMITTED}
ORA-02180	无效的CREATE TABLESPACE选项
ORA-02181	无效的ROLLBAC WORK选项
ORA-02182	需要保存点名称
ORA-02183	有效选项：ISOLATION_LEVEL{SERIALIZABLE|READCOMMITTED}
ORA-02184	REVOKE中不允许资源限量
ORA-02185	COMMIT后面跟的标记不是WORK
ORA-02186	表空间资源权限不可与其他权限一起出现
ORA-02187	无效的限量说明
ORA-02189	需要ON<表空间>
ORA-02190	需要TABLES关键字
ORA-02191	正确的语法是：ET TRANSACTION USE ROLLBACK SEGMENT<rbs>
ORA-02192	回退段存储子句不允许PCTINCREASE
ORA-02194	事件说明语法错误（非致命错误）
ORA-02195	尝试创建的对象在表空间中
ORA-02196	已经指定PERMANENT/TEMPORARY选项
ORA-02197	已经指定文件列表
ORA-02198	已经指定ONLINE/OFFLINE选项
ORA-02199	丢失DATAFILE/TEMPFILE子句
ORA-02200	WITH GRANG OPTION对PUBLIC不允许

（续表）

错误号	说明
ORA-02201	此处不允许序列（号）
ORA-02202	此群集中不允许添加其他表
ORA-02203	不允许的INITIAL存储选项
ORA-02204	不允许ALTER、INDEX和EXECUTE用于视图
ORA-02205	只有SELECT和ALTER权限对序列有效
ORA-02206	重复的INITRANG选项说明
ORA-02207	无效的INITRANS选项值
ORA-02208	重复的MAXTRANS选项说明
ORA-02209	无效的MAXTRANS选项值
ORA-02210	未指定ALTER TABLE的选项
ORA-02211	无效的PCTFREE或PCTUSED值
ORA-02212	重复的PCTFREE选项说明
ORA-02213	重复的PCTUSED选项说明
ORA-02214	重复的BACKUP选项说明
ORA-02215	重复的表空间名
ORA-02216	需要表空间名
ORA-02217	重复的存储选项说明
ORA-02218	无效的INITIAL存储选项值
ORA-02219	无效的NEXT存储选项值
ORA-02220	无效的MINEXTENTS存储选项值
ORA-02221	无效的MAXEXTENTS存储选项值
ORA-02222	无效的PCTINCREASE存储选项值
ORA-02223	无效的OPTIMAL存储选项值
ORA-02224	EXECUTE权限对于表不允许
ORA-02225	只有EXECUTE和DEBUG权限对过程有效
ORA-02226	无效的MAXEXTENTS值
ORA-02227	无效的群集名
ORA-02228	重复的SIZE说明
ORA-02229	无效的SIZE选项值
ORA-02230	无效的ALTER CLUSTER选项
ORA-02231	缺少或无效的ALTER DATABASE选项
ORA-02232	无效的MOUNT模式
ORA-02233	无效的CLOSE模式
ORA-02234	已经记录对此表的更改
ORA-02235	此表已将更改记录在另一表中
ORA-02236	无效的文件名
ORA-02237	无效的文件大小
ORA-02238	文件名列表具有不同的文件数
ORA-02239	存在引用此序列的对象

（续表）

错误号	说明
ORA-02240	无效的OBJNO或TABNO值
ORA-02241	必须是EXTENTS（FILE\<n>BLOCK\<n> SIZE\<n>, ...）格式
ORA-02242	未指定ALTER INDEX的选项
ORA-02243	ALTER INDEX或ALTER MATERIALIZED VIEW选项无效
ORA-02244	无效的ALTER ROLLBACK SEGMENT选项
ORA-02245	无效的ROLLBACK SEGMENT名
ORA-02246	缺少EVENTS文本
ORA-02247	未指定ALTER SESSION的选项
ORA-02248	无效的ALTER SESSION选项
ORA-02249	缺少或无效的MAXLOGMEMBERS值
ORA-02250	缺少或无效的约束条件名
ORA-02251	此处不允许子查询
ORA-02252	检查未正确结束的约束条件
ORA-02253	此处不允许约束条件说明
ORA-02254	此处不允许DEFAULT\<表达式>
ORA-02255	obsolete 7.1.5
ORA-02256	要引用的列数必须与已引用道感数匹配
ORA-02257	超出最大列数
ORA-02258	重复或冲突的NULL和（或）NOT NULL说明
ORA-02259	重复的UNIQUE/PRIMARY KEY说明
ORA-02260	表只能具有一个主键
ORA-02261	表中已存在这样的唯一关键字或主键
ORA-02262	对列默认值表达式进行类型检查时，出现ORA-
ORA-02263	需要指定此列的数据类型
ORA-02264	名称已被一现有约束条件占用
ORA-02265	无法推导引用列的数据类型
ORA-02266	表中的唯一/主键被启用的外部关键字引用
ORA-02267	列类型与引用的列类型不兼容
ORA-02268	引用的表不具有主键
ORA-02269	关键字列不能是LONG数据类型
ORA-02270	此列列表的唯一或主键不匹配
ORA-02271	表没有这样的约束条件
ORA-02272	约束条件列不能是LONG数据类型
ORA-02273	此唯一/主键已被某些外部关键字引用
ORA-02274	重复的引用约束条件说明
ORA-02275	此表中已经存在这样的引用约束条件

（续表）

错误号	说明
ORA-02276	默认值类型与列类型不兼容
ORA-02277	无效的序列名
ORA-02278	重复或冲突的ORDER/NOORDER说明
ORA-02279	重复或冲突的ORDER/NOORDER说明
ORA-02280	重复或冲突的ORDER/NOORDER说明
ORA-02281	重复或冲突的ORDER/NOORDER说明
ORA-02282	重复或冲突的ORDER/NOORDER说明
ORA-02283	无法改变起始序号
ORA-02284	重复的INCREMENT BY说明
ORA-02285	重复的START WITH说明
ORA-02286	未指定ALTER SEQUENCE的选项
ORA-02287	此处不允许序号
ORA-02288	无效的OPEN模式
ORA-02289	序列（号）不存在
ORA-02290	违反检查约束条件（.）
ORA-02291	违反完整约束条件（.）-未找到父项关键字
ORA-02292	违反完整约束条件（.）-已找到子记录日志
ORA-02293	无法验证（.）-违反检查约束条件
ORA-02294	无法启用（.）-约束条件在验证过程中更改
ORA-02295	找到约束条件的多个启用/禁用子句
ORA-02296	无法启用（.）-找到空值
ORA-02297	无法禁用约束条件（.）-存在依赖关系
ORA-02298	无法验证（.）-未找到父项关键字
ORA-02299	无法验证（.）-未找到重复关键字
ORA-02300	无效的OIDGENERATORS值
ORA-02301	OIDGENERATORS的最大数为255
ORA-02302	无效或缺少类型名
ORA-02303	无法使用类型或表的相关性来删除或取代一个类型
ORA-02304	无效的对象标识文字
ORA-02305	只有EXECUTE、DEBUG和UNDER权限对类型有效
ORA-02306	无法创建已具有效相关性的类型
ORA-02307	无法使用REPLACE选项改变无效类型
ORA-02308	无效的对象类型列选项
ORA-02309	违反原子NULL
ORA-02310	超出表中允许的最大列数
ORA-02311	无法使用COMPILE选项改变具有类型或表相关性的有效类型
ORA-02313	对象类型包含不可查询的类型属性

（续表）

错误号	说明
ORA-02315	默认构造符的参数个数错误
ORA-02320	无法创建嵌套表列的存储表
ORA-02322	无法访问嵌套表列的访问表
ORA-02324	THE子查询的SELECT列表中存在多列
ORA-02327	无法以数据类型的表达式创建索引
ORA-02329	数据类型的列不能是唯一关键字或主键
ORA-02330	不允许的数据类型说明
ORA-02331	无法创建数据类型为列的约束条件
ORA-02332	无法对此列的属性创建索引
ORA-02333	无法对此列的属性创建约束条件
ORA-02334	无法推断列类型
ORA-02335	无效的群集列数据类型
ORA-02336	无法访问列属性
ORA-02337	不是对象类型列
ORA-02338	缺少或无效的列约束条件说明
ORA-02339	无效的列说明
ORA-02340	无效的列说明
ORA-02342	取代类型具有编译错误
ORA-02344	无法撤销执行具有表相关性的类型
ORA-02345	无法创建具有基于CURSOR运算符的列的视图
ORA-02347	无法授权给对象表列
ORA-02348	无法创建具有嵌入LOB的VARRAY列
ORA-02349	无效的用户自定义类型-类型不完整
ORA-02351	记录：被拒绝-表、列上出错
ORA-02352	直接路径连接必须在同类间进行
ORA-02353	多字节字符错误
ORA-02354	字段中出现转换初始化错误
ORA-02355	CONSTANT字段中出现转换错误
ORA-02356	数据库空间耗尽，无法继续加载
ORA-02357	压缩十进制转换错误
ORA-02358	区位十进制转换错误
ORA-02359	数据文件中的字段超出指定的最大长度
ORA-02360	在逻辑记录结束之前未找到列（使用TRAILING NULLCOLS）
ORA-02361	未找到第一个封闭符
ORA-02362	逻辑记录结束-第二个封闭符不存在
ORA-02363	TERMINATED和ENCLOSED字段后面没有结束符
ORA-02364	记录：放弃-所有WHEN子句均失败

（续表）

错误号	说明
ORA-02365	索引被设置为无用索引
ORA-02366	已处理表的以下索引
ORA-02367	已加载索引
ORA-02368	记录：放弃-所有列为空
ORA-02369	警告：变量长度字段被截断
ORA-02370	记录-表、列发出警告
ORA-02371	直接路径的加载程序必须为....以上的版本
ORA-02372	相对起始位置>绝对字段终止位置
ORA-02373	表的插入语句语法分析错误
ORA-02374	没有其他可用于读取缓冲区队列的插槽
ORA-02375	记录：已拒绝-表中出错
ORA-02376	无效或冗余的资源
ORA-02377	无效的资源限制
ORA-02378	重复的资源名
ORA-02379	配置文件已经存在
ORA-02380	配置文件不存在
ORA-02381	无法删除PUBLIC_DEFAULT配置文件
ORA-02382	配置文件指定了用户，不能没有CASCADE而删除
ORA-02383	非法的成本因素
ORA-02390	超出COMPOSITE_LIMIT，将被注销
ORA-02391	超出同时存在的SESSIONS_PER_USER限制
ORA-02392	超出CPU使用的会话限制，将被注销
ORA-02393	超出CPU使用的调用限制
ORA-02394	超出IO使用的会话限制，将被注销
ORA-02395	超出IO使用的调用限制
ORA-02396	超出最大空闲时间，请重新连接
ORA-02397	超出PRIVATE_SGA限制，将被注销
ORA-02398	超出过程空间使用
ORA-02399	超出最大连接时间，将被注销
ORA-02401	无法EXPLAIN其他用户的视图
ORA-02402	未找到PLAN_TABLE
ORA-02403	计划表没有正确的格式
ORA-02404	未找到指定的计划表
ORA-02420	缺失方案授权子句
ORA-02421	方案授权标识缺失或无效
ORA-02422	方案元素缺失或无效
ORA-02423	方案名和方案授权标识不匹配
ORA-02424	潜在的循环视图引用或未知的引用表

（续表）

错误号	说明
ORA-02425	创建表失败
ORA-02426	授权失败
ORA-02427	创建视图失败
ORA-02428	无法添加外部关键字引用
ORA-02429	无法删除用于强制唯一/主键的索引
ORA-02430	无法启用约束条件-没有这样的约束条件
ORA-02431	无法禁用约束条件-没有这样的约束条件
ORA-02432	无法启用主键-未定义表的主键
ORA-02433	无法禁用主键-未定义表的主键
ORA-02434	无法启用唯一关键字-未定义表的唯一关键字
ORA-02435	无法禁用唯一关键字-未定义表的唯一关键字
ORA-02436	日期或系统变量在CHECK约束条件中指定错误
ORA-02437	无法验证（.）-违反主键
ORA-02438	列检查约束条件无法引用
ORA-02439	可延迟约束条件不允许唯一索引
ORA-02440	不允许创建为含引用约束条件的选择
ORA-02441	无法删除不存在的主键
ORA-02442	无法删除不存在的唯一关键字
ORA-02443	无法删除约束条件-不存在约束条件
ORA-02444	无法解析引用约束条件中的引用对象
ORA-02445	未找到异常事件表
ORA-02446	CREATE TABLE...AS SELECT失败-违反检查约束条件
ORA-02447	无法延迟不可延迟的约束条件
ORA-02448	约束条件不存在
ORA-02449	表中的唯一/主键被外部关键字引用
ORA-02450	无效的散列选项-缺少关键字IS
ORA-02451	重复的HASHKEYS说明
ORA-02452	无效的HASHKEYS选项值
ORA-02453	重复的HASH IS 说明
ORA-02454	每块的散列关键字数超出最大数
ORA-02455	群集关键字的列数必须为1
ORA-02456	HASH IS列说明必须是NUMBER（*，0）
ORA-02457	HASH IS选项必须指定有效的列
ORA-02458	必须指定HASH CLUSTER的HASHKEYS
ORA-02459	Hashkey值必须是正整数
ORA-02460	散列群集的索引操作不适当

（续表）

错误号	说明
ORA-02461	INDEX选项使用不当
ORA-02462	指定的INDEX选项重复
ORA-02463	指定的HASH IS选项重复
ORA-02464	群集定义不能同时为HASH和INDEX
ORA-02465	HASH IS选项使用不当
ORA-02466	不允许改变HASH CLUSTERS的SIZE选项
ORA-02467	群集定义中未找到表达式的引用列
ORA-02468	表达式中指定了错误的常数或系统变量
ORA-02469	散列表达式没有返回Oracle编号
ORA-02470	散列表达式中TO_DATE，USERENV或SYSDATE使用不当
ORA-02471	散列表达式中SYSDATE、UID、USER、ROWNUM或LEVEL使用不当
ORA-02472	散列表达式中不允许PL/SQL函数
ORA-02473	对群集的散列表达式求值时出错
ORA-02474	使用的固定散列区域区超出允许的最大数
ORA-02475	超出了最大群集链块数
ORA-02476	由于并行直接加载表而无法创建索引
ORA-02477	无法执行并行直接加载对象
ORA-02478	并入基段将超出MAXEXTENTS限制
ORA-02479	转换并行加载的文件名时出错
ORA-02481	为事件指定的进程数过多
ORA-02482	事件说明中存在语法错误
ORA-02483	进程说明中存在语法错误
ORA-02484	_trace_buffers参数说明无效
ORA-02485	_trace_options参数说明无效
ORA-02486	写入跟踪文件时出错
ORA-02490	RESIZE子句中缺少要求的文件大小
ORA-02491	AUTOEXTEND子句中缺少要求的关键字ON或OFF
ORA-02492	NEXT子句中缺少要求的文件块增量大小
ORA-02493	NEXT子句中的文件增量大小无效
ORA-02494	MAXSIZE子句中的最大文件大小无效或缺少
ORA-02495	无法调整文件的大小，表空间为只读
ORA-02700	osnoraenv：转换ORACLE_SID时出错
ORA-02701	osnoraenv：转换Oracle图像名时出错
ORA-02702	osnoraenv：转换orapop图像名时出错
ORA-02703	osnpopipe：管道创建失败
ORA-02704	osndopop：分叉失败

（续表）

错误号	说明
ORA-02705	osnpol：通信通道轮询失败
ORA-02706	osnshs：主机名过长
ORA-02707	osnacx：无法分配上下文区域
ORA-02708	osnrntab：无法连接到主机，未知ORACLE_SID
ORA-02709	osnpop：管道创建失败
ORA-02710	osnpop：分叉失败
ORA-02711	osnpvalid：无法写入验证通道
ORA-02712	osnpop：malloc失败
ORA-02713	osnprd：信息接收失败
ORA-02714	osnpwr：信息发送失败
ORA-02715	osnpgetbrkmsg：来自主机的类型错误
ORA-02716	osnpgetdatmsg：来自主机的信息类型错误
ORA-02717	osnpfs：写入的字节数错误
ORA-02718	osnprs：重置协议错误
ORA-02719	osnfop：分叉失败
ORA-02720	osnfop：shmat失败
ORA-02721	osnseminit：无法创建信号集
ORA-02722	osnpui：无法向orapop发送中断信息
ORA-02723	osnpui：无法发送中断信号
ORA-02724	osnpbr：无法向orapop发送中断信息
ORA-02725	osnpbr：无法发送中断信号
ORA-02726	osnpop：Oracle可执行（代码）访问错误
ORA-02727	osnpop：orapop可执行（代码）的访问出错
ORA-02728	osnfop：Oracle可执行（代码）访问错误
ORA-02729	osncon：驱动程序不在osntab中
ORA-02730	osnrnf：无法找到用户登录的目录
ORA-02731	osnrnf：缓冲区的malloc失败
ORA-02732	osnrnf：无法找到匹配的数据库别名
ORA-02733	osnsnf：数据库字符串过长
ORA-02734	osnftt：无法重置允许的共享内存
ORA-02735	osnfpm：无法创建共享内存段
ORA-02736	osnfpm：非法的默认共享内存地址
ORA-02737	osnpcl：无法通知orapop退出
ORA-02738	osnpwrtbrkmsg：写入的字节数错误
ORA-02739	osncon：主机别名过长
ORA-02750	osnfsmmap：无法打开共享内存文件?/dbs/ftt_<pid>.dbf
ORA-02751	osnfsmmap：无法映射共享内存文件
ORA-02752	osnfsmmap：非法的共享内存地址

（续表）

错误号	说明
ORA-02753	osnfsmmap：无法关闭共享内存文件
ORA-02754	osnfsmmap：无法更改共享内存文件的固有属性
ORA-02755	osnfsmcre：无法创建完成的内存文件?/dbs/ftt_<pid>.dbf
ORA-02756	osnfsmnam：名称转换失败
ORA-02757	osnfop：fork_and_bind失败
ORA-02758	内部数组的分配失败
ORA-02759	可用的请求描述符不够
ORA-02760	客户文件关闭失败
ORA-02761	要取消的文件号为负
ORA-02762	要取消的文件号超出最大值
ORA-02763	无法取消至少一个请求
ORA-02764	无效的程序包模式
ORA-02765	无效的最大服务器数
ORA-02766	无效的最大请求描述符数
ORA-02767	每个服务器分配的请求描述符小于1
ORA-02768	最大文件数无效
ORA-02769	无法设置SIGTERM的处理程序
ORA-02770	总块数无效
ORA-02771	非法的请求超时值
ORA-02772	无效的最大服务器空闲时间
ORA-02773	无效的最大客户等待时间
ORA-02774	无效的请求列表锁定超时值
ORA-02775	无效的请求完成信号
ORA-02776	请求完成信号值超出最大值
ORA-02777	无法统计log目录
ORA-02778	log目录所给名称无效
ORA-02779	无法统计core dump目录
ORA-02780	core dump目录所给名称无效
ORA-02781	定时所需标志的给定值无效
ORA-02782	未指定读和写两个函数
ORA-02783	未指定发送和等待两个函数
ORA-02784	指定的共享内存ID无效
ORA-02785	无效的共享内存缓冲区大小
ORA-02786	共享区域所需大小超出段大小
ORA-02787	无法为段列表分配内存
ORA-02788	无法在异步进程数组中找到内核进程指针
ORA-02789	已达最大文件数
ORA-02790	文件名过长

（续表）

错误号	说明
ORA-02791	无法打开与异步I/O一起使用的文件
ORA-02792	无法对用于异步I/O的文件进行fstat()运算
ORA-02793	无法关闭异步I/O
ORA-02794	客户无法获得共享内存关键字
ORA-02795	请求列表为空
ORA-02796	完成请求状态错误
ORA-02797	无可用请求
ORA-02798	无效的请求数
ORA-02799	无法准备信号处理程序
ORA-02800	请求超时
ORA-02801	操作超时
ORA-02802	并行模式下无可用空闲服务器
ORA-02803	无法检索当前时间
ORA-02804	无法为log文件名分配内存
ORA-02805	无法设置SIGTPA的处理程序
ORA-02806	无法设置SIGALRM的处理程序
ORA-02807	无法为I/O向量分配内存
ORA-02808	无法分配打开文件数组的内存
ORA-02809	跳转缓冲区无效
ORA-02810	无法设置内存映射文件的临时文件名
ORA-02811	无法连接共享内存段
ORA-02812	错误的连接地址
ORA-02813	无法设置用于获得关键字的临时文件名
ORA-02814	无法获得共享内存
ORA-02815	无法连接共享内存
ORA-02816	无法删去进程
ORA-02817	读失败
ORA-02818	小于读入所请求的块数
ORA-02819	写失败
ORA-02820	无法写入请求的块数
ORA-02821	无法读取请求的块数
ORA-02822	无效的块偏移量
ORA-02823	缓冲区未对齐
ORA-02824	请求可用列表为空
ORA-02825	请求可用列表不可用
ORA-02826	非法的块大小
ORA-02827	无效的文件号
ORA-02828	段可用列表为空
ORA-02829	没有大小合适的可用段

（续表）

错误号	说明
ORA-02830	无法分开段-无可用的自由段
ORA-02831	无法撤销分配段-段列表为空
ORA-02832	无法撤销分配段-段不在列表中
ORA-02833	服务器无法关闭文件
ORA-02834	服务器无法打开文件
ORA-02835	服务器无法向客户机发送信号
ORA-02836	无法产生临时关键字文件
ORA-02837	无法撤销链接临时文件
ORA-02838	无法准备警报信号的信号处理程序
ORA-02839	无法将块回写磁盘
ORA-02840	客户机无法打开日志文件
ORA-02841	服务器启动失败
ORA-02842	客户机无法将服务器分叉
ORA-02843	无效的内核标志值
ORA-02844	无效的保持打开标志值
ORA-02845	无效的定时要求标志值
ORA-02846	不能破坏的服务器
ORA-02847	服务器没有在发送后终止
ORA-02848	异步I/O程序包不在运行
ORA-02849	读操作因错误而失败
ORA-02850	文件已关闭
ORA-02851	在不应为空时请求列表为空
ORA-02852	无效的关键段超时值
ORA-02853	无效的服务器列表锁定超时值
ORA-02854	无效的请求缓冲区数
ORA-02855	请求数小于其从属数
ORA-02875	smpini：无法获得PGA的共享内存
ORA-02876	smpini：无法连接至PGA的共享内存
ORA-02877	smpini：无法初始化内存保护
ORA-02878	sou2o：变量smpdidini已被覆盖
ORA-02879	sou2o：无法访问受保护的内存
ORA-02880	smpini：因保护而无法注册PGA
ORA-02881	sou2o：无法撤销访问受保护的内存
ORA-02882	sou2o：因保护而无法注册SGA
ORA-02899	smscre：无法创建具有扩展共享内存特性的SGA
ORA-03001	未执行的特性
ORA-03002	未执行的运算符
ORA-03007	废弃的特性
ORA-03008	参数COMPATIBLE>=需要

（续表）

错误号	说明
ORA-03100	无法分配通信区域，内存不足
ORA-03105	内部协议错误
ORA-03106	致命的双工通信协议错误
ORA-03107	oranet缓冲区下溢
ORA-03108	oranet：Oracle不支持此接口版本
ORA-03109	oranet缓冲区上溢
ORA-03110	oranet：Oracle不支持此SQL版本
ORA-03111	通信通道收到中断
ORA-03112	作为单工链接的服务器无法使用SQL*Net
ORA-03113	通信通道的文件结束
ORA-03114	未连接到Oracle
ORA-03115	不支持的网络数据类型或表示法
ORA-03116	传送至转换例行程序的缓冲区长度无效
ORA-03117	双工保存区域上溢
ORA-03118	双工转换例行程序具有无效的状态
ORA-03119	双工检测到不一致的数据类型说明
ORA-03120	双工转换例行程序：整数溢出
ORA-03121	未连接接口驱动程序-未执行功能
ORA-03122	尝试在用户方关闭Oracle端的窗口
ORA-03123	操作将锁定
ORA-03124	双工内部错误
ORA-03125	违反客户-服务器协议
ORA-03126	网络驱动程序不支持非锁定操作
ORA-03127	在活动操作结束之前不允许进行新操作
ORA-03128	连接处于锁定模式
ORA-03129	要求插入下一段
ORA-03130	要求读取下一段的缓冲区
ORA-03131	提供了下一段的无效缓冲区
ORA-03132	双工默认值溢出
ORA-03200	段类型说明无效
ORA-03201	组号说明无效
ORA-03202	浏览限制说明无效
ORA-03203	并发更新活动无法进行空间分析
ORA-03204	段类型说明应指明分区
ORA-03205	在指定分区类型时要求分区名
ORA-03206	AUTOEXTEND子句中某块的最大文件大小超出范围
ORA-03207	必须为组合对象指定子分区类型
ORA-03208	必须为非组合对象指定分区类型

（续表）

错误号	说明
ORA-03209	DBMS_ADMIN_PACKAGE无效的文件/块说明
ORA-03210	DBMS_ADMIN_PACKAGE无效的选项说明
ORA-03211	段不存在或不处于有效状态
ORA-03212	无法在本地管理的表空间创建临时段
ORA-03213	DBMS_SPACE程序包无效的Lob段名
ORA-03214	指定的文件大小小于所需的最小值
ORA-03215	用于重新调整大小所指定的文件大小太小
ORA-03216	表空间/段验证无法进行
ORA-03217	变更TEMPORARY TABLESPACE无效的选项
ORA-03218	CREATE/ALTER TABLESPACE的无效选项
ORA-03219	表空间为可管理的字典，联机或临时
ORA-03220	DBMS_ADMIN_PACKAGE需要的参数为NULL或丢失
ORA-03221	临时表空间和临时段必须具有标准的块大小
ORA-03230	段只包含某块在高水印之上的未使用空间
ORA-03231	不可以撤销分配INITIAL区
ORA-03233	无法扩展表的子分区（由），在表空间中
ORA-03234	无法扩展索引的子分区（由），在表空间中
ORA-03235	最大的区的个数已经到达（在表的子分区中）
ORA-03236	最大的数的个数已到达（在索引的子分区中）
ORA-03237	在表空间无法分配指定大小的初始区
ORA-03238	无法扩展LOB段的子分区
ORA-03239	已到达最大的区的个数（在LOB段的子分区中）
ORA-03240	用户临时表空间与正在移植的表空间是同一个表空间
ORA-03241	无效的单元大小
ORA-03242	表空间移植已重试了500次
ORA-03243	目标dba与现有的控制信息重叠
ORA-03244	未找到可用空间来放置控制信息
ORA-03245	表空间必须具备可管理的字典，联机和能够移植的永久性
ORA-03246	指定的无效块号
ORA-03248	在移植期间，段的创建活动太多
ORA-03249	自动段空间管理的表空间大小
ORA-03250	无法标记这一段的崩溃

（续表）

（续表）

错误号	说明
ORA-03251	无法在SYSTEM表空间上提交此命令
ORA-03274	指定了ALLOCATE EXTENT和DEALLOCATE UNUSED两个选项
ORA-03275	重复的DEALLOCATE选项说明
ORA-03276	重复的ALLOCATE EXTENT选项说明
ORA-03277	指定的SIZE无效
ORA-03278	重复的ALLOCATE EXTENT选项说明
ORA-03279	指定的INSTANCE无效
ORA-03280	指定的DATAFILE文件名无效
ORA-03281	无效的ALLOCATE EXTENT选项
ORA-03282	缺少ALLOCATE EXTENT选项
ORA-03283	指定的数据文件不存在
ORA-03284	数据文件不是表空间的成员
ORA-03286	HASH CLUSTERS的ALLOCATE EXTENT无效
ORA-03287	指定的FREELIST GROUP无效
ORA-03288	不可以同时指定FREELIST GROUP和INSTANCE参数
ORA-03289	分区名和段类型不匹配
ORA-03290	无效的截断命令-缺少CLUSTER或TABLE关键字
ORA-03291	无效的截断选项-缺少STORAGE关键字
ORA-03292	要截断的表是群集的一部分
ORA-03293	要截断的群集是HASH CLUSTER
ORA-03296	无法调整数据文件的大小-未找到文件
ORA-03297	文件包含在请求的RESIZE值以外使用的数据
ORA-03298	无法缩减数据文件-文件在热备份中
ORA-03299	无法创建目录表
ORA-04000	PCTUSED与PCTFREE的总和不能超过100
ORA-04001	序列参数必须是整数
ORA-04002	INCREMENT必须是非零整数
ORA-04003	序列参数超出最大允许大小（位）
ORA-04004	MINVALUE必须小于MAXVALUE
ORA-04005	INCREMENT必须小于MAXVALUE与MINVALUE的差
ORA-04006	START WITH不能小于MINVALUE
ORA-04007	MINVALUE不能大于当前值
ORA-04008	START WITH不能大于MAXVALUE
ORA-04009	MAXVALUE不能小于当前值
ORA-04010	CACHE的值数必须大于1

错误号	说明
ORA-04011	序列必须介于限定范围之间
ORA-04012	对象不是序列
ORA-04013	CACHE值必须小于CYCLE值
ORA-04014	CYCLE必须指定MINVALUE为降序
ORA-04015	CYCLE必须指定MAXVALUE为升序
ORA-04016	序列不再存在
ORA-04017	参数max_dump_file_size的值无效
ORA-04018	parameter_scn_scheme的值无效
ORA-04019	SCN模式与其他例程不兼容
ORA-04020	尝试锁定对象时检测到死锁
ORA-04021	等待锁定对象时发生超时
ORA-04022	请求不等待，但必须等待锁定字典对象
ORA-04028	无法生成对象的diana
ORA-04029	在查询时出现ORA-错误
ORA-04030	在尝试分配字节时进程内存不足
ORA-04031	无法分配字节的共享内存
ORA-04032	pga_aggregate_target必须在转换到自动模式之前进行设置
ORA-04033	没有足够的内存来增加池的容量
ORA-04041	在创建程序包体之前必须首先创建程序包说明
ORA-04042	过程、函数、程序包或程序包体不存在
ORA-04043	对象不存在
ORA-04044	此处不允许过程、函数、程序包或类型
ORA-04045	在重新编译/重新验证时出错
ORA-04046	编译结果过大，系统不支持
ORA-04047	指定的对象与指定的标志不兼容
ORA-04050	过程、函数或程序包名无效或缺少
ORA-04051	用户无法使用数据库链接
ORA-04052	在查找远程对象时出错
ORA-04053	在验证远程对象时出错
ORA-04054	数据库链接不存在
ORA-04055	已终止：形成了非REF相互依赖循环
ORA-04060	权限不足以执行
ORA-04061	当前状态失效
ORA-04062	属性已被更改
ORA-04063	有错误
ORA-04064	未执行，失效
ORA-04065	未执行，已更改或删除
ORA-04066	不可执行对象

（续表）

错误号	说明
ORA-04067	未执行，不存在
ORA-04068	已丢弃程序包的当前状态
ORA-04070	无效的触发器名
ORA-04071	缺少BEFORE，AFTER或INSTEAD OF关键字
ORA-04072	无效的触发器类型
ORA-04073	此触发器类型的列表无效
ORA-04074	无效的REFERENCING名称
ORA-04075	无效的触发器操作
ORA-04076	无效的NEW或OLD说明
ORA-04077	WHEN子句不能与表层触发器一起使用
ORA-04078	OLD和NEW值不能相同
ORA-04079	无效的触发器说明
ORA-04080	触发器不存在
ORA-04081	触发器已经存在
ORA-04082	NEW或OLD引用不允许在表层触发器中
ORA-04083	无效的触发器变量
ORA-04084	无法更改此触发器类型的NEW值
ORA-04085	无法更改OLD引用变量的值
ORA-04086	触发器说明过长，请将备注移入触发代码
ORA-04087	无法更改ROWID引用变量的值
ORA-04088	触发器执行过程中出错
ORA-04089	无法对SYS所有的对象创建触发器
ORA-04090	指定的表、事件和触发器时间与设定相同
ORA-04091	表发生了变化，触发器/函数不能读
ORA-04092	不能在触发器中
ORA-04093	不允许在触发器中引用LONG类型的列
ORA-04094	表有条件约束，触发器不能对其修改
ORA-04095	触发器已经在另一表上存在，无法替换
ORA-04096	触发器的WHEN子句过大，限量为2K
ORA-04097	在尝试删除或改变触发器时发生DDL冲突
ORA-04098	触发器无效且未通过重新确认
ORA-04099	触发器有效，但没有存储在编译表中
ORA-04930	打开序列号失败或初始状态无效
ORA-04931	无法设置初始序列号值
ORA-04932	增加或调节序列号失败
ORA-04933	初始服务标识符非零
ORA-04934	无法获得当前序列号
ORA-04935	无法获得/转换SCN恢复锁定
ORA-04940	对Oracle二进制进行了不被支持的优化，有关详细信息请检查警告日志

（续表）

错误号	说明
ORA-06000	NETASY：端口打开失败
ORA-06001	NETASY：端口设置失败
ORA-06002	NETASY：端口读失败
ORA-06003	NETASY：端口写失败
ORA-06004	NETASY：对话文件打开失败
ORA-06005	NETASY：对话文件读失败
ORA-06006	NETASY：对话执行失败
ORA-06007	NETASY：错误的对话格式
ORA-06009	NETASY：对话文件过长
ORA-06011	NETASY：对话过长
ORA-06017	NETASY：消息接收失败
ORA-06018	NETASY：消息发送失败
ORA-06019	NETASY：无效的注册（连接）字符串
ORA-06020	NETASY：初始化失败
ORA-06021	NETASY：连接失败
ORA-06022	NETASY：通道打开失败
ORA-06023	NETASY：端口打开失败
ORA-06024	NETASY：VTM错误
ORA-06025	NETASY：配置错误
ORA-06026	NETASY：端口关闭失败
ORA-06027	NETASY：通道关闭失败
ORA-06028	NETASY：无法初始化以记录
ORA-06029	NETASY：端口指定失败
ORA-06030	NETDNT：连接失败，无法识别的节点名
ORA-06031	NETDNT：连接失败，无法识别的对象名
ORA-06032	NETDNT：连接失败，对控制数据的访问被拒绝
ORA-06033	NETDNT：连接失败，伙伴拒绝连接
ORA-06034	NETDNT：连接失败，伙伴意外退出
ORA-06035	NETDNT：连接失败，资源不足
ORA-06036	NETDNT：连接失败，没有来自对象的响应
ORA-06037	NETDNT：连接失败，节点不能达到
ORA-06038	NETDNT：连接失败，未加载网络驱动程序
ORA-06039	NETDNT：连接失败
ORA-06040	NETDNT：无效的注册（连接）字符串
ORA-06041	NETDNT：断开连接失败
ORA-06042	NETDNT：信息接收失败
ORA-06043	NETDNT：信息发送失败

（续表）

（续表）

错误号	说明
ORA-06044	NETDNT：连接失败，超出字节数限制
ORA-06102	NETTCP：无法分配上下文区域
ORA-06105	NETTCP：远程主机未知
ORA-06106	NETTCP：套接创建失败
ORA-06107	NETTCP：未找到Oracle网络服务器
ORA-06108	NETTCP：无法连接到主机
ORA-06109	NETTCP：信息接收失败
ORA-06110	NETTCP：信息发送失败
ORA-06111	NETTCP：无法断开连接
ORA-06112	NETTCP：无效的缓冲区大小
ORA-06113	NETTCP：连接过多
ORA-06114	NETTCP：SID查找失败
ORA-06115	NETTCP：无法创建Oracle逻辑值
ORA-06116	NETTCP：无法创建ORASRV进程
ORA-06117	NETTCP：无法创建ORASRV，超出限量
ORA-06118	NETTCP：无法完成与ORASRV信号交换
ORA-06119	NETTCP：伪客户请求
ORA-06120	NETTCP：未加载网络驱动程序
ORA-06121	NETTCP：访问失败
ORA-06122	NETTCP：设置失败
ORA-06123	NETTCP：无法设置KEEPALIVE
ORA-06124	NETTCP：等待ORASRV超时
ORA-06125	NETTCP：ORASRV意外退出
ORA-06126	NETTCP：ORASRV无法打开网络连接
ORA-06127	NETTCP：无法更改用户名
ORA-06128	NETTCP：无法创建邮箱
ORA-06129	NETTCP：无法将套接所有权转移给ORASRV
ORA-06130	NETTCP：主机访问被拒绝
ORA-06131	NETTCP：用户访问被拒绝
ORA-06132	NETTCP：访问被拒绝，口令错误
ORA-06133	NETTCP：未找到文件
ORA-06134	NETTCP：违反文件访问权限
ORA-06135	NETTCP：拒绝连接，服务器停止
ORA-06136	NETTCP：连接信号交换过程中出错
ORA-06140	NETTCP：没有这样的用户
ORA-06141	NETTCP：用户没有权限
ORA-06142	NETTCP：获得用户信息时出错
ORA-06143	NETTCP：超出最大连接数
ORA-06144	NETTCP：SID（数据库）不可用

错误号	说明
ORA-06145	NETTCP：无法启动ORASRV，未安装图像
ORA-06200	TWOTASK：连接失败，无法创建邮箱
ORA-06201	TWOTASK：连接失败，无法连接邮箱
ORA-06202	TWOTASK：连接失败，无法生成ORASRV进程
ORA-06203	TWOTASK：连接失败，信号交换失败
ORA-06204	TWOTASK：连接失败，无法访问ORASRV2.COM
ORA-06205	TWOTASK：连接失败，无法创建逻辑名
ORA-06206	TWOTASK：信息接收失败
ORA-06207	TWOTASK：信息发送失败
ORA-06208	TWOTASK：无效的注册（连接）字符串
ORA-06209	TWOTASK：连接失败，邮箱已经存在
ORA-06210	TWOTASK：连接失败，ORASRV意外退出
ORA-06211	TWOTASK：连接失败，等待ORASRV超时
ORA-06212	TWOTASK：连接失败，逻辑名称表已满
ORA-06213	TWOTASK：连接失败
ORA-06214	TWOTASK：连接失败，没有足够的限量来创建ORASRV
ORA-06215	TWOTASK：连接失败，未安装ORASRV保护图像
ORA-06216	TWOTASK：连接失败，无法找到ORASRV图像文件
ORA-06250	NETNTT：无法分配发送和接收缓冲区
ORA-06251	NETNTT：无法转换地址文件名
ORA-06252	NETNTT：无法打开地址文件
ORA-06253	NETNTT：无法从地址文件读取参数
ORA-06254	NETNTT：无法共享立方结构的连接
ORA-06255	NETNTT：无法读取远程进程的pid
ORA-06256	NETNTT：远程分叉失败
ORA-06257	NETNTT：无法发送命令行到影像进程
ORA-06258	NETNTT：无法分配上下文区域
ORA-06259	NETNTT：无法读取远程进程
ORA-06260	NETNTT：无法写入远程进程
ORA-06261	NETNTT：nrange()失败
ORA-06262	NETNTT：nfconn()失败
ORA-06263	NETNTT：pi_connect中的内存不足
ORA-06264	NETNTT：数据协议错误
ORA-06265	NETNTT：中断协议错误
ORA-06266	NETNTT：错误的写入长度
ORA-06267	NETNTT：错误的状态

（续表）

错误号	说明
ORA-06268	NETNTT：无法读取/etc/oratab
ORA-06300	IPA：无法断开连接
ORA-06301	IPA：无法分配驱动程序上下文
ORA-06302	IPA：无法连接到远程主机
ORA-06303	IPA：信息发送错误
ORA-06304	IPA：信息接收错误
ORA-06305	IPA：非法的信息类型
ORA-06306	IPA：信息写入长度错误
ORA-06307	IPA：无法重置连接
ORA-06308	IPA：没有其他可用连接
ORA-06309	IPA：没有可用的信息队列
ORA-06310	IPA：未设置环境变量
ORA-06311	IPA：达到了最大的服务器数
ORA-06312	IPA：提供了错误的输出服务名
ORA-06313	IPA：无法初始化共享内存
ORA-06314	IPA：事件设置失败
ORA-06315	IPA：无效的连接字符串
ORA-06316	IPA：无效的数据库SID
ORA-06317	IPA：超出本地最大用户数
ORA-06318	IPA：超出本地最大连接数
ORA-06319	IPA：超出远程最大用户数
ORA-06320	IPA：超出远程最大连接数
ORA-06321	IPA：无法到达远程端
ORA-06322	IPA：致命的共享内存错误
ORA-06323	IPA：子句事件错误
ORA-06400	NETCMN：未指定默认的主机字符串
ORA-06401	NETCMN：无效的驱动程序指示符
ORA-06402	NETCMN：接收中断信息时出错
ORA-06403	无法分配内存
ORA-06404	NETCMN：无效的注册（连接）字符串
ORA-06405	NETCMN：重置协议错误
ORA-06406	NETCMN：发送中断信号时出错
ORA-06407	NETCMN：无法设置中断处理环境
ORA-06408	NETCMN：信息格式不正确
ORA-06413	连接未打开
ORA-06416	NETCMN：测试出错
ORA-06419	NETCMN：服务器无法启动Oracle
ORA-06420	NETCMN：SID查找失败
ORA-06421	NETCMN：读入数据时检测到错误
ORA-06422	NETCMN：发送数据时出错

（续表）

错误号	说明
ORA-06423	NETCMN：接收数据时出错
ORA-06430	ssaio：Seals不匹配
ORA-06431	ssaio：无效的块号
ORA-06432	ssaio：缓冲区没有对齐
ORA-06433	ssaio：LSEEK错误，无法找到要求的块
ORA-06434	ssaio：读错误，无法从数据库文件读取请求的块
ORA-06435	ssaio：写错误，无法将请求块写入数据库文件
ORA-06436	ssaio：异步I/O因错误参数而失败
ORA-06437	ssaio：异步写无法写入数据库文件
ORA-06438	ssaio：异步读无法从数据库文件读取
ORA-06439	ssaio：异步写返回了错误的字节数
ORA-06440	ssaio：异步读返回了错误的字节数
ORA-06441	ssvwatev：传递给函数调用的参数错误
ORA-06442	ssvwatev：因出现未预期的错误编号而失败
ORA-06443	ssvpstev：传递给函数调用的参数错误
ORA-06444	ssvpstev：因出现未预期的错误编号而失败
ORA-06445	ssvpstevrg：传递给函数调用的参数错误
ORA-06446	ssvpstevrg：因出现未预期的错误编号而失败
ORA-06447	ssvpstp：传递给函数调用的参数错误
ORA-06448	ssvpstp：因出现未预期的错误编号而失败
ORA-06449	未安装列表IO或sysvendor
ORA-06500	PL/SQL：存储错误
ORA-06501	PL/SQL：程序错误
ORA-06502	PL/SQL：数字或值错误
ORA-06503	PL/SQL：函数未返回值
ORA-06504	PL/SQL：结果集变量或查询的返回类型不匹配
ORA-06505	PL/SQL：变量要求多于32767字节的连续内存
ORA-06508	PL/SQL：无法在调用之前找到程序单元
ORA-06509	PL/SQL：此程序包缺少ICD向量
ORA-06510	PL/SQL：无法处理的用户自定义异常事件
ORA-06511	PL/SQL：游标已经打开
ORA-06512	在line处报错
ORA-06513	PL/SQL：主语言数组的PL/SQL表索引超出范围
ORA-06514	PL/SQL：服务器无法处理远程调用

（续表）

错误号	说明
ORA-06515	PL/SQL：无法处理的异常事件
ORA-06516	PL/SQL：Probe程序包不存在或无效
ORA-06517	PL/SQL：Probe错误
ORA-06518	PL/SQL：Probe版本与某版本不兼容
ORA-06519	检测到活动的自治事务处理，已经回退
ORA-06520	PL/SQL：加载外部库时出错
ORA-06521	PL/SQL：映射函数时出错
ORA-06523	参数个数超出上限
ORA-06524	不受支持的选项
ORA-06525	长度与CHAR或RAW数据不匹配
ORA-06526	无法加载PL/SQL库
ORA-06527	外部过程SQLLIB错误
ORA-06528	正在执行PL/SQL配置程序时出错
ORA-06529	版本不匹配-PL/SQL配置程序
ORA-06530	引用未初始化的组合
ORA-06531	引用未初始化的收集
ORA-06532	下标超出限制
ORA-06533	下标超出数量
ORA-06534	无法访问触发器上下文中的Serially Reusable程序包
ORA-06535	语句字符串为NULL或长度为零
ORA-06536	IN关联变量关联到OUT位置
ORA-06537	OUT关联变量关联到IN位置
ORA-06538	语句违反RESTRICT_REFERENCES编译指示
ORA-06539	OPEN的目标必须是查询
ORA-06540	PL/SQL：编译错误
ORA-06541	PL/SQL：编译错误-编译中止
ORA-06542	PL/SQL：执行错误
ORA-06543	PL/SQL：执行错误-执行中止
ORA-06544	PL/SQL：内部错误
ORA-06545	PL/SQL：编译错误-编译中止
ORA-06546	DDL语句在非法的上下文中执行
ORA-06547	INSERT、UPDATE或DELETE语句必须使用RETURNING子句
ORA-06548	不再需要更多的行
ORA-06549	PL/SQL：未能动态打开共享对象（DLL）
ORA-06550	第M行，第N列报错
ORA-06551	PL/SQL：无法处理的异常事件
ORA-06554	必须在使用PL/SQL之前创建DBMS_STANDARD

（续表）

错误号	说明
ORA-06555	此名称当前保留给SYS用户使用
ORA-06556	管道为空，无法实现unpack_message请求
ORA-06557	管道icd's任何参数均不允许为空值
ORA-06558	dbms_pipe程序包中的缓冲区已满，不允许更多的项目
ORA-06559	请求的数据类型错误
ORA-06560	pos为负或大于缓冲区大小
ORA-06561	程序包DBMS_SQL不支持给定的语句
ORA-06562	输出参数的类型必须与列或赋值变量的类型匹配
ORA-06563	指定的顶层过程/函数不能具有子项
ORA-06564	对象不存在
ORA-06565	无法从存储过程中执行
ORA-06566	指定的行数无效
ORA-06567	指定的值数无效
ORA-06568	调用了废弃的ICD过程
ORA-06569	通过bind_array赋值关联的集不包含任何元素
ORA-06570	共享池对象不存在，无法插入
ORA-06571	函数不能保证不更新数据库
ORA-06572	函数具有输出参数
ORA-06573	函数修改程序包的状态，无法在此处使用
ORA-06574	函数引用程序包的状态，无法远程执行
ORA-06575	程序包或函数处于无效状态
ORA-06576	不是有效的函数或过程名
ORA-06577	输出参数不是关联变量
ORA-06578	输出参数不能为重复关联
ORA-06580	在内存保留大容量的行时散列连接将内存用尽
ORA-06592	执行CASE语句时未找到CASE
ORA-06593	本地编译的PL/SQL模块不支持
ORA-06600	LU6.2驱动程序：未加载SNA软件
ORA-06601	LU6.2驱动程序：无效数据库ID字符串
ORA-06602	LU6.2驱动程序：分配上下文区域时出错
ORA-06603	LU6.2驱动程序：分配内存时出错
ORA-06604	LU6.2驱动程序：无法分配与远程LU的会话
ORA-06605	LU6.2驱动程序：未预期的行转向
ORA-06606	LU6.2驱动程序：从SNA获得未预期的响应
ORA-06607	LU6.2驱动程序：发送状态下出现重置

（续表）

错误号	说明
ORA-06608	LU6.2驱动程序：接收状态下出现重置
ORA-06610	LU6.2驱动程序：撤销分配失败
ORA-06611	LU6.2驱动程序：请求发送错误
ORA-06612	LU6.2驱动程序：发送数据错误
ORA-06613	LU6.2驱动程序：接收和等待错误
ORA-06614	LU6.2驱动程序：立即接收错误
ORA-06615	LU6.2驱动程序：发送错误
ORA-06616	LU6.2驱动程序：无法连接到LU
ORA-06617	LU6.2驱动程序：无法连接到PU
ORA-06618	LU6.2驱动程序：子网络启动失败
ORA-06619	LU6.2驱动程序：无法激活远程伙伴
ORA-06620	LU6.2驱动程序：无效的远程伙伴
ORA-06621	LU6.2驱动程序：分配错误
ORA-06622	LU6.2驱动程序：无法连接到SNA
ORA-06700	TLI驱动程序：来自主机的错误信息类型
ORA-06701	TLI驱动程序：写入的字节数错误
ORA-06702	TLI驱动程序：无法分配上下文区域
ORA-06703	TLI驱动程序：发送中断信息失败
ORA-06704	TLI驱动程序：接收中断信息失败
ORA-06705	TLI驱动程序：未知的远程节点
ORA-06706	TLI驱动程序：未找到服务（程序）
ORA-06707	TLI驱动程序：连接失败
ORA-06708	TLI驱动程序：信息接收失败
ORA-06709	TLI驱动程序：信息发送失败
ORA-06710	TLI驱动程序：发送停止中断信息失败
ORA-06711	TLI驱动程序：赋值出错
ORA-06712	TLI驱动程序：接受出错
ORA-06713	TLI驱动程序：连接出错
ORA-06720	TLI驱动程序：SID查找失败
ORA-06721	TLI驱动程序：伪客户请求
ORA-06722	TLI驱动程序：创建设置失败
ORA-06730	TLI驱动程序：无法打开"克隆"设备
ORA-06731	TLI驱动程序：无法分配t_call
ORA-06732	TLI驱动程序：无法分配t_discon
ORA-06733	TLI驱动程序：无法接收断开信息
ORA-06734	TLI驱动程序：无法连接
ORA-06735	TLI驱动程序：客户机无法关闭错误的连接
ORA-06736	TLI驱动程序：服务器没有运行
ORA-06737	TLI驱动程序：连接失败
ORA-06741	TLI驱动程序：无法打开协议设备

（续表）

错误号	说明
ORA-06742	TLI驱动程序：无法分配t_bind
ORA-06744	TLI驱动程序：监听器无法赋值
ORA-06745	TLI驱动程序：监听器已经运行
ORA-06746	TLI驱动程序：无法分配t_call
ORA-06747	TLI驱动程序：收听出错
ORA-06748	TLI驱动程序：无法分配t_discon
ORA-06749	TLI驱动程序：选项不允许在网络之间使用
ORA-06750	TLI驱动程序：同步失败
ORA-06751	TLI驱动程序：关联地址不相同
ORA-06752	TLI：信号设置错误
ORA-06753	TLI驱动程序：名称对地址映射失败
ORA-06754	TLI驱动程序：无法获得本地主机地址
ORA-06755	TLI驱动程序：无法关闭传输终点
ORA-06756	TLI驱动程序：无法打开oratab
ORA-06757	TLI驱动程序：服务器收到错误命令
ORA-06760	TLI驱动程序：顺序读释放超时
ORA-06761	TLI驱动程序：顺序发送释放出错
ORA-06762	TLI驱动程序：顺序读释放出错
ORA-06763	TLI驱动程序：发送断开出错
ORA-06764	TLI驱动程序：读断开出错
ORA-06765	TLI驱动程序：顺序等待释放出错
ORA-06766	TLI驱动程序：无法在释放过程中关闭
ORA-06767	TLI驱动程序：无法在释放过程中分配
ORA-06770	TLI驱动程序：发送版本出错
ORA-06771	TLI驱动程序：读版本出错
ORA-06772	TLI驱动程序：发送命令出错
ORA-06773	TLI驱动程序：读命令出错
ORA-06774	TLI驱动程序：发送中断模式出错
ORA-06775	TLI驱动程序：读中断模式出错
ORA-06776	TLI驱动程序：发送参数出错
ORA-06777	TLI驱动程序：读参数出错
ORA-06778	TLI驱动程序：发送ccode出错
ORA-06779	TLI驱动程序：读ccode出错
ORA-06780	TLI驱动程序：发送错误代码失败
ORA-06781	TLI驱动程序：读处理字符串出错
ORA-06790	TLI驱动程序：轮询失败
ORA-06791	TLI驱动程序：轮询返回错误事件
ORA-06792	TLI驱动程序：服务器无法执行Oracle
ORA-06793	TLI驱动程序：服务器无法创建新的进程
ORA-06794	TLI驱动程序：影像进程无法检索协议

（续表）

错误号	说明
ORA-06800	TLI驱动程序：SQL*Net SPX客户机在重新连接时丢失
ORA-06801	TLI驱动程序：收听SPX服务器重新连接失败
ORA-06802	TLI驱动程序：无法打开/etc/netware/yellowpages文件
ORA-06803	TLI驱动程序：无法打开IPX设备文件
ORA-06804	TLI驱动程序：初始化时无法对IPX地址赋值
ORA-06805	TLI驱动程序：无法为SPX发送SAP数据包
ORA-06806	TLI驱动程序：无法完成SPX的协议初始化
ORA-06807	TLI驱动程序：无法打开以太网设备驱动程序文件
ORA-06808	TLI驱动程序：无法链接IPX和以太网流
ORA-06809	TLI驱动程序：初始化时无法清除IPX以太网SAP
ORA-06810	TLI驱动程序：初始化时无法设置IPX以太网SAP
ORA-06811	TLI驱动程序：初始化时无法设置IPX以太网编号
ORA-06812	TLI驱动程序：无法读取以太网驱动程序的节点地址
ORA-06813	TLI驱动程序：以太网配置地址错误
ORA-06814	TLI驱动程序：无法打开SPX设备文件
ORA-06815	TLI驱动程序：无法链接SPX和IPX流
ORA-06816	TLI驱动程序：无法设置SPX SAP地址
ORA-06817	TLI驱动程序：无法读取Novell网络地址
ORA-06900	CMX：无法读取tns目录
ORA-06901	CMX：本地应用程序未指定本地名
ORA-06902	CMX：无法连接到cmx子系统
ORA-06903	CMX：无法读取远程应用程序的传输地址
ORA-06904	CMX：远程应用程序没有可用的传输地址
ORA-06905	CMX：连接错误
ORA-06906	CMX：无法从CMX获得最大的程序包大小
ORA-06907	CMX：连接确认过程中出错
ORA-06908	CMX：传送ORACLE_SID过程中出错
ORA-06909	CMX：确认ORACLE_SID过程中出错
ORA-06910	CMX：无法启动远程设备的Oracle进程
ORA-06911	CMX：t_event返回ERROR
ORA-06912	CMX：datarq中写出错
ORA-06913	CMX：连接重定向过程中出错

（续表）

错误号	说明
ORA-06914	CMX：启动Oracle过程中的意外事件
ORA-06915	CMX：datarq中的未知t_event
ORA-06916	CMX：数据读出错（t_datain）
ORA-06917	CMX：数据读出错（读取字节数过多）
ORA-06918	CMX：等待读事件过程中的T_NOEVENT
ORA-06919	CMX：写请求过程中出错（未知事件）
ORA-06920	CMX：getbrkmsg非法数据类型
ORA-06921	CMX：getdatmsg非法数据类型
ORA-06922	CMX：错误的写长度
ORA-06923	CMX：非法的中断条件
ORA-06924	CMX：错误的中断信息长度
ORA-06925	CMX：连接请求过程中断开
ORA-06926	CMX：读数据过程中的T_ERROR
ORA-06927	CMX：在写入所有数据之前收到T_DATAIN
ORA-06928	CMX：错误的ORACLE_SID
ORA-06929	CMX：发送ORACLE_SID时出错
ORA-06930	CMX：检查ORACLE_SID时出错
ORA-06931	CMX：服务器read_properties过程出错
ORA-06932	CMX：本地名错误
ORA-06933	CMX：连接过程中出错
ORA-06951	操作系统调用错误
ORA-06952	通信的远程端发送了一个forward-reset程序包
ORA-06953	没有足够的虚拟内存
ORA-06954	非法的文件名
ORA-06955	数据库服务器数超出限制
ORA-06956	无法获得本地主机名
ORA-06957	当前没有可用SID
ORA-06958	无法访问配置文件
ORA-06959	缓冲区I/O限量过小
ORA-06960	无法访问日志文件
ORA-06961	没有足够的权限来尝试操作
ORA-06970	X.25驱动程序：远程主机未知
ORA-06971	X.25驱动程序：接收数据时出错
ORA-06972	X.25驱动程序：发送数据时出错
ORA-06973	X.25驱动程序：无效的缓冲区大小
ORA-06974	X.25驱动程序：SID查找失败
ORA-06975	X.25驱动程序：无法连接到主机
ORA-06976	X.25驱动程序：终端创建失败

（续表）

错误号	说明
ORA-06977	X.25驱动程序：X.25级别2失败
ORA-06978	X.25驱动程序：回调尝试过多
ORA-06979	X.25驱动程序：服务器无法启动Oracle
ORA-07200	slsid：未设置oracle_sid
ORA-07201	slhom：环境中未设置oracle_home变量
ORA-07202	sltln：sltln的参数无效
ORA-07203	sltln：尝试转换long环境变量
ORA-07204	sltln：由于缺少输出缓冲区空间而导致名称转换失败
ORA-07205	slgtd：时间错误，无法获得时间
ORA-07206	slgtd：gettimeofday错误，无法获得时间
ORA-07207	sigpidu：进程ID字符串溢出内部缓冲区
ORA-07208	sfwfb：无法刷新分配给磁盘的污损缓冲区
ORA-07209	sfofi：超出文件大小限制
ORA-07210	slcpu：getrusage错误，无法获得CPU时间
ORA-07211	slgcs：gettimeofday错误，无法获得时钟
ORA-07212	slcpu：时间错误，无法获得CPU时间
ORA-07213	slgcs：时间错误，无法获得时钟
ORA-07214	slgunm：uname错误，无法获得系统信息
ORA-07215	slsget：getrusage错误
ORA-07216	slghst：gethostname错误，无法获得当前主机名
ORA-07217	sltln：无法对环境变量求值
ORA-07218	slkhst：无法执行主机操作
ORA-07219	slspool：无法分配假脱机程序参数缓冲区
ORA-07220	slspool：等待错误
ORA-07221	slspool：执行出错，无法启动假脱机程序
ORA-07222	slspool：行打印机假脱机程序命令因错误而退出
ORA-07223	slspool：分叉错误，无法生成假脱机进程
ORA-07224	sfnfy：无法获得文件大小限制，错误号=
ORA-07225	sldext：转换错误，无法展开文件名
ORA-07226	rtneco：无法获得终端模式
ORA-07227	rtneco：无法设置非回送模式
ORA-07228	rtecho：无法将终端还原为回送模式
ORA-07229	slcpuc：获得CPUS数时出错
ORA-07230	slemcr：fopen错误，无法打开错误文件
ORA-07231	slemcc：无效的文件句柄，关闭记号不匹配
ORA-07232	slemcc：fclose错误
ORA-07233	slemcw：无效的文件句柄，关闭记号不匹配

（续表）

错误号	说明
ORA-07234	slemcw：fseek错误
ORA-07235	slemcw：fwrite错误
ORA-07236	slemop：打开错误
ORA-07237	slemcl：无效的文件句柄，关闭记号不匹配
ORA-07238	slemcl：关闭错误
ORA-07239	slemrd：无效的文件句柄，关闭记号不匹配
ORA-07240	slemrd：查找错误
ORA-07241	slemrd：读错误
ORA-07242	slembfn：转换错误，无法转换错误文件名
ORA-07244	ssfccf：创建文件失败，已达文件大小的极限
ORA-07245	sfccf：无法定位和写入最后块
ORA-07246	sfofi：打开错误，无法打开数据库文件
ORA-07247	sfrfb：读错误，无法从数据库文件读取请求的块
ORA-07248	sfwfb：写错误，无法写入数据块
ORA-07249	slsget：打开错误，无法打开/proc/pid
ORA-07250	spcre：semget错误，无法获得第1个信号集
ORA-07251	spcre：semget错误，无法分配任何信号
ORA-07252	spcre：semget错误，无法分配任何信号
ORA-07253	spdes：semctl错误，无法消除信号集
ORA-07254	spdcr：扩展?/bin/oracle时出现转换错误
ORA-07255	spini：无法设置信号处理程序
ORA-07256	sptrap：无法设置信号处理程序来捕捉例外信息
ORA-07257	spdcr：展开程序名时出现转换错误
ORA-07258	spdcr：分叉错误，无法创建进程
ORA-07259	spdcr：执行错误，无法在启动过程中分离进程
ORA-07260	spdcr：等待错误
ORA-07261	spdde：删去错误，无法向进程发送信号
ORA-07262	sptpa：使用无效的进程标识调用sptpa
ORA-07263	sptpa：删去错误
ORA-07264	spwat：semop错误，无法减少信号
ORA-07265	sppst：semop错误，无法增大信号
ORA-07266	sppst：传送给sppst的进程号无效
ORA-07267	spwat：无效的进程号
ORA-07268	szguns：getpwuid错误
ORA-07269	spdcr：分离进程在执行以后停止
ORA-07270	spalck：setitimer错误，无法设置间隔定时器

（续表）

错误号	说明
ORA-07271	spwat：无效的Oracle进程号
ORA-07272	spwat：无效的信号集标识
ORA-07273	sppst：无效的信号标识
ORA-07274	spdcr：访问错误，访问Oracle被拒绝
ORA-07275	无法发送信号给进程
ORA-07276	/etc/group中没有dba组
ORA-07277	spdde：作为参数传送的pid非法
ORA-07278	splon：ops$username超出缓冲区长度
ORA-07279	spcre：semget错误，无法获得第一个信号集
ORA-07280	slsget：无法获得进程信息
ORA-07281	slsget：时间错误，无法获得CPU最大时间
ORA-07282	sksaprd：字符串溢出
ORA-07283	sksaprd：无效的存档目标卷大小
ORA-07284	sksaprd：卷大小说明未正常结束
ORA-07285	sksaprd：不应为磁盘文件指定卷大小
ORA-07286	sksagdi：无法获得设备信息
ORA-07287	sksagdi：不支持的日志存档设备
ORA-07290	sksagdi：指定的存档目录不存在
ORA-07303	ksmcsg：非法的数据库缓冲区大小
ORA-07304	ksmcsg：非法的重做缓冲区大小
ORA-07305	ksmcsg：非法的数据库缓冲区大小
ORA-07324	smpall：分配pga时出现malloc错误
ORA-07327	smpdal：尝试在未映射的情况下消除pga
ORA-07339	spcre：超出最大信号集数
ORA-07345	数据文件名不能包含字符串
ORA-07390	sftopn：转换错误，无法转换文件名
ORA-07391	sftopn：fopen错误，无法打开文本文件
ORA-07392	sftcls：fclose错误，无法关闭文本文件
ORA-07393	无法删除文本文件
ORA-07394	无法将字符串附加到文本文件
ORA-07400	slemtr：信息文件的转换名过长
ORA-07401	sptrap：无法恢复用户异常处理程序
ORA-07402	sprst：无法恢复用户信号处理程序
ORA-07403	sfanfy：无效的db_writers参数
ORA-07404	sfareq：等待请求完成时出现超时
ORA-07406	slbtpd：无效的编号
ORA-07407	slbtpd：无效的指数
ORA-07408	slbtpd：转换为压缩十进制时溢出
ORA-07409	slpdtb：无效的压缩十进制半字节

（续表）

错误号	说明
ORA-07410	slpdtb：提供的缓冲区数字过大
ORA-07411	slgfn：提供的缓冲区的全路径名过大
ORA-07412	sfaslv：无法获得异步写数组中的条目
ORA-07415	slpath：无法分配内存缓冲区
ORA-07416	slpath：路径名构造失败，缺少输出缓冲区空间
ORA-07417	sfareq：一个或多个数据库写入程序处于不活动状态
ORA-07418	sfareq：数据库写入程序在调用定时函数时出错
ORA-07425	sdpri：转换转储文件位置时出错
ORA-07426	spstp：无法获得dbs目录的位置
ORA-07427	spstp：无法更改目录为dbs
ORA-07431	分叉失败
ORA-07432	无法执行嵌套静止
ORA-07440	WMON进程因错误而终止
ORA-07441	函数地址必须在字节边界上对齐
ORA-07442	函数地址必须在某个范围中
ORA-07443	未找到函数
ORA-07444	函数地址不可读
ORA-07445	核心转储出现异常
ORA-07446	sdnfy：该值（参数）错误
ORA-07447	ssarena：usinit失败
ORA-07448	ssarena：超出最大共享区域数
ORA-07449	sc：usnewlock失败
ORA-07451	slskstat：无法获得加载信息
ORA-07452	数据字典中不存在指定的资源管理器计划
ORA-07453	请求的资源管理器计划方案不包含OTHER_GROUPS
ORA-07454	队列超时，已超过限制（秒）
ORA-07455	估计执行时间（秒）超出了限制（秒）
ORA-07456	数据库关闭时不能设置RESOURCE_MANAGER_PLAN
ORA-07468	spwat：mset错误，无法设置信号
ORA-07469	sppst：mclear错误，无法清除信号
ORA-07470	snclget：无法获得群集号
ORA-07471	snclrd：转换sgadef.dbf文件名时出错
ORA-07472	snclrd：打开sgadef.dbf文件时出错
ORA-07473	snclrd：尝试读sgadef.bdf文件时出现读错误
ORA-07474	snclrd：关闭错误，无法关闭sgadef.dbf文件
ORA-07475	slsget：无法获得虚拟内存统计信息

（续表）

错误号	说明
ORA-07476	slsget：无法获得映射内存统计信息
ORA-07477	scgcmn：未初始化锁定管理程序
ORA-07478	scgcmn：无法获得锁定状态
ORA-07479	scgcmn：无法打开或转换锁定
ORA-07480	snchmod：无法更改?/dbs/sgalm.dbf的存取许可
ORA-07481	snlmatt：无法连接到锁定管理程序例程
ORA-07482	snlmini：无法创建锁定管理程序例程
ORA-07483	snlkget：无法转换（获得）锁定
ORA-07484	snlkput：无法转换（设置）锁定
ORA-07485	scg_get_inst：无法打开例程号锁定
ORA-07486	scg_get_inst：无法转换（获得）例程号锁定
ORA-07487	scg_init_lm：无法创建锁定管理程序例程
ORA-07488	scgrcl：未初始化锁定管理程序
ORA-07489	scgrcl：无法获得锁定状态
ORA-07490	scgrcl：无法转换锁定
ORA-07491	scgrcl：无法取消锁定请求
ORA-07492	scgrcl：无法关闭锁定
ORA-07493	scgrcl：锁定管理程序错误
ORA-07494	scgcm：未预期的错误
ORA-07495	spwat：lm_wait失败
ORA-07496	sppst：lm_post失败
ORA-07497	sdpri：无法创建某跟踪文件
ORA-07498	spstp：无法打开/dev/resched
ORA-07499	spglk：无法重新计划
ORA-07500	scglaa：$cantim返回未预期的值
ORA-07501	scgtoa：$deq返回未预期的值
ORA-07502	scgcmn：$enq返回未预期的值
ORA-07503	scgcmn：$setimr返回未预期的值
ORA-07504	scgcmn：$hiber返回未预期的值
ORA-07505	scggt：$enq父项锁定返回未预期的值
ORA-07506	scgrl：$deq在锁定标识返回未预期值
ORA-07507	scgcm：未预期的锁定状态条件
ORA-07508	scgfal：$deq全部返回未预期的值
ORA-07509	scgfal：$deq父项锁定返回未预期的值
ORA-07510	scgbrm：$getlki在锁定标识返回未预期的值
ORA-07511	sscggtl：$enq为主终端锁定返回未预期的值
ORA-07512	sscggtl：$enq为客户机终端锁定返回未预期的值

（续表）

错误号	说明
ORA-07513	sscgctl：$deq在取消终端锁定时返回未预期的值
ORA-07514	scgcan：$deq在取消锁定时返回未预期的值
ORA-07534	scginq：$getlki在锁定标识返回未预期的值
ORA-07548	sftopn：已经打开最大文件数
ORA-07549	sftopn：$OPEN失败
ORA-07550	sftopn：$CONNECT失败
ORA-07551	sftcls：$CLOSE失败
ORA-07552	sftget：$GET失败
ORA-07561	szprv：$IDTOASC失败
ORA-07562	sldext：扩展名必须是3个字符
ORA-07563	sldext：$PARSE失败
ORA-07564	sldext：文件名或扩展名中的通配符
ORA-07565	sldext：$SEARCH失败
ORA-07568	slspool：$OPEN失败
ORA-07569	slspool：$CLOSE失败
ORA-07570	szrfc：$IDTOASC失败
ORA-07571	szrfc：$FIND_HELD失败
ORA-07572	szrfc：角色名缓冲区空间不足
ORA-07573	slkhst：无法执行主机操作
ORA-07574	szrfc：$GETUAI失败
ORA-07576	sspexst：进程ID上的$GETJPIW失败
ORA-07577	权限文件中没有这样的用户
ORA-07578	szprv：$FIND_HELD失败
ORA-07579	spini：$DCLEXH失败
ORA-07580	spstp：$GETJPIW失败
ORA-07581	spstp：无法从未预期的进程名导出SID
ORA-07582	spstp：ORA_SID具有非法值
ORA-07584	spdcr：ORA_sid_（proc_）PQL$_item的值无效
ORA-07585	spdcr：$PARSE失败
ORA-07586	spdcr：$SEARCH失败
ORA-07587	spdcr：$CREPRC失败
ORA-07588	spdcr：$GETJPIW无法获得图像名
ORA-07589	spdde：未设置系统ID
ORA-07590	spdde：$DELPRC失败
ORA-07591	spdde：$GETJPIW失败
ORA-07592	sspgprv：获得请求权限时出错
ORA-07593	ssprprv：释放权限出错
ORA-07594	spiip：$GETJPIW失败

（续表）

错误号	说明
ORA-07595	sppid：$GETJPIW失败
ORA-07596	sptpa：$GETJPIW失败
ORA-07597	spguns：$GETJPIW失败
ORA-07598	spwat：$SETIMR失败
ORA-07599	spwat：$SCHDWK失败
ORA-07600	slkmnm：$GETSYIW失败
ORA-07601	spguno：$GETJPIW失败
ORA-07602	spgto：$GETJPIW失败
ORA-07605	szprv：$ASCTOID失败
ORA-07606	szprv：$CHKPRO失败
ORA-07607	szaud：$SNDOPR失败
ORA-07608	szprv：$GETUAI失败
ORA-07609	szprv：$HASH_PASSWORD失败
ORA-07610	$GETJPIW无法检索用户MAC权限
ORA-07612	$GETUAI无法检索用户清除层
ORA-07613	$GETJPIW无法检索用户进程标记
ORA-07614	$CHANGE_CLASS无法检索用户进程标记
ORA-07615	$CHANGE_CLASS无法检索指定的文件标记
ORA-07616	$CHANGE_CLASS无法检索指定设备标记
ORA-07617	$FORMAT_CLASS无法转换双字节标记为字符串
ORA-07618	$IDTOASC无法转换秘密层
ORA-07619	$IDTOASC无法转换完整层
ORA-07620	smscre：非法的数据库块大小
ORA-07621	smscre：非法的重做块大小
ORA-07622	smscre：$CREATE失败
ORA-07623	smscre：$CRMPSC失败
ORA-07624	smsdes：$DGBLSC失败
ORA-07625	smsget：$MGBLSC失败
ORA-07626	smsget：sga已经映射
ORA-07627	smsfre：$CRETVA失败
ORA-07628	smsfre：sga未映射
ORA-07629	smpall：$EXPREG失败
ORA-07630	smpdal：$DELTVA失败
ORA-07631	smcacx：$EXPREG失败
ORA-07632	smsrcx：$DELTVA失败
ORA-07633	smsdbp：非法的保护值
ORA-07634	smsdbp：$CRETVA失败
ORA-07635	smsdbp：$SETPRT失败

（续表）

错误号	说明
ORA-07636	smsdbp：$MGBLSC失败
ORA-07637	smsdbp：创建sga时未指定缓冲区保护选项
ORA-07638	smsget：SGA填充区大小不足以创建SGA
ORA-07639	smscre：SGA填充区不够大
ORA-07640	smsget：SGA尚未生效，初始化在进行中
ORA-07641	smscre：无法使用SGA系统分页文件
ORA-07642	smprtset：$CMKRNL失败
ORA-07643	smsalo：SMSVAR无效
ORA-07645	sszfsl：$CHANGE_CLASS失败
ORA-07646	sszfck：$CREATE失败
ORA-07647	sszfck：$OPEN失败
ORA-07650	sigunc：$GETJPIW失败
ORA-07655	slsprom：$TRNLOG失败
ORA-07656	slsprom：$GETDVI失败
ORA-07657	slsprom：$ASSIGN失败
ORA-07658	slsprom：$QIOW读失败
ORA-07665	ssrexhd：出现递归异常
ORA-07670	$IDTOASC无法转换秘密类别
ORA-07671	$IDTOASC无法转换完整类别
ORA-07672	$PARSE_CLASS无法转换字符串为双字节标记
ORA-07680	sou2os：当前正在执行另一Oracle调用
ORA-07681	sou2os：初始化Oracle时出错
ORA-07682	sou2os：设置内核调度失败
ORA-07683	sou2os：$SETPRV重置错误
ORA-07684	sou2os：管理堆栈重置错误
ORA-07685	sou2os：管理堆栈设置错误
ORA-07700	sksarch：收到中断（信号）
ORA-07701	sksatln：内部异常：输出缓冲区过小
ORA-07702	存档文本中存在不可识别的设备类型
ORA-07703	存档文本中出错：设备类型后面需要 '/'
ORA-07704	存档文本中出错：设备名后面需要 '：'
ORA-07705	sksaprs：设备名缓冲区过小
ORA-07706	存档文本中出错：需要磁盘文件名
ORA-07707	存档文本中出错：需要磁带标记名
ORA-07708	sksaprs：磁带标记名缓冲区过小
ORA-07709	sksaprs：不允许存档到远程主机
ORA-07710	sksaprs：文件名缓冲区过小
ORA-07713	sksamtd：无法安装存档设备（SYS$MOUNT失败）

（续表）

错误号	说明
ORA-07715	sksadtd：无法卸下存档设备（SYS$DISMNT失败）
ORA-07716	sksachk：无效的ARCHIVE设备说明
ORA-07717	sksaalo：分配内存出错
ORA-07718	sksafre：释放内存出错
ORA-07721	scgcm：没有足够的OS资源来获得系统入队
ORA-07740	slemop：错误的句柄大小（编程错误）
ORA-07741	slemop：$OPEN失败
ORA-07742	slemop：$CONNECT失败
ORA-07743	slemop：错误文件属性不正确
ORA-07744	slemcl：无效的错误信息文件句柄
ORA-07745	slemcl：$CLOSE失败
ORA-07746	slemrd：无效的错误信息文件句柄
ORA-07747	slemrd：$READ失败
ORA-07750	slemcr：fopen失败
ORA-07751	slemcr：malloc失败
ORA-07753	slemcf：fseek在写之前失败
ORA-07754	slemcf：fwrite失败
ORA-07755	slemcf：fseek在读之前失败
ORA-07756	slemcf：fread失败
ORA-07757	slemcc：无效的句柄
ORA-07758	slemcw：无效的句柄
ORA-07759	slemtr：无效的目标
ORA-07760	slemtr：$open失败
ORA-07800	slbtpd：无效的编号
ORA-07801	slbtpd：无效的指数
ORA-07802	slbtpd：转换为压缩十进制时溢出
ORA-07803	slpdtb：无效的压缩十进制半字节
ORA-07804	slpdtb：提供的缓冲区编号过大
ORA-07820	sspscn：SYS$CRELNM失败
ORA-07821	sspsdn：SYS$DELLNM失败
ORA-07822	sspscm：SYS$CREMBX失败
ORA-07823	sspsqr：$QIO失败
ORA-07824	sspain：$SETIMR失败
ORA-07825	sspsck：$QIO在AST层失败
ORA-07826	sspscm：SYS$GETDVIW失败
ORA-07840	sllfop：LIB$GET_VM失败
ORA-07841	sllfop：SYS$OPEN失败
ORA-07842	sllfcl：SYS$CLOSE失败

（续表）

错误号	说明
ORA-07843	sllfcl：LIB$FREE_VM失败
ORA-07844	sllfop：LIB$GET_VM失败
ORA-07845	sllfcl：LIB$FREE_VM失败
ORA-07846	sllfop：字节记录对于字节用户缓冲区过大
ORA-07847	sllfop：$CONNECT失败
ORA-07848	sllfrb：$GET失败
ORA-07849	sllfsk：$GET失败
ORA-07850	sllfop：选项错误
ORA-07860	osnsoi：设置中断处理程序时出错
ORA-07880	sdopnf：内部错误
ORA-08000	超出会话序列表的最大数
ORA-08001	超出每个会话序列的最大数
ORA-08002	序列.CURRVAL尚未在此进程中定义
ORA-08003	序列.NEXTVAL超出内部限制
ORA-08004	序列.NEXTVAL的VALUE无法例程化
ORA-08005	指定的行不存在
ORA-08006	指定的行不再存在
ORA-08008	另一个例程已与USE_ROW_ENQUEUES=一起安装
ORA-08100	索引无效，请查看跟踪文件以获得诊断信息
ORA-08101	索引关键字不存在dba、dba()
ORA-08102	未找到索引关键字obj#、dba()
ORA-08103	对象不再存在
ORA-08104	该索引对象正在被联机建立或重建
ORA-08105	为联机索引建立Oracle事件关闭smon清除
ORA-08106	无法创建日志表
ORA-08108	可能没有建立或重建该类型的索引联机
ORA-08109	无排序不是联机索引建立所支持的选项
ORA-08110	为联机索引建立Oracle事件测试SMON清除
ORA-08111	分区的索引不能作为整体结合
ORA-08112	组合分区不能作为整体结合
ORA-08113	组合分区索引不能压缩
ORA-08114	无法改变假索引
ORA-08115	无法联机创建/重建该索引类型
ORA-08116	无法为联机索引的建立获取足够的dml锁（S模式）
ORA-08117	"按索引组织的表"操作释放了其块定位器
ORA-08118	无法强制使用延迟的FK约束条件，索引太大

（续表） （续表）

错误号	说明
ORA-08119	新的initrans将导致索引太大
ORA-08175	违反离散事务处理限制
ORA-08176	一致的读错误，回退数据不可用
ORA-08177	无法连续访问此事务处理
ORA-08178	为用户INTERNAL指定的SERIALIZABLE子句非法
ORA-08179	并发性检测失败
ORA-08180	未找到基于指定时间的快照
ORA-08181	指定的编号不是有效的系统更改编号
ORA-08182	在闪回模式下操作不受支持
ORA-08183	在事务处理过程中不能启用闪回
ORA-08184	试图在闪回模式下重新启用闪回
ORA-08185	用户SYS不支持闪回
ORA-08186	指定的时间戳无效
ORA-08187	此处不允许快照表达式
ORA-08205	ora_addr：$ORACLE_SID未在环境中设置
ORA-08206	ora_addr：无法转换地址文件名
ORA-08207	ora_addr：无法打开地址文件
ORA-08208	ora_addr：无法读地址文件
ORA-08209	scngrs：SCN尚未初始化
ORA-08210	请求的I/O错误
ORA-08230	smscre：无法分配SGA
ORA-08231	smscre：无法连接到SGA
ORA-08232	smsdes：无法从SGA分离
ORA-08233	smsdes：无法撤销映射SGA
ORA-08234	smsget：无法获得例程监听器地址
ORA-08235	smsget：监听器不在此节点上
ORA-08236	smsget：无法与监听器共享子立方结构
ORA-08237	smsget：尚未创建SGA区域
ORA-08238	smsfre：无法从SGA分离
ORA-08260	ora_addr：无法打开名服务器
ORA-08261	ora_addr：无法在名服务器中找到名称
ORA-08263	ora_addr：无法释放监听器地址
ORA-08264	ora_addr：无法关闭名服务器
ORA-08265	create_ora_addr：无法打开名服务器
ORA-08266	create_ora_addr：无法在名服务器中注册名称
ORA-08267	destroy_ora_addr：无法关闭名服务器
ORA-08268	create_ora_addr：无法关闭名服务器
ORA-08269	destroy_ora_addr：无法消除名称

错误号	说明
ORA-08270	sksachk：非法的存档控制字符串
ORA-08271	sksabln：缓冲区大小不足
ORA-08274	环境变量的内存用尽
ORA-08275	未设置环境变量
ORA-08276	名服务器没有pid空间
ORA-08277	无法设置环境变量
ORA-08278	无法获得CPU统计信息
ORA-08308	sllfop：无法打开文件
ORA-08309	sllfop：无法fstat文件
ORA-08310	sllfop：recsize值错误
ORA-08311	sllfop：maxrecsize值错误
ORA-08312	sllfop：不可识别的处理选项
ORA-08313	sllfop：无法分配缓冲区
ORA-08314	sllfcf：关闭文件时出错
ORA-08315	sllfrb：读文件出错
ORA-08316	sllfsk：在文件中查找时出错
ORA-08317	sllfsk：在文件中查找时出错
ORA-08318	sllfsk：读文件出错
ORA-08319	sllfsk：读文件出错
ORA-08320	scnget：在scnset或scnfnd之前调用
ORA-08321	scnmin：NOT IMPLEMENTED YET
ORA-08322	scnmin：无法打开/转换bias锁定
ORA-08323	scnmin：无法关闭bias锁定
ORA-08330	不支持打印
ORA-08331	等待操作超时
ORA-08332	指定的回退段编号不可用
ORA-08340	nCUBE不允许使用此命令，只能使用一个线程
ORA-08341	在nCUBE，此命令只能从例程1执行
ORA-08342	sropen：无法打开重做服务器连接
ORA-08343	srclose：无法关闭重做服务器连接
ORA-08344	srapp：无法发送重做数据到重做服务器
ORA-08401	无效的编译名
ORA-08412	WMSGBSIZ中出现错误，WMSGBLK的大小不足以发出警告信息
ORA-08413	FORMAT参数中的编译类型无效
ORA-08429	显示类型数据中的原始数据具有无效数字
ORA-08430	原始数据缺少前导符号
ORA-08431	原始数据缺少图片中定义的零
ORA-08432	原始数据具有无效的浮点数据

（续表）

错误号	说明
ORA-08433	转换原始数据为数字时的图片类型无效
ORA-08434	原始数据具有无效的结束符号
ORA-08435	在指定SIGN IS LEADING时，PICTURE MASK缺少前导符号
ORA-08436	原始数据具有无效的符号数字
ORA-08437	图片屏蔽中的图片类型无效
ORA-08440	原始缓冲区过小以致装不下转换数据
ORA-08441	图片屏蔽中缺少右括号
ORA-08443	屏蔽选项中的BLANK WHEN ZERO子句语法错误
ORA-08444	屏蔽选项中的JUSTIFIED子句语法错误
ORA-08445	屏蔽选项中的SIGN子句有语法错误
ORA-08446	屏蔽选项中的SYNCHRONIZED子句语法错误
ORA-08447	屏蔽选项中的USAGE子句语法错误
ORA-08448	屏蔽选项中的DECIMAL-POINT子句语法错误
ORA-08449	图片屏蔽中有无效数字符号
ORA-08450	图片屏蔽中有无效的CR说明
ORA-08451	图片屏蔽中有无效的DB说明
ORA-08452	不支持图片屏蔽中的E说明
ORA-08453	图片屏蔽中指定了多个V符号
ORA-08454	图片屏蔽中指定了多个S符号
ORA-08455	CURRENCY SIGN环境子句中有语法错误
ORA-08456	图片屏蔽中没有符号，但屏蔽选项中有SIGN子句
ORA-08457	SIGN子句的SEPARATE CHARACTER选项中有语法错误
ORA-08458	无效的格式参数
ORA-08459	无效的格式参数长度
ORA-08460	环境参数中有无效的环境子句
ORA-08462	原始缓冲区包含无效的十进制数据
ORA-08463	转换十进制数字为Oracle数字时溢出
ORA-08464	输入的原始十进制数据多于42位
ORA-08465	输入的掩码多于32个字符
ORA-08466	原始缓冲区长度过短
ORA-08467	转换Oracle数字时出错
ORA-08468	不支持屏蔽选项
ORA-08498	警告：将改写图片屏蔽选项USAGE IS为USAGE IS DISPLAY

错误号	说明
ORA-08499	警告：图片屏蔽选项被UTL_PG忽略
ORA-09200	sfccf：创建文件时出错
ORA-09201	sfcopy：复制文件时出错
ORA-09202	sfifi：标识文件时出错
ORA-09203	sfofi：打开文件时出错
ORA-09204	sfotf：打开临时文件时出错
ORA-09205	sfqio：读或写入磁盘时出错
ORA-09206	sfrfb：从文件读取时出错
ORA-09207	sfsrd：从文件读取时出错
ORA-09208	sftcls：关闭文件时出错
ORA-09209	sftget：从文件读取时出错
ORA-09210	sftopn：打开文件时出错
ORA-09211	sfwfb：写入文件时出错
ORA-09212	sfwfbmt：写入文件时出错
ORA-09213	slgfn：取文件名时出错
ORA-09214	sfdone：检测到I/O错误
ORA-09215	sfqio：在IOCompletionRoutine中检测到错误
ORA-09216	sdnfy：值（参数）错误
ORA-09217	sfsfs：无法调整文件大小
ORA-09218	sfrfs：无法刷新文件大小
ORA-09240	smpalo：分配PGA内存时出错
ORA-09241	smsalo：分配SGA内存时出错
ORA-09242	smscre：创建SGA时出错
ORA-09243	smsget：连接到SGA时出错
ORA-09244	smprset：设置内存保护时出错
ORA-09245	smcstk：切换堆栈时出错
ORA-09246	sfsmap：无法映射SGA
ORA-09247	smsdes：消除SGA时出错
ORA-09260	sigpidu：获得进程标识时出错
ORA-09261	spdcr：创建分离（背景）进程时出错
ORA-09262	spdde：终止分离（背景）进程时出错
ORA-09263	spini：初始化进程时出错
ORA-09264	sptpa：标记进程时出错
ORA-09265	spwat：暂挂进程时出错
ORA-09266	spawn：启动Oracle进程时出错
ORA-09270	szalloc：分配安全内存时出错
ORA-09271	szlon：验证用户名时出错
ORA-09272	不允许远程os登录
ORA-09273	szrfc：验证角色名时出错

（续表）

（续表）

错误号	说明
ORA-09274	szrfc：角色名缓冲区空间不足
ORA-09275	CONNECT INTERNAL不是有效的DBA连接
ORA-09280	sllfcf：关闭文件时出错
ORA-09281	sllfop：打开文件出错
ORA-09282	sllfrb：读记录时出错
ORA-09283	sllfsk：跳过记录时出错
ORA-09284	sllfop：无法分配读缓冲区
ORA-09285	sllfop：无法识别的处理选项，格式错误
ORA-09290	sksaalo：分配存档内存时出错
ORA-09291	sksachk：为存档目标指定的设备无效
ORA-09292	sksabln：无法建立存档文件名
ORA-09293	sksasmo：无法将信息发送给控制台
ORA-09300	osncon：无法连接，DPMI不可用
ORA-09301	osncon：仅在标准模式下才支持本地内核
ORA-09310	sclgt：释放锁栓时出错
ORA-09311	slsleep：暂挂进程时出错
ORA-09312	slspool：将文件进行后台打印时出错
ORA-09313	slsprom：提示用户时出错
ORA-09314	sltln：转换逻辑名时出错
ORA-09315	sql2tt：转换ORACLE_EXECUTABLE时出现双工错误
ORA-09316	szrpc：无法验证角色的口令
ORA-09317	szprv：权限不足
ORA-09318	slkhst：无法在操作系统之外主控
ORA-09319	slgtd：无法获得当前日期和时间
ORA-09320	szrfc：无法获得有效的OS角色列表
ORA-09321	slzdtb：无法将区位十进制转换为二进制
ORA-09322	slpdtb：无法将压缩十进制转换为二进制
ORA-09330	会话由Oracle或OracleDBA内部终止
ORA-09340	指定的ORACLE_SID无效或过长
ORA-09341	scumnt：无法安装数据库
ORA-09342	分离进程在关机中止过程中由Oracle终止
ORA-09344	spsig：错误的信号线程
ORA-09350	Windows 32位双工驱动程序无法分配上下文区域
ORA-09351	Windows 32位双工驱动程序无法分配共享内存
ORA-09352	Windows 32位双工驱动程序无法生成新的Oracle任务

错误号	说明
ORA-09353	Windows 32位双工驱动程序无法打开事件信号
ORA-09354	Windows 32位双工驱动程序，Oracle任务意外停止
ORA-09360	Windows 3.1双工驱动程序无法分配上下文区域
ORA-09361	Windows 3.1双工驱动程序无法锁定上下文区域
ORA-09362	Windows 3.1双工驱动程序无法撤销分配上下文区域
ORA-09363	Windows 3.1双工驱动程序无效上下文区域
ORA-09364	Windows 3.1双工驱动程序无法创建隐藏的窗口
ORA-09365	Windows 3.1双工驱动程序无法消除隐藏的窗口
ORA-09366	Windows 3.1双工驱动程序无法分配共享内存
ORA-09367	Windows 3.1双工驱动程序无法撤销分配共享内存
ORA-09368	Windows 3.1双工驱动程序无法生成Oracle
ORA-09369	Windows 3.1双工驱动程序错误的例程句柄
ORA-09370	Windows 3.1双工驱动程序Oracle任务超时
ORA-09700	sclin：超出最大锁栓数
ORA-09701	scnfy：超出最大进程数
ORA-09702	sem_acquire：无法获得锁栓信号
ORA-09703	sem_release：无法释放锁栓信号
ORA-09704	sstascre：创建测试和设置页时出现ftok错误
ORA-09705	spcre：无法初始化锁栓信号
ORA-09706	slsget：get_process_stats错误
ORA-09708	soacon：无法将插槽与端口连接
ORA-09709	soacon：无法接受连接
ORA-09710	soarcv：缓冲区溢出
ORA-09711	orasrv：archmon已经连接
ORA-09712	orasrv：日志存档器已经连接
ORA-09713	全局硬件时钟失效导致例程终止
ORA-09714	双工接口：无法获得puname
ORA-09715	orasrv：无法获得puname
ORA-09716	kslcll：无法修复in-flux lamport锁栓
ORA-09717	osnsui：超出用户干预处理程序的最大数
ORA-09718	osnsui：无法设置用户干预处理程序

（续表）

错误号	说明
ORA-09719	osncui：无效的句柄
ORA-09740	slsget：无法获得虚拟内存区统计信息
ORA-09741	spwat：等待发送时出错
ORA-09742	sppst：发送过程中出错
ORA-09743	smscre：无法连接共享内存
ORA-09744	smsget：mmap返回错误
ORA-09745	smscre：vm_allocate错误，无法创建共享内存
ORA-09746	smscre：共享内存连接地址错误
ORA-09747	pw_detachPorts：服务器调用pws_detach失败
ORA-09748	pws_look_up：分叉失败
ORA-09749	pws_look_up：端口查找失败
ORA-09750	pw_attachPorts：port_rename失败
ORA-09751	w_attachPorts：服务器调用pws_attach失败
ORA-09752	pw_attachPorts：port_allocate失败
ORA-09753	spwat：无效的进程号
ORA-09754	sppst：传送给sppst的进程号无效
ORA-09755	osngpn：端口配置失败
ORA-09756	osnpns：名服务器中没有端口
ORA-09757	osnipn：端口配置失败
ORA-09758	osnipn：无法检查名服务器中的端口
ORA-09759	osnsbt：收到的信息错误
ORA-09760	osnpui：无法发送中断信息
ORA-09761	pw_destroyPorts：服务器调用pws_stop_instance失败
ORA-09762	sNeXT_instanceName：转换错误
ORA-09763	osnmpx：交换Mach端口时出现发送/接收错误
ORA-09764	osnmop：Oracle可执行（代码）访问错误
ORA-09765	osnmop：分叉失败
ORA-09766	osnmop：缓冲区分配失败
ORA-09767	osnmfs：msg_send的返回代码错误
ORA-09768	osnmgetmsg：无法读信息
ORA-09769	osnmbr：无法发送中断信息
ORA-09770	pws_look_up：转换失败
ORA-09771	osnmwrtbrkmsg：msg_send的返回代码错误
ORA-09772	osnpmetbrkmsg：来自主机的信息类型错误
ORA-09773	osnmgetdatmsg：来自主机的信息类型错误
ORA-09774	osnmui：无法发送中断信息

（续表）

错误号	说明
ORA-09775	osnmrs：重置协议错误
ORA-09776	pws_look_up：（Oracle帮助程序）可执行（代码）访问错误
ORA-09777	osnpbr：无法发送中断信息
ORA-09778	snynfyport：无法配置通知端口
ORA-09779	snyGetPort：无法分配端口
ORA-09786	sllfop：打开错误，无法打开文件
ORA-09787	sllfop：不可识别的处理选项，格式错误
ORA-09788	sllfrb：无法读文件
ORA-09789	sllfsk：无法读文件
ORA-09790	sllfcf：无法关闭文件
ORA-09791	slembdf：转换错误，无法转换错误文件名
ORA-09792	sllfop：无法分配读缓冲区
ORA-09793	szguns：用户名的长度大于缓冲区的长度
ORA-09794	szrbuild：角色名的长度大于缓冲区的长度
ORA-09795	szrbuild：无法malloc角色结构
ORA-09796	szrbuild：无法malloc角色名
ORA-09797	无法获得O/S MAC权限
ORA-09798	标记比较失败
ORA-09799	文件标记检索失败
ORA-09800	进程阅读权限标记检索失败
ORA-09801	无法获得来自连接的用户ID
ORA-09802	无法转换二进制标记为字符串
ORA-09803	无法分配字符串缓冲区
ORA-09804	从二进制到Oracle的类转换失败
ORA-09805	无法转换类别编号为字符串
ORA-09806	无法分配标记字符串缓冲区
ORA-09807	从字符串到二进制的标记转换失败
ORA-09808	无法获得用户清除
ORA-09809	无法从连接获得用户组ID
ORA-09810	无法从连接获得进程ID
ORA-09811	无法初始化程序包
ORA-09812	无法从连接获得用户清除
ORA-09813	无法获得目录状态
ORA-09814	无法扩展文件名
ORA-09815	文件名缓冲区溢出
ORA-09816	无法设置有效权限
ORA-09817	无法写入审计文件
ORA-09818	数字过大
ORA-09819	数字超出最大合法值

（续表）

错误号	说明
ORA-09820	无法转换类字符串为数字表示法
ORA-09821	数字标记无效
ORA-09822	无法转换审计文件名
ORA-09823	设备名过长
ORA-09824	无法启用allowmacaccess权限
ORA-09825	无法禁用allowmacaccess权限
ORA-09826	SCLIN：无法初始化原子锁栓
ORA-09827	sclgt：原子锁栓返回未知的错误
ORA-09828	SCLFR：原子锁栓返回错误
ORA-09829	pw_createPorts：服务器调用pws_start_instance失败
ORA-09830	snyAddPort：无法执行远程过程调用
ORA-09831	snyStartThread：无法建立服务器端口设置
ORA-09832	infoCallback：信息格式错误
ORA-09833	addCallback：信息格式错误
ORA-09834	snyGetPortSet：无法获得端口信息
ORA-09835	addCallback：回调端口已经设置
ORA-09836	addCallback：无法添加端口到回调设置
ORA-09837	addCallback：无法添加分配到回调链接
ORA-09838	removeCallback：无法删除回调端口
ORA-09839	removeCallback：回调端口不在回调设置中
ORA-09840	soacon：名称转换失败
ORA-09841	soacon：名称转换失败
ORA-09842	soacon：Archmon无法创建指定管道
ORA-09843	soacon：Archmon无法创建命名管道
ORA-09844	soacon：Archmon无法打开命名管道
ORA-09846	soacon：ARCH无法打开命名管道
ORA-09847	soacon：ARCH无法打开命名管道
ORA-09848	soawrt：无法写入命名管道
ORA-09849	soarcv：无法从命名管道读取
ORA-09850	soacon：Archmon无法锁定命名管道
ORA-09851	soacon：Archmon无法锁定命名管道
ORA-09853	snyRemovePort：从请求返回的代码错误
ORA-09854	snyPortInfo：从请求返回的代码错误
ORA-09855	removeCallback：信息格式错误
ORA-09856	smpalo：在分配pga时出现vm_allocate错误
ORA-09857	smprset：在保护pga时出现vm_protect错误
ORA-09870	spini：无法初始化最大数的打开文件
ORA-09871	TASDEF_NAME：扩展?/dbs/tasdef@.dbf时出现转换错误

（续表）

错误号	说明
ORA-09872	TASDEF_CREATE：无法创建?/dbs/tasdef@.dbf
ORA-09873	TASDEF_OPEN：打开tasdef@.dbf文件时出现打开错误
ORA-09874	TASDEF_READ：读错误，无法读tasdef@.dbf文件
ORA-09875	TASDEF_WRITE：在写?/dbs/tasdef@.dbf文件时出现写错误
ORA-09876	TASDEF_CLOSE：无法关闭?/dbs/tasdef@.dbf文件
ORA-09877	sstascre：shmget错误，无法获得共享内存段
ORA-09878	sstascre/sstasat：shmat错误，无法连接tas写入页
ORA-09879	sstascre/sstasat：shmat错误，无法连接tas读取页
ORA-09880	sstasfre/sstasdel：shmdt错误，无法分离写入页
ORA-09881	sstasfre/sstasdel：shmdt错误，无法分离读取页
ORA-09882	sstasfre/sstasdel：shmctl错误，无法删除tas shm页
ORA-09883	双工接口：oratab文件不存在
ORA-09884	双工接口：SID没有配置当前PU
ORA-09885	osnTXtt：无法创建TXIPC通道
ORA-09886	osnTXtt：在扩展txipc@.trc时出现转换错误
ORA-09887	osnTXtt：无法创建/打开调试通道
ORA-09888	osnTXtt：无法创建txipc通道
ORA-09889	osnTXtt：Oracle可执行（代码）访问错误
ORA-09890	osnTXtt：malloc失败
ORA-09908	slkmnm：gethostname返回错误代码
ORA-09909	无法Malloc暂存缓冲区
ORA-09910	无法找到用户的Oracle口令文件条目
ORA-09911	用户口令错误
ORA-09912	无法Malloc名称缓冲区
ORA-09913	无法Malloc转储名
ORA-09914	无法打开Oracle口令文件
ORA-09915	口令加密失败
ORA-09916	未指定要求的口令
ORA-09918	无法从SQL*Net获得用户权限
ORA-09919	无法设置专用服务器的标记

（续表）

错误号	说明
ORA-09920	无法从连接获得阅读权限标记
ORA-09921	无法从连接获得信息标记
ORA-09922	无法生成进程-未正确创建背景日志目录
ORA-09923	无法生成进程-未正确创建用户日志目录
ORA-09924	无法生成进程-未正确创建磁心转储目录
ORA-09925	无法创建审计线索文件
ORA-09926	无法设置服务器的有效权限集
ORA-09927	无法设置服务器标记
ORA-09928	无法恢复服务器标记
ORA-09929	两个标记的GLB无效
ORA-09930	两个标记的LUB无效
ORA-09931	无法打开要读取的Oracle口令文件
ORA-09932	无法关闭Oracle口令文件
ORA-09933	无法删除旧的口令文件
ORA-09934	无法将当前口令文件链接到旧文件
ORA-09935	无法撤销链接当前口令文件
ORA-09936	无法打开要写入的Oracle口令文件
ORA-09937	Oracle口令文件的Chmod失败
ORA-09938	无法保存信号处理程序
ORA-09939	无法恢复信号处理程序
ORA-09940	Oracle口令文件标题损坏
ORA-09941	orapasswd或安装程序的版本比文件更旧
ORA-09942	Oracle口令文件标题写失败
ORA-09943	无法分配口令列表组件的内存
ORA-09944	口令条目损坏
ORA-09945	无法初始化审计线索文件
ORA-09946	缓冲区的文件名过长
ORA-09947	无法配置连接属性结构
ORA-09948	无法检索进程信息标记
ORA-09949	无法获得客户操作系统权限
ORA-09950	无法获得服务器操作系统权限
ORA-09951	无法创建文件
ORA-09952	scgcmn：lk_open_convert返回未预期的值，无法打开
ORA-09953	scggc：锁定转换时返回未预期的值
ORA-09954	scgcc：回调锁定关闭时返回未预期的状态
ORA-09955	scgcan：取消锁定时返回未预期的状态
ORA-09956	scgcm：未预期的锁定状态条件
ORA-09957	无法发送结束请求到IMON

（续表）

错误号	说明
ORA-09958	IMON：具有相同ORACLE pid的两个进程处于活动状态
ORA-09959	IMON：无法删除进程
ORA-09960	无法建立终止信号的信号处理程序
ORA-09961	无法恢复终止信号处理程序
ORA-09962	scggrc中的lk_group_create错误
ORA-09963	scggra中的lk_group_attach错误
ORA-09964	scggrd中的lk_group_detach错误
ORA-09966	scumnt：在扩展?/dbs/lk时出现转换错误
ORA-09967	scumnt：无法创建或打开文件
ORA-09968	scumnt：无法锁定文件
ORA-09969	scurls：无法关闭锁定文件
ORA-09974	skxfidini：初始化SDI通道时出错
ORA-09975	kxfspini：初始化SDI进程时出错
ORA-09976	skxfqdini：创建端口时出错
ORA-09977	skxfqhini：连接时出错
ORA-09978	skxfqhdel：从另一终端断开连接时出错
ORA-09979	skxfqhsnd：发送信息到另一终端时出错
ORA-09980	skxfqdrcv：从另一终端接收信息时出错
ORA-09981	skxfqdreg：添加页到SDI缓冲池时出错
ORA-09982	skxfqddrg：从SDI缓冲池删除页时出错
ORA-09983	skxfidsht：关闭SDI通道时出错
ORA-09985	无法读取SGA定义文件
ORA-09986	从SGA定义文件读取的字节数错误
ORA-09987	在READ-ONLY模式下无法连接到SGA
ORA-09988	分离SGA时出错
ORA-09989	尝试使用无效的skgmsdef结构指针
ORA-12000	实体化视图日志已经存在于某表上
ORA-12001	无法创建日志：某表已经具有触发器
ORA-12002	某表上不存在任何实体化视图日志
ORA-12003	实体化视图不存在
ORA-12004	REFRESH FAST不能用于实体化视图
ORA-12005	不可以安排过去时间的自动刷新
ORA-12006	具有相同user.name的实体化视图已经存在
ORA-12007	实体化视图重新使用的参数不一致
ORA-12008	实体化视图的刷新路径中存在错误
ORA-12009	实体化视图不能包含long列
ORA-12010	不能在SYS拥有的表上创建实体化视图日志
ORA-12011	无法执行作业

（续表）

错误号	说明
ORA-12012	自动执行作业出错
ORA-12013	可更新实体化视图必须足够简单，以进行快速刷新
ORA-12014	表不包含主键约束条件
ORA-12015	不能从复杂查询中创建一个可快速刷新的实体化视图
ORA-12016	实体化视图并未包含所有主键列
ORA-12017	不能将主键实体化视图更改为rowid实体化视图
ORA-12018	在创建代码时出现以下错误
ORA-12019	主表与远程对象同义
ORA-12020	实体化视图未注册
ORA-12021	实体化视图已损坏
ORA-12022	实体化视图日志已具有rowid
ORA-12023	实体化视图上缺少索引
ORA-12024	实体化视图日志没有主键列
ORA-12025	实体化视图日志已有主键
ORA-12026	检测到无效的过滤器列
ORA-12027	过滤器列重复
ORA-12028	主体站点不支持实体化视图类型
ORA-12029	LOB列不可以用作过滤评感
ORA-12030	不能创建可快速刷新的实体化视图
ORA-12031	不能使用实体化视图日志中的主键列
ORA-12032	不能使用实体化视图日志中的rowid列
ORA-12033	不能使用实体化视图日志中的过滤器列
ORA-12034	实体化视图日志比上次刷新后的内容新
ORA-12035	无法使用实体化视图日志
ORA-12036	可更新的实体化视图日志非空，请刷新实体化视图
ORA-12037	未知的导出格式
ORA-12038	文字字符串具有未预期的长度
ORA-12039	无法使用本地回退段
ORA-12040	主地点不支持主回退段选项
ORA-12041	无法记录索引编排表的ROWID
ORA-12042	在单一进程模式下无法更改job_queue_processes
ORA-12043	CREATE MATERIALIZED VIEW选项无效
ORA-12044	CREATE MATERIALIZED VIEW LOG选项无效
ORA-12045	ALTER MATERIALIZED VIEW LOG选项无效

（续表）

错误号	说明
ORA-12051	ON COMMIT属性与其他选项不兼容
ORA-12052	无法快速刷新实体化视图
ORA-12053	这不是一个有效的嵌套实体化视图
ORA-12054	无法为实体化视图设置ON COMMIT刷新属性
ORA-12055	实体化视图定义与现有实体化视图具有循环相关性
ORA-12056	无效的REFRESH方式
ORA-12057	实体化视图无效，必须进行完全刷新
ORA-12058	实体化视图不能使用预建表
ORA-12059	预建表不存在
ORA-12060	预建表的形式与定义查询不匹配
ORA-12061	ALTER MATERIALIZED VIEW选项无效
ORA-12062	接收到的事务处理在来自站点的事务处理序列之外
ORA-12063	无法从站点应用事务处理
ORA-12064	无效的刷新序列编号
ORA-12065	未知的刷新组标识符
ORA-12066	CREATE MATERIALIZED VIEW命令无效
ORA-12067	不允许刷新组为空
ORA-12068	用于实体化视图的可更新实体化视图日志不存在
ORA-12069	无效的脱机例程的对象
ORA-12070	无法对实体化视图进行脱机实例化
ORA-12071	定义查询对脱机示例化无效
ORA-12072	无法创建可更新实体化视图日志数据
ORA-12073	无法处理请求
ORA-12074	无效的内存地址
ORA-12075	无效的对象或字段
ORA-12076	无效的阈值
ORA-12077	临时可更新实体化视图日志不存在
ORA-12078	对刷新组ID的快速刷新失败
ORA-12079	COMPATIBLE参数值较小
ORA-12081	不允许对表进行更新操作
ORA-12082	无法按索引组织
ORA-12083	必须使用DROP MATERIALIZED VIEW进行删除
ORA-12084	必须使用ALTER MATERIALIZED VIEW进行更改
ORA-12085	实体化视图日志已有对象ID
ORA-12086	表不是对象表

（续表）

错误号	说明
ORA-12087	在拥有的表上不允许联机重新定义
ORA-12088	不能联机重新定义具有不受支持数据类型的表
ORA-12089	不能联机重新定义无主键的表
ORA-12090	不能联机重新定义表
ORA-12091	不能联机重新定义具有实体化视图的表
ORA-12092	不能联机重新定义复制的表
ORA-12093	中间表无效
ORA-12094	联机重新定义过程中出错
ORA-12096	实体化视图日志中存在错误
ORA-12097	刷新期间主表更改，再次尝试刷新
ORA-12150	TNS：无法发送数据
ORA-12151	TNS：从网络层收到错误类型的信息包
ORA-12152	TNS：无法发送中断信息
ORA-12153	TNS：未连接
ORA-12154	TNS：无法处理服务名
ORA-12155	TNS：在NSWMARKER包中收到错误的数据类型
ORA-12156	TNS：尝试在错误状态之下重置线路
ORA-12157	TNS：内部网络通信错误
ORA-12158	TNS：无法初始化参数子系统
ORA-12159	TNS：跟踪文件不可写
ORA-12160	TNS：内部错误，错误编号不正确
ORA-12161	TNS：内部错误，收到部分数据
ORA-12162	TNS：指定的服务名不正确
ORA-12163	TNS：连接描述符过长
ORA-12164	TNS：Sqlnet.fdf文件不存在
ORA-12165	TNS：尝试将跟踪文件写入交换空间
ORA-12166	TNS：客户无法连接到HO代理
ORA-12168	TNS：无法联系目录服务器
ORA-12169	TNS：给定的net_service_name太长
ORA-12170	TNS：出现连接超时
ORA-12196	TNS：从TNS收到一则错误信息
ORA-12197	TNS：关键字值分解错误
ORA-12198	TNS：无法找到到达目标的路径
ORA-12200	TNS：无法分配内存
ORA-12201	TNS：连接缓冲区过小
ORA-12202	TNS：内部定位（navigation）错误
ORA-12203	TNS：无法连接目标
ORA-12204	TNS：从应用程序中收到拒绝的数据

（续表）

错误号	说明
ORA-12205	TNS：无法获得失败地址
ORA-12206	TNS：导航时收到TNS错误
ORA-12207	TNS：无法执行导航
ORA-12208	TNS：无法找到TNSNAV.ORA文件
ORA-12209	TNS：出现未初始化全局错误
ORA-12210	TNS：查找浏览器数据时出错
ORA-12211	TNS：TNSNAV.ORA中需要PREFERRED_CMANAGERS条目
ORA-12212	TNS：TNSNAV.ORA中连结（binding）的PREFERRED_CMANAGERS不完整
ORA-12213	TNS：TNSNAV.ORA中连结（binding）的PREFERRED_CMANAGERS不完整
ORA-12214	TNS：TNSNAV.ORA中缺少本地共用条目
ORA-12216	TNS：在TNSNAV.ORA中的PREFERRED_CMANAGERS地址形式不正确
ORA-12217	TNS：无法联系TNSNAV.ORA中的PREFERRED_CMANAGERS
ORA-12218	TNS：无法接受的网络配置数据
ORA-12219	TNS：ADDRESS_LIST中地址缺少共用名
ORA-12221	TNS：非法的ADDRESS参数
ORA-12222	TNS：没有这样的协议适配器
ORA-12223	TNS：超出内部限制
ORA-12224	TNS：没有监听器
ORA-12225	TNS：无法到达目的地主机
ORA-12226	TNS：超出操作系统资源限量
ORA-12227	TNS：语法错误
ORA-12228	TNS：协议适配器不可加载
ORA-12229	TNS：交换没有其他的可用连接
ORA-12230	TNS：进行此连接时出现严重的网络错误
ORA-12231	TNS：无法连接到目的地
ORA-12232	TNS：没有达到目的地的可用路径
ORA-12233	TNS：无法接受连接
ORA-12234	TNS：重定向到目的地
ORA-12235	TNS：无法重定向到目的地
ORA-12236	TNS：未加载协议适配器
ORA-12315	ALTER DATABASE语句的数据库链接类型无效
ORA-12316	数据库链接连接字符串语法错误
ORA-12317	连接数据库（链接名称）被拒绝
ORA-12318	已经装载数据库（链接名称）
ORA-12319	数据库（链接名称）已经打开

（续表）

错误号	说明
ORA-12321	数据库（链接名称）没打开，并且AUTO_MOUNTING=FALSE
ORA-12322	无法装载数据库（链接名称）
ORA-12323	无法打开数据库（链接名称）
ORA-12324	不能使用ROM：在个人数据库链接上的链接类型
ORA-12326	将立即关闭数据库，不允许任何操作
ORA-12329	数据库已关闭，不允许任何操作
ORA-12333	没装载数据库（链接名称）
ORA-12334	数据库（链接名称）仍然打开
ORA-12335	数据库（链接名称）没打开
ORA-12336	不能连接到数据库（链接名称）
ORA-12341	超出敞开装载最大数
ORA-12342	敞开装载超出OPEN_MOUNTS参数的限制
ORA-12345	用户不具有在数据库链（链接名称）上的CREATE SESSION权限
ORA-12350	正在丢弃的数据链仍然装载
ORA-12351	无法用引用远程对象的远程对象创建视图
ORA-12352	对象无效
ORA-12353	二次存储对象无法引用远程对象
ORA-12354	正在丢弃次要对象
ORA-12400	无效的功能错误处理参数
ORA-12401	无效的标记字符串
ORA-12402	无效的格式字符串
ORA-12403	无效的内容标签
ORA-12404	无效的权限字符串
ORA-12405	无效的标记列表
ORA-12406	未经策略授权的SQL语句
ORA-12407	未经策略授权的操作
ORA-12408	不被支持的操作
ORA-12409	策略的策略启动故障
ORA-12410	策略的内部策略错误
ORA-12411	无效的标记值
ORA-12412	未安装策略程序包
ORA-12413	标记不属于同一个策略
ORA-12414	内部LBAC错误
ORA-12415	指定的表中存在另一个数据类型列
ORA-12416	策略未发现
ORA-12417	未找到数据库对象
ORA-12418	未找到用户

（续表）

错误号	说明
ORA-12419	空二进制标签值
ORA-12420	需要的过程和函数不在策略程序包中
ORA-12421	不同大小的二进制标签
ORA-12422	超过最大策略数
ORA-12423	指定的位置无效
ORA-12424	长度超出二进制标签的大小
ORA-12425	不能为系统方案应用策略或设置授权
ORA-12426	无效的审计选项
ORA-12427	参数的无效输入值
ORA-12429	超出标签范围列表
ORA-12430	无效的权限号
ORA-12431	无效的审计操作
ORA-12432	LBAC错误
ORA-12433	创建触发器失败，策略未应用
ORA-12434	无效的审计类型
ORA-12435	无效的审计成功
ORA-12436	未指定策略选项
ORA-12437	无效的策略选项
ORA-12438	重复的策略选项
ORA-12439	策略选项的无效组合
ORA-12440	无足够的权限使用SYSDBA程序包
ORA-12441	策略已经存在
ORA-12442	策略列已经被现有策略使用
ORA-12443	策略未应用于方案中的某些表
ORA-12444	策略已经应用于表
ORA-12445	不能更改列的HIDDEN属性
ORA-12446	无足够的权限对策略进行管理
ORA-12447	策略的策略角色已经存在
ORA-12448	策略未应用于方案
ORA-12449	为用户指定的标签必须是USER类型
ORA-12450	在LBAC初始化文件中禁用LOB数据类型
ORA-12451	未将标签指定为USER或DATA
ORA-12452	标签标记已经存在
ORA-12453	标签已经存在
ORA-12454	标签（用于策略的）不存在
ORA-12461	未定义的级别（用于策略的）
ORA-12462	未定义的隔室（用于策略的）
ORA-12463	未定义的组（用于策略的）
ORA-12464	标签组件中有非法字符
ORA-12465	无权在指定组或划分上执行读取或写入操作

（续表）

错误号	说明
ORA-12466	默认级别大于用户的最大值
ORA-12467	最小值标签只能包含一个级别
ORA-12468	最大写入级别不等于最大读取级别
ORA-12469	未找到用于用户或策略的用户级别
ORA-12470	NULL或无效的用户标签
ORA-12471	未授予用户访问指定划分或组的权限
ORA-12476	最小上界产生无效的OS标记
ORA-12477	最大下界产生无效的OS标记
ORA-12479	文件标记必须等于DBHIGH
ORA-12480	指定的清除标记不在有效的清除范围内
ORA-12481	有效的标记不在程序单元清除范围内
ORA-12482	内部MLS错误
ORA-12483	标记不在OS系统信任范围内
ORA-12484	无效OS标记
ORA-12485	新的有效标记不在有效清除范围内
ORA-12486	无法更改有效的最大和最小标记
ORA-12487	清除标记不在DBHIGH和DBLOW之间
ORA-12488	最大标记数不支配最小标记数
ORA-12489	默认标记不在清除范围内
ORA-12490	DBHIGH无法降低
ORA-12491	DBHIGH值不支配DBLOW
ORA-12492	DBLOW无法更改
ORA-12493	无效的MLS二进制标记
ORA-12494	无法插入或删除一个级别、目录或版本目录
ORA-12495	无法禁用已经启用的级别、目录或版本目录
ORA-12496	无法更改现有级别、目录或版本号
ORA-12497	最大合并目录数超过
ORA-12500	TNS：监听程序无法启动专用服务器进程
ORA-12501	TNS：监听程序无法衍生进程
ORA-12502	TNS：监听程序没有从客户机收到CONNECT_DATA
ORA-12504	TNS：监听器在CONNECT_DATA中未获得SID
ORA-12505	TNS：监听器无法处理连接描述符中所给出的SID
ORA-12506	TNS：监听器在CONNECT_DATA中未获得ALIAS
ORA-12507	TNS：监听器无法处理给定的ALIAS
ORA-12508	TNS：监听器无法处理给定的COMMAND
ORA-12509	TNS：监听器无法将客户重定向到服务处理程序

（续表）

错误号	说明
ORA-12510	TNS：临时数据库缺少资源处理请求
ORA-12511	TNS：服务处理程序已找到，但它并不接受连接
ORA-12512	TNS：服务处理程序已找到，但它未注册重定向地址
ORA-12513	TNS：服务处理程序已找到，但它并未注册不同的协议
ORA-12514	TNS：监听进程不能解析在连接描述符中给出的SERVICE_NAME
ORA-12515	TNS：监听进程无法找到该演示文稿的句柄
ORA-12516	TNS：监听程序无法找到匹配协议栈的可用句柄
ORA-12517	TNS：监听程序无法找到支持直接分发的服务处理程序
ORA-12518	TNS：监听程序无法分发客户机连接
ORA-12519	TNS：没有发现适用的服务处理程序
ORA-12520	TNS：监听程序无法找到需要的服务器类型的可用句柄
ORA-12521	TNS：监听程序无法解析连接描述符中给定的INSTANCE_NAME
ORA-12522	TNS：监听程序未找到具有给定INSTANCE_ROLE的可用例程
ORA-12523	TNS：监听程序未找到适用于客户机连接的例程
ORA-12524	TNS：监听程序无法解析在连接描述符中指定的HANDLER_NAME
ORA-12531	TNS：无法分配内存
ORA-12532	TNS：无效的参数
ORA-12533	TNS：非法的ADDRESS参数
ORA-12534	TNS：操作不受支持
ORA-12535	TNS：操作超时
ORA-12536	TNS：操作可能阻塞
ORA-12537	TNS：连接已关闭
ORA-12538	TNS：没有这样的协议适配器
ORA-12539	TNS：缓冲区上溢或下溢
ORA-12540	TNS：超出内部限制
ORA-12541	TNS：没有监听器
ORA-12542	TNS：地址已被占用
ORA-12543	TNS：无法到达目的地主机
ORA-12544	TNS：上下文具有不同的wait/test函数

（续表）

错误号	说明
ORA-12545	因目标主机或对象不存在，连接失败
ORA-12546	TNS：许可被拒绝
ORA-12547	TNS：丢失联系
ORA-12548	TNS：不完整的读或写
ORA-12549	TNS：超出操作系统资源限量
ORA-12550	TNS：语法错误
ORA-12551	TNS：缺少关键字
ORA-12552	TNS：操作被中断
ORA-12554	TNS：当前操作仍在进行中
ORA-12555	TNS：许可被拒绝
ORA-12556	TNS：没有调用程序
ORA-12557	TNS：协议适配器不可加载
ORA-12558	TNS：未加载协议适配器
ORA-12560	TNS：协议适配器错误
ORA-12561	TNS：未知错误
ORA-12562	TNS：全局句柄错误
ORA-12564	TNS：拒绝连接
ORA-12566	TNS：协议错误
ORA-12569	TNS：包校验和失败
ORA-12570	TNS：包阅读程序失败
ORA-12571	TNS：包写入程序失败
ORA-12574	TNS：重定向被拒绝
ORA-12582	TNS：无效的操作
ORA-12583	TNS：没有阅读程序
ORA-12585	TNS：数据截断
ORA-12589	TNS：连接无法保留
ORA-12590	TNS：没有I/O缓冲区
ORA-12591	TNS：事件信号失败
ORA-12592	TNS：包错误
ORA-12593	TNS：没有注册连接
ORA-12595	TNS：没有确认
ORA-12596	TNS：内部不一致
ORA-12597	TNS：连接描述符已被占用
ORA-12598	TNS：标志注册失败
ORA-12599	TNS：口令校验和不匹配
ORA-12600	TNS：字符串打开失败
ORA-12601	TNS：信息标志检查失败
ORA-12602	TNS：已经达到了连接共享的限制
ORA-12604	TNS：出现应用程序超时
ORA-12611	TNS：操作不可移植

（续表）

错误号	说明
ORA-12612	TNS：连接正忙
ORA-12615	TNS：抢先错误
ORA-12616	TNS：没有事件信号
ORA-12618	TNS：版本不兼容
ORA-12619	TNS：无法授权请求的服务
ORA-12620	TNS：请求的特性不可用
ORA-12622	TNS：事件通知非同类
ORA-12623	TNS：此状态的操作非法
ORA-12624	TNS：连接已经注册
ORA-12625	TNS：缺少参数
ORA-12626	TNS：事件类型错误
ORA-12629	TNS：没有事件测试
ORA-12630	不支持本机服务操作
ORA-12631	TNS：用户名检索失败
ORA-12632	角色提取失败
ORA-12633	没有共享的验证服务
ORA-12634	内存分配失败
ORA-12635	没有可用的验证适配器
ORA-12636	包发送失败
ORA-12637	包接收失败
ORA-12638	身份证明检索失败
ORA-12639	验证服务协商失败
ORA-12640	验证适配器初始化失败
ORA-12641	验证服务无法初始化
ORA-12642	没有会话关键字
ORA-12643	客户机收到来自服务器的内部错误
ORA-12644	验证服务初始化失败
ORA-12645	参数不存在
ORA-12646	指定用于布尔参数的值无效
ORA-12647	要求验证
ORA-12648	加密或数据完整性算法列表为空
ORA-12649	未知的加密或数据完整性算法
ORA-12650	没有共用的加密或数据完整性算法
ORA-12651	不能接受加密或数据完整性算法
ORA-12652	字符串被截断
ORA-12653	验证控制函数失败
ORA-12654	验证转换失败
ORA-12655	口令检查失败
ORA-12656	口令校验和不匹配
ORA-12657	未安装算法

（续表）

错误号	说明
ORA-12658	需要ANO服务，但与TNS版本不兼容
ORA-12659	收到来自其他进程的错误
ORA-12660	加密或口令校验和参数不兼容
ORA-12661	将使用协议验证
ORA-12662	代理服务器记录单检索失败
ORA-12663	服务器未提供客户机要求的服务
ORA-12664	客户机未提供服务器要求的服务
ORA-12665	NLS字符串打开失败
ORA-12666	专用服务器：出站传输协议不同于入站传输协议
ORA-12667	共享服务器：出站传输协议与入站传输协议不相同
ORA-12668	专用服务器：出站协议不支持代理服务器
ORA-12669	共享服务器：出站协议不支持代理服务器
ORA-12670	错误的角色口令
ORA-12671	共享服务器：适配器无法保存上下文
ORA-12672	数据库登录失败
ORA-12673	专用服务器：未保存上下文
ORA-12674	共享服务器：未保存代理服务器上下文
ORA-12675	尚未提供外部用户名
ORA-12676	服务器收到来自客户机的内部错误
ORA-12677	数据库链接不支持验证服务
ORA-12678	验证已禁用
ORA-12679	其他进程禁用本地服务
ORA-12680	本机服务已停止，但需要此服务
ORA-12681	登录失败：SecurID卡尚无个人识别代码
ORA-12682	登录失败：SecurID卡处于下一个PRN模式
ORA-12683	加密/口令校验和：没有Diffie-Hellman源数据
ORA-12684	加密/口令校验和：Diffie-Hellman源数据过小
ORA-12685	远程需要本机服务，但在本地已禁用
ORA-12686	为服务指定了无效的命令
ORA-12687	数据库链接失败：身份证明失效
ORA-12688	登录失败：SecurID服务器已拒绝新的个人标识代码
ORA-12689	需要服务器验证，但不支持此验证
ORA-12690	服务器验证失败，登录已被取消
ORA-12696	双重加密已启用，禁止登录
ORA-12699	本机服务内部错误
ORA-12700	无效的NLS参数值

（续表）

错误号	说明
ORA-12701	CREATE DATABASE字符集未知
ORA-12702	SQL函数中使用了无效的NLS参数字符串
ORA-12703	不支持此字符集转换
ORA-12704	字符集不匹配
ORA-12705	指定了无效或未知的NLS参数值
ORA-12706	不允许此CREATE DATABASE字符集
ORA-12707	获得创建数据库NLS参数时出错
ORA-12708	加载创建数据库NLS参数时出错
ORA-12709	加载创建数据库字符集时出错
ORA-12710	CREATE CONTROLFILE字符集不能识别
ORA-12711	不允许执行CREATE CONTROLFILE
ORA-12712	新字符集必须为旧字符集的超集
ORA-12713	在NCHAR/CHAR转换过程中字符数据丢失
ORA-12714	指定的国家字符集无效
ORA-12715	指定的字符集无效
ORA-12716	当存在CLOB数据时
ORA-12717	当存在NCLOB数据时，不能ALTER DATABASE CHARACTER SET，不能ALTER DATABASE CHARACTER SET
ORA-12718	操作要求以SYS身份连接
ORA-12719	操作要求数据库处于RESTRICTED模式下
ORA-12720	操作要求数据库处于EXCLUSIVE模式下
ORA-12721	当其他会话处于活动状态时，无法执行操作
ORA-12800	系统对于并行查询执行显示过忙
ORA-12801	并行查询服务器中发出错误信号
ORA-12802	并行查询服务器与协调程序失去联系
ORA-12803	并行查询服务器与另一服务器失去联系
ORA-12804	并行查询服务器可能停止
ORA-12805	并行查询服务器意外停止
ORA-12806	无法获得要挂起入队的背景进程
ORA-12807	进程队列无法接收并行查询信息
ORA-12808	设置的_INSTANCES不能大于例程数
ORA-12809	无法在独立模式下安装时设置_INSTANCES
ORA-12810	PARALLEL_MAX_SERVERS必须小于或等于
ORA-12812	仅可以指定一个PARALLEL或NOPARALLEL子句
ORA-12813	PARALLEL或DEGREE的值必须大于0
ORA-12814	只能指定一个CACHE或NOCACHE子句

（续表）

错误号	说明
ORA-12815	INSTANCES的值必须大于0
ORA-12816	并行创建索引快速路径操作
ORA-12817	必须启用并行查询选项
ORA-12818	PARALLEL子句中的选项无效
ORA-12819	PARALLEL子句中缺少选项
ORA-12820	DEGREE的值无效
ORA-12821	INSTANCES的值无效
ORA-12822	PARALLEL子句中的选项重复
ORA-12823	不可以在此处指定默认并行化程度
ORA-12824	不可以在此处指定INSTANCES DEFAULT
ORA-12825	必须在此处指定明确的并行化程度
ORA-12826	挂起的并行查询服务器已停止
ORA-12827	可用并行查询从属项目不足
ORA-12828	无法启动远程站点的并行事务处理
ORA-12829	死锁-由siblings占用的itls位于块文件中
ORA-12831	在执行具有APPEND提示的INSERT之后必须COMMIT或ROLLBACK
ORA-12832	无法分配所有指定例程中的从属项目
ORA-12833	协调程序例程不是parallel_instance_group的成员
ORA-12834	例程组名过长，必须少于限定字符
ORA-12835	GLOBAL_VIEW_ADMIN_GROUP中没有活动的例程
ORA-12836	控制延迟的索引维护事件
ORA-12837	延迟的索引维护调试事件
ORA-12838	无法在并行模式下修改之后读/修改对象
ORA-12839	无法在修改之后在并行模式下修改对象
ORA-12840	在并行/插入直接加载txn之后无法访问远程表
ORA-12841	无法改变事务处理中的会话并行DML状态
ORA-12842	在并行执行过程中方案发生改变
ORA-12843	对表的pdml锁定不再完好
ORA-12900	必须为本地管理的数据库指定一个默认的临时表空间
ORA-12901	默认的临时表空间必须属TEMPORARY类型
ORA-12902	默认的临时表空间必须属SYSTEM或TEMPORARY类型
ORA-12903	默认的临时表空间必须是ONLINE表空间
ORA-12904	默认的临时表空间不能更改为PERMANENT类型

（续表）

错误号	说明
ORA-12905	默认的临时表空间不能脱机
ORA-12906	不能删除默认的临时表空间
ORA-12907	表空间已经是默认的临时表空间
ORA-12908	在创建数据库时不能指定SYSTEM为默认的临时表空间
ORA-12909	需要TEMPORARY关键字
ORA-12910	无法将临时表空间指定为默认表空间
ORA-12911	永久表空间不能是临时表空间
ORA-12912	字典托管表空间指定为临时表空间
ORA-12913	无法创建字典管理的表空间
ORA-12914	无法将表空间移植到字典管理类型中
ORA-12915	无法将字典管理的表空间变更为可读写
ORA-12920	数据库已经处于强制记录模式
ORA-12921	数据库未处于强制记录模式
ORA-12922	并行ALTER DATABASE [NO] FORCE LOGGING命令正在运行
ORA-12923	表空间处于强制记录模式
ORA-12924	表空间已经处于强制记录模式
ORA-12925	表空间未处于强制记录模式
ORA-12926	FORCE LOGGING选项已指定
ORA-12980	检查点选项不允许SET UNUSED
ORA-12981	无法从对象类型表中删除列
ORA-12982	无法从嵌套的表中删除列
ORA-12983	无法删除表的全部列
ORA-12984	无法删除分区列
ORA-12985	表空间为只读，无法删除列
ORA-12986	列处于部分删除状态，提交ALTER TABLE DROP COLUMNS CONTINUE
ORA-12987	无法与其他操作合并删除列
ORA-12988	无法删除属于SYS的表中的列
ORA-12989	检查点间隔的无效值
ORA-12990	指定的选项重复
ORA-12991	引用的列处于多列约束条件
ORA-12992	无法删除父项关键字列
ORA-12993	表空间脱机，无法删除列
ORA-12994	语句中删除列选项仅允许一次
ORA-12995	没有列处于部分删除状态
ORA-12996	无法删除系统生成的虚拟列
ORA-12997	无法从索引组织的表中删除主键
ORA-13000	维数超出范围

（续表）

错误号	说明
ORA-13001	维数不匹配错误
ORA-13002	指定的层次超出范围
ORA-13003	维数的指定范围无效
ORA-13004	指定的缓冲区大小无效
ORA-13005	递归HHCODE函数错误
ORA-13006	指定的单元格数无效
ORA-13007	检测到无效的HEX字符
ORA-13008	指定的日期格式中具有无效的要素
ORA-13009	指定的日期字符串无效
ORA-13010	指定的参数个数无效
ORA-13011	值超出范围
ORA-13012	指定了无效的窗口类型
ORA-13013	指定的拓扑不是INTERIOR或BOUNDARY
ORA-13014	拓扑标识超出指定的1～8范围
ORA-13015	窗口定义无效
ORA-13016	分区定义错误
ORA-13017	不可识别的行分区形状
ORA-13018	距离类型错误
ORA-13019	坐标超出界限
ORA-13020	坐标为NULL
ORA-13021	元素不连续
ORA-13022	多边形自身交义
ORA-13023	内部元素与外部元素交互作用
ORA-13024	多边形少于三段
ORA-13025	多边形没有关闭
ORA-13026	某元素的元素类型未知
ORA-13027	无法读取维定义
ORA-13028	SDO_GEOMETRY对象中的Gtype无效
ORA-13029	SDO_GEOMETRY对象中的SRID无效
ORA-13030	SDO_GEOMETRY对象的维无效
ORA-13031	SDO_GEOMETRY对象中用于点对象的Gtype无效
ORA-13032	NULL SDO_GEOMETRY对象无效
ORA-13033	SDO_GEOMETRY对象中位于SDO_ELEM_INFO_ARRAY中的数据无效
ORA-13034	SDO_GEOMETRY对象中位于SDO_ORDINATE_ARRAY中的数据无效
ORA-13035	SDO_GEOMETRY对象中的数据（测量数据中的弧）无效
ORA-13036	对于点数据不支持某操作

（续表）

错误号	说明
ORA-13037	两个几何对象的SRID不匹配
ORA-13039	无法更新元素的空间索引
ORA-13040	无法细分铺砌
ORA-13041	无法比较铺砌与元素
ORA-13042	SDO_LEVEL和SDO_NUMTILES的组合无效
ORA-13043	无法从<layer>_SDOLAYER表读取元数据
ORA-13044	指定的铺砌大小超出最大分辨率
ORA-13045	无效的兼容标志
ORA-13046	参数个数无效
ORA-13047	无法从表<层>_SDOLAYER确定纵坐标数
ORA-13048	递归SQL取数错误
ORA-13049	无法从表<layer>_SDODIM确定容限值
ORA-13050	无法构造空间对象
ORA-13051	无法初始化空间对象
ORA-13052	不受支持的几何类型
ORA-13053	超出参数列表中的最大几何元素数
ORA-13054	递归SQL语法分析错误
ORA-13055	指定表中不存在Oracle对象
ORA-13108	未找到空间表
ORA-13109	存在空间表
ORA-13110	空间表未分区
ORA-13111	空间表没有定义的分区关键字
ORA-13112	无效的计数模式
ORA-13113	Oracle表不存在
ORA-13114	未找到表空间
ORA-13115	已分配表空间
ORA-13116	表空间未指定到表
ORA-13117	未找到分区
ORA-13119	源和目标表空间相同
ORA-13121	无法创建子分区
ORA-13122	未找到子分区
ORA-13123	已经定义列
ORA-13124	无法确定列的列标识
ORA-13125	已经设置分区关键字
ORA-13126	无法确定空间表的分类
ORA-13127	无法生成目标分区
ORA-13128	当前铺砌层超出用户指定的铺砌层
ORA-13129	未找到HHCODE列
ORA-13135	无法更改空间表

（续表）

错误号	说明
ORA-13136	生成了空的公用代码
ORA-13137	无法生成表空间序号
ORA-13138	无法确定对象的名称
ORA-13139	无法获得的列定义
ORA-13140	无效的目标类型
ORA-13141	无效的RANGE窗口定义
ORA-13142	无效的PROXIMITY窗口定义
ORA-13143	无效的POLYGON窗口定义
ORA-13144	未找到目标表
ORA-13145	无法生成范围列表
ORA-13146	无法找到表替代变量
ORA-13147	无法生成MBR
ORA-13148	无法生成SQL过滤器
ORA-13149	无法生成空间表的下一序号
ORA-13150	无法插入例外记录
ORA-13151	无法删除异常事件记录
ORA-13152	无效的HHCODE类型
ORA-13153	指定的高水印无效
ORA-13154	指定的精确度无效
ORA-13155	指定的维数无效
ORA-13156	要注册的表非空
ORA-13158	Oracle对象不存在
ORA-13159	Oracle表已经存在
ORA-13181	无法确定列_SDOINDEX.SDO_CODE的长度
ORA-13182	无法读取元素
ORA-13183	不受支持的几何类型
ORA-13184	无法初始化嵌套程序包
ORA-13185	无法生成初始HHCODE
ORA-13186	固定铺砌大小嵌套失败
ORA-13187	细分失败
ORA-13188	单元格译码失败
ORA-13189	递归SQL语法分析失败
ORA-13190	递归SQL取数失败
ORA-13191	无法读取SDO_ORDCNT值
ORA-13192	无法读取元素行数
ORA-13193	无法分配几何空间
ORA-13194	无法解码超单元格
ORA-13195	无法生成最大的铺砌值
ORA-13196	无法计算元素的超单元格

（续表）

错误号	说明
ORA-13197	元素超出范围
ORA-13198	空间插件错误
ORA-13200	空间索引建立中出现内部错误
ORA-13201	在CREATE INDEX语句中提供的参数无效
ORA-13202	创建或插入SDO_INDEX_METADATA表失败
ORA-13203	无法读取USER_SDO_GEOM_METADATA表
ORA-13204	创建空间索引表失败
ORA-13205	对空间参数进行语法分析时出现内部错误
ORA-13206	创建空间索引时出现内部错误
ORA-13207	运算符使用不正确
ORA-13208	对运算符求值时出现内部错误
ORA-13209	读取SDO_INDEX_METADATA表时出现内部错误
ORA-13210	将数据插入索引表时出错
ORA-13211	嵌装窗口对象失败
ORA-13212	无法与窗口对象比较铺砌
ORA-13213	为窗口对象生成空间索引失败
ORA-13214	无法为窗口对象计算超单元格
ORA-13215	窗口对象超出范围
ORA-13216	无法更新空间索引
ORA-13217	ALTER INDEX语句中提供的参数无效
ORA-13218	索引表达到索引所支持的最大值
ORA-13219	无法创建空间索引表
ORA-13220	无法与几何比较铺砌
ORA-13221	几何对象中未知的几何类型
ORA-13222	无法为几何在中计算超单元格
ORA-13223	SDO_GEOM_METADATA表中有重复的项
ORA-13224	为空间索引指定的索引名太长
ORA-13225	为空间索引指定的索引表名太长
ORA-13226	在没有空间索引的情况下不支持此界面
ORA-13227	两个索引表的SDO_LEVEL值不一致
ORA-13228	由于无效的类型，空间索引创建失败
ORA-13230	在创建R-tree期间无法创建临时表
ORA-13231	在创建R-tree期间无法创建索引表
ORA-13232	在创建R-tree期间无法分配内存
ORA-13233	无法创建R-tree的序列号
ORA-13234	无法访问R-tree-index表
ORA-13236	R-tree处理中的内部错误
ORA-13237	在R-tree并发更新期间的内部错误

（续表）

错误号	说明
ORA-13239	在n-d R-tree创建期间未指定sdo_dimensionality
ORA-13240	指定的维度大于查询mbr的维度
ORA-13241	指定的维度与数据的维度不匹配
ORA-13242	无法读取n-d R-tree的容限值
ORA-13243	n-d R-tree不支持指定的操作符
ORA-13250	权限不足，无法修改元数据表项
ORA-13251	元数据表中有重复的项
ORA-13260	层次表不存在
ORA-13261	几何表不存在
ORA-13262	几何列没有存在于表中
ORA-13263	列（在表中）不是SDO_GEOMETRY类型
ORA-13264	几何标识符列没有存在于表中
ORA-13265	几何标识符列（在表中）不是NUMBER类型
ORA-13266	插入数据到表时出错
ORA-13267	从层次表读取数据出错
ORA-13268	从USER_SDO_GEOM_METADATA获取维数出错
ORA-13269	处理几何表时遇到内部错误
ORA-13270	OCI错误
ORA-13271	给几何对象分配内存时出错
ORA-13272	几何对象（在表中）无效
ORA-13273	维元数据表不存在
ORA-13274	用不兼容的SRID调用了运算符
ORA-13275	在不受支持的类型上创建空间索引失败
ORA-13276	坐标转换中的内部错误
ORA-13278	把SRID转换到本地格式中出现故障
ORA-13281	检索WKT的SQL语句在执行中出现故障
ORA-13282	坐标转换的初始化出现故障
ORA-13283	无法获得新的位置转换的几何对象
ORA-13284	无法复制位置转换的几何对象
ORA-13285	几何坐标转换错误
ORA-13287	无法转换未知的gtype
ORA-13288	点坐标转换错误
ORA-13290	不支持指定的单位
ORA-13291	在指定单位和标准单位之间转换时出错
ORA-13292	ARC_TOLERANCE的说明不正确
ORA-13293	不能为没有测量参照SRID的几何对象指定单位

（续表）

错误号	说明
ORA-13294	无法转换包含圆弧的几何结构
ORA-13295	几何对象位于不同的坐标系统中
ORA-13296	坐标系统的说明不正确
ORA-13300	单点转换错误
ORA-13303	无法从表中检索几何对象
ORA-13304	无法在表中插入转换的几何对象
ORA-13330	无效的MASK
ORA-13331	LRS段无效
ORA-13332	LRS点无效
ORA-13333	LRS度量无效
ORA-13334	未连接LRS段
ORA-13335	未定义LRS度量信息
ORA-13336	无法将标准维信息/几何对象转换为LRS维/几何对象
ORA-13337	连接LRS多边形失败
ORA-13338	翻转LRS多边形/收集几何对象失败
ORA-13339	LRS多边形剪贴操作涉及多个环
ORA-13340	几何点的坐标多于1个
ORA-13341	几何线的坐标少于2个
ORA-13342	几何弧的坐标少于3个
ORA-13343	几何多边形的坐标少于4个
ORA-13344	几何弧多边形的坐标少于5个
ORA-13345	几何复合多边形的坐标少于5个
ORA-13346	定义弧的坐标在同一直线上
ORA-13347	定义弧的坐标未分开
ORA-13348	多边形边界未封闭
ORA-13349	多边形边界自身交叉
ORA-13350	复杂多边形的2个或多个环相接
ORA-13351	复杂多边形的两个或多个环重叠
ORA-13352	坐标未描述出一个圆
ORA-13353	ELEM_INFO_ARRAY未按3的倍数组合
ORA-13354	ELEM_INFO_ARRAY中出现不正确的偏移量
ORA-13355	SDO_ORDINATE_ARRAY没有按指定的维数组合
ORA-13356	几何中的相邻点多余
ORA-13357	扩充区块类型未包含两点
ORA-13358	圆类型未包含3点
ORA-13359	扩充区块没有区域
ORA-13360	复合类型中无效的子类型

（续表）　　　　　　　　　　　　　　　　　　（续表）

错误号	说明
ORA-13361	复合ETYPE中没有足够的子元素
ORA-13362	复合多边形中的子元素未连接
ORA-13363	几何中没有有效的ETYPE
ORA-13364	层维度与几何对象维数不匹配
ORA-13365	层SRID与几何对象SRID不匹配
ORA-13366	内环和外环的组合无效
ORA-13367	内环/外环的方向错误
ORA-13368	简单多边形类型有多个外环
ORA-13369	4位数字的etype值无效
ORA-13370	应用3D LRS函数失败
ORA-13371	度量维的位置无效
ORA-13372	修改具有空间索引的表的元数据失败
ORA-13373	测量数据不支持类型为Extent的元素
ORA-13374	测量数据不支持SDO_MBR
ORA-13376	为layer_gtype参数指定类型名无效
ORA-13377	元素组合的方向无效
ORA-13378	所要抽取的元素索引无效
ORA-13379	所要抽取的子元素索引无效
ORA-13401	不受支持的geoimage格式
ORA-13402	NULL目标
ORA-13403	NULL源几何结构
ORA-13404	不是本地源
ORA-13405	NULL源
ORA-13406	不受支持的图像处理命令
ORA-13407	不受认可的空间类型限定词
ORA-13408	NULL表名
ORA-13409	Oracle某表不存在
ORA-13410	NULL列名
ORA-13411	Oracle某列不存在
ORA-13412	无效的ROWID
ORA-13413	无法选择初始化的GeoImage
ORA-13414	无法更新包含GeoImage的表
ORA-13415	无效的域
ORA-13416	无效的几何结构
ORA-13417	未定义的模型空间转换光栅
ORA-13418	未定义的光栅空间转换模型
ORA-13419	无效的范围值
ORA-13420	无效的光栅空间转换模型
ORA-13421	无效的模型空间转换光栅
ORA-13422	未初始化的源

错误号	说明
ORA-13423	空的来源
ORA-13424	未初始化的目标
ORA-13425	空目标
ORA-13426	不受支持的光栅原点
ORA-13427	未知的光栅原点
ORA-13428	来源不存在
ORA-13429	在GeoImage类型上，不支持某操作
ORA-13430	不支持模型坐标系统
ORA-13433	NULL剪裁方法
ORA-13442	无效缩放参数
ORA-13443	不可识别的缩放模式
ORA-13451	不受支持的转换格式
ORA-13461	无效的标签/键
ORA-13462	无效的连接点
ORA-13463	不受支持的GeoTIFF几何图形定义
ORA-13464	不受支持的转换
ORA-13465	目标窗口无效
ORA-14000	仅可以指定一个LOCAL子句
ORA-14001	LOCAL子句与先前指定的GLOBAL子句相矛盾
ORA-14002	仅可以指定一个GLOBAL子句
ORA-14003	GLOBAL子句与先前指定的LOCAL子句相矛盾
ORA-14004	缺少PARTITION关键字
ORA-14005	缺少RANGE关键字
ORA-14006	无效的分区名
ORA-14007	缺少LESS关键字
ORA-14008	缺少THAN关键字
ORA-14009	可能没有为LOCAL索引分区指定分区界限
ORA-14010	不可以指定索引分区的此物理属性
ORA-14011	指定给结果分区的名称必须明确
ORA-14012	结果分区名与现有分区名发生冲突
ORA-14013	重复的分区名
ORA-14014	最大的分区列数为16
ORA-14015	分区说明过多
ORA-14016	必须对LOCAL分区索引的基本表进行分区
ORA-14017	分区界限列表包含的元素过多
ORA-14018	分区界限列表包含的元素太少
ORA-14019	分区范围元素必须是一个字符串、日期时间或间隔文字、数字或MAXVALUE

（续表）

错误号	说明
ORA-14020	不可以指定表分区的此物理属性
ORA-14021	必须指定所有列的MAXVALUE
ORA-14022	不支持LOCAL分区簇索引的创建
ORA-14023	不支持GLOBAL分区簇索引的创建
ORA-14024	LOCAL索引的分区数必须等于基本表的分区数
ORA-14025	不能为实体化视图或实体化视图日志指定PARTITION
ORA-14026	PARTITION和CLUSTER子句互相排斥
ORA-14027	仅可以指定一个PARTITION子句
ORA-14028	缺少AT或VALUES关键字
ORA-14029	GLOBAL分区索引必须加上前缀
ORA-14030	CREATETABLE语句中有不存在的分区列
ORA-14031	分区列的类型不可以是LONG或LONG RAW
ORA-14032	分区编号的分区界限过高
ORA-14033	ctchvl：未预期的strdef类型
ORA-14034	ctchvl：未预期的操作数类型
ORA-14035	ctchvl：未预期的字符串数据类型
ORA-14036	列的分区界限值过大
ORA-14037	分区的分区界限过高
ORA-14038	GLOBAL分区索引必须加上前缀
ORA-14039	分区列必须构成UNIQUE索引的关键字列子集
ORA-14040	传递给TABLEORINDEX$PART$NUM的参数个数不当
ORA-14041	可能没有为结果分区指定分区界限
ORA-14042	可能没有为要移动、修改或重建的分区指定分区界限
ORA-14043	仅可以添加一个分区
ORA-14044	仅可以移动一个分区
ORA-14045	仅可以修改一个分区
ORA-14046	分区可以刚好分成两个新的分区
ORA-14047	ALTER TABLE|INDEX RENAME不可以与其他分区组合
ORA-14048	分区维护操作不可以与其他操作组合
ORA-14049	无效的ALTER TABLE MODIFY PARTITION选项
ORA-14050	无效的ALTER INDEX MODIFY PARTITION选项
ORA-14051	ALTER MATERIALIZED VIEW选项无效

（续表）

错误号	说明
ORA-14052	此上下文中不允许分区扩展表名称语法
ORA-14053	非法尝试修改（在语句中）
ORA-14054	无效的ALTER TABLE TRUNCATE PARTITION选项
ORA-14055	ALTER INDEX REBUILD中的关键字REBUILD必须紧跟<索引名称>
ORA-14056	分区编号：PCTUSED和PCTFREE的总和不可以超过100
ORA-14057	某分区PCTUSED和PCTFREE的总和不可以超过100
ORA-14058	分区编号：INITRANS值必须小于MAXTRANS值
ORA-14059	分区INITRANS值必须小于MAXTRANS值
ORA-14060	不可更改表分区列的数据类型或长度
ORA-14061	不可以更改索引分区列的数据类型或长度
ORA-14062	一个或多个表分区驻留在只读表空间中
ORA-14063	唯一/主约束条件关键字中存在无用索引
ORA-14064	唯一/主约束条件关键字中存在无用分区的索引
ORA-14065	不可以指定分区表的ALLOCATE STORAGE
ORA-14066	按索引组织的未分区表的选项非法
ORA-14067	重复的TABLESPACE_NUMBER说明
ORA-14068	不可以同时指定TABLESPACE和TABLESPACE_NUMBER
ORA-14070	仅可以指定分区索引或包含REBUILD的选项
ORA-14071	用于强制约束条件的索引选项无效
ORA-14072	不可以截断固定表
ORA-14073	不可以截断引导程序表或群集
ORA-14074	分区界限必须调整为高于最后一个分区界限
ORA-14075	分区维护操作仅可以对分区索引执行
ORA-14076	DROP/SPLIT PARTITION不可以应用到LOCAL索引分区
ORA-14078	不可以删除GLOBAL索引的最高分区
ORA-14079	标记为无用索引的分区选项非法
ORA-14080	无法按指定的上限来分割分区
ORA-14081	新分区名必须与旧分区名不同
ORA-14082	新分区名必须与对象的任何其他分区名不同

（续表）

错误号	说明
ORA-14083	无法删除分区表的唯一一分区
ORA-14084	仅可以指定LOCAL索引的TABLESPACE DEFAULT
ORA-14085	分区表不能具有LONG数据类型的列
ORA-14086	不可以将区索引作为整体重建
ORA-14087	使用<表名>PARTITION（<分区编号>|<赋值变量>）语法
ORA-14088	TABLEORINDEX$PART$NUM的第2个参数必须是整数常数
ORA-14089	基本表没有对其定义了指定ID的索引
ORA-14090	必须对索引分区
ORA-14091	必须对表分区
ORA-14092	表达式数不等于分区列数
ORA-14093	表达式的数据类型与分区列的数据类型不兼容
ORA-14094	无效的ALTER TABLE EXCHANGE PARTITION选项
ORA-14095	ALTER TABLE EXCHANGE要求非分区、非聚簇的表
ORA-14096	ALTER TABLE EXCHANGE PARTITION中的表必须具有相同的列数
ORA-14097	ALTER TABLE EXCHANGE PARTITION中的列类型或大小不匹配
ORA-14098	ALTER TABLE EXCHANGE PARTITION中的表索引不匹配
ORA-14099	未对指定分区限定表中的所有行
ORA-14100	分区扩展表名不能指远程对象
ORA-14101	分区扩展表名不能指同义字
ORA-14102	仅可以指定一个LOGGING或NOLOGGING子句
ORA-14104	不可以指定分区表/索引的RECOVERABLE/UNRECOVERABLE
ORA-14105	不可以在此上下文中指定REVERSE/NOREVERSE
ORA-14106	不可以指定聚簇表的LOGGING/NOLOGGING
ORA-14107	分区对象要求分区说明
ORA-14108	非法的分区扩展表名语法
ORA-14109	分区扩展对象名仅可以与表一起使用
ORA-14110	分区列不可以是ROWID类型
ORA-14111	不支持聚簇表中的GLOBAL分区索引创建

（续表）

错误号	说明
ORA-14112	可能没有为分区或子分区指定RECOVERABLE/UNRECOVERABLE
ORA-14113	分区表不可以具有LOB数据类型的列
ORA-14114	分区表不能包含具有对象、REF、嵌套表、数组等数据类型的列
ORA-14115	分区编号的分区界限过长
ORA-14116	分区的分区界限过长
ORA-14117	分区常驻在脱机表空间中
ORA-14118	ALTER TABLE EXCHANGE PARTITION中的CHECK约束条件不匹配
ORA-14119	指定的分区界限过长
ORA-14120	没有为DATE列完整指定分区界限
ORA-14121	MODIFY DEFAULT ATTRIBUTES不可以与其他操作组合
ORA-14122	仅可以指定一个REVERSE或NOREVERSE子句
ORA-14123	重复的NOREVERSE子句
ORA-14124	重复的REVERSE子句
ORA-14125	不可以在此上下文中指定REVERSE/NOREVERSE
ORA-14126	只有<并行子句>可遵循结果分区的说明
ORA-14127	非法的索引分区扩展表名语法
ORA-14130	UNIQUE约束条件在ALTER TABLE EXCHANGE PARTITION中不匹配
ORA-14131	启用的UNIQUE约束条件存在于其中的一个表中
ORA-14132	表不能用于EXCHANGE中
ORA-14133	ALTER TABLE MOVE不能与其他操作组合
ORA-14134	索引不能同时使用DESC和REVERSE
ORA-14135	LOB列不能用作分区列
ORA-14136	授权表的细粒度安全性限制
ORA-14150	SUBPARTITION关键字丢失
ORA-14151	无效的表分区方法
ORA-14152	PARTITIONS子句中指定的分区号无效
ORA-14153	仅可以指定一个STORE IN或<分区 - 说明>子句
ORA-14154	仅可以指定一个STORE IN或<子分区 - 说明>子句
ORA-14155	PARTITION或SUBPARTITION关键字丢失
ORA-14156	SUBPARTITIONS子句中指定的子分区号无效

（续表）

错误号	说明
ORA-14157	无效的子分区名
ORA-14158	子分区说明太多
ORA-14159	重复的子分区名
ORA-14160	该物理属性不能指定给表子分区
ORA-14161	子分区号：PCTUSED和PCTFREE的总和不能超过100
ORA-14162	子分区：PCTUSED和PCTFREE的总和不能超过100
ORA-14163	子分区号：INITRANS值必须少于MAXTRANS值
ORA-14164	子分区：INITRANS值必须少于MAXTRANS值
ORA-14166	缺失INTO关键字
ORA-14167	仅可移动一个子分区
ORA-14168	仅可修改一个子分区
ORA-14169	无效TABLE MODIFY SUBPARTITION选项
ORA-14170	不能在CREATE TABLE|INDEX中指定<分区-说明>子句
ORA-14171	不能在CREATE|ALTER TABLE中指定<子分区-说明>子句
ORA-14172	无效的ALTER TABLE EXCHANGE SUBPARTITION选项
ORA-14173	非法的子分区扩展的表名语法
ORA-14174	仅<并行子句>可以跟在COALESCE PARTITION|SUBPARTITION之后
ORA-14175	子分区维护操作不能与其他操作组合
ORA-14176	该属性不能指定给散列分区
ORA-14177	只能对按散列或组合分区的表上的LOCAL索引指定STORE-IN（"表空间"列表）
ORA-14183	TABLESPACE DEFAULT仅能对组合的LOCAL索引指定
ORA-14184	无法在SYSTEM分区表中创建一个UNIQUE分区索引
ORA-14185	为该索引分区指定的物理属性不正确
ORA-14186	LOCAL索引的子分区号必须与基于表的子分区号相等
ORA-14187	LOCAL索引的分区方法与基于表的分区方法不一致
ORA-14188	子分区列必须形成UNIQUE索引的关键字列的子集
ORA-14189	该物理属性不能指定给索引子分区

（续表）

错误号	说明
ORA-14190	仅能指定一个ENABLE/DISABLE ROW MOVEMENT子句
ORA-14191	ALLOCATE STORAGE不能为组合范围分区对象指定
ORA-14192	不能修改散列列索引分区的物理索引属性
ORA-14193	无效的ALTER INDEX MODIFY SUBPARTITION选项
ORA-14194	仅能重建一个子分区
ORA-14195	不能为按RANGE或LIST分区的对象指定ALLOCATE STORAGE
ORA-14240	对SYSTEM和范围组合/系统（R+S）分区方法的语法使用
ORA-14242	表未被系统或散列方法分区
ORA-14243	表未被范围、系统或散列方法分区
ORA-14244	对系统或组合范围/系统分区表的非法操作
ORA-14251	指定的子分区不存在
ORA-14252	对散列分区无效的ALTER TABLE MODIFY PARTITION选项
ORA-14253	表未被组合范围方法分区
ORA-14254	不能为按（组合）"范围"或"列表"分区的表指定ALLOCATE STORAGE
ORA-14255	未按范围、组合范围或列表方法对表进行分区
ORA-14256	无效的结果分区说明
ORA-14257	不能移动范围或散列分区以外的分区
ORA-14258	无效的分区说明
ORA-14259	表未被散列方法分区
ORA-14260	为该分区指定的物理属性不正确
ORA-14261	添加该散列分区时分区界限未指定
ORA-14262	新子分区名必须与旧子分区名不同
ORA-14263	新子分区名必须与所有其他对象的子分区名不同
ORA-14264	表未被组合范围方法分区
ORA-14265	表子分区列的数据类型或长度不能更改
ORA-14266	索引子分区列的数据类型或长度不能更改
ORA-14267	添加（组合）范围分区时不能指定PARALLEL子句
ORA-14268	分区的子分区驻留在脱机的表空间中
ORA-14269	不能交换范围或散列分区以外的分区
ORA-14270	未按范围、散列或列表方法对表进行分区
ORA-14271	表未被组合范围/散列方法分区

（续表）

错误号	说明
ORA-14272	仅能重用有上界的分区
ORA-14273	必须首先指定下界分区
ORA-14274	要合并的分区不相邻
ORA-14275	不能将下界分区作为结果分区重用
ORA-14276	EXCHANGE SUBPARTITION需要非分区的，非聚簇的表
ORA-14277	在EXCHANGE SUBPARTITION中的表必须有相同的列数
ORA-14278	列类型或大小在EXCHANGE SUBPARTITION中不匹配
ORA-14279	索引与ALTER TABLE EXCHANGE SUBPARTITION中的表不匹配
ORA-14280	表的所有行对指定的子分区不合格
ORA-14282	FOREIGN KEY约束条件在ALTER TABLE EXCHANGE SUBPARTITION中不匹配
ORA-14284	一个或多个表的子分区驻留在只读表空间中
ORA-14285	不能COALESCE（结合）该分区的表仅有的分区
ORA-14286	不能COALESCE（结合）该表分区的表仅有的子分区
ORA-14287	不能REBUILD（重建）组合范围分区的索引的分区
ORA-14288	索引未被组合范围方法分区
ORA-14289	不能生成不可用的组合范围分区的本地索引
ORA-14290	ALTER TABLE EXCHANGE[SUB]PARTITION中的PRIMARY KEY约束条件不符
ORA-14291	不能用非分区表EXCHANGE组合分区
ORA-14292	表的分区类型必须与组合分区的子分区类型相匹配
ORA-14293	分区列数与子分区列数不匹配
ORA-14294	分区数与子分区数不匹配
ORA-14295	分区列和子分区列之间的列的类型和大小不匹配
ORA-14296	ALTER TABLE EXCHANGE[SUB]PARTITION中的表块大小匹配出错
ORA-14297	ALTER TABLE EXCHANGE[SUB]PARTITION中的索引块大小匹配出错
ORA-14301	表级属性必须在分区级属性之前指定

（续表）

错误号	说明
ORA-14302	在语句中仅能指定一个'添加的-LOB-存储器-子句'的列表
ORA-14303	分区或子分区次序不正确
ORA-14304	列表分区方法需要一个分区列
ORA-14305	列表值在某分区中指定了两次
ORA-14306	列表值在某两个分区中指定了两次
ORA-14307	分区包含的列表值过多
ORA-14308	分区边界元素必须是字符串、日期时间、间隔文字、数值或NULL之一
ORA-14309	列表值的总数超出了允许的最大值
ORA-14310	VALUES LESS THAN或AT子句不能与按"列表"分区的表一起使用
ORA-14311	需要VALUES LESS THAN或AT子句
ORA-14312	值已经存在于分区中
ORA-14313	值不在分区中
ORA-14314	所得到的"列表"分区必须至少包含1个值
ORA-14315	不能合并分区自身
ORA-14316	未按"列表"方法对表进行分区
ORA-14317	不能删除分区最后的值
ORA-14318	DEFAULT分区必须是指定的上一分区
ORA-14319	DEFAULT不能使用其他值指定
ORA-14320	DEFAULT不能指定为ADD/DROP VALUES或SPLIT
ORA-14321	无法添加/删除DEFAULT分区的值
ORA-14322	DEFAULT分区已存在
ORA-14323	在DEFAULT分区已存在时无法添加分区
ORA-14324	所要添加的值已存在于DEFAULT分区之中
ORA-14400	插入的分区关键字未映射到任何分区
ORA-14401	插入的分区关键字超出指定的分区
ORA-14402	更新分区关键字列将导致分区的更改
ORA-14403	在获得DML分区锁定之后检测到游标违例
ORA-14404	分区表包含不同表空间中的分区
ORA-14405	分区索引包含不同表空间中的分区
ORA-14406	更新的分区关键字在最高合法分区关键字之外
ORA-14407	分区的表包含在不同表空间中的子分区
ORA-14408	分区的索引包含在不同表空间中的子分区
ORA-14409	插入的分区关键字在指定的子分区之外
ORA-14450	试图访问已经在使用的事务处理临时表
ORA-14451	不受支持的临时表特性

（续表）

错误号	说明
ORA-14452	试图创建、更改或删除正在使用的临时表中的索引
ORA-14453	试图使用临时表的LOB，其数据已经被清除
ORA-14454	试图引用完整性约束条件中的临时表
ORA-14455	试图在临时表中创建引用完整性约束条件
ORA-14456	不能在临时表中重建索引
ORA-14457	临时表中不允许的VARRAY和嵌套表列
ORA-14458	试图用INDEX组织创建临时表
ORA-14459	GLOBAL关键字丢失
ORA-14460	只能指定一个COMPRESS或NOCOMPRESS子句
ORA-14500	LOCAL选项因没有分区名而无效
ORA-14501	对象未分区
ORA-14503	仅可以指定一个分区名
ORA-14504	语法不支持语法分析
ORA-14505	LOCAL选项仅对分区索引有效
ORA-14506	分区索引要求LOCAL选项
ORA-14507	分区损坏，所有行均不在分区界限之内
ORA-14508	未找到指定的VALIDATE INTO表
ORA-14509	指定的VALIDATE INTO表格式错误
ORA-14510	仅可以为分区表指定VALIDATE INTO子句
ORA-14511	不能对分区对象进行操作
ORA-14512	不能对聚簇对象进行操作
ORA-14513	分区列不是对象数据类型
ORA-14514	没有子分区名，LOCAL选项无效
ORA-14515	仅能指定一个子分区名
ORA-14516	子分区毁坏，所有的行没有落在子分区界限中
ORA-14517	索引的子分区处于不可用状态
ORA-14518	分区包含的某些行对应于已删除的值
ORA-14519	与某表空间块大小存在冲突：表空间的块大小值与以前指定/隐含的表空间的块大小值发生冲突
ORA-14520	表空间的块大小值与现有对象的块大小值不匹配
ORA-14521	默认表空间的块大小值与现有的块大小值不匹配
ORA-14522	分区级默认表空间的块大小值与现有的块大小值不匹配

（续表）

错误号	说明
ORA-14523	的（子）分区不能与表的（子）分区位于同一位置，因为某块大小值与表的块大小值不匹配
ORA-14524	始终允许进行分区，将只用于信任的客户机
ORA-14551	无法在查询中执行DML操作
ORA-14553	无法在查询中执行lob写操作
ORA-14601	在指定子分区模板时指定SUBPARTITIONS或STORE-IN非法
ORA-14602	SUBPARTITION TEMPLATE仅对复合分区的表有效
ORA-14603	[SUBPARTITIONS|SUBPARTITIONTEMPLATE]subpartition_count语法仅对范围散列表有效
ORA-14604	在CREATE TABLE期间，在SUBPARTIITON TEMPLATE指定后再指定SUBPARTITIONS或STORE IN是非法的
ORA-14605	模板中的子分区/段的名称缺失
ORA-14606	表空间已指定用于模板中的此前子分区，但并没有指定用于
ORA-14607	表空间并未指定用于模板中的此前子分区
ORA-14608	表空间已指定用于模板中某列的lob段
ORA-14609	表空间并未指定用于模板中某列的lob段
ORA-14610	没有指定子分区的lob列的lob属性
ORA-14611	模板中的子分区名称重复
ORA-14612	模板中的lob列的lob段名重复
ORA-14613	尝试从父级名称和模板名称生成名称，但因合成的名称过长而失败
ORA-14614	列表值在子分区中指定了两次
ORA-14615	列表值'', ''在子分区''中指定了两次
ORA-14616	表没有按照列表方法进行子分区的划分
ORA-14617	无法添加/删除DEFAULT子分区的值
ORA-14618	无法删除子分区的最后的值
ORA-14619	生成的列表子分区必须包含至少一个值
ORA-14620	DEFAULT子分区已存在
ORA-14621	在DEFAULT子分区已存在时无法添加子分区
ORA-14622	值已存在于子分区中
ORA-14623	值不存在于子分区中
ORA-14624	DEFAULT子分区必须是指定的上一子分区

（续表）

错误号	说明
ORA-14625	子分区包含相应于要删除的值的行
ORA-14626	所要添加的值已存在于DEFAULT子分区之中
ORA-14627	为GLOBAL分区索引指定的操作无效
ORA-14628	边界说明与LIST方法不一致
ORA-14629	无法删除一个分区中唯一的子分区
ORA-14630	子分区驻留于脱机的表空间中
ORA-14631	分区边界与分区的子分区边界不匹配
ORA-14632	在添加列表子分区时无法指定PARALLEL子句
ORA-14633	复合分区表的ADD列表子分区不允许使用索引维护子句
ORA-14634	在范围列表分区表的分区的SPLIT/MERGE期间无法指定子分区说明
ORA-14635	只能指定一个生成的子分区用于MERGE SUBPARTITIONS
ORA-14636	只能指定2个生成的子分区用于SPLIT SUBPARTITIONS
ORA-14637	不能合并一个子分区本身
ORA-14638	不能在不同范围的复合分区中MERGE子分区
ORA-14639	只能为散列、组合范围散列表、分区指定SUBPARTITIONS子句
ORA-14640	DROP/SPLIT SUBPARTITION不能应用于LOCAL索引子分区
ORA-14641	只能为散列、组合范围散列表、分区指定STORE-IN子句
ORA-14642	ALTER TABLE EXCHANGE PARTITION中表的位图索引不匹配
ORA-14643	ALTER TABLE EXCHANGE PARTITION中表的Hakan因子不匹配
ORA-14644	表未按散列方法划分子分区
ORA-14645	不能为范围列表对象指定STORE IN子句
ORA-14646	在存在可用位图索引的情况下，不能执行涉及压缩的指定的表操作
ORA-15199	内部跟踪事件号15199
ORA-16000	打开数据库以进行只读访问
ORA-16001	数据库已经被另一例程打开以进行只读访问
ORA-16002	数据库已经被另一例程打开以进行读写访问

（续表）

错误号	说明
ORA-16003	待用数据库仅限只读访问
ORA-16004	备份数据库需要恢复
ORA-16005	数据库需要恢复
ORA-16007	无效的备份控制文件检查点
ORA-16008	不确定的控制文件检查点
ORA-16009	远程归档日志目的地必须为STANDBY数据库
ORA-16010	远程归档日志数据库已经为更新打开
ORA-16011	归档日志远程文件服务器进程处于错误状态
ORA-16012	归档日志待用数据库标识符不匹配
ORA-16013	日志的序列号不需要归档
ORA-16014	日志的序列号未归档，没有可用的目的地
ORA-16015	日志的序列号未归档，介质恢复被禁用
ORA-16016	为线程的序列号归档的日志不可用
ORA-16017	无法使用没有主归档目的地的LOG_ARCHIVE_DUPLEX_DEST
ORA-16018	无法使用带LOG_ARCHIVE_DEST_n的文件
ORA-16020	可用的目的地少于由LOG_ARCHIVE_MIN_SUCCEED_DEST指定的数量
ORA-16021	会话的目的地不能与会话的目的地相同
ORA-16022	LOG_ARCHIVE_DEST不能为NULL，因为LOG_ARCHIVE_DUPLEX_DEST为非空
ORA-16023	系统的目的地不能与会话的目的地相同
ORA-16024	参数不能进行语法分析
ORA-16025	参数包含重复或冲突的选项
ORA-16026	参数包含无效的数值属性值
ORA-16027	参数丢失目的地选项
ORA-16029	无法更改LOG_ARCHIVE_MIN_SUCCEED_DEST，没有归档日志目的地
ORA-16030	会话特定的更改需要LOG_ARCHIVE_DEST_n目的地
ORA-16031	参数字符串超过字符串限制
ORA-16032	参数的目的字符串无法被翻译
ORA-16033	参数的目的地不能与参数的目的地相同
ORA-16034	FROM参数与MANAGED恢复不兼容
ORA-16035	所需的关键字丢失
ORA-16036	无效的MANAGED恢复CANCEL选项
ORA-16037	用户请求取消受管恢复操作
ORA-16038	日志序列号无法归档
ORA-16039	RFS要求的版本不匹配

（续表）

错误号	说明
ORA-16040	待用目的地归档日志文件已锁定
ORA-16041	远程文件服务器出现严重错误
ORA-16042	用户已请求立即取消受管恢复操作
ORA-16043	已取消维持的恢复会话
ORA-16044	不能在会话级上指定目标的属性
ORA-16045	与循环的归档日志，存在目标相关性
ORA-16046	由于相关目标失败，归档日志失败
ORA-16047	相关归档日志目标不能是备用数据库
ORA-16048	写入归档日志时导致模拟错误
ORA-16049	写入归档日志时出现模拟错误
ORA-16050	目标已超过指定的限额大小
ORA-16051	参数包含无效的延迟时间
ORA-16052	取间隔序列时出了问题，已取消介质恢复
ORA-16053	FAL归档失败，无法归档线程号、序列号
ORA-16054	用于自动检测RFS间隔序列的事件
ORA-16055	已拒绝FAL请求
ORA-16056	使用备份控制文件归档需要正确的语法
ORA-16057	使用当前控制文件归档需要正确的语法
ORA-16058	未装载备用数据库例程
ORA-16059	日志文件为空或下一个可用块无效
ORA-16060	日志文件是最新版本
ORA-16061	日志文件状态已更改
ORA-16062	日志未归档
ORA-16063	远程归档已由另一个例程启用
ORA-16064	远程归档已被另一个例程禁用
ORA-16065	远程归档已在备用目标上禁用
ORA-16066	远程归档已禁用
ORA-16067	归档日志中的激活标识符匹配出错
ORA-16068	重做日志中的激活标识符匹配出错
ORA-16069	归档日志备用数据库的激活标识符匹配出错
ORA-16070	参数包含无效的REGISTER属性值
ORA-16071	未找到相关的归档日志文件
ORA-16072	需要一个备用数据库目标的最小值
ORA-16073	必须启用归档
ORA-16074	必须激活ARCH进程
ORA-16075	备用数据库目标匹配出错
ORA-16076	未知的备用数据库目标
ORA-16077	模拟网络传输错误
ORA-16078	介质恢复已禁用

（续表）

错误号	说明
ORA-16079	未启用备用归档
ORA-16080	用于APPLY的LogMiner会话无效
ORA-16081	APPLY的进程数不足
ORA-16082	逻辑备用未正确初始化
ORA-16083	尚未创建LogMiner会话
ORA-16084	一个应用引擎已在运行
ORA-16085	应用引擎相关的事件
ORA-16086	备用数据库未包含可用的备用日志文件
ORA-16087	进行从容切换需要备用或当前的控制文件
ORA-16088	归档日志未完全归档
ORA-16089	归档日志已注册
ORA-16090	要被替换的归档日志不是由受管备用进程创建的
ORA-16091	相关归档日志目标已经归档
ORA-16092	相关归档日志目标未激活
ORA-16093	相关归档日志目标不支持LGWR
ORA-16094	归档操作过程中关闭了数据库
ORA-16095	移去不活动的相关目标
ORA-16098	为了保护主数据库，已强行关闭不可访问的备用数据库
ORA-16099	备用数据库中出现内部错误ORA-00600
ORA-16100	不是一个有效的逻辑备用数据库
ORA-16101	未找到有效的起始SCN
ORA-16102	远程信息对于指定的主数据库不可用
ORA-16103	必须停止逻辑备用应用，才能允许进行此操作
ORA-16104	请求的逻辑备用选项无效
ORA-16105	逻辑备用已在后台运行
ORA-16106	启用netslave测试的事件
ORA-16107	已处理主数据库中的所有日志数据
ORA-16108	数据库不再是备用数据库
ORA-16109	无法应用前一个主数据库的日志数据
ORA-16110	逻辑备用应用DDL的用户过程处理
ORA-16111	日志挖掘和应用正在启动
ORA-16112	日志挖掘和应用正在停止
ORA-16113	正在应用对表或序列对象号的更改
ORA-16114	正在通过提交SCN应用DDL事务处理
ORA-16115	正在加载LogMiner字典数据
ORA-16116	无可用工作
ORA-16117	正在处理

（续表）

错误号	说明
ORA-16119	正在SCN上构建事务处理
ORA-16120	正在计算某SCN的事务处理的相关性
ORA-16121	正在通过提交SCN应用事务处理
ORA-16122	正在SCN上应用大的dml事务处理
ORA-16123	事务处理，正在等待批准提交
ORA-16124	事务处理，正在等待另一事务处理
ORA-16125	大的事务处理，正在等待另一事务处理
ORA-16126	加载表或序列对象号
ORA-16127	因等待要应用的其他事务处理而停滞
ORA-16128	用户启动的关闭操作已成功完成
ORA-16129	遇到不受支持的dml
ORA-16130	日志流中丢失补充的日志信息
ORA-16131	在备用的终端恢复过程中发生错误
ORA-16132	在备用激活过程中发生错误
ORA-16133	数据文件的终端恢复戳不正确
ORA-16134	无效的MANAGED recovery FINISH选项
ORA-16135	终端恢复未找到线程号、序列号的日志
ORA-16136	受管备用恢复未激活
ORA-16137	不需要终端恢复
ORA-16138	未从主数据库收到日志流的结尾部分
ORA-16139	需要介质恢复
ORA-16140	备用联机日志尚未恢复
ORA-16141	启用模拟的归档日志错误
ORA-16142	模拟的归档日志错误
ORA-16143	终端恢复过程中或之后不允许进行RFS连接
ORA-16144	在进行终端恢复时模拟RFS错误
ORA-16145	线程号、序列号的归档操作正在进行中
ORA-16146	备用目标控制文件不能入队
ORA-16147	备用数据库已由多个归档日志目标引用
ORA-16148	用户请求的受管恢复操作过期
ORA-16149	启用模拟的ARCHRAC归档测试
ORA-16150	在另一个较旧的备用数据库上执行了FINISH恢复
ORA-16151	"受管备用恢复"不可用
ORA-16153	启用"ARCH物理RFS"客户机调试
ORA-16154	有疑问的属性
ORA-16155	启用的归档进程数不超过log_archive_max_processes
ORA-16156	如果数据库受备用数据库保护，则不允许存在LGWR归档日志相关性

（续表）

错误号	说明
ORA-16157	成功的FINISH恢复后面不允许进行介质恢复
ORA-16158	进行终端恢复时模拟失败
ORA-16159	不能更改受保护的备用目标属性
ORA-16160	不能更改受保护的备用数据库配置
ORA-16161	不能将组的备用重做日志文件成员和联机重做日志文件成员混合
ORA-16162	无法将新的备用数据库添加到受保护的配置中
ORA-16163	LGWR网络服务器主机连接错误
ORA-16164	LGWR网络服务器主机分离错误
ORA-16165	LGWR从网络服务器接收消息失败
ORA-16166	LGWR网络服务器无法发送远程消息
ORA-16167	LGWR网络服务器无法切换到非阻塞模式
ORA-16168	LGWR网络服务器无法切换到阻塞模式
ORA-16169	LGWR网络服务器的参数无效
ORA-16170	并行终端恢复可能会丢失比必需的数据更多的数据
ORA-16171	由于线程、序列的间隔，因此不允许使用RECOVER...FINISH
ORA-16172	在终端上到达重做日志末端后又检测到归档日志
ORA-16173	活动的归档网络连接不兼容
ORA-16199	终端恢复无法恢复到一致点
ORA-16200	跳过过程已请求跳过语句
ORA-16201	跳过过程已请求应用语句
ORA-16202	跳过过程已请求替换语句
ORA-16203	无法解释跳过过程的返回值
ORA-16204	成功应用了DDL
ORA-16205	因跳过设置而跳过了DDL
ORA-16206	数据库已配置为逻辑备用数据库
ORA-16207	不允许构建逻辑备用字典
ORA-16208	开始构建逻辑备用字典时失败
ORA-16209	完成构建逻辑备用字典时失败
ORA-16210	由于出现错误，逻辑备用协调程序进程终止
ORA-16211	在归档重做日志中找到不支持的记录
ORA-16212	指定的"应用"进程数太多
ORA-16213	遇到DDL，停止应用引擎
ORA-16214	由于应用延迟而停止应用
ORA-16300	LSBY已构建跟踪事件

（续表）

错误号	说明
ORA-16501	数据防护中介操作失败
ORA-16502	数据防护中介操作成功，但有警告
ORA-16503	站点ID分配失败
ORA-16504	数据防护配置已存在
ORA-16505	站点ID无效
ORA-16506	内存不足
ORA-16507	请求标识符无法识别
ORA-16508	通道句柄未初始化
ORA-16509	请求超时
ORA-16510	使用ksrwait时消息传送出错
ORA-16511	使用ksrget时消息传送出错
ORA-16512	参数超过了最大大小限制
ORA-16513	超过了最大请求数
ORA-16514	未找到请求
ORA-16515	没有rcv通道
ORA-16516	资源状态无效
ORA-16517	对象句柄无效
ORA-16518	无法分配虚拟例程ID
ORA-16519	资源句柄无效
ORA-16520	无法分配资源ID
ORA-16521	无法创建一般模板ID
ORA-16522	未找到一般模板
ORA-16523	属性数已耗尽
ORA-16524	操作不受支持
ORA-16525	数据防护中介尚不可用
ORA-16526	无法分配任务元素
ORA-16527	无法分配SGA堆
ORA-16528	无法分配PGA堆
ORA-16529	发送方ID无效
ORA-16530	缓冲区或长度无效
ORA-16531	无法发送消息
ORA-16532	数据防护配置不存在
ORA-16533	数据防护中介的状态不一致
ORA-16534	无法接受更多的请求
ORA-16535	故障转移请求被拒绝
ORA-16536	未知的对象类型
ORA-16537	超过了子代数目
ORA-16538	请求的项没有匹配项
ORA-16539	未找到任务元素
ORA-16540	参数无效

（续表）

错误号	说明
ORA-16541	站点未启用
ORA-16542	无法识别操作
ORA-16543	对中介的请求无效
ORA-16544	无法产生请求
ORA-16545	无法获取响应
ORA-16546	缺少段或段无效
ORA-16547	无法删除请求
ORA-16548	资源未启用
ORA-16549	字符串无效
ORA-16550	结果被截断
ORA-16551	已复制短字符串
ORA-16552	无法启动数据防护中介进程（DMON）
ORA-16553	无法关闭数据防护中介进程（DMON）
ORA-16554	转换无效
ORA-16555	数据防护资源未激活
ORA-16556	错误消息已采用XML形式
ORA-16557	资源已在使用
ORA-16558	为切换指定的站点不是备用站点
ORA-16559	内存不足
ORA-16560	语法错误-无法转换文档
ORA-16561	语法错误-必须使用ONLINE父状态
ORA-16562	语法错误-此处未使用intended_state
ORA-16563	语法错误-无法添加值
ORA-16564	语法错误-查找失败
ORA-16565	语法错误-属性重复
ORA-16566	文档类型不受支持
ORA-16567	数据防护中介内部语法分析程序错误
ORA-16568	无法设置属性
ORA-16569	未启用数据防护配置
ORA-16570	操作需要重新启动站点
ORA-16571	无法创建数据防护配置数据文件
ORA-16572	未找到数据防护配置数据文件
ORA-16573	试图移动已启用的DRC上的配置文件
ORA-16574	数据防护配置数据文件未关闭
ORA-16575	未正确取消数据防护配置数据文件标识
ORA-16576	无法更新数据防护配置数据文件
ORA-16577	检测到数据防护配置数据文件已损坏
ORA-16578	无法读取数据防护配置数据文件
ORA-16579	检测到Data Guard NetSlave状态错误
ORA-16580	Data Guard NetSlave网络连接错误

（续表）

错误号	说明
ORA-16581	Data Guard NetSlave无法向DRCX发送消息
ORA-16582	数据防护连接进程从NetSlave收到了错误
ORA-16583	数据防护连接进程DRCX的状态错误
ORA-16584	备用站点上的操作非法
ORA-16585	主站点上的操作非法
ORA-16586	数据防护中介无法更新站点上的配置
ORA-16587	对象句柄不明确
ORA-16588	内部缓冲区不足
ORA-16589	检测到一个网络传输错误
ORA-16590	未在数据防护配置中建立主站点
ORA-16591	文档中存在未知字段
ORA-16592	文档中缺少字段
ORA-16593	XML转换失败
ORA-16594	进程发现不存在DMON进程
ORA-16595	无法终止NetSlave进程
ORA-16596	站点不是数据防护配置的成员
ORA-16597	数据防护中介检测到两个或更多的主站点
ORA-16598	数据防护中介检测到配置中存在错误的匹配
ORA-16599	数据防护中介检测到过时的配置
ORA-16600	只能在目标站点上提交故障转移操作
ORA-16601	站点包含的某些必备资源已被禁用
ORA-16602	要执行此操作，必须禁用资源
ORA-16603	数据防护中介检测到配置ID中存在错误的匹配
ORA-16604	无法描述使用程序包的模板
ORA-16605	模板正在使用中，因此无法删除它
ORA-16606	未找到属性
ORA-16607	一个或多个站点出了故障
ORA-16608	一个或多个站点有警告信息
ORA-16609	一个或多个资源出了故障
ORA-16610	一个或多个资源有警告信息
ORA-16611	应用户要求中止了操作
ORA-16612	属性的字符串值过长
ORA-16613	正在对站点进行初始化
ORA-16614	对象的父对象已被禁用
ORA-16615	Data Guard NetSlave测试事件
ORA-16616	Data Guard NetSlave监视测试事件
ORA-16617	请求中指定了未知的对象标识符
ORA-16618	响应文档字节，过大

（续表）

错误号	说明
ORA-16619	健康检查超时
ORA-16620	无法为删除操作连接一个或多个站点
ORA-16621	用于创建站点的主机名和SID名必须是唯一的
ORA-16622	两个或更多的"中介"站点解析为同一个物理站点
ORA-16623	检测到旧的DRC UID序列号
ORA-16624	检测到中介协议版本不匹配
ORA-16625	不能到达主站点
ORA-16626	无法启用指定的对象
ORA-16628	"中介"保护模式与数据库设置不一致
ORA-16701	一般资源防护请求失败
ORA-16702	一般资源管理器警告
ORA-16703	请求状态未知
ORA-16704	暂挂前一次状态设置操作
ORA-16705	资源防护遇到严重的内部错误
ORA-16706	资源防护不可用
ORA-16707	提供给资源防护的值无效
ORA-16708	提供给资源防护的状态无效
ORA-16709	资源防护忙，无法为请求进行服务
ORA-16710	资源防护的内存不足
ORA-16711	资源防护索引超出了界限
ORA-16712	资源句柄无效
ORA-16713	为请求进行服务时，资源防护超时
ORA-16714	资源防护超过了其重试限制值
ORA-16715	逻辑备用数据库需要实例化
ORA-16716	清除参数LOG_ARCHIVE_DEST时失败
ORA-16717	清除参数LOG_ARCHIVE_DUPLEX_DEST时失败
ORA-16718	未找到数据库资源
ORA-16719	无法查询V$ARCHIVE_DEST固定视图
ORA-16720	没有可用的LOG_ARCHIVE_DEST_n参数
ORA-16721	无法设置LOG_ARCHIVE_DEST_n参数
ORA-16722	无法设置LOG_ARCHIVE_DEST_STATE_n参数
ORA-16723	V$ARCHIVE_DEST中缺少连接描述符
ORA-16724	资源的目标状态已设置为OFFLINE
ORA-16725	提供给资源管理器的阶段无效
ORA-16726	提供给资源管理器的外部条件无效
ORA-16727	资源防护无法关闭数据库

（续表）

错误号	说明
ORA-16728	无法设置日志归档目标
ORA-16729	执行dbms_logstdby.log过程时出错
ORA-16730	执行dbms_logstdby.skip_txn过程时出错
ORA-16731	执行dbms_logstdby.unskip_txn过程时出错
ORA-16732	执行dbms_logstdby.skip过程时出错
ORA-16733	执行dbms_logstdby.unskip过程时出错
ORA-16734	执行dbms_logstdby.skip_error过程时出错
ORA-16735	执行dbms_logstdby.unskip_error过程时出错
ORA-16736	无法设置备用日志归档目标参数
ORA-16737	无法设置日志归档格式参数
ORA-16738	无法设置数据库文件名转换参数
ORA-16739	无法设置日志文件名转换参数
ORA-16740	无法设置日志归档跟踪参数
ORA-16741	无法设置控制文件参数
ORA-16742	无法设置锁名跟踪参数
ORA-16743	无法设置FAL客户机参数
ORA-16744	无法设置FAL服务器参数
ORA-16745	卸载数据库期间，资源防护遇到错误
ORA-16746	装载数据库期间，资源防护遇到错误
ORA-16747	无法打开逻辑备用防护
ORA-16748	打开数据库期间，资源防护遇到错误
ORA-16749	在切换到逻辑主数据库时，资源防护遇到错误
ORA-16750	在激活逻辑主数据库时，资源防护遇到错误
ORA-16751	在切换到主数据库时，资源防护遇到错误
ORA-16752	资源防护无法装载备用数据库
ORA-16753	资源防护无法打开备用数据库
ORA-16754	资源防护无法激活备用数据库
ORA-16755	资源防护无法卸载备用数据库
ORA-16756	资源防护无法打开只读备用数据库
ORA-16757	资源防护无法获取属性
ORA-16758	资源防护无法验证属性
ORA-16759	资源防护无法用初始SCN启动逻辑应用引擎
ORA-16760	资源防护无法启动逻辑应用引擎
ORA-16761	资源防护无法停止逻辑应用引擎
ORA-16762	数据库状态无效
ORA-16763	为意外联机站点提供的日志传输服务
ORA-16764	为意外脱机站点提供的日志传输服务

（续表）

错误号	说明
ORA-16765	物理应用服务意外联机
ORA-16767	逻辑应用服务意外联机
ORA-16769	执行apply_set过程时出错
ORA-16770	执行apply_unset过程时出错
ORA-16771	启动ARCH进程时出错
ORA-16772	在主数据库和备用数据库之间切换时出错
ORA-16773	启动物理应用服务（MRP进程）时出错
ORA-16774	停止物理应用服务（MRP进程）时出错
ORA-16775	物理应用服务过早终止
ORA-16776	日志传输服务的健康检查失败
ORA-16777	在V$ARCHIVE_DEST中未找到某个站点的目标条目
ORA-16778	某些站点的日志传输服务存在错误
ORA-16779	某些站点的目标参数存在语法错误
ORA-16780	某些站点的限额已用完
ORA-16781	某些站点的日志传输服务状态未知
ORA-16782	无法获取某些关键可配置属性的值
ORA-16783	尚未设置某些关键可配置属性
ORA-16784	属性Dependency或Alternate中指定的站点名不正确
ORA-16785	数据库不处于ARCHIVELOG模式
ORA-16786	资源防护无法访问数据防护元数据
ORA-16787	Data Guard Resource Guard进程事件测试
ORA-16788	无法设置一个或多个数据库配置属性值
ORA-16789	备用重做日志缺失
ORA-16790	可配置属性的值无效
ORA-16791	无法检查备用重做日志是否存在
ORA-16792	某些可配置属性的值与数据库设置不一致
ORA-16793	逻辑备用数据库Guard意外关闭
ORA-16794	数据库Guard已为主数据库打开
ORA-16795	数据库资源防护程序检测到数据库需要重新实例化
ORA-16796	一个或多个属性无法从数据库导入
ORA-16797	Data Guard中介环境中缺少SPFILE
ORA-16798	在备用数据库上无法完成终端恢复
ORA-16799	物理应用服务已经脱机
ORA-16800	某些站点的日志传输服务被错误设置为ALTERNATE
ORA-16801	某些与日志传输相关的属性不一致
ORA-16802	无法将属性Alternate设置为主站点名称

（续表）

错误号	说明
ORA-16803	无法查询数据库表或固定视图
ORA-16804	元数据中的一个或多个配置属性具有无效值
ORA-16805	LogXptMode属性的更改违反了总体保护模式
ORA-16806	补充事件记录功能未启用
ORA-16807	无法将保护模式设置为数据库
ORA-16900	客户机无法初始化
ORA-16901	环境无法初始化
ORA-16902	无法分配句柄
ORA-16903	无法连接到数据库
ORA-16904	无法设置属性
ORA-16906	无法接受命令，内存不足
ORA-16907	字段缺失
ORA-16908	未知选项
ORA-16909	出现严重错误，正在退出...
ORA-16910	无法向服务器发出命令
ORA-16911	警告
ORA-16912	未知的命令，请尝试使用"帮助"
ORA-16913	可使用某命令
ORA-16914	缺少连接字符串，请尝试使用"帮助"
ORA-16915	已连接
ORA-16916	缺少站点，请尝试使用"帮助"
ORA-16917	缺少XML文档，请尝试使用"帮助"
ORA-16918	未知的文档类型
ORA-16919	缺少文档
ORA-16920	文档已损坏
ORA-16921	已成功
ORA-16922	警告
ORA-16923	错误
ORA-16925	退出程序
ORA-16926	显示框架、站点或资源的配置
ORA-16927	启用框架、站点或资源
ORA-16928	禁用框架、站点或资源
ORA-16929	显示指定命令的帮助
ORA-16930	使框架、站点或资源联机
ORA-16931	使框架、站点或资源脱机
ORA-16932	显示特定站点的Console日志
ORA-16933	显示特定站点的预警日志
ORA-16934	显示框架的版本

（续表）

错误号	说明
ORA-16935	从容切换到备用站点
ORA-16936	故障转移到备用站点
ORA-16937	连接到服务器
ORA-16938	向恢复框架发送命令
ORA-16939	无法作为主站点启动
ORA-16940	已将某站点作为新的主站点启动
ORA-16941	新主站切换已成功。
ORA-16942	无法将某站点作为备用站点启动
ORA-16943	已将某站点作为备用站点启动
ORA-16944	故障转移已成功
ORA-16945	存在语法错误
ORA-16946	未找到站点
ORA-16947	不以主角色运行
ORA-16948	不以备用角色运行
ORA-16949	未找到资源
ORA-16950	无法检索，以进行编辑
ORA-16951	未找到管理器信息
ORA-16952	无法描述配置
ORA-16953	站点或资源不存在
ORA-16954	资源不能以该方式在多个站点上运行
ORA-16955	无法创建或找到模板
ORA-16956	缺少模板名
ORA-16957	未找到模板
ORA-16958	无法转换文档
ORA-16959	框架的应答为NULL
ORA-16960	状态不可用
ORA-16961	创建配置、站点或资源
ORA-16962	编辑配置、站点或资源
ORA-16963	移去配置、站点或资源
ORA-16964	移去未用的模板
ORA-16965	没有相关帮助
ORA-16966	没有属性
ORA-16967	按Enter键继续，或按Q键退出
ORA-16968	当前状态
ORA-16969	已将配置添加到主站点
ORA-16970	已根据模板创建
ORA-16971	将数据库一般资源添加到角色
ORA-16972	已添加数据库资源
ORA-16973	配置的默认主数据库当前是"数据库名"
ORA-16974	禁用

（续表）

错误号	说明
ORA-16975	启用
ORA-16976	已更新属性
ORA-16977	已移去配置
ORA-16978	已从配置移去站点
ORA-16979	资源在主角色中的默认状态设为"状态值"
ORA-16980	资源在备用角色中的默认状态设为"状态值"
ORA-16981	已从配置中移去资源
ORA-16982	已将站点添加到配置
ORA-16983	已启动
ORA-16984	已停止
ORA-16985	存在N个模板
ORA-16986	模板都在使用中
ORA-16987	存在一个模板
ORA-16988	已移去未用的模板
ORA-16989	有效状态是
ORA-16990	已更新站点
ORA-16991	资源名不明确
ORA-16992	必须手动重新启动站点
ORA-17500	ODM错误
ORA-17501	逻辑块大小无效
ORA-17502	ksfdcre：未能创建文件
ORA-17503	ksfdopn：未能打开文件
ORA-17504	ksfddel：无法删除文件
ORA-17505	ksfdrsz：未能将文件大小调整为大小为的块
ORA-17506	I/O错误模拟
ORA-17507	I/O请求大小不是逻辑块大小的倍数
ORA-17508	I/O请求缓冲区ptr未对齐
ORA-17509	试图超出block1的偏移量执行I/O
ORA-17510	试图超出文件的大小执行I/O
ORA-17610	文件不存在，大小也未指定
ORA-17611	ksfd：无法访问文件，已关闭全局打开特性
ORA-18000	大纲名称无效
ORA-18001	没有为ALTER OUTLINE指定选项
ORA-18002	指定的大纲不存在
ORA-18003	已经有该签名的大纲存在
ORA-18004	大纲已存在
ORA-18005	该操作需要创建大纲权限

（续表）

错误号	说明
ORA-18006	该操作需要删除大纲权限
ORA-18007	该操作需要更改大纲权限
ORA-18008	无法找到OUTLN方案
ORA-18009	一个或多个大纲系统表不存在
ORA-18010	命令丢失必须的CATEGORY关键字
ORA-18011	FROM子句中指定的大纲不存在
ORA-18012	该操作需要select_catalog_role角色
ORA-18013	等待资源时超时
ORA-18014	等待资源时检测到死锁
ORA-18015	源大纲签名无效
ORA-19000	缺少RELATIONAL关键字
ORA-19001	指定的存储选项无效
ORA-19002	缺少XMLSchemaURL
ORA-19003	缺少XML根元素名
ORA-19004	XMLType OBJECT RELATIONAL存储选项重复
ORA-19005	XMLType LOB存储选项重复
ORA-19006	XMLType TYPE存储选项不适用于存储类型
ORA-19007	方案和元素不匹配
ORA-19008	XMLType的版本无效
ORA-19009	缺少XMLSchema关键字
ORA-19010	无法插入XML片段
ORA-19011	字符串缓冲区太小
ORA-19012	无法将XML片段转换到所需数据类型
ORA-19013	无法创建包含XMLType的VARRAY列
ORA-19015	XML标记的标识符无效
ORA-19016	属性不能出现在元素说明后面
ORA-19017	属性只能是简单标量
ORA-19018	XML标记中存在无效字符
ORA-19019	传给DBMS_XMLGEN.GETXML上下文无效
ORA-19020	XMLType列的解除引用无效
ORA-19021	XML操作的一般事件
ORA-19022	XML XPath函数已禁用
ORA-19023	UPDATEXML运算符的第一个参数必须是XMLTYPE
ORA-19024	必须命名游标表达式
ORA-19025	EXTRACTVALUE只返回一个节点的值
ORA-19026	EXTRACTVALUE只能检索叶节点的值

（续表）

错误号	说明
ORA-19027	用XML运算符隐藏查询重写的事件
ORA-19028	传递给toObject()函数的ADT参数无效
ORA-19029	无法将指定XMLType转换为所需的类型
ORA-19030	用于不基于方案的XML文档的方法无效
ORA-19031	XML元素或属性与类型中的任何元素或属性都不匹配
ORA-19032	XML标记与获得不符
ORA-19033	XML文档中指定的方案与方案参数不匹配
ORA-19034	方案生成过程中不支持该类型
ORA-19200	列说明无效
ORA-19201	数据类型不受支持
ORA-19202	XML处理时出错
ORA-19203	DBMS_XMLGEN处理时出错
ORA-19204	非标量值被标记为XML属性
ORA-19205	属性限定了选择列表中的一个非标量值
ORA-19206	用于查询或REF CURSOR参数的值无效
ORA-19207	XMLELEMENT的标量参数不能有别名
ORA-19208	参数（用于函数）必须具有别名
ORA-19209	格式化参数无效或不受支持
ORA-19300	URL处理时出错
ORA-19320	在HTTP URL中未指定主机名
ORA-19321	无法打开到主机的HTTP连接：端口
ORA-19322	从主机读取时，遇到了错误：端口
ORA-19323	url字符串无效
ORA-19330	类型未安装，使用CREATE_DBURI运算符前，请先安装该类型
ORA-19331	CREATE_DBURI运算符的最后一个参数必须是一个列
ORA-19332	CREATE_DBURI运算符中的列无效
ORA-19333	CREATE_DBURI运算符中的标志无效
ORA-19334	CREATE_DBURI运算符中的列说明无效
ORA-19335	格式类型对象无效
ORA-19336	缺少XML根元素
ORA-19400	系统类型和对象SYS.相冲突
ORA-19500	设备块大小无效
ORA-19501	文件、块编号读错误（块大小=）
ORA-19502	文件、块编号写错误（块大小=）
ORA-19503	无法获得有关的设备信息，名称、类型、参数
ORA-19504	无法创建文件
ORA-19505	无法识别文件

（续表）

错误号	说明
ORA-19506	无法创建顺序文件，名称、参数
ORA-19507	无法检索顺序文件，句柄、参数
ORA-19508	无法删除文件
ORA-19509	无法删除顺序文件，句柄、参数
ORA-19510	无法设置区块的大小给文件
ORA-19511	从介质管理器层接收到错误
ORA-19550	无法在使用调度程序时使用备份/恢复功能
ORA-19551	设备正忙
ORA-19552	设备类型无效
ORA-19553	设备名称无效
ORA-19554	配置设备时出错，设备类型：，设备名称：
ORA-19555	无效的LOG_ARCHIVE_MIN_SUCCEED_DEST参数值
ORA-19556	当前所需的目的地LOG_ARCHIVE_DUPLEX_DEST延期
ORA-19557	设备错误
ORA-19558	撤销配置设备时出错
ORA-19559	发送设备命令时出错
ORA-19560	不是有效的设备限制
ORA-19561	需要一个DISK通道
ORA-19562	文件为空
ORA-19563	标题（文件）验证失败
ORA-19565	对顺序设备进行双工时BACKUP_TAPE_IO_SLAVES禁用
ORA-19566	超出损坏块限制（文件）
ORA-19567	由于正在备份或复制而无法缩小文件
ORA-19568	设备已配置给此会话
ORA-19569	设备未配置给此会话
ORA-19570	文件号超出有效范围
ORA-19571	控制文件中未找到recid stamp
ORA-19572	由于正在调整文件大小而无法处理文件
ORA-19573	无法获得数据文件入队
ORA-19574	必须指定输出文件名
ORA-19575	需要块（在文件中）
ORA-19576	未在控制文件中定义数据文件
ORA-19577	文件丢失
ORA-19578	对顺序文件进行双工时到达卷的末尾，备份片不完整
ORA-19579	未找到的归档日志记录
ORA-19580	交谈不活动
ORA-19581	未命名任何文件

（续表）

错误号	说明
ORA-19582	归档日志文件标题验证失败
ORA-19583	交谈因错误而终止
ORA-19584	文件已在使用中
ORA-19585	段上出现卷的预先结尾
ORA-19586	千位限制过小，致使无法保留段目录
ORA-19587	在块编号处读取字节时出错
ORA-19588	recid stamp不再有效
ORA-19589	不是快照或备份控制文件
ORA-19590	对话正在进行中
ORA-19592	错误的对话类型
ORA-19593	数据文件号已存在
ORA-19594	控制文件已存在
ORA-19595	归档日志已包含在备份对话中
ORA-19596	未创建快照控制文件
ORA-19597	文件、块大小、不匹配，设置块大小
ORA-19598	必须为增量备份指定起始SCN
ORA-19599	块文件损坏
ORA-19600	输入某文件
ORA-19601	输出某文件
ORA-19602	无法按NOARCHIVELOG模式备份或复制活动文件
ORA-19603	无法用KEEP备份或复制活动文件，UNRECOVERABLE选项
ORA-19604	对话文件的命名阶段已结束
ORA-19605	必须指定输入文件名
ORA-19606	无法复制到（或恢复为）快照控制文件
ORA-19607	位于活动的控制文件中
ORA-19608	不是一个备份段
ORA-19609	来自不同的备份集：stamp count
ORA-19610	目录块已损坏
ORA-19611	备份段出现混乱
ORA-19612	数据文件没有恢复
ORA-19613	在备份集中未找到数据文件
ORA-19614	在备份集中未找到存档日志线程序列
ORA-19615	有些文件在备份集中未找到
ORA-19616	如果未安装数据库，则必须指定输出文件名
ORA-19617	文件含有不同的重置日志数据
ORA-19618	在调用restoreValidate之后，无法为文件命名

（续表）

错误号	说明
ORA-19619	在给文件命名之后，无法调用restoreValidate
ORA-19621	已指定存档日志范围
ORA-19622	存档日志线程序列没有恢复
ORA-19623	文件已打开
ORA-19624	操作失败，如果可能请重试
ORA-19625	识别文件时出错
ORA-19626	备份集无法在此对话中处理
ORA-19627	在控制文件应用期间，无法读取备份段
ORA-19628	无效的SCN范围
ORA-19629	在指定的存档日志SCN范围中没有任何文件
ORA-19630	在复制备份段时，遇到卷结尾
ORA-19631	存档日志记录不包含任何文件名
ORA-19632	在控制文件中未找到文件名
ORA-19633	控制文件记录与恢复目录不同步
ORA-19634	此函数需要文件名
ORA-19635	输入及输出文件名是相同的
ORA-19636	已包括存档日志线程序列
ORA-19637	在使用DISK设备时，backupPieceCreate需要文件名
ORA-19638	文件不够新，所以无法应用此增量备份
ORA-19639	文件比此增量备份还要新
ORA-19640	数据文件检查点为SCN时间
ORA-19641	备份数据文件检查点为SCN时间
ORA-19642	增量-起始SCN为某值
ORA-19643	数据文件：增量-起始SCN太新
ORA-19644	数据文件：增量-起始SCN在重置日志SCN之前
ORA-19645	数据文件：增量-起始SCN在创建SCN之前
ORA-19646	无法将数据文件的大小更改为指定值
ORA-19647	在INCREMENTAL为FALSE时，无法指定非零LEVEL
ORA-19648	数据文件：增量-起始SCN等于检查点SCN
ORA-19649	脱机范围记录recid stamp未在此文件中找到
ORA-19650	脱机范围记录recid stamp（位于文件）具有SCN
ORA-19651	无法将脱机范围记录应用于数据文件：SCN不匹配
ORA-19652	无法将脱机范围记录应用于数据文件：文件模糊
ORA-19653	无法切换至旧的文件原型

（续表）

错误号	说明
ORA-19654	必须使用备份控制文件才能切换文件原型
ORA-19655	无法切换至具有不同重置日志数据的原型
ORA-19656	无法备份、复制或删除联机日志
ORA-19657	无法检查当前的数据文件
ORA-19658	无法检查-文件来自不同的重置日志
ORA-19659	增量恢复将使文件超过重置日志
ORA-19660	无法验证备份集中的某些文件
ORA-19661	无法验证数据文件
ORA-19662	无法验证存档的日志线程序列
ORA-19663	无法将当前的脱机范围应用到数据文件
ORA-19664	文件类型、文件名
ORA-19665	文件标题的大小不匹配实际文件的大小
ORA-19666	无法对控制文件进行增量恢复
ORA-19667	无法对数据文件进行增量恢复
ORA-19668	无法对数据文件进行完整恢复
ORA-19669	代理复制功能不能在DISK通道上运行
ORA-19670	文件已恢复
ORA-19671	介质管理软件返回无效的代理句柄
ORA-19672	介质管理软件返回无效的文件状态
ORA-19673	对文件进行代理复制期间出错
ORA-19674	文件已在用代理副本进行备份
ORA-19675	文件在代理复制期间被修改
ORA-19676	在代理备份或恢复期间一个或多个文件失效
ORA-19677	RMAN配置名超过了最大长度
ORA-19678	RMAN配置值超过了最大长度
ORA-19679	RMAN配置编号位于有效范围之外
ORA-19680	某些块没有得到恢复，有关详细资料，请参阅跟踪文件
ORA-19681	无法进行控制文件上的块介质恢复
ORA-19682	文件不在块介质恢复上下文中
ORA-19683	文件的实际块大小和备份块大小不相等
ORA-19684	由于数据库挂起，块介质恢复失败
ORA-19685	无法验证SPFILE
ORA-19686	没有恢复SPFILE
ORA-19687	在备份集内找不到SPFILE
ORA-19688	在控制文件自动备份格式中，没有%F
ORA-19689	在控制文件自动备份格式中，不能有多个%F
ORA-19690	备份部分的版本与Oracle版本不兼容
ORA-19700	设备类型超出最大长度

（续表）

错误号	说明
ORA-19701	设备名称超出最大长度
ORA-19702	设备参数超出最大长度
ORA-19703	设备命令字符串超出最大长度
ORA-19704	文件名超出最大长度
ORA-19705	标记值超出最大长度个字符
ORA-19706	无效的SCN
ORA-19707	无效的记录块编号
ORA-19708	日志目标超出最大长度个字符
ORA-19709	数值参数必须是非负整数
ORA-19710	不受支持的字符集
ORA-19711	数据库打开时不能使用reNormalizeAllFileNames
ORA-19712	表名超过了最大长度
ORA-19713	副本编号无效
ORA-19714	生成的段名长度超过限定长度
ORA-19715	段名格式无效
ORA-19720	将OCI号转换为SCN时出错
ORA-19721	无法找到带绝对文件号的数据文件
ORA-19722	数据文件版本错误
ORA-19723	无法重建插入的只读数据文件
ORA-19724	快照太旧：快照时间在文件的插入时间之前
ORA-19725	无法获取插入排队
ORA-19726	无法将数据（在级）插入以兼容级运行的数据库
ORA-19727	无法将数据（在级）插入正在运行的Oracle数据库
ORA-19728	数据对象号在表和分区间（在表中）冲突
ORA-19729	文件不是插入的数据文件的初始版本
ORA-19730	无法转换脱机插入的数据文件
ORA-19731	无法更改未验证的插入数据文件
ORA-19732	表空间的数据文件号不正确
ORA-19733	COMPATIBLE参数值过小
ORA-19734	创建SCN错误-控制文件需要经转换的插入的数据文件
ORA-19735	创建SCN错误-控制文件需要初始的插入的数据文件
ORA-19736	不能使用不同国家字符集把表空间加入到数据库
ORA-19999	skip_row过程被调用

附录B
MySQL错误信息表

错误号	说明
错误：1000 SQLSTATE: HY000 (ER_HASHCHK)	消息：hashchk
错误：1001 SQLSTATE: HY000 (ER_NISAMCHK)	消息：isamchk
错误：1002 SQLSTATE: HY000 (ER_NO)	消息：NO
错误：1003 SQLSTATE: HY000 (ER_YES)	消息：YES
错误：1004 SQLSTATE: HY000 (ER_CANT_CREATE_FILE)	消息：无法创建文件%s（errno：%d）
错误：1005 SQLSTATE: HY000 (ER_CANT_CREATE_TABLE)	消息：无法创建表%s（errno：%d）
错误：1006 SQLSTATE: HY000 (ER_CANT_CREATE_DB)	消息：无法创建数据库%s（errno：%d）
错误：1007 SQLSTATE: HY000 (ER_DB_CREATE_EXISTS)	消息：无法创建数据库%s，数据库已存在
错误：1008 SQLSTATE: HY000 (ER_DB_DROP_EXISTS)	消息：无法撤销数据库%s，数据库不存在
错误：1009 SQLSTATE: HY000 (ER_DB_DROP_DELETE)	消息：撤销数据库时出错（无法删除%s，errno：%d）
错误：1010 SQLSTATE: HY000 (ER_DB_DROP_RMDIR)	消息：撤销数据库时出错（can't rmdir %s，errno：%d）
错误：1011 SQLSTATE: HY000 (ER_CANT_DELETE_FILE)	消息：删除%s时出错（errno：%d）
错误：1012 SQLSTATE: HY000 (ER_CANT_FIND_SYSTEM_REC)	消息：无法读取系统表中的记录
错误：1013 SQLSTATE: HY000 (ER_CANT_GET_STAT)	消息：无法获取%s的状态（errno：%d）
错误：1014 SQLSTATE: HY000 (ER_CANT_GET_WD)	消息：无法获得工作目录（errno：%d）
错误：1015 SQLSTATE: HY000 (ER_CANT_LOCK)	消息：无法锁定文件（errno：%d）
错误：1016 SQLSTATE: HY000 (ER_CANT_OPEN_FILE)	消息：无法打开文件%s（errno：%d）
错误：1017 SQLSTATE: HY000 (ER_FILE_NOT_FOUND)	消息：无法找到文件%s（errno：%d）
错误：1018 SQLSTATE: HY000 (ER_CANT_READ_DIR)	消息：无法读取%s的目录（errno：%d）
错误：1019 SQLSTATE: HY000 (ER_CANT_SET_WD)	消息：无法为%s更改目录（errno：%d）
错误：1020 SQLSTATE: HY000 (ER_CHECKREAD)	消息：自上次读取以来表%s中的记录已改变
错误：1021 SQLSTATE: HY000 (ER_DISK_FULL)	消息：磁盘满（%s），等待释放一些空间
错误：1022 SQLSTATE: 23000 (ER_DUP_KEY)	消息：无法写入，复制表%s的键
错误：1023 SQLSTATE: HY000 (ER_ERROR_ON_CLOSE)	消息：关闭%s时出错（errno：%d）
错误：1024 SQLSTATE: HY000 (ER_ERROR_ON_READ)	消息：读取文件%s时出错（errno：%d）
错误：1025 SQLSTATE: HY000 (ER_ERROR_ON_RENAME)	消息：将%s重命名为%s时出错（errno：%d）
错误：1026 SQLSTATE: HY000 (ER_ERROR_ON_WRITE)	消息：写入文件%s时出错（errno：%d）
错误：1027 SQLSTATE: HY000 (ER_FILE_USED)	消息：%s已锁定，拒绝更改
错误：1028 SQLSTATE: HY000 (ER_FILSORT_ABORT)	消息：分类失败
错误：1029 SQLSTATE: HY000 (ER_FORM_NOT_FOUND)	消息：对于%s，视图%s不存在
错误：1030 SQLSTATE: HY000 (ER_GET_ERRNO)	消息：从存储引擎中获得错误%d
错误：1031 SQLSTATE: HY000 (ER_ILLEGAL_HA)	消息：关于%s的表存储引擎不含该选项
错误：1032 SQLSTATE: HY000 (ER_KEY_NOT_FOUND)	消息：无法在%s中找到记录
错误：1033 SQLSTATE: HY000 (ER_NOT_FORM_FILE)	消息：文件中的不正确信息%s

（续表）

错误号	说明
错误：1034 SQLSTATE: HY000 (ER_NOT_KEYFILE)	消息：对于表%s，键文件不正确，请尝试修复
错误：1035 SQLSTATE: HY000 (ER_OLD_KEYFILE)	消息：旧的键文件，对于表%s，请修复之
错误：1036 SQLSTATE: HY000 (ER_OPEN_AS_READONLY)	消息：表%s是只读的
错误：1037 SQLSTATE: HY001 (ER_OUTOFMEMORY)	消息：内存溢出，重启服务器并再次尝试（需要%d字节）
错误：1038 SQLSTATE: HY001 (ER_OUT_OF_SORTMEMORY)	消息：分类内存溢出，增加服务器的分类缓冲区大小
错误：1039 SQLSTATE: HY000 (ER_UNEXPECTED_EOF)	消息：读取文件%s时出现意外EOF（errno：%d）
错误：1040 SQLSTATE: 08004 (ER_CON_COUNT_ERROR)	消息：连接过多
错误：1041 SQLSTATE: HY000 (ER_OUT_OF_RESOURCES)	消息：内存溢出，请检查是否mysqld或其他进程使用了所有可用内存，如不然，或许应使用'ulimit'允许mysqld使用更多内存，或增加交换空间的大小
错误：1042 SQLSTATE: 08S01 (ER_BAD_HOST_ERROR)	消息：无法获得该地址给出的主机名
错误：1043 SQLSTATE: 08S01 (ER_HANDSHAKE_ERROR)	消息：不良握手
错误：1044 SQLSTATE: 42000 (ER_DBACCESS_DENIED_ERROR)	消息：拒绝用户%s@%s访问数据库%s
错误：1045 SQLSTATE: 28000 (ER_ACCESS_DENIED_ERROR)	消息：拒绝用户%s@%s的访问（使用密码：%s）
错误：1046 SQLSTATE: 3D000 (ER_NO_DB_ERROR)	消息：未选择数据库
错误：1047 SQLSTATE: 08S01 (ER_UNKNOWN_COM_ERROR)	消息：未知命令
错误：1048 SQLSTATE: 23000 (ER_BAD_NULL_ERROR)	消息：列%s不能为空
错误：1049 SQLSTATE: 42000 (ER_BAD_DB_ERROR)	消息：未知数据库%s
错误：1050 SQLSTATE: 42S01 (ER_TABLE_EXISTS_ERROR)	消息：表%s已存在
错误：1051 SQLSTATE: 42S02 (ER_BAD_TABLE_ERROR)	消息：未知表%s
错误：1052 SQLSTATE: 23000 (ER_NON_UNIQ_ERROR)	消息：%s中的列%s不明确
错误：1053 SQLSTATE: 08S01 (ER_SERVER_SHUTDOWN)	消息：在操作过程中服务器关闭
错误：1054 SQLSTATE: 42S22 (ER_BAD_FIELD_ERROR)	消息：%s中的未知列%s
错误：1055 SQLSTATE: 42000 (ER_WRONG_FIELD_WITH_GROUP)	消息：%s不在GROUP BY中
错误：1056 SQLSTATE: 42000 (ER_WRONG_GROUP_FIELD)	消息：无法在%s上创建组
错误：1057 SQLSTATE: 42000 (ER_WRONG_SUM_SELECT)	消息：语句中有sum函数和相同语句中的列
错误：1058 SQLSTATE: 21S01 (ER_WRONG_VALUE_COUNT)	消息：列计数不匹配值计数
错误：1059 SQLSTATE: 42000 (ER_TOO_LONG_IDENT)	消息：ID名称%s过长
错误：1060 SQLSTATE: 42S21 (ER_DUP_FIELDNAME)	消息：重复列名%s
错误：1061 SQLSTATE: 42000 (ER_DUP_KEYNAME)	消息：重复键名称%s

（续表）

错误号	说明
错误：1062 SQLSTATE: 23000 (ER_DUP_ENTRY)	消息：键%d的重复条目%s
错误：1063 SQLSTATE: 42000 (ER_WRONG_FIELD_SPEC)	消息：对于列%s，列分类符不正确
错误：1064 SQLSTATE: 42000 (ER_PARSE_ERROR)	消息：在行%d上，%s靠近%s
错误：1065 SQLSTATE: 42000 (ER_EMPTY_QUERY)	消息：查询为空
错误：1066 SQLSTATE: 42000 (ER_NONUNIQ_TABLE)	消息：非唯一的表/别名：%s
错误：1067 SQLSTATE: 42000 (ER_INVALID_DEFAULT)	消息：关于%s的无效默认值
错误：1068 SQLSTATE: 42000 (ER_MULTIPLE_PRI_KEY)	消息：定义了多个主键
错误：1069 SQLSTATE: 42000 (ER_TOO_MANY_KEYS)	消息：指定了过多键，允许的最大键数是%d
错误：1070 SQLSTATE: 42000 (ER_TOO_MANY_KEY_PARTS)	消息：指定了过多键部分，允许的最大键部分是%d
错误：1071 SQLSTATE: 42000 (ER_TOO_LONG_KEY)	消息：指定的键过长，最大键长度是%d字节
错误：1072 SQLSTATE: 42000 (ER_KEY_COLUMN_DOES_NOT_EXITS)	消息：键列%s在表中不存在
错误：1073 SQLSTATE: 42000 (ER_BLOB_USED_AS_KEY)	消息：BLOB列%s不能与已使用的表类型用在键说明中
错误：1074 SQLSTATE: 42000 (ER_TOO_BIG_FIELDLENGTH)	消息：对于列%s，列长度过大（max = %d），请使用BLOB或TEXT取而代之
错误：1075 SQLSTATE: 42000 (ER_WRONG_AUTO_KEY)	消息：不正确的表定义，只能有1个auto列，而且必须将其定义为键
错误：1076 SQLSTATE: HY000 (ER_READY)	消息：%s，连接就绪。版本，%s；套接字，%s；端口，%d
错误：1077 SQLSTATE: HY000 (ER_NORMAL_SHUTDOWN)	消息：%s，正常关闭
错误：1078 SQLSTATE: HY000 (ER_GOT_SIGNAL)	消息：%s，获得信号%d，放弃
错误：1079 SQLSTATE: HY000 (ER_SHUTDOWN_COMPLETE)	消息：%s，关闭完成
错误：1080 SQLSTATE: 08S01 (ER_FORCING_CLOSE)	消息：%s，强制关闭线程%ld。用户，%s
错误：1081 SQLSTATE: 08S01 (ER_IPSOCK_ERROR)	消息：无法创建IP套接字
错误：1082 SQLSTATE: 42S12 (ER_NO_SUCH_INDEX)	消息：表%s中没有与CREATE INDEX中索引类似的索引，重新创建表
错误：1083 SQLSTATE: 42000 (ER_WRONG_FIELD_TERMINATORS)	消息：字段分隔符参量不是预期的，请参考手册
错误：1084 SQLSTATE: 42000 (ER_BLOBS_AND_NO_TERMINATED)	消息：不能与BLOB一起使用固定行长度，请使用fields terminated by
错误：1085 SQLSTATE: HY000 (ER_TEXTFILE_NOT_READABLE)	消息：文件%s必须在数据库目录下，或能被所有人读取
错误：1086 SQLSTATE: HY000 (ER_FILE_EXISTS_ERROR)	消息：文件%s已存在
错误：1087 SQLSTATE: HY000 (ER_LOAD_INFO)	消息：记录，%ld；已删除，%ld；已跳过，%ld；警告，%ld
错误：1088 SQLSTATE: HY000 (ER_ALTER_INFO)	消息：记录，%ld；重复，%ld
错误：1089 SQLSTATE: HY000 (ER_WRONG_SUB_KEY)	消息：不正确的子部分键，使用的键部分不是字符串，所用的长度长于键部分，或存储引擎不支持唯一子键

（续表）

错误号	说明
错误：1090 SQLSTATE: 42000 (ER_CANT_REMOVE_ALL_FIELDS)	消息：不能用ALTER TABLE删除所有列，请使用DROP TABLE取而代之
错误：1091 SQLSTATE: 42000 (ER_CANT_DROP_FIELD_OR_KEY)	消息：不能撤销%s，请检查列/键是否存在
错误：1092 SQLSTATE: HY000 (ER_INSERT_INFO)	消息：记录，%ld；复制，%ld；告警，%ld
错误：1093 SQLSTATE: HY000 (ER_UPDATE_TABLE_USED)	消息：不能在FROM子句中制定要更新的目标表%s
错误：1094 SQLSTATE: HY000 (ER_NO_SUCH_THREAD)	消息：未知线程ID，%lu
错误：1095 SQLSTATE: HY000 (ER_KILL_DENIED_ERROR)	消息：你不是线程%lu的所有者
错误：1096 SQLSTATE: HY000 (ER_NO_TABLES_USED)	消息：未使用任何表
错误：1097 SQLSTATE: HY000 (ER_TOO_BIG_SET)	消息：列%s和SET的字符串过多
错误：1098 SQLSTATE: HY000 (ER_NO_UNIQUE_LOGFILE)	消息：不能生成唯一的日志文件名%s.（1-999）
错误：1099 SQLSTATE: HY000 (ER_TABLE_NOT_LOCKED_FOR_WRITE)	消息：表%s已用READ锁定，不能更新
错误：1100 SQLSTATE: HY000 (ER_TABLE_NOT_LOCKED)	消息：未使用LOCK TABLES锁定表%s
错误：1101 SQLSTATE: 42000 (ER_BLOB_CANT_HAVE_DEFAULT)	消息：BLOB/TEXT列%s不能有默认值
错误：1102 SQLSTATE: 42000 (ER_WRONG_DB_NAME)	消息：不正确的数据库名%s
错误：1103 SQLSTATE: 42000 (ER_WRONG_TABLE_NAME)	消息：不正确的表名%s
错误：1104 SQLSTATE: 42000 (ER_TOO_BIG_SELECT)	消息：SELECT将检查超过MAX_JOIN_SIZE的行，如果SELECT正常，请检查WHERE，并使用SET SQL_BIG_SELECTS=1或SET SQL_MAX_JOIN_SIZE=#
错误：1105 SQLSTATE: HY000 (ER_UNKNOWN_ERROR)	消息：未知错误
错误：1106 SQLSTATE: 42000 (ER_UNKNOWN_PROCEDURE)	消息：未知过程%s
错误：1107 SQLSTATE: 42000 (ER_WRONG_PARAMCOUNT_TO_PROCEDURE)	消息：对于过程%s，参数计数不正确
错误：1108 SQLSTATE: HY000 (ER_WRONG_PARAMETERS_TO_PROCEDURE)	消息：对于过程%s，参数不正确
错误：1109 SQLSTATE: 42S02 (ER_UNKNOWN_TABLE)	消息：%s中的未知表%s
错误：1110 SQLSTATE: 42000 (ER_FIELD_SPECIFIED_TWICE)	消息：列%s被指定了两次
错误：1111 SQLSTATE: HY000 (ER_INVALID_GROUP_FUNC_USE)	消息：无效的分组函数使用
错误：1112 SQLSTATE: 42000 (ER_UNSUPPORTED_EXTENSION)	消息：表%s使用了该MySQL版本中不存在的扩展
错误：1113 SQLSTATE: 42000 (ER_TABLE_MUST_HAVE_COLUMNS)	消息：1个表至少要有1列
错误：1114 SQLSTATE: HY000 (ER_RECORD_FILE_FULL)	消息：表%s已满

（续表）

错误号	说明
错误：1115 SQLSTATE：42000 (ER_UNKNOWN_CHARACTER_SET)	消息：未知字符集%s
错误：1116 SQLSTATE：HY000 (ER_TOO_MANY_TABLES)	消息：表过多，MySQL在1个联合操作中只能使用%d个表
错误：1117 SQLSTATE：HY000 (ER_TOO_MANY_FIELDS)	消息：列过多
错误：1118 SQLSTATE：42000 (ER_TOO_BIG_ROWSIZE)	消息：行的大小过大。对于所使用的表类型，不包括BLOB，最大行大小为%ld，必须将某些列更改为TEXT或BLOB
错误：1119 SQLSTATE：HY000 (ER_STACK_OVERRUN)	消息：线程堆栈溢出，已使用%ld堆栈的%ld。如果需要，请使用mysqld -O thread_stack=#指定较大的堆栈
错误：1120 SQLSTATE：42000 (ER_WRONG_OUTER_JOIN)	消息：在OUTER JOIN中发现交叉关联，请检查ON条件
错误：1121 SQLSTATE：42000 (ER_NULL_COLUMN_IN_INDEX)	消息：列%s与UNIQUE或INDEX一起使用，但未定义为NOT NULL
错误：1122 SQLSTATE：HY000 (ER_CANT_FIND_UDF)	消息：无法加载函数%s
错误：1123 SQLSTATE：HY000 (ER_CANT_INITIALIZE_UDF)	消息：无法初始化函数%s；%s
错误：1124 SQLSTATE：HY000 (ER_UDF_NO_PATHS)	消息：对于共享库，不允许任何路径
错误：1125 SQLSTATE：HY000 (ER_UDF_EXISTS)	消息：函数%s已存在
错误：1126 SQLSTATE：HY000 (ER_CANT_OPEN_LIBRARY)	消息：不能打开共享库%s（errno：%d %s）
错误：1127 SQLSTATE：HY000 (ER_CANT_FIND_DL_ENTRY)	消息：不能发现库中的符号%s
错误：1128 SQLSTATE：HY000 (ER_FUNCTION_NOT_DEFINED)	消息：函数%s未定义
错误：1129 SQLSTATE：HY000 (ER_HOST_IS_BLOCKED)	消息：由于存在很多连接错误，主机%s被屏蔽，请用'mysqladmin flush-hosts'解除屏蔽
错误：1130 SQLSTATE：HY000 (ER_HOST_NOT_PRIVILEGED)	消息：不允许将主机%s连接到该MySQL服务器
错误：1131 SQLSTATE：42000 (ER_PASSWORD_ANONYMOUS_USER)	消息：你正在以匿名用户身份使用MySQL，不允许匿名用户更改密码
错误：1132 SQLSTATE：42000 (ER_PASSWORD_NOT_ALLOWED)	消息：必须有更新mysql数据库中表的权限才能更改密码
错误：1133 SQLSTATE：42000 (ER_PASSWORD_NO_MATCH)	消息：无法在用户表中找到匹配行
错误：1134 SQLSTATE：HY000 (ER_UPDATE_INFO)	消息：行匹配，%ld；已更改，%ld；警告，%ld
错误：1135 SQLSTATE：HY000 (ER_CANT_CREATE_THREAD)	消息：无法创建新线程（errno %d），如果未出现内存溢出，请参阅手册以了解可能的与操作系统有关的缺陷
错误：1136 SQLSTATE：21S01 (ER_WRONG_VALUE_COUNT_ON_ROW)	消息：列计数不匹配行%ld上的值计数
错误：1137 SQLSTATE：HY000 (ER_CANT_REOPEN_TABLE)	消息：无法再次打开表%s

（续表）

错误号	说明
错误：1138 SQLSTATE: 22004 (ER_INVALID_USE_OF_NULL)	消息：NULL值使用无效
错误：1139 SQLSTATE: 42000 (ER_REGEXP_ERROR)	消息：获得来自regexp的错误%s
错误：1140 SQLSTATE: 42000 (ER_MIX_OF_GROUP_FUNC_AND_FIELDS)	消息：如果没有GROUP BY子句，GROUP列（MIN(),MAX(),COUNT(),...）与非GROUP列的混合不合法
错误：1141 SQLSTATE: 42000 (ER_NONEXISTING_GRANT)	消息：没有为主机%s上的用户%s定义这类授权
错误：1142 SQLSTATE: 42000 (ER_TABLEACCESS_DENIED_ERROR)	消息：拒绝用户%s@%s在表%s上使用%s命令
错误：1143 SQLSTATE: 42000 (ER_COLUMNACCESS_DENIED_ERROR)	消息：拒绝用户%s@%s在表%s的%s上使用%s命令
错误：1144 SQLSTATE: 42000 (ER_ILLEGAL_GRANT_FOR_TABLE)	消息：非法GRANT/REVOKE命令，请参阅手册以了解可使用哪种权限
错误：1145 SQLSTATE: 42000 (ER_GRANT_WRONG_HOST_OR_USER)	消息：GRANT的主机或用户参量过长
错误：1146 SQLSTATE: 42S02 (ER_NO_SUCH_TABLE)	消息：表%s.%s不存在
错误：1147 SQLSTATE: 42000 (ER_NONEXISTING_TABLE_GRANT)	消息：在表%s上没有为主机%s上的用户%s定义这类授权
错误：1148 SQLSTATE: 42000 (ER_NOT_ALLOWED_COMMAND)	消息：所使用的命令在该MySQL版本中不允许
错误：1149 SQLSTATE: 42000 (ER_SYNTAX_ERROR)	消息：存在SQL语法错误，请参阅与你的MySQL版本对应的手册，以了解正确的语法
错误：1150 SQLSTATE: HY000 (ER_DELAYED_CANT_CHANGE_LOCK)	消息：对于表%s，延迟的插入线程不能获得请求的锁定
错误：1151 SQLSTATE: HY000 (ER_TOO_MANY_DELAYED_THREADS)	消息：使用的延迟线程过多
错误：1152 SQLSTATE: 08S01 (ER_ABORTING_CONNECTION)	消息：与数据库%s和用户%s的连接%ld失败（%s）
错误：1153 SQLSTATE: 08S01 (ER_NET_PACKET_TOO_LARGE)	消息：获得信息包大于'max_allowed_packet'字节
错误：1154 SQLSTATE: 08S01 (ER_NET_READ_ERROR_FROM_PIPE)	消息：获得来自连接管道的读错误
错误：1155 SQLSTATE: 08S01 (ER_NET_FCNTL_ERROR)	消息：获得来自fcntl()的错误
错误：1156 SQLSTATE: 08S01 (ER_NET_PACKETS_OUT_OF_ORDER)	消息：获得信息包无序
错误：1157 SQLSTATE: 08S01 (ER_NET_UNCOMPRESS_ERROR)	消息：无法解压缩通信信息包
错误：1158 SQLSTATE: 08S01 (ER_NET_READ_ERROR)	消息：读取通信信息包时出错
错误：1159 SQLSTATE: 08S01 (ER_NET_READ_INTERRUPTED)	消息：读取通信信息包时出现超时
错误：1160 SQLSTATE: 08S01 (ER_NET_ERROR_ON_WRITE)	消息：写入通信信息包时出错

（续表）

错误号	说明
错误：1161 SQLSTATE: 08S01 (ER_NET_WRITE_INTERRUPTED)	消息：写入通信信息包时出现超时
错误：1162 SQLSTATE: 42000 (ER_TOO_LONG_STRING)	消息：结果字符串长于max_allowed_packet字节
错误：1163 SQLSTATE: 42000 (ER_TABLE_CANT_HANDLE_BLOB)	消息：所使用的表类型不支持BLOB/TEXT列
错误：1164 SQLSTATE: 42000 (ER_TABLE_CANT_HANDLE_AUTO_INCREMENT)	消息：所使用的表类型不支持AUTO_INCREMENT列
错误：1165 SQLSTATE: HY000 (ER_DELAYED_INSERT_TABLE_LOCKED)	消息：由于用LOCK TABLES锁定了表，INSERT DELAYED不能与表%s一起使用
错误：1166 SQLSTATE: 42000 (ER_WRONG_COLUMN_NAME)	消息：不正确的列名%s
错误：1167 SQLSTATE: 42000 (ER_WRONG_KEY_COLUMN)	消息：所使用的存储引擎不能为列%s编制索引
错误：1168 SQLSTATE: HY000 (ER_WRONG_MRG_TABLE)	消息：MERGE表中的所有表未同等定义
错误：1169 SQLSTATE: 23000 (ER_DUP_UNIQUE)	消息：由于唯一性限制，不能写入到表%s
错误：1170 SQLSTATE: 42000 (ER_BLOB_KEY_WITHOUT_LENGTH)	消息：在未指定键长度的键说明中使用了BLOB/TEXT列%s
错误：1171 SQLSTATE: 42000 (ER_PRIMARY_CANT_HAVE_NULL)	消息：PRIMARY KEY的所有部分必须是NOT NULL，如果需要为NULL的关键字，请使用UNIQUE取而代之
错误：1172 SQLSTATE: 42000 (ER_TOO_MANY_ROWS)	消息：结果有1个以上的行组成
错误：1173 SQLSTATE: 42000 (ER_REQUIRES_PRIMARY_KEY)	消息：该表类型要求主键
错误：1174 SQLSTATE: HY000 (ER_NO_RAID_COMPILED)	消息：该MySQL版本是未使用RAID支持而编译的
错误：1175 SQLSTATE: HY000 (ER_UPDATE_WITHOUT_KEY_IN_SAFE_MODE)	消息：正在使用安全更新模式，而且试图在不使用WHERE的情况下更新使用了KEY列的表
错误：1176 SQLSTATE: HY000 (ER_KEY_DOES_NOT_EXITS)	消息：在表%s中，键%s不存在
错误：1177 SQLSTATE: 42000 (ER_CHECK_NO_SUCH_TABLE)	消息：无法打开表
错误：1178 SQLSTATE: 42000 (ER_CHECK_NOT_IMPLEMENTED)	消息：用于表的引擎不支持%s
错误：1179 SQLSTATE: 25000 (ER_CANT_DO_THIS_DURING_AN_TRANSACTION)	消息：不允许在事务中执行该命令
错误：1180 SQLSTATE: HY000 (ER_ERROR_DURING_COMMIT)	消息：在COMMIT期间出现错误%d
错误：1181 SQLSTATE: HY000 (ER_ERROR_DURING_ROLLBACK)	消息：在ROLLBACK期间出现错误%d
错误：1182 SQLSTATE: HY000 (ER_ERROR_DURING_FLUSH_LOGS)	消息：在FLUSH_LOGS期间出现错误%d
错误：1183 SQLSTATE: HY000 (ER_ERROR_DURING_CHECKPOINT)	消息：在CHECKPOINT期间出现错误%d

（续表）

错误号	说明
错误：1184 SQLSTATE: 08S01 (ER_NEW_ABORTING_CONNECTION)	消息：与数据库%s、用户%s和主机%s的连接%ld失败（%s）
错误：1185 SQLSTATE: HY000 (ER_DUMP_NOT_IMPLEMENTED)	消息：针对表的存储引擎不支持二进制表转储
错误：1186 SQLSTATE: HY000 (ER_FLUSH_MASTER_BINLOG_CLOSED)	消息：Binlog已关闭，不能RESET MASTER
错误：1187 SQLSTATE: HY000 (ER_INDEX_REBUILD)	消息：重新创建转储表%s的索引失败
错误：1188 SQLSTATE: HY000 (ER_MASTER)	消息：来自主连接%s的错误
错误：1189 SQLSTATE: 08S01 (ER_MASTER_NET_READ)	消息：读取主连接时出现网络错误
错误：1190 SQLSTATE: 08S01 (ER_MASTER_NET_WRITE)	消息：写入主连接时出现网络错误
错误：1191 SQLSTATE: HY000 (ER_FT_MATCHING_KEY_NOT_FOUND)	消息：无法找到与列表匹配的FULLTEXT索引
错误：1192 SQLSTATE: HY000 (ER_LOCK_OR_ACTIVE_TRANSACTION)	消息：由于存在活动的锁定表或活动的事务，不能执行给定的命令
错误：1193 SQLSTATE: HY000 (ER_UNKNOWN_SYSTEM_VARIABLE)	消息：未知的系统变量%s
错误：1194 SQLSTATE: HY000 (ER_CRASHED_ON_USAGE)	消息：表%s被标记为崩溃，应予以修复
错误：1195 SQLSTATE: HY000 (ER_CRASHED_ON_REPAIR)	消息：表%s被标记为崩溃，而且上次修复失败（自动？）
错误：1196 SQLSTATE: HY000 (ER_WARNING_NOT_COMPLETE_ROLLBACK)	消息：不能回滚某些非事务性已变动表
错误：1197 SQLSTATE: HY000 (ER_TRANS_CACHE_FULL)	消息：多语句事务要求更多的max_binlog_cache_size存储字节，增大mysqld变量，并再次尝试
错误：1198 SQLSTATE: HY000 (ER_SLAVE_MUST_STOP)	消息：运行从实例时不能执行该操作，请首先运行STOP SLAVE
错误：1199 SQLSTATE: HY000 (ER_SLAVE_NOT_RUNNING)	消息：该操作需要运行的从实例，请配置SLAVE并执行START SLAVE
错误：1200 SQLSTATE: HY000 (ER_BAD_SLAVE)	消息：服务器未配置为从服务器，请更正config文件，或使用CHANGE MASTER TO
错误：1201 SQLSTATE: HY000 (ER_MASTER_INFO)	消息：无法初始化主服务器信息结构，在MySQL错误日志中可找到更多错误消息
错误：1202 SQLSTATE: HY000 (ER_SLAVE_THREAD)	消息：无法创建从线程，请检查系统资源
错误：1203 SQLSTATE: 42000 (ER_TOO_MANY_USER_CONNECTIONS)	消息：用户%s已有了超过'max_user_connections'的活动连接
错误：1204 SQLSTATE: HY000 (ER_SET_CONSTANTS_ONLY)	消息：或许仅应与SET一起使用常量表达式
错误：1205 SQLSTATE: HY000 (ER_LOCK_WAIT_TIMEOUT)	消息：锁定等待超时，请尝试重新启动事务
错误：1206 SQLSTATE: HY000 (ER_LOCK_TABLE_FULL)	消息：总的锁定数超出了锁定表的大小
错误：1207 SQLSTATE: 25000 (ER_READ_ONLY_TRANSACTION)	消息：在READ UNCOMMITTED事务期间，无法获得更新锁定

（续表）

错误号	说明
错误：1208 SQLSTATE: HY000 (ER_DROP_DB_WITH_READ_LOCK)	消息：当线程保持为全局读锁定时，不允许DROP DATABASE
错误：1209 SQLSTATE: HY000 (ER_CREATE_DB_WITH_READ_LOCK)	消息：当线程保持为全局读锁定时，不允许CREATE DATABASE
错误：1210 SQLSTATE: HY000 (ER_WRONG_ARGUMENTS)	消息：为%s提供的参量不正确
错误：1211 SQLSTATE: 42000 (ER_NO_PERMISSION_TO_CREATE_USER)	消息：不允许%s@%s创建新用户
错误：1212 SQLSTATE: HY000 (ER_UNION_TABLES_IN_DIFFERENT_DIR)	消息：不正确的表定义，所有的MERGE表必须位于相同的数据库中
错误：1213 SQLSTATE: 40001 (ER_LOCK_DEADLOCK)	消息：试图获取锁定时发现死锁，请尝试重新启动事务
错误：1214 SQLSTATE: HY000 (ER_TABLE_CANT_HANDLE_FT)	消息：所使用的表类型不支持FULLTEXT索引
错误：1215 SQLSTATE: HY000 (ER_CANNOT_ADD_FOREIGN)	消息：无法添加外键约束
错误：1216 SQLSTATE: 23000 (ER_NO_REFERENCED_ROW)	消息：无法添加或更新子行，外键约束失败
错误：1217 SQLSTATE: 23000 (ER_ROW_IS_REFERENCED)	消息：无法删除或更新父行，外键约束失败
错误：1218 SQLSTATE: 08S01 (ER_CONNECT_TO_MASTER)	消息：连接至主服务器%s时出错
错误：1219 SQLSTATE: HY000 (ER_QUERY_ON_MASTER)	消息：在主服务器%s上执行查询时出错
错误：1220 SQLSTATE: HY000 (ER_ERROR_WHEN_EXECUTING_COMMAND)	消息：执行命令%s：%s时出错
错误：1221 SQLSTATE: HY000 (ER_WRONG_USAGE)	消息：%s和%s的用法不正确
错误：1222 SQLSTATE: 21000 (ER_WRONG_NUMBER_OF_COLUMNS_IN_SELECT)	消息：所使用的SELECT语句有不同的列数
错误：1223 SQLSTATE: HY000 (ER_CANT_UPDATE_WITH_READLOCK)	消息：由于存在冲突的读锁定，无法执行查询
错误：1224 SQLSTATE: HY000 (ER_MIXING_NOT_ALLOWED)	消息：禁止混合事务性表和非事务性表
错误：1225 SQLSTATE: HY000 (ER_DUP_ARGUMENT)	消息：在语句中使用了两次选项%s
错误：1226 SQLSTATE: 42000 (ER_USER_LIMIT_REACHED)	消息：用户%s超出了%s资源（当前值：%ld）
错误：1227 SQLSTATE: 42000 (ER_SPECIFIC_ACCESS_DENIED_ERROR)	消息：拒绝访问，需要%s权限才能执行该操作
错误：1228 SQLSTATE: HY000 (ER_LOCAL_VARIABLE)	消息：变量%s是1种SESSION变量，不能与SET GLOBAL一起使用
错误：1229 SQLSTATE: HY000 (ER_GLOBAL_VARIABLE)	消息：变量%s是1种GLOBAL变量，应使用SET GLOBAL来设置它
错误：1230 SQLSTATE: 42000 (ER_NO_DEFAULT)	消息：变量%s没有默认值

（续表）

错误号	说明
错误：1231 SQLSTATE：42000 (ER_WRONG_VALUE_FOR_VAR)	消息：变量%s不能设置为值%s
错误：1232 SQLSTATE：42000 (ER_WRONG_TYPE_FOR_VAR)	消息：变量%s的参量类型不正确
错误：1233 SQLSTATE：HY000 (ER_VAR_CANT_BE_READ)	消息：变量%s只能被设置，不能被读取
错误：1234 SQLSTATE：42000 (ER_CANT_USE_OPTION_HERE)	消息：不正确的%s用法/位置
错误：1235 SQLSTATE：42000 (ER_NOT_SUPPORTED_YET)	消息：该MySQL版本尚不支持%s
错误：1236 SQLSTATE：HY000 (ER_MASTER_FATAL_ERROR_READING_BINLOG)	消息：从二进制日志读取数据时，获得来自主服务器的致命错误%d：%s
错误：1237 SQLSTATE：HY000 (ER_SLAVE_IGNORED_TABLE)	消息：由于"replicate-*-table"规则，从SQL线程忽略了查询
错误：1238 SQLSTATE：HY000 (ER_INCORRECT_GLOBAL_LOCAL_VAR)	消息：变量%s是一种%s变量
错误：1239 SQLSTATE：42000 (ER_WRONG_FK_DEF)	消息：对于%s：%s，外键定义不正确
错误：1240 SQLSTATE：HY000 (ER_KEY_REF_DO_NOT_MATCH_TABLE_REF)	消息：键引用和表引用不匹配
错误：1241 SQLSTATE：21000 (ER_OPERAND_COLUMNS)	消息：操作数应包含%d列
错误：1242 SQLSTATE：21000 (ER_SUBQUERY_NO_1_ROW)	消息：子查询返回1行以上
错误：1243 SQLSTATE：HY000 (ER_UNKNOWN_STMT_HANDLER)	消息：指定给%s的未知预处理语句句柄
错误：1244 SQLSTATE：HY000 (ER_CORRUPT_HELP_DB)	消息：帮助数据库崩溃或不存在
错误：1245 SQLSTATE：HY000 (ER_CYCLIC_REFERENCE)	消息：对子查询的循环引用
错误：1246 SQLSTATE：HY000 (ER_AUTO_CONVERT)	消息：从%s列转换为%s
错误：1247 SQLSTATE：42S22 (ER_ILLEGAL_REFERENCE)	消息：引用%s不被支持（%s）
错误：1248 SQLSTATE：42000 (ER_DERIVED_MUST_HAVE_ALIAS)	消息：所有的导出表必须有自己的别名
错误：1249 SQLSTATE：01000 (ER_SELECT_REDUCED)	消息：在优化期间简化了选择%u
错误：1250 SQLSTATE：42000 (ER_TABLENAME_NOT_ALLOWED_HERE)	消息：来自某一SELECT的表%s不能在%s中使用
错误：1251 SQLSTATE：08004 (ER_NOT_SUPPORTED_AUTH_MODE)	消息：客户端不支持服务器请求的鉴定协议，请考虑升级MySQL客户端
错误：1252 SQLSTATE：42000 (ER_SPATIAL_CANT_HAVE_NULL)	消息：SPATIAL索引的所有部分必须是NOT NULL
错误：1253 SQLSTATE：42000 (ER_COLLATION_CHARSET_MISMATCH)	消息：对于CHARACTER SET %s，COLLATION %s无效
错误：1254 SQLSTATE：HY000 (ER_SLAVE_WAS_RUNNING)	消息：从服务器正在运行

（续表）

错误号	说明
错误：1255 SQLSTATE：HY000 (ER_SLAVE_WAS_NOT_RUNNING)	消息：从服务器已停止
错误：1256 SQLSTATE：HY000 (ER_TOO_BIG_FOR_UNCOMPRESS)	消息：解压的数据过大，最大大小为%d（解压数据的长度也可能已损坏）
错误：1257 SQLSTATE：HY000 (ER_ZLIB_Z_MEM_ERROR)	消息：ZLIB，无足够内存
错误：1258 SQLSTATE：HY000 (ER_ZLIB_Z_BUF_ERROR)	消息：ZLIB，输出缓冲区内无足够空间（解压数据的长度也可能已损坏）
错误：1259 SQLSTATE：HY000 (ER_ZLIB_Z_DATA_ERROR)	消息：ZLIB，输入数据已损坏
错误：1260 SQLSTATE：HY000 (ER_CUT_VALUE_GROUP_CONCAT)	消息：%d行被GROUP_CONCAT()截去
错误：1261 SQLSTATE：01000 (ER_WARN_TOO_FEW_RECORDS)	消息：行%ld不包含所有列的数据
错误：1262 SQLSTATE：01000 (ER_WARN_TOO_MANY_RECORDS)	消息：行%ld被截断，它包含的数据大于输入列中的数据
错误：1263 SQLSTATE：22004 (ER_WARN_NULL_TO_NOTNULL)	消息：列被设为默认值，在行%ld上将NULL提供给了NOT NULL列
错误：1264 SQLSTATE：22003 (ER_WARN_DATA_OUT_OF_RANGE)	消息：为行%ld上的列%s调整超出范围的值
错误：1265 SQLSTATE：01000 (WARN_DATA_TRUNCATED)	消息：为行%ld上的列%s截断数据
错误：1266 SQLSTATE：HY000 (ER_WARN_USING_OTHER_HANDLER)	消息：为表%s使用存储引擎%s
错误：1267 SQLSTATE：HY000 (ER_CANT_AGGREGATE_2COLLATIONS)	消息：对于操作%s，非法混合了校对（%s,%s）和（%s,%s）
错误：1268 SQLSTATE：HY000 (ER_DROP_USER)	消息：无法撤销1个或多个请求的用户
错误：1269 SQLSTATE：HY000 (ER_REVOKE_GRANTS)	消息：无法撤销所有权限，为1个或多个请求的用户授权
错误：1270 SQLSTATE：HY000 (ER_CANT_AGGREGATE_3COLLATIONS)	消息：对于操作%s，非法混合了校对（%s,%s）、（%s,%s）和（%s,%s）
错误：1271 SQLSTATE：HY000 (ER_CANT_AGGREGATE_NCOLLATIONS)	消息：对于操作%s，非法混合了校对
错误：1272 SQLSTATE：HY000 (ER_VARIABLE_IS_NOT_STRUCT)	消息：变量%s不是变量组分（不能用作XXXX.variable_name）
错误：1273 SQLSTATE：HY000 (ER_UNKNOWN_COLLATION)	消息：未知校对%s
错误：1274 SQLSTATE：HY000 (ER_SLAVE_IGNORED_SSL_PARAMS)	消息：由于该MySQL从服务器是在不支持SSL的情况下编译的，CHANGE MASTER中的SSL参数被忽略，随后，如果启动了具备SSL功能的MySQL，可使用这些参数
错误：1275 SQLSTATE：HY000 (ER_SERVER_IS_IN_SECURE_AUTH_MODE)	消息：服务器正运行在--secure-auth模式下，但%s@%s有1个采用旧格式的密码，请将密码更改为新格式
错误：1276 SQLSTATE：HY000 (ER_WARN_FIELD_RESOLVED)	消息：SELECT #%d的字段或引用'%s%s%s%s%s'是在SELECT #%d中确定的

错误号	说明
错误：1277 SQLSTATE: HY000 (ER_BAD_SLAVE_UNTIL_COND)	消息：对于START SLAVE UNTIL，不正确的参数或参数组合
错误：1278 SQLSTATE: HY000 (ER_MISSING_SKIP_SLAVE)	消息：与START SLAVE UNTIL一起执行按步复制时，建议使用--skip-slave-start，否则，如果发生未预料的从服务器mysqld重启，就出现问题
错误：1279 SQLSTATE: HY000 (ER_UNTIL_COND_IGNORED)	消息：SQL线程未启动，UNTIL选项被忽略
错误：1280 SQLSTATE: 42000 (ER_WRONG_NAME_FOR_INDEX)	消息：不正确的索引名%s
错误：1281 SQLSTATE: 42000 (ER_WRONG_NAME_FOR_CATALOG)	消息：不正确的目录名%s
错误：1282 SQLSTATE: HY000 (ER_WARN_QC_RESIZE)	消息：查询高速缓冲设置大小%lu时失败，新的查询高速缓冲的大小是%lu
错误：1283 SQLSTATE: HY000 (ER_BAD_FT_COLUMN)	消息：列%s不能是FULLTEXT索引的一部分
错误：1284 SQLSTATE: HY000 (ER_UNKNOWN_KEY_CACHE)	消息：未知的键高速缓冲%s
错误：1285 SQLSTATE: HY000 (ER_WARN_HOSTNAME_WONT_WORK)	消息：MySQL是在--skip-name-resolve模式下启动的，必须在不使用该开关的情况下重启它，以便该授权能起作用
错误：1286 SQLSTATE: 42000 (ER_UNKNOWN_STORAGE_ENGINE)	消息：未知的表引擎%s
错误：1287 SQLSTATE: HY000 (ER_WARN_DEPRECATED_SYNTAX)	消息：%s已过时，请使用%s取而代之
错误：1288 SQLSTATE: HY000 (ER_NON_UPDATABLE_TABLE)	消息：%s的目标表%s不可更新
错误：1289 SQLSTATE: HY000 (ER_FEATURE_DISABLED)	消息：%s特性已被禁止，要想使其工作，需要用%s创建MySQL
错误：1290 SQLSTATE: HY000 (ER_OPTION_PREVENTS_STATEMENT)	消息：MySQL正使用%s选项运行，因此不能执行该语句
错误：1291 SQLSTATE: HY000 (ER_DUPLICATED_VALUE_IN_TYPE)	消息：列%s在%s中有重复值%s
错误：1292 SQLSTATE: 22007 (ER_TRUNCATED_WRONG_VALUE)	消息：截折了不正确的%s值%s
错误：1293 SQLSTATE: HY000 (ER_TOO_MUCH_AUTO_TIMESTAMP_COLS)	消息：不正确的表定义，在DEFAULT或ON UPDATE子句中，对于CURRENT_TIMESTAMP，只能有一个TIMESTAMP列
错误：1294 SQLSTATE: HY000 (ER_INVALID_ON_UPDATE)	消息：对于%s列，ON UPDATE子句无效
错误：1295 SQLSTATE: HY000 (ER_UNSUPPORTED_PS)	消息：在预处理语句协议中，尚不支持该命令
错误：1296 SQLSTATE: HY000 (ER_GET_ERRMSG)	消息：从%s获得错误%d %s
错误：1297 SQLSTATE: HY000 (ER_GET_TEMPORARY_ERRMSG)	消息：从%s获得临时错误%d %s

（续表）

错误号	说明
错误：1298 SQLSTATE: HY000 (ER_UNKNOWN_TIME_ZONE)	消息：未知或不正确的时区%s
错误：1299 SQLSTATE: HY000 (ER_WARN_INVALID_TIMESTAMP)	消息：在行%ld的列%s中存在无效的TIMESTAMP值
错误：1300 SQLSTATE: HY000 (ER_INVALID_CHARACTER_STRING)	消息：无效的字符串%s
错误：1301 SQLSTATE: HY000 (ER_WARN_ALLOWED_PACKET_OVERFLOWED)	消息：%s()的结果大于max_allowed_packet（%ld），已截折
错误：1302 SQLSTATE: HY000 (ER_CONFLICTING_DECLARATIONS)	消息：冲突声明，%s%s和%s%s
错误：1303 SQLSTATE: 2F003 (ER_SP_NO_RECURSIVE_CREATE)	消息：不能从另一个存储子程序中创建%s
错误：1304 SQLSTATE: 42000 (ER_SP_ALREADY_EXISTS)	消息：%s %s已存在
错误：1305 SQLSTATE: 42000 (ER_SP_DOES_NOT_EXIST)	消息：%s %s不存在
错误：1306 SQLSTATE: HY000 (ER_SP_DROP_FAILED)	消息：DROP %s %s失败
错误：1307 SQLSTATE: HY000 (ER_SP_STORE_FAILED)	消息：CREATE %s %s失败
错误：1308 SQLSTATE: 42000 (ER_SP_LILABEL_MISMATCH)	消息：%s无匹配标签：%s
错误：1309 SQLSTATE: 42000 (ER_SP_LABEL_REDEFINE)	消息：重新定义标签%s
错误：1310 SQLSTATE: 42000 (ER_SP_LABEL_MISMATCH)	消息：末端标签%s无匹配项
错误：1311 SQLSTATE: 01000 (ER_SP_UNINIT_VAR)	消息：正在引用未初始化的变量%s
错误：1312 SQLSTATE: 0A000 (ER_SP_BADSELECT)	消息：PROCEDURE %s不能在给定场景下返回结果集
错误：1313 SQLSTATE: 42000 (ER_SP_BADRETURN)	消息：仅在FUNCTION中允许RETURN
错误：1314 SQLSTATE: 0A000 (ER_SP_BADSTATEMENT)	消息：在存储程序中不允许%s
错误：1315 SQLSTATE: 42000 (ER_UPDATE_LOG_DEPRECATED_IGNORED)	消息：更新日志已被放弃，并用二进制日志取代，SET SQL_LOG_UPDATE被忽略
错误：1316 SQLSTATE: 42000 (ER_UPDATE_LOG_DEPRECATED_TRANSLATED)	消息：更新日志已被放弃，并用二进制日志取代，SET SQL_LOG_UPDATE已被截断为SET SQL_LOG_BIN
错误：1317 SQLSTATE: 70100 (ER_QUERY_INTERRUPTED)	消息：查询执行被中断
错误：1318 SQLSTATE: 42000 (ER_SP_WRONG_NO_OF_ARGS)	消息：对于%s %s，参量数目不正确，预期为%u，却是%u
错误：1319 SQLSTATE: 42000 (ER_SP_COND_MISMATCH)	消息：未定义的CONDITION%s
错误：1320 SQLSTATE: 42000 (ER_SP_NORETURN)	消息：在FUNCTION %s中未发现RETURN
错误：1321 SQLSTATE: 2F005 (ER_SP_NORETURNEND)	消息：FUNCTION %s结束时缺少RETURN
错误：1322 SQLSTATE: 42000 (ER_SP_BAD_CURSOR_QUERY)	消息：光标语句必须是SELECT
错误：1323 SQLSTATE: 42000 (ER_SP_BAD_CURSOR_SELECT)	消息：光标SELECT不得有INTO
错误：1324 SQLSTATE: 42000 (ER_SP_CURSOR_MISMATCH)	消息：未定义的CURSOR%s

（续表）

错误号	说明
错误：1325 SQLSTATE：24000（ER_SP_CURSOR_ALREADY_OPEN）	消息：光标已打开
错误：1326 SQLSTATE：24000（ER_SP_CURSOR_NOT_OPEN）	消息：光标未打开
错误：1327 SQLSTATE：42000（ER_SP_UNDECLARED_VAR）	消息：未声明的变量%s
错误：1328 SQLSTATE：HY000（ER_SP_WRONG_NO_OF_FETCH_ARGS）	消息：不正确的FETCH变量数目
错误：1329 SQLSTATE：02000（ER_SP_FETCH_NO_DATA）	消息：FETCH无数据
错误：1330 SQLSTATE：42000（ER_SP_DUP_PARAM）	消息：重复参数 %s
错误：1331 SQLSTATE：42000（ER_SP_DUP_VAR）	消息：重复变量 %s
错误：1332 SQLSTATE：42000（ER_SP_DUP_COND）	消息：重复条件 %s
错误：1333 SQLSTATE：42000（ER_SP_DUP_CURS）	消息：重复光标 %s
错误：1334 SQLSTATE：HY000（ER_SP_CANT_ALTER）	消息：ALTER %s %s失败
错误：1335 SQLSTATE：0A000（ER_SP_SUBSELECT_NYI）	消息：不支持Subselect值
错误：1336 SQLSTATE：0A000（ER_STMT_NOT_ALLOWED_IN_SF_OR_TRG）	消息：在存储函数或触发程序中，不允许%s
错误：1337 SQLSTATE：42000（ER_SP_VARCOND_AFTER_CURSHNDLR）	消息：光标或句柄声明后面的变量或条件声明
错误：1338 SQLSTATE：42000（ER_SP_CURSOR_AFTER_HANDLER）	消息：句柄声明后面的光标声明
错误：1339 SQLSTATE：20000（ER_SP_CASE_NOT_FOUND）	消息：对于CASE语句，未发现Case
错误：1340 SQLSTATE：HY000（ER_FPARSER_TOO_BIG_FILE）	消息：配置文件%s过大
错误：1341 SQLSTATE：HY000（ER_FPARSER_BAD_HEADER）	消息：文件%s中存在残缺的文件类型标题
错误：1342 SQLSTATE：HY000（ER_FPARSER_EOF_IN_COMMENT）	消息：解析%s时，文件意外结束
错误：1343 SQLSTATE：HY000（ER_FPARSER_ERROR_IN_PARAMETER）	消息：解析参数%s时出错（行：%s）
错误：1344 SQLSTATE：HY000（ER_FPARSER_EOF_IN_UNKNOWN_PARAMETER）	消息：跳过未知参数%s时，文件意外结束
错误：1345 SQLSTATE：HY000（ER_VIEW_NO_EXPLAIN）	消息：EXPLAIN/SHOW无法发出，缺少对基本表的权限
错误：1346 SQLSTATE：HY000（ER_FRM_UNKNOWN_TYPE）	消息：文件%s在其题头中有未知的类型%s
错误：1347 SQLSTATE：HY000（ER_WRONG_OBJECT）	消息：%s.%s不是%s
错误：1348 SQLSTATE：HY000（ER_NONUPDATEABLE_COLUMN）	消息：列%s不可更新
错误：1349 SQLSTATE：HY000（ER_VIEW_SELECT_DERIVED）	消息：视图的SELECT在FROM子句中包含子查询
错误：1350 SQLSTATE：HY000（ER_VIEW_SELECT_CLAUSE）	消息：视图的SELECT包含%s子句

（续表）

错误号	说明
错误：1351 SQLSTATE: HY000 (ER_VIEW_SELECT_VARIABLE)	消息：视图的SELECT包含1个变量或参数
错误：1352 SQLSTATE: HY000 (ER_VIEW_SELECT_TMPTABLE)	消息：视图的SELECT引用了临时表%s
错误：1353 SQLSTATE: HY000 (ER_VIEW_WRONG_LIST)	消息：视图的SELECT和视图的字段列表有不同的列计数
错误：1354 SQLSTATE: HY000 (ER_WARN_VIEW_MERGE)	消息：此时，不能在这里使用视图合并算法（假定未定义算法）
错误：1355 SQLSTATE: HY000 (ER_WARN_VIEW_WITHOUT_KEY)	消息：正在更新的视图没有其基本表的完整键
错误：1356 SQLSTATE: HY000 (ER_VIEW_INVALID)	消息：视图%s.%s引用了无效的表、列或函数，或视图的定义程序／调用程序缺少使用它们的权限
错误：1357 SQLSTATE: HY000 (ER_SP_NO_DROP_SP)	消息：无法从另一个存储子程序中撤销或更改%s
错误：1358 SQLSTATE: HY000 (ER_SP_GOTO_IN_HNDLR)	消息：在存储子程序句柄中不允许GOTO
错误：1359 SQLSTATE: HY000 (ER_TRG_ALREADY_EXISTS)	消息：触发程序已存在
错误：1360 SQLSTATE: HY000 (ER_TRG_DOES_NOT_EXIST)	消息：触发程序不存在
错误：1361 SQLSTATE: HY000 (ER_TRG_ON_VIEW_OR_TEMP_TABLE)	消息：触发程序的%s是视图或临时表
错误：1362 SQLSTATE: HY000 (ER_TRG_CANT_CHANGE_ROW)	消息：在%strigger中，不允许更新%s行
错误：1363 SQLSTATE: HY000 (ER_TRG_NO_SUCH_ROW_IN_TRG)	消息：在%s触发程序中没有%s行
错误：1364 SQLSTATE: HY000 (ER_NO_DEFAULT_FOR_FIELD)	消息：字段%s没有默认值
错误：1365 SQLSTATE: 22012 (ER_DIVISION_BY_ZERO)	消息：被0除
错误：1366 SQLSTATE: HY000 (ER_TRUNCATED_WRONG_VALUE_FOR_FIELD)	消息：不正确的%s值，对于行%ld上的列%s
错误：1367 SQLSTATE: 22007 (ER_ILLEGAL_VALUE_FOR_TYPE)	消息：解析过程中发现非法%s值
错误：1368 SQLSTATE: HY000 (ER_VIEW_NONUPD_CHECK)	消息：不可更新视图%s.%s上的CHECK OPTION
错误：1369 SQLSTATE: HY000 (ER_VIEW_CHECK_FAILED)	消息：CHECK OPTION失败，%s.%s
错误：1370 SQLSTATE: 42000 (ER_PROCACCESS_DENIED_ERROR)	消息：对于子程序%s，拒绝用户%s@%s使用%s命令
错误：1371 SQLSTATE: HY000 (ER_RELAY_LOG_FAIL)	消息：清除旧中继日志失败
错误：1372 SQLSTATE: HY000 (ER_PASSWD_LENGTH)	消息：密码混编应是%d位的十六进制数
错误：1373 SQLSTATE: HY000 (ER_UNKNOWN_TARGET_BINLOG)	消息：在binlog索引中未发现目标日志

（续表）

错误号	说明
错误：1374 SQLSTATE: HY000 (ER_IO_ERR_LOG_INDEX_READ)	消息：读取日志索引文件时出现I/O错误
错误：1375 SQLSTATE: HY000 (ER_BINLOG_PURGE_PROHIBITED)	消息：服务器配置不允许binlog清除
错误：1376 SQLSTATE: HY000 (ER_FSEEK_FAIL)	消息：fseek()失败
错误：1377 SQLSTATE: HY000 (ER_BINLOG_PURGE_FATAL_ERR)	消息：在日志清除过程中出现致命错误
错误：1378 SQLSTATE: HY000 (ER_LOG_IN_USE)	消息：可清除的日志正在使用，不能清除
错误：1379 SQLSTATE: HY000 (ER_LOG_PURGE_UNKNOWN_ERR)	消息：在日志清除过程中出现未知错误
错误：1380 SQLSTATE: HY000 (ER_RELAY_LOG_INIT)	消息：初始化中继日志位置失败
错误：1381 SQLSTATE: HY000 (ER_NO_BINARY_LOGGING)	消息：未使用二进制日志功能
错误：1382 SQLSTATE: HY000 (ER_RESERVED_SYNTAX)	消息：%s语法保留给MySQL服务器内部使用
错误：1383 SQLSTATE: HY000 (ER_WSAS_FAILED)	消息：WSAStartup失败
错误：1384 SQLSTATE: HY000 (ER_DIFF_GROUPS_PROC)	消息：尚不能用不同的组处理过程
错误：1385 SQLSTATE: HY000 (ER_NO_GROUP_FOR_PROC)	消息：对于该过程，SELECT必须有1个组
错误：1386 SQLSTATE: HY000 (ER_ORDER_WITH_PROC)	消息：不能与该过程一起使用ORDER子句
错误：1387 SQLSTATE: HY000 (ER_LOGGING_PROHIBIT_CHANGING_OF)	消息：二进制日志功能和复制功能禁止更改全局服务器%s
错误：1388 SQLSTATE: HY000 (ER_NO_FILE_MAPPING)	消息：无法映射文件 %s, errno：%d
错误：1389 SQLSTATE: HY000 (ER_WRONG_MAGIC)	消息：%s中有错
错误：1390 SQLSTATE: HY000 (ER_PS_MANY_PARAM)	消息：预处理语句包含过多的占位符
错误：1391 SQLSTATE: HY000 (ER_KEY_PART_0)	消息：键部分%s的长度不能为0
错误：1392 SQLSTATE: HY000 (ER_VIEW_CHECKSUM)	消息：视图文本校验和失败
错误：1393 SQLSTATE: HY000 (ER_VIEW_MULTIUPDATE)	消息：无法通过联合视图%s.%s更改1个以上的基本表
错误：1394 SQLSTATE: HY000 (ER_VIEW_NO_INSERT_FIELD_LIST)	消息：不能在没有字段列表的情况下插入联合视图%s.%s
错误：1395 SQLSTATE: HY000 (ER_VIEW_DELETE_MERGE_VIEW)	消息：不能从联合视图%s.%s中删除
错误：1396 SQLSTATE: HY000 (ER_CANNOT_USER)	消息：对于%s的操作%s失败
错误：1397 SQLSTATE: XAE04 (ER_XAER_NOTA)	消息：XAER_NOTA：未知XID
错误：1398 SQLSTATE: XAE05 (ER_XAER_INVAL)	消息：XAER_INVAL：无效参量（或不支持的命令）
错误：1399 SQLSTATE: XAE07 (ER_XAER_RMFAIL)	消息：XAER_RMFAIL：当全局事务处于%s状态时，不能执行命令
错误：1400 SQLSTATE: XAE09 (ER_XAER_OUTSIDE)	消息：XAER_OUTSIDE：某些工作是在全局事务外完成的
错误：1401 SQLSTATE: XAE03 (ER_XAER_RMERR)	消息：XAER_RMERR：在事务分支中出现致命错误，请检查数据一致性
错误：1402 SQLSTATE: XA100 (ER_XA_RBROLLBACK)	消息：XA_RBROLLBACK：回滚了事务分支

（续表）

错误号	说明
错误：1403 SQLSTATE：42000 (ER_NONEXISTING_PROC_GRANT)	消息：在子程序%s上没有为主机%s上的用户%s定义这类授权
错误：1404 SQLSTATE：HY000 (ER_PROC_AUTO_GRANT_FAIL)	消息：无法授予EXECUTE和ALTER ROUTINE权限
错误：1405 SQLSTATE：HY000 (ER_PROC_AUTO_REVOKE_FAIL)	消息：无法撤销已放弃子程序上的所有权限
错误：1406 SQLSTATE：22001 (ER_DATA_TOO_LONG)	消息：对于行%ld上的列%s来说，数据过长
错误：1407 SQLSTATE：42000 (ER_SP_BAD_SQLSTATE)	消息：不良SQLSTATE%s
错误：1408 SQLSTATE：HY000 (ER_STARTUP)	消息：%s，连接就绪；版本，%s；套接字，%s；端口，%d %
错误：1409 SQLSTATE：HY000 (ER_LOAD_FROM_FIXED_SIZE_ROWS_TO_VAR)	消息：不能从具有固定大小行的文件中将值加载到变量
错误：1410 SQLSTATE：42000 (ER_CANT_CREATE_USER_WITH_GRANT)	消息：不允许用GRANT创建用户
错误：1411 SQLSTATE：HY000 (ER_WRONG_VALUE_FOR_TYPE)	消息：不正确的%s值，对于函数%s
错误：1412 SQLSTATE：HY000 (ER_TABLE_DEF_CHANGED)	消息：表定义已更改，请再次尝试事务
错误：1413 SQLSTATE：42000 (ER_SP_DUP_HANDLER)	消息：在相同块中声明了重复句柄
错误：1414 SQLSTATE：42000 (ER_SP_NOT_VAR_ARG)	消息：子程序%s的OUT或INOUT参量不是变量
错误：1415 SQLSTATE：0A000 (ER_SP_NO_RETSET)	消息：不允许从%s返回结果集
错误：1416 SQLSTATE：22003 (ER_CANT_CREATE_GEOMETRY_OBJECT)	消息：不能从发送给GEOMETRY字段的数据中获取几何对象
错误：1417 SQLSTATE：HY000 (ER_FAILED_ROUTINE_BREAK_BINLOG)	消息：1个子程序失败，在其声明中没有NO SQL或READS SQL DATA，而且二进制日志功能已启用，如果更新了非事务性表，二进制日志将丢失其变化信息
错误：1418 SQLSTATE：HY000 (ER_BINLOG_UNSAFE_ROUTINE)	消息：在该子程序的声明中没有DETERMINISTIC、NO SQL或READS SQL DATA，而且二进制日志功能已启用（或许打算使用不太安全的log_bin_trust_routine_creators变量）
错误：1419 SQLSTATE：HY000 (ER_BINLOG_CREATE_ROUTINE_NEED_SUPER)	消息：没有SUPER权限，而且二进制日志功能已启用（或许打算使用不太安全的log_bin_trust_routine_creators变量）
错误：1420 SQLSTATE：HY000 (ER_EXEC_STMT_WITH_OPEN_CURSOR)	消息：不能执行该预处理语句，该预处理语句有与之相关的打开光标，请复位语句并再次执行
错误：1421 SQLSTATE：HY000 (ER_STMT_HAS_NO_OPEN_CURSOR)	消息：语句（%lu）没有打开的光标
错误：1422 SQLSTATE：HY000 (ER_COMMIT_NOT_ALLOWED_IN_SF_OR_TRG)	消息：在存储函数或触发程序中，不允许显式或隐式提交
错误：1423 SQLSTATE：HY000 (ER_NO_DEFAULT_FOR_VIEW_FIELD)	消息：视图%s.%s基本表的字段没有默认值
错误：1424 SQLSTATE：HY000 (ER_SP_NO_RECURSION)	消息：不允许递归存储子程序

（续表）

错误号	说明
错误：1425 SQLSTATE: 42000 (ER_TOO_BIG_SCALE)	消息：为列%s指定了过大的标度%d，最大为%d
错误：1426 SQLSTATE: 42000 (ER_TOO_BIG_PRECISION)	消息：为列%s指定了过高的精度%d，最大为%d
错误：1427 SQLSTATE: 42000 (ER_M_BIGGER_THAN_D)	消息：对于float（M,D）、double（M,D）或decimal（M,D），M必须>= D（列%s）
错误：1428 SQLSTATE: HY000 (ER_WRONG_LOCK_OF_SYSTEM_TABLE)	消息：不能将系统%s.%s表的写锁定与其他表结合起来
错误：1429 SQLSTATE: HY000 (ER_CONNECT_TO_FOREIGN_DATA_SOURCE)	消息：无法连接到外部数据源，数据库%s
错误：1430 SQLSTATE: HY000 (ER_QUERY_ON_FOREIGN_DATA_SOURCE)	消息：处理作用在外部数据源上的查询时出现问题，数据源错误%s
错误：1431 SQLSTATE: HY000 (ER_FOREIGN_DATA_SOURCE_DOESNT_EXIST)	消息：试图引用的外部数据源不存在。数据源错误%s
错误：1432 SQLSTATE: HY000 (ER_FOREIGN_DATA_STRING_INVALID_CANT_CREATE)	消息：无法创建联合表，数据源连接字符串%s格式不正确
错误：1433 SQLSTATE: HY000 (ER_FOREIGN_DATA_STRING_INVALID)	消息：数据源连接字符串%s格式不正确
错误：1434 SQLSTATE: HY000 (ER_CANT_CREATE_FEDERATED_TABLE)	消息：无法创建联合表，外部数据源错误%s
错误：1435 SQLSTATE: HY000 (ER_TRG_IN_WRONG_SCHEMA)	消息：触发程序位于错误的方案中
错误：1436 SQLSTATE: HY000 (ER_STACK_OVERRUN_NEED_MORE)	消息：线程堆栈溢出，%ld字节堆栈用了%ld字节，并需要%ld字节。请使用mysqld -O thread_stack=#指定更大的堆栈
错误：1437 SQLSTATE: 42000 (ER_TOO_LONG_BODY)	消息：%s的子程序主体过长
错误：1438 SQLSTATE: HY000 (ER_WARN_CANT_DROP_DEFAULT_KEYCACHE)	消息：无法撤销默认的keycache
错误：1439 SQLSTATE: 42000 (ER_TOO_BIG_DISPLAYWIDTH)	消息：对于列%s，显示宽度超出范围（max = %d）
错误：1440 SQLSTATE: XAE08 (ER_XAER_DUPID)	消息：XAER_DUPID：XID已存在
错误：1441 SQLSTATE: 22008 (ER_DATETIME_FUNCTION_OVERFLOW)	消息：日期时间函数，%s字段溢出
错误：1442 SQLSTATE: HY000 (ER_CANT_UPDATE_USED_TABLE_IN_SF_OR_TRG)	消息：由于它已被调用了该存储函数／触发程序的语句使用，不能在存储函数／触发程序中更新表%s
错误：1443 SQLSTATE: HY000 (ER_VIEW_PREVENT_UPDATE)	消息：表%s的定义不允许在表%s上执行操作%s
错误：1444 SQLSTATE: HY000 (ER_PS_NO_RECURSION)	消息：预处理语句包含引用了相同语句的存储子程序调用，不允许以这类递归方式执行预处理语句
错误：1445 SQLSTATE: HY000 (ER_SP_CANT_SET_AUTOCOMMIT)	消息：不允许从存储函数或触发程序设置autocommit
错误：1446 SQLSTATE: HY000 (ER_NO_VIEW_USER)	消息：视图定义人不完全合格
错误：1447 SQLSTATE: HY000 (ER_VIEW_FRM_NO_USER)	消息：视图%s.%s没有定义人信息（旧的表格式），当前用户将被当作定义人，请重新创建视图

（续表）

错误号	说明
错误：1448 SQLSTATE: HY000 (ER_VIEW_OTHER_USER)	消息：需要SUPER权限才能创建具有%s@%s定义器的视图
错误：1449 SQLSTATE: HY000 (ER_NO_SUCH_USER)	消息：没有注册的%s@%s
错误：1450 SQLSTATE: HY000 (ER_FORBID_SCHEMA_CHANGE)	消息：不允许将方案从%s变为%s
错误：1451 SQLSTATE: 23000 (ER_ROW_IS_REFERENCED_2)	消息：不能删除或更新父行，外键约束失败（%s）
错误：1452 SQLSTATE: 23000 (ER_NO_REFERENCED_ROW_2)	消息：不能添加或更新子行，外键约束失败（%s）
错误：1453 SQLSTATE: 42000 (ER_SP_BAD_VAR_SHADOW)	消息：必须用'...'引用变量，或重新命名变量
错误：1454 SQLSTATE: HY000 (ER_PARTITION_REQUIRES_VALUES_ERROR)	消息：对于每个分区，%s PARTITIONING需要VALUES %s的定义
错误：1455 SQLSTATE: HY000 (ER_PARTITION_WRONG_VALUES_ERROR)	消息：在分区定义中，只有%s PARTITIONING能使用VALUES %s
错误：1456 SQLSTATE: HY000 (ER_PARTITION_MAXVALUE_ERROR)	消息：MAXVALUE只能在最后1个分区定义中使用
错误：1457 SQLSTATE: HY000 (ER_PARTITION_SUBPARTITION_ERROR)	消息：子分区只能是哈希分区，并按键分区
错误：1458 SQLSTATE: HY000 (ER_PARTITION_WRONG_NO_PART_ERROR)	消息：定义了错误的分区数，与前面的设置不匹配
错误：1459 SQLSTATE: HY000 (ER_PARTITION_WRONG_NO_SUBPART_ERROR)	消息：定义了错误的子分区数，与前面的设置不匹配
错误：1460 SQLSTATE: HY000 (ER_CONST_EXPR_IN_PARTITION_FUNC_ERROR)	消息：在分区（子分区）函数中不允许使用常量／随机表达式
错误：1461 SQLSTATE: HY000 (ER_NO_CONST_EXPR_IN_RANGE_OR_LIST_ERROR)	消息：RANGE/LIST VALUES中的表达式必须是常量
错误：1462 SQLSTATE: HY000 (ER_FIELD_NOT_FOUND_PART_ERROR)	消息：在表中未发现分区函数字段列表中的字段
错误：1463 SQLSTATE: HY000 (ER_LIST_OF_FIELDS_ONLY_IN_HASH_ERROR)	消息：仅在KEY分区中允许使用字段列表
错误：1464 SQLSTATE: HY000 (ER_INCONSISTENT_PARTITION_INFO_ERROR)	消息：frm文件中的分区信息与能够写入到frm文件中的不一致
错误：1465 SQLSTATE: HY000 (ER_PARTITION_FUNC_NOT_ALLOWED_ERROR)	消息：%s函数返回了错误类型
错误：1466 SQLSTATE: HY000 (ER_PARTITIONS_MUST_BE_DEFINED_ERROR)	消息：对于%s分区，必须定义每个分区
错误：1467 SQLSTATE: HY000 (ER_RANGE_NOT_INCREASING_ERROR)	消息：对于各分区，VALUES LESS THAN值必须严格增大
错误：1468 SQLSTATE: HY000 (ER_INCONSISTENT_TYPE_OF_FUNCTIONS_ERROR)	消息：VALUES值必须与分区函数具有相同的类型
错误：1469 SQLSTATE: HY000 (ER_MULTIPLE_DEF_CONST_IN_LIST_PART_ERROR)	消息：在分区列表中的相同常数存在多重定义

（续表）

错误号	说明
错误：1470 SQLSTATE: HY000 (ER_PARTITION_ENTRY_ERROR)	消息：在查询中，不能独立使用分区功能
错误：1471 SQLSTATE: HY000 (ER_MIX_HANDLER_ERROR)	消息：在该MySQL版本中，不允许分区中的句柄组合
错误：1472 SQLSTATE: HY000 (ER_PARTITION_NOT_DEFINED_ERROR)	消息：对于分区引擎，有必要定义所有的%s
错误：1473 SQLSTATE: HY000 (ER_TOO_MANY_PARTITIONS_ERROR)	消息：定义了过多分区
错误：1474 SQLSTATE: HY000 (ER_SUBPARTITION_ERROR)	消息：对于子分区，仅能将RANGE/LIST分区与HASH/KEY分区混合起来
错误：1475 SQLSTATE: HY000 (ER_CANT_CREATE_HANDLER_FILE)	消息：无法创建特定的句柄文件
错误：1476 SQLSTATE: HY000 (ER_BLOB_FIELD_IN_PART_FUNC_ERROR)	消息：在分区函数中，不允许使用BLOB字段
错误：1477 SQLSTATE: HY000 (ER_CHAR_SET_IN_PART_FIELD_ERROR)	消息：只有为分区函数选择了二进制校对，才允许使用VARCHAR
错误：1478 SQLSTATE: HY000 (ER_UNIQUE_KEY_NEED_ALL_FIELDS_IN_PF)	消息：在分区函数中，%s需要包含所有文件
错误：1479 SQLSTATE: HY000 (ER_NO_PARTS_ERROR)	消息：%s的数目＝0不是允许的值
错误：1480 SQLSTATE: HY000 (ER_PARTITION_MGMT_ON_NONPARTITIONED)	消息：无法在非分区表上进行分区管理
错误：1481 SQLSTATE: HY000 (ER_DROP_PARTITION_NON_EXISTENT)	消息：分区列表中的错误出现变化
错误：1482 SQLSTATE: HY000 (ER_DROP_LAST_PARTITION)	消息：不能删除所有分区，请使用DROP TABLE取而代之
错误：1483 SQLSTATE: HY000 (ER_COALESCE_ONLY_ON_HASH_PARTITION)	消息：COALESCE PARTITION仅能在HASH/KEY分区使用
错误：1484 SQLSTATE: HY000 (ER_ONLY_ON_RANGE_LIST_PARTITION)	消息：%s PARTITION仅能在RANGE/LIST分区上使用
错误：1485 SQLSTATE: HY000 (ER_ADD_PARTITION_SUBPART_ERROR)	消息：试图用错误的子分区数增加分区
错误：1486 SQLSTATE: HY000 (ER_ADD_PARTITION_NO_NEW_PARTITION)	消息：必须至少添加1个分区
错误：1487 SQLSTATE: HY000 (ER_COALESCE_PARTITION_NO_PARTITION)	消息：必须至少合并1个分区
错误：1488 SQLSTATE: HY000 (ER_REORG_PARTITION_NOT_EXIST)	消息：重组的分区数超过了已有的分区数
错误：1489 SQLSTATE: HY000 (ER_SAME_NAME_PARTITION)	消息：在表中，所有分区必须有唯一的名称
错误：1490 SQLSTATE: HY000 (ER_CONSECUTIVE_REORG_PARTITIONS)	消息：重组分区集合时，它们必须连续

（续表）

错误号	说明
错误：1491 SQLSTATE: HY000 (ER_REORG_OUTSIDE_RANGE)	消息：新分区的范围超过了已重组分区的范围
错误：1492 SQLSTATE: HY000 (ER_DROP_PARTITION_FAILURE)	消息：在该版本的句柄中，不支持撤销分区
错误：1493 SQLSTATE: HY000 (ER_DROP_PARTITION_WHEN_FK_DEFINED)	消息：在表上定义了外键约束时，不能舍弃分区
错误：1494 SQLSTATE: HY000 (ER_PLUGIN_IS_NOT_LOADED)	消息：未加载插件%s
错误：2000 (CR_UNKNOWN_ERROR)	消息：未知MySQL错误
错误：2001 (CR_SOCKET_CREATE_ERROR)	消息：不能创建UNIX套接字（%d）
错误：2002 (CR_CONNECTION_ERROR)	消息：不能通过套接字%s（%d）连接到本地MySQL服务器
错误：2003 (CR_CONN_HOST_ERROR)	消息：不能连接到%s（%d）上的MySQL服务器
错误：2004 (CR_IPSOCK_ERROR)	消息：不能创建TCP/IP套接字（%d）
错误：2005 (CR_UNKNOWN_HOST)	消息：未知的MySQL服务器主机%s（%d）
错误：2006 (CR_SERVER_GONE_ERROR)	消息：MySQL服务器不可用
错误：2007 (CR_VERSION_ERROR)	消息：协议不匹配，服务器版本= %d，客户端版本= %d
错误：2008 (CR_OUT_OF_MEMORY)	消息：MySQL客户端内存溢出
错误：2009 (CR_WRONG_HOST_INFO)	消息：错误的主机信息
错误：2010 (CR_LOCALHOST_CONNECTION)	消息：通过UNIX套接字连接的本地主机
错误：2011 (CR_TCP_CONNECTION)	消息：%s，通过TCP/IP
错误：2012 (CR_SERVER_HANDSHAKE_ERR)	消息：服务器握手过程中出错
错误：2013 (CR_SERVER_LOST)	消息：查询过程中丢失了与MySQL服务器的连接
错误：2014 (CR_COMMANDS_OUT_OF_SYNC)	消息：命令不同步，现在不能运行该命令
错误：2015 (CR_NAMEDPIPE_CONNECTION)	消息：命名管道，%s
错误：2016 (CR_NAMEDPIPEWAIT_ERROR)	消息：无法等待命名管道，主机，%s；管道，%s（%lu）
错误：2017 (CR_NAMEDPIPEOPEN_ERROR)	消息：无法打开命名管道，主机，%s；管道，%s（%lu）
错误：2018 (CR_NAMEDPIPESETSTATE_ERROR)	消息：无法设置命名管道的状态，主机，%s；管道，%s（%lu）
错误：2019 (CR_CANT_READ_CHARSET)	消息：无法初始化字符集%s（路径：%s）
错误：2020 (CR_NET_PACKET_TOO_LARGE)	消息：获得的信息包大于max_allowed_packet字节
错误：2021 (CR_EMBEDDED_CONNECTION)	消息：嵌入式服务器
错误：2022 (CR_PROBE_SLAVE_STATUS)	消息：SHOW SLAVE STATUS出错
错误：2023 (CR_PROBE_SLAVE_HOSTS)	消息：SHOW SLAVE HOSTS出错
错误：2024 (CR_PROBE_SLAVE_CONNECT)	消息：连接到从服务器时出错
错误：2025 (CR_PROBE_MASTER_CONNECT)	消息：连接到主服务器时出错
错误：2026 (CR_SSL_CONNECTION_ERROR)	消息：SSL连接错误
错误：2027 (CR_MALFORMED_PACKET)	消息：残缺信息包

（续表）

错误号	说明
错误：2028 (CR_WRONG_LICENSE)	消息：该客户端库仅授权给具有%s许可的MySQL服务器使用
错误：2029 (CR_NULL_POINTER)	消息：空指针的无效使用
错误：2030 (CR_NO_PREPARE_STMT)	消息：语句未准备好
错误：2031 (CR_PARAMS_NOT_BOUND)	消息：没有为预处理语句中的参数提供数据
错误：2032 (CR_DATA_TRUNCATED)	消息：数据截断
错误：2033 (CR_NO_PARAMETERS_EXISTS)	消息：语句中不存在任何参数
错误：2034 (CR_INVALID_PARAMETER_NO)	消息：无效的参数编号
错误：2035 (CR_INVALID_BUFFER_USE)	消息：不能为非字符串／非二进制数据类型发送长数据（参数：%d）
错误：2036 (CR_UNSUPPORTED_PARAM_TYPE)	消息：正使用不支持的缓冲区类型，%d（参数：%d）
错误：2037 (CR_SHARED_MEMORY_CONNECTION)	消息：共享内存，%s
错误：2038 (CR_SHARED_MEMORY_CONNECT_REQUEST_ERROR)	消息：不能打开共享内存，客户端不能创建请求事件（%lu）
错误：2039 (CR_SHARED_MEMORY_CONNECT_ANSWER_ERROR)	消息：不能打开共享内存，未收到服务器的应答事件（%lu）
错误：2040 (CR_SHARED_MEMORY_CONNECT_FILE_MAP_ERROR)	消息：不能打开共享内存，服务器不能分配文件映射（%lu）
错误：2041 (CR_SHARED_MEMORY_CONNECT_MAP_ERROR)	消息：不能打开共享内存，服务器不能获得文件映射的指针（%lu）
错误：2042 (CR_SHARED_MEMORY_FILE_MAP_ERROR)	消息：不能打开共享内存，客户端不能分配文件映射（%lu）
错误：2043 (CR_SHARED_MEMORY_MAP_ERROR)	消息：不能打开共享内存，客户端不能获得文件映射的指针（%lu）
错误：2044 (CR_SHARED_MEMORY_EVENT_ERROR)	消息：不能打开共享内存，客户端不能创建%s事件（%lu）
错误：2045 (CR_SHARED_MEMORY_CONNECT_ABANDONED_ERROR)	消息：不能打开共享内存，无来自服务器的应答（%lu）
错误：2046 (CR_SHARED_MEMORY_CONNECT_SET_ERROR)	消息：不能打开共享内存，不能将请求事件发送到服务器（%lu）
错误：2047 (CR_CONN_UNKNOW_PROTOCOL)	消息：错误或未知协议
错误：2048 (CR_INVALID_CONN_HANDLE)	消息：无效的连接句柄
错误：2049 (CR_SECURE_AUTH)	消息：拒绝使用旧鉴定协议（早于4.1.1）的连接（开启了客户端secure_auth选项）
错误：2050 (CR_FETCH_CANCELED)	消息：行检索被mysql_stmt_close()调用取消
错误：2051 (CR_NO_DATA)	消息：在未事先获取行的情况下试图读取列
错误：2052 (CR_NO_STMT_METADATA)	消息：预处理语句不含元数据
错误：2053 (CR_NO_RESULT_SET)	消息：在没有与语句相关的结果集时试图读取行
错误：2054 (CR_NOT_IMPLEMENTED)	消息：该特性尚未实施

附录C
PowerCenter错误信息表

（续表）

错误号	说明
ADV_13226	打不开以下dll：<动态链接库名称>；原因是：<错误消息>
ALERT_10000	在域配置数据库中未找到警告元数据
ALERT_10001	警告服务尚未启用
ALERT_10002	用户<用户名>不是域中定义的用户
ALERT_10003	用户<用户名>未订阅警告
ALERT_10004	无法发送类型为<警告类型>的警告（对于对象<对象名称>、警告消息<警告消息>，错误是<错误消息>）
ALERT_10010	无法从警告服务中删除用户<用户名>
ATHR_10000	服务管理器尚未初始化
ATHR_10003	服务管理器已禁用，无法接受授权请求
ATHR_10006	接收到缺少必需参数的请求
ATHR_10007	接收到具有错误<实际对象类型>参数的请求（应为<所需的对象类型>）
ATHR_10010	服务管理器找不到<对象类型><对象名称>
ATHR_10011	服务管理器要求消息中具有<所需的参数数目>个参数，但是接收到<实际参数数目>个参数
ATHR_10012	服务管理器拒绝了对<对象类型><对象名称>的授权访问
ATHR_10013	服务管理器无法处理<对象类型>授权访问对象类型
ATHR_10014	域<此域>的服务管理器接收到另一个域<其他域>的授权请求
ATHR_10015	服务管理器接收到的外部请求要求通过<所用凭据的源>执行内部操作
ATHR_10017	服务管理器接收到的授权请求没有包含凭据
ATHR_10018	服务管理器无法处理授权<活动类型>活动类型
ATHR_10019	服务管理器拒绝授权只读用户<用户名>试图修改<对象类型><对象名称>
ATHR_10021	服务管理器拒绝授权用户<用户名>试图访问<对象类型><对象名称>
ATHR_10022	服务管理器拒绝了用户<用户名>的授权访问（因为指定了错误的服务\文件夹：<服务和文件夹>）
ATHR_10023	服务管理器拒绝了用户<用户名>的授权访问，因为服务<服务名称>未找到
ATHR_10024	服务管理器拒绝了用户<用户名>的授权访问，因为请求了错误的服务类型<服务类型>
ATHR_10025	服务管理器拒绝了用户<用户名>的授权访问，因为请求针对另一个域<域名>
ATHR_10026	用户<用户名>无权访问域中的另一个用户
AUTH_10000	服务管理器无法启用身份验证，因为身份验证处于无效状态
AUTH_10001	服务管理器尚未初始化
AUTH_10005	服务管理器已禁用，无法接受身份验证请求
AUTH_10007	无法添加用户，因为<用户名>已存在
AUTH_10009	不能删除管理员用户
AUTH_10010	不能加密凭据，因为用户名、密码或域名中的字符不兼容UTF-8
AUTH_10011	无法启用身份验证
AUTH_10014	身份验证数据无效，因为它未包含用户
AUTH_10015	操作<操作名称>请求要求的输入内容未提供
AUTH_10016	因为找不到用户<用户名>，所以无法执行请求
AUTH_10018	操作<操作名称>需要输入类型<所需的输入类型>，但是提供了<实际输入类型>
AUTH_10019	系统无法识别用户名或密码

错误号	说明
AUTH_10022	节点<节点名>未在域中定义
AUTH_10023	未在域配置中找到管理员用户名或密码
AUTH_10024	消息请求失败，因为该消息包含了系统无法识别的无效凭据
AUTH_10026	在将节点<节点名>与域关联的过程中线程中断
AUTH_10027	在域中未找到用户<用户名>（与节点<节点名称>关联）
AUTH_10028	与节点<节点名称>关联的密码无效
AUTH_10029	节点<节点名称>在域中未关联
AUTH_10030	用户<用户名>与节点<节点名称>未关联
AUTH_10031	节点<节点名称>的主机名在节点配置和域配置之间不一致
AUTH_10032	节点<节点名称>的端口号在节点配置和域配置之间不一致
AUTH_10033	节点<节点名称>的网关设置在节点配置和域配置之间不一致
AUTH_10036	用户<用户名>对域中任何对象都没有权限
AUTH_10037	域<域名>（针对存储库服务<存储库服务名称>）在此域内未链接
AUTH_10038	存储库服务<存储库服务名称>在该域中未定义或引用
AUTH_10039	存储库服务<存储库服务名称>在多个已知域<域列表>中定义
AUTHEN_10001	服务管理器验证用户<用户名>失败（在安全域<安全域名称>中），该用户已禁用
AUTHEN_10002	服务管理器验证LDAP用户<用户名>失败（在安全域<安全域名称>中），LDAP服务器验证用户失败，错误为<LDAP错误消息>
BAPI_99101	缺少一个或者多个连接参数
BAPI_99102	函数<函数名称>的任何参数都未选择为STATUSRETURN结构
BAPI_99103	函数RETURN参数已指定，但是在解析属性值字符串时仅找到<数值>个（共<数值>个）必需值
BAPI_99105	RETURN参数的STATUS或TEXT字段的ABAP类型必须为CHAR或NUMC
BAPI_99106	在RETURN结构中找不到STATUS字段[{0}]
BAPI_99107	在RETURN结构中找不到TEXT字段[{0}]
BAPI_99109	无法读取函数表参数的内部表
BAPI_99113	异常<异常>由RFC函数调用（IntegrationID为<integration_ID>）引发
BAPI_99116	集成服务无法为函数表参数[{0}]创建SAP内部表
BAPI_99118	集成服务在RETURN结构中找不到字段[{0}]
BAPI_99129	对SAP的提交调用失败
BAPI_99133	集成服务无法连接到SAP
BAPI_99135	当集成服务将默认值<值>应用于函数参数<函数参数名称>（对于集成ID<ID编号>）时，发生数据溢出
BAPI_99136	数据<数据>溢出（在端口<端口号>处，对于集成ID<ID编号>）
BAPI_99137	当集成服务将默认值<值>应用于字段<字段名称>（对于旧键<旧键名称>）时，发生数据溢出
BAPI_99138	端口<端口号>（带有数据<数据>）的数据转换错误
BAPI_99139	端口<端口号>的数据转换错误
BAPI_99140	集成服务无法从SAP检索参数<参数名称>（属于RFC函数<函数名称>）的元数据
BR_16001	连接到数据库时出错
BR_16002	错误：初始化失败

（续表）

错误号	说明
BR_16004	错误：准备失败
BR_16009	读取器运行已终止
BR_16034	错误：获取失败
BR_16036	在动态加载库中查找读取器初始化函数时出错
BR_16037	初始化驱动程序时出错
BR_16038	健全性检查失败：<错误消息>。读取器初始化失败
BR_16045	读取器运行已终止，达到错误阈值<最大出错次数>（从<文件名>读取数据时）
BR_16046	用户定义的查询<查询名称>所引用的映射参数或变量无法正确解析
BR_16047	用户定义的联接条件和/或源筛选<条件名称>所引用的映射参数或变量无法正确解析
BR_16048	用户定义的源筛选条件<条件名称>所引用的映射参数或变量无法正确解析
BR_16050	用户提供的字符串<字符串值>所引用的映射参数或变量无法正确解析
BR_16056	存储库中的FTP信息已损坏
BTree_90002	错误：指定的缓存大小过小，必须大于<大小>
BTree_90004	B-Tree初始化时出错
BTree_90005	无法打开索引缓存文件
BTree_90006	无法写入索引缓存文件
BTree_90007	键<键名称>不在索引缓存中
BTree_90009	在组<组>中取消锁定缓存块时出错
BTree_90010	在组<组>中锁定缓存块时出错，增加缓存大小
BTree_90011	为组<组>将一个行插入至外键索引时出错
BTree_90013	错误：无法删除重复的行
BTree_90014	错误：缓存管理器无法分配新块
BW_41013	无法连接至集成服务<集成服务名称>（在域<域名>中）
BW_41014	BW服务器向SAPBW服务发送了一个未包含PowerCenter工作流名称的请求
BW_41020	无法连接到SAP网关
BW_41027	集成服务无法在行编号<行编号>（对于BW目标<目标名称>）中准备数据
BW_41031	SAPBW服务打不开参数文件<参数文件>以执行数据选择<数据选择>
BW_41044	在SAPBWInfoPackage中指定了数据选择，但第三方选择中的输入值未采用"文件夹：工作流：会话"的形式，工作流名称将在参数文件头中用作会话名称
BW_41052	SAPBW服务无法连接到集成服务
BW_41058	SAPBW服务已达到尝试连接到BW系统时的最大出错次数，SAPBW服务将关闭
BW_41065	工作流启动请求失败，显示消息<错误消息>
BW_41073	SAPBW服务接收到对不受支持的函数<函数>的调用
BW_41076	提取SAPBW服务配置属性时出错：<属性>
BW_41077	初始化服务时出错
BW_41082	SAPBW服务找不到集成服务<集成服务名称>（在域<域名>中）
CFG_10000	服务管理器无法启用域配置，因为域处于无效状态
CFG_10001	服务管理器尚未初始化
CFG_10005	服务管理器已禁用，无法接受域配置请求
CFG_10008	接收到缺少必需参数的请求

（续表）

错误号	说明
CFG_10009	接收到具有错误<实际对象类型>参数的请求（应为<所需的对象类型>）
CFG_10012	不能添加现有域选项组<选项组>
CFG_10013	找不到域选项组<选项组>
CFG_10014	无法创建现有文件夹<文件夹路径>
CFG_10015	无法添加现有链接域<链接域名称>
CFG_10017	无法删除域节点<节点名称>，因为它是域中的唯一网关
CFG_10018	文件夹<文件夹>路径不为空
CFG_10019	不能删除根文件夹
CFG_10020	在集成服务<服务名称>已启用时，无法更改与其关联的节点列表
CFG_10021	服务管理器无法从<数据库类型>数据库（在<数据库主机>：<数据库端口>上）读取域配置，错误是<错误消息>
CFG_10022	无法将服务<服务名称>与存储库关联，因为：<失败的原因>
CFG_10023	无法取消服务<服务名称>与存储库的关联，因为：<失败的原因>
CFG_10025	无法删除网络<网格名称>，因为以下服务正引用它：<服务列表>
CFG_10026	网格<网格名称>包含域中未定义的节点<节点列表>
CFG_10027	服务<服务列表>在域中不存在
CFG_10028	无法删除链接域<链接域名称>，因为以下服务正引用它：<服务列表>
CFG_10029	链接域<链接域名称>在域中找不到
CFG_10030	无法添加<对象名称>，因为域中已经使用了该名称
CFG_10031	<对象名称><对象类型>在域中找不到
CFG_10032	无法删除服务管理器的组件<组件名称>
CFG_10033	文件夹<文件夹路径>已存在
CFG_10037	无法删除许可证<许可证名称>，因为向它分配了服务
CFG_10040	无法添加链接域<链接域名称>，因为它与域同名
CFG_10041	文件夹路径<文件夹路径>不存在
CFG_10042	许可证序列号已在使用中
CFG_10043	无法添加到期日期为<到期日期>的许可证密钥
CFG_10044	节点选项组<选项组>（针对节点<选项组所属节点>）未找到
CFG_10045	无法将现有节点选项组<选项组>添加到节点<节点名称>
CFG_10046	无法将现有<资源类型>资源<资源名称>添加到节点<节点名称>
CFG_10047	<资源类型>资源<资源名称>在节点<节点名称>上找不到
CFG_10048	用户<用户名>对节点<节点名称>没有权限
CFG_10049	无法在不指定日志目录的情况下关联网关节点<节点名称>
CFG_10050	无法通过更新操作切换到网关节点或从网关节点进行切换
CFG_10051	用户<用户名>找不到
CFG_10052	无法在节点<节点名称>运行时取消其关联
CFG_10055	域配置数据库无效，因为：<验证消息>
CFG_10057	无法连接至链接域<域名>，因为：<错误消息>
CFG_10059	在不重新定义节点<节点名称>的情况下无法关联它
CFG_10060	不能删除针对根文件夹的管理员权限

（续表）

错误号	说明
CFG_10062	无法添加服务<服务名称>，因为在域中找不到许可证<许可证名称>
CFG_10080	输入列表必须包含1个用户名，后跟至少1个对象名称
CFG_10081	完整路径<对象的完整路径>处的对象在域中找不到
CFG_10082	选项<选项值>（针对选项<选项名称>，属于服务<服务名称>）无效
CFG_10083	在已启用服务<服务名称>时，该服务的运行模式无法更改为安全模式
CFG_10084	无法移动根文件夹
CFG_10085	无法将文件夹移动到其子文件夹之一
CFG_10086	无法在取消关联的节点<节点名称>上执行操作
CFG_10087	服务<服务名称>包含对域中未定义的链接域<链接域列表>的引用
CFG_10088	已将节点<节点名称>修改为域中的网关节点，但是无法更新节点元数据文件
CFG_10089	已将节点<节点名称>修改为域中执行工作的节点，但是无法更新节点元数据文件
CFG_10091	没有为对象<对象名称>指定完整路径
CFG_10095	服务管理器无法从<数据库类型>数据库（连接字符串为<数据库连接字符串>）读取域配置，错误是<错误消息>
CFG_10103	无法启用与域同名的服务<服务名称>，请重命名您的服务
CFG_10104	无法添加与域同名的服务<服务名称>，请重命名您的服务
CFG_10105	无法更改现有存储库服务<存储库服务名称>的代码页
CFG_10106	无法创建系统用户名设置为根的操作系统配置文件，因为这可能会导致安全漏洞
CFG_10107	无法启动服务升级过程，因为已将以下服务升级到版本<服务版本>：<服务列表>
CFG_10110	无法升级服务，因为域接收到的服务列表包含1项或多项不依赖于存储库服务的服务
CFG_10111	无法升级服务，因为域接收到的服务列表不包含1项或多项依赖服务
CFG_10116	域<域名>的版本不同于当前域的版本，将该域升级至版本<域版本>
CMD_35197	INFA_CLIENT_RESILIENCE_TIMEOUT的值<值>无效，改用默认值<值>
CMD_35198	错误：无法连接到集成服务
CMN_1003	未指定服务器端口
CMN_1006	无法连接到存储库
CMN_1008	内部错误
CMN_1009	内部错误：无法执行子进程
CMN_1011	分配<数值>字节系统共享内存（为[DTM缓冲池]）时出错，错误是<系统错误代码>：<系统错误消息>
CMN_1012	错误：shm_malloc()失败，无法分配请求的字节数
CMN_1017	解密密码时遇到错误
CMN_1021	数据库驱动程序事件
CMN_1022	数据库驱动程序错误
CMN_1023	未指定数据库许可证密钥
CMN_1024	数据库许可证密钥<许可证密钥>无效
CMN_1026	存储库版本不正确
CMN_1028	错误：在非mutex上执行了非法操作
CMN_1029	错误：在mutex上执行了非法操作
CMN_1030	错误：非法解锁操作--mutex未锁定

（续表）

错误号	说明
CMN_1035	Sybase事件
CMN_1036	Sybase错误
CMN_1037	Oracle事件
CMN_1038	Oracle错误
CMN_1040	SQLServer错误
CMN_1044	DB2错误
CMN_1046	ODBC错误
CMN_1049	PM错误
CMN_1050	PM事件
CMN_1053	错误信息
CMN_1054	内存分配错误
CMN_1055	准备用于提取查找数据的SQL语句时出错
CMN_1056	执行用于提取查找数据的SQL语句时出错
CMN_1057	从数据库中提取查找数据时出错
CMN_1061	错误：进程终止于信号/异常
CMN_1062	创建查找缓存时出错
CMN_1063	错误：在查找中找到多项匹配
CMN_1064	查找SQL语句准备过程中出错
CMN_1065	查找SQL语句执行过程中出错
CMN_1066	查找SQL语句提取过程中出错
CMN_1075	错误：数据溢出
CMN_1076	创建数据库连接时出错
CMN_1077	在数据库中未找到查找表
CMN_1078	访问同步对象时出错
CMN_1079	警告：查找表不包含任何数据
CMN_1082	错误：查找条件无效
CMN_1083	加密密码时遇到错误
CMN_1086	<转换名称>：错误数超过阈值
CMN_1087	错误：PowerMart用户名未指定
CMN_1088	错误：PowerMart密码未指定
CMN_1089	错误：查找连接字符串无效
CMN_1093	错误：提供的联接条件无效
CMN_1094	错误：主关系中没有有效字段
CMN_1095	错误：在转换定义中未找到联接中使用的字段名
CMN_1096	错误：运算符在联接条件中不受支持
CMN_1097	错误：没有有效的输出字段
CMN_1098	错误：缓存目录可能不存在，或者提供的缓存目录中没有足够的特权/空间
CMN_1099	错误：主关系和详细关系与用户规范相反
CMN_1100	错误：目标加载顺序组至少有一个源限定符转换用于提供主数据以及详细数据
CMN_1101	错误：更改映射并将违反此限制的目标表置于其他目标加载顺序组中

（续表）

错误号	说明
CMN_1102	错误：联接条件中没有端口被连接
CMN_1103	警告：从主关系中未找到行，联接器将不会产生任何输出行
CMN_1104	错误：不支持从源类型到目标类型的转换
CMN_1105	使用主关系行中的键值填充索引时出错
CMN_1106	错误：联接器中存在索引文件操作错误
CMN_1107	错误：联接器中存在数据文件操作错误
CMN_1108	错误：未指定PowerMart产品许可证密钥
CMN_1109	错误：PowerMart产品许可证密钥<密钥名称>无效
CMN_1111	解密PowerMart密码时遇到错误
CMN_1120	出现错误<错误代码>（获取附件文件<文件名>的状态时）
CMN_1121	未找到附件文件<文件名>
CMN_1122	附件文件<文件名>不是规则文件
CMN_1123	打开附件文件<文件名>进行读取时出错
CMN_1124	从附件文件<文件名>读取时出错
CMN_1125	打开临时电子邮件<临时文件名>文件进行写入时出错
CMN_1126	向临时电子邮件文件写入时出错（磁盘空间不足？）
CMN_1127	警告：删除临时电子邮件文件时出错
CMN_1128	执行shell时出错
CMN_1129	发送电子邮件时出错
CMN_1134	该PowerMartServer内部版本号不支持数据库类型（MicrosoftSQLServer）
CMN_1141	错误：文件<文件名>行<行号>出现意外条件，应用程序正在终止，请联系Informatica全球客户支持部门以获得帮助
CMN_1164	数据库驱动程序错误，批量写入初始化失败（blk_init返回故障）
CMN_1555	在保存的磁盘缓存文件创建之后该映射被更改
CMN_1557	精度不同于保存的磁盘缓存
CMN_1564	集成服务数据移动模式不同于保存的磁盘缓存
CMN_1565	集成服务代码页不同于保存的磁盘缓存
CMN_1573	错误：代码页<代码页ID>未知（针对数据源<源名称>）
CMN_1574	错误：无法从代码页<代码页ID>（针对数据源<源名称>）创建区域设置
CMN_1575	集成服务排序方式不同于保存的磁盘缓存
CMN_1576	错误：当前<数值>字节的查找索引缓存大小太小，将查找索引缓存增加至至少<数值>字节
CMN_1579	输入查找精度大于输出查找精度，请验证查找转换和链接的转换是否有相同的端口精度
CMN_1625	错误：联接器<联接器转换>有<数值>个针对主关系的输入，应该只有一个主关系
CMN_1626	错误：联接器<联接器转换名称>有<数值>个针对详细关系的输入，应该只有一个详细关系
CMN_1627	从缓存还原行时发生内部错误
CMN_1628	创建详细输入行数据时联接器<联接器转换名称>初始化错误
CMN_1629	创建主输入行数据时联接器<联接器转换名称>初始化错误
CMN_1630	错误：文件<文件名>行<行号>遇到意外错误
CMN_1636	中止联接器转换<转换名称>中的行时遇到错误

（续表）

错误号	说明
CMN_1642	错误：静态查找转换<转换名称>具有相同的缓存文件名前缀<缓存文件名>（与同一TLOG中的动态查找转换<转换名称>）
CMN_1643	错误：动态查找转换<转换名称>具有相同的缓存文件名前缀<缓存文件名>（与同一TLOG中的动态查找转换<转换名称>）
CMN_1644	错误：动态查找转换<转换名称>具有相同的缓存文件名前缀<缓存文件名>（与同一TLOG中的静态查找转换<转换名称>）
CMN_1645	错误：无法获取对缓存文件<缓存文件名>.[dat/idx]（属于查找<查找转换>）的共享访问权限
CMN_1646	错误：无法获取对缓存文件<缓存文件名>.[dat/idx]（属于查找<查找转换>）的独占访问权限
CMN_1647	错误：无法升级至对缓存文件<缓存文件名>（属于查找<查找转换>）的独占访问权限
CMN_1650	试图向一个动态查找缓存<查找转换名称>插入重复行，动态查找缓存只支持唯一条件键
CMN_1655	错误：查找转换<转换名称>和<转换名称>具有相同的缓存文件名前缀<缓存文件名>，但是却具有不同的连接字符串<连接字符串>与<连接字符串>
CMN_1656	错误：查找转换<转换名称>和<转换名称>具有相同的缓存文件名前缀<缓存文件名>，但只有后一个具有查询替代<查询>
CMN_1657	错误：查找转换<转换名称>和<转换名称>具有相同的缓存文件名前缀<缓存文件名>，但是却具有不同的替代字符串<替代字符串>与<替代字符串>
CMN_1658	错误：查找转换<转换名称>和<转换名称>具有相同的缓存文件名前缀<缓存文件名>，但是却对应不同的表<表名称>与<表名称>
CMN_1659	错误：条件列<列名称>（属于查找<转换名称>，使用现有缓存）在查找<转换名称>（它正尝试找到一个列以共享）中未找到，尽管它们具有相同的缓存文件名前缀<缓存文件名>
CMN_1660	错误：条件列的数量<数值>（查找<转换名称>中）与<数值>个（查找<转换名称>）不同，尽管它们具有相同的缓存文件名前缀<前缀名称>，<缓存文件名>需要刷新/更新
CMN_1661	错误：输出列<列名称>（属于查找<转换名称>，正尝试找到一个列以共享）在查找<转换名称>（使用现有缓存）中未找到，尽管它们具有相同的缓存文件名前缀<缓存文件名>，<缓存文件名>需要刷新/更新
CMN_1662	错误：输出列<列名称>（属于查找<转换名称>，正尝试找到一个列以共享）在查找<转换名称>（使用现有缓存）的条件或输出列中未找到，即使它们具有相同的缓存文件名前缀<缓存文件名>
CMN_1663	错误：输出列的数量<数值>（查找<转换名称>中）与<数值>个（查找<转换名称>）不同，尽管它们具有相同的缓存文件名前缀<缓存文件名>，<缓存文件名>需要刷新/更新
CMN_1664	错误：为端口<端口名称>（属于查找<转换名称>）生成无序的ID来执行插入
CMN_1665	错误：无法形成用于插入查找<转换名称>的索引缓存文件中的键行
CMN_1666	错误：无法形成用于插入查找<转换名称>的数据索引文件中的数据行
CMN_1667	错误：无法为查找<转换名称>插入行
CMN_1675	查找<查找转换名称>的缓存需要的是查找替代<SQL替代>，但是缓存文件<文件名>具有的是<SQL替代>
CMN_1677	错误：缓存文件<缓存文件名>（是此映射中的未命名查找转换<转换名称>所需要的）看起来是由一个命名缓存查找转换创建的
CMN_1678	错误：缓存文件<缓存文件名>（是此映射中的命名查找转换<转换名称>所需要的）看起来是由一个未命名缓存查找转换创建的
CMN_1679	警告：一个缓存文件名前缀<前缀>已为查找转换<转换名称>指定，但是它未标记为持久性，该缓存文件名前缀将被忽略

（续表）

错误号	说明
CMN_1683	错误：静态查找<查找>需要删除一个缓存文件<缓存文件名>（由使用不同参数的较早TLOG中的一个动态查找<转换名称>创建）
CMN_1684	错误：动态查找<转换名称>需要删除一个缓存文件<缓存文件名>（由使用不同参数的较早TLOG中的一个静态查找<转换名称>创建）
CMN_1686	分配<请求的字节数>内存（为缓存转换：<转换名称>）时出错
CMN_1687	错误：无法为动态查找转换<转换名称>启用缓存
CMN_1689	无法从进程内存中分配<数值>字节给[DTM缓冲池]
CMN_1691	缓存需要端口<端口名称>，但缓存文件中的此端口是不同的数据类型，无法使用，将创建新的缓存文件
CMN_1694	数据库事件无法设置DBARITHABORT：MicrosoftSQLServer中的算术例外将不会取消查询执行
CMN_1695	数据库事件无法设置选项：无法在MicrosoftSQLServer中设置选项
CMN_1701	错误：从数据库提取的查找<转换名称>的数据未在条件端口上排序，请检查查找SQL替代
CMN_1702	挂接系统共享内存<ID>（为<加载管理器共享内存>，地址是<地址>）时出错，系统错误是<错误编号><错误消息>（仅UNIX）
CMN_1703	挂接系统共享内存<ID>（为<加载管理器共享内存>，地址是<地址>）时出错，系统错误是<错误编号>（仅Windows）
CMN_1704	挂接系统共享内存<ID>（为<加载管理器共享内存>）时出错，应挂接在地址<地址>，但实际挂接在<地址>
CMN_1705	挂接系统共享内存<ID>时出错，因为它已删除
CMN_1715	查找查询<查找转换>包含在数据库连接的代码页中无效的字符，无效字符从查询的<字符位置>位置开始
CMN_1720	使用与此版本不兼容的格式创建了持久性查找缓存
CMN_1764	无法删除文件<文件名>：错误消息<错误消息>
CMN_1765	无法打开文件<文件名>：错误消息<错误消息>
CMN_1766	无法搜索文件<文件名>：错误消息<错误消息>
CMN_1767	无法ftell文件<文件名>：错误消息<错误消息>
CMN_1768	无法截断文件<文件名>：错误消息<错误消息>
CMN_1769	恢复缓存不一致
CMN_1770	恢复缓存使用者注册一次以上
CMN_1771	指定的连接<数据库连接>模糊，连接名称同时存在于关系连接和应用程序连接中
CMN_1772	保证的消息传送缓存目录<目录名称>不存在
CMN_1773	错误：逻辑连接<数据库连接>（位于缓存标头文件[查找缓存文件.dat]，由查找<查找转换名称>使用）是无效连接，或同时存在于关系类型和应用程序类型的连接中
CMN_1774	错误：逻辑连接<数据库连接>（在查找<查找转换名称>中）是无效连接，或同时存在于关系类型和应用程序类型的连接中
CMN_1775	恢复缓存目录<目录名称>无效
CMN_1777	指定的连接<数据库连接名称>无法运行SQL查询，因此不能用作查找或存储过程连接
CMN_1778	无法读取文件<文件>：错误消息<错误消息>
CMN_1779	无法写入文件<文件>：错误消息<错误消息>
CMN_1780	保证的消息传送时间戳已被更改，将清除消息缓存，会话将继续运行

（续表）

错误号	说明
CMN_1781	错误：在使用3.5LOOKUP函数时必须为"目标（$T）"指定连接
CMN_1782	错误：在使用3.5LOOKUP函数时必须为"源（$S）"指定连接
CMN_1784	连接字符串<"位置信息"属性中的连接名称>太长。允许的最大长度为<最大长度>
CMN_1785	查找SQL替代<查找转换>引用了无法解析的映射参数或变量
CMN_1786	错误：无法更新查找<查找转换>的行
CMN_1796	将以前的消息写入此日志文件时遇到错误，这些消息可能丢失，请检查可用磁盘空间
CMN_1798	查找<查找转换名称>的缓存需要<数值>个分区，但是缓存文件<文件名>具有<数值>个分区
CMN_1800	错误：查找<查找转换名称>（缓存文件名前缀为<前缀名称>）设置为使用<分区数>个分区，但是另一个具有相同缓存文件名前缀的查找<查找转换名称>设置为使用<分区数>个分区
CMN_1801	错误：查找<查找转换名称>和查找<查找转换名称>（缓存文件名前缀均为<前缀名称>）设置为使用有分区的缓存，但是它们的条件列顺序不同
CMN_1804	在恢复模式中运行时，缓存不能为空
CMN_1806	无法获得文件<缓存文件>的信息，错误消息：<错误消息>
CMN_1807	缓存版本与<版本>不匹配
CMN_1808	缓存平台与<平台>不匹配
CMN_1809	分区数量与<数量>不匹配
CMN_1813	错误：一些名称前缀为<名称前缀>的缓存文件（针对查找<查找转换名称>）缺少或无效
CMN_1836	错误：从文件提取的查找数据未在条件端口上排序
CMN_1919	外部加载器错误，获得Teradata加载器信息时出错
CMN_1920	外部加载器错误，获取加载器所需的平面文件信息时出错
CMN_1921	外部加载器错误，将仅为第一分区生成控制文件
CMN_1922	外部加载器错误，更新对于目标实例<目标定义名>无效，因为没有主键映射到目标
CMN_1923	外部加载器错误，更新对于目标实例<目标定义名>无效，因为没有非键字段映射到目标
CMN_1924	外部加载器错误，删除对于目标实例<目标定义名>无效，因为没有主键映射到目标
CMN_1926	错误：Teradata外部加载器要求表<目标表名称>上的一个主键（在使用加载模式<加载模式>时）
CMN_1927	错误：无法设置空值字符
CMN_1928	外部加载器错误，更新插入对于目标实例<目标实例名称>无效，因为更新对于该目标无效
CMN_1929	外部加载器错误<错误消息>
CMN_1986	服务<服务名称>遇到错误（在与许可服务通信时）：<错误代码和消息>
CMN_1989	未许可服务<服务名称>在节点<节点名称>上执行
CMN_2005	无法创建日志文件<日志文件名称>：<错误消息>
CMN_2006	无法创建日志文件<日志文件名称>
CMN_2018	错误：无法展开调用文本<文本>（为存储过程转换<转换名称>）
CMN_2028	集成服务无法解析位置<用户变量位置>（位于文件<文件>）处的用户变量
CMN_7136	错误：在转换<转换名称>处，串联的管道中的一个管道包含事务控制转换，该映射不再有效，因为TCT是一个活动转换，在串联前后移动TCT
CMN_17800	属性<属性名称>缺失
CMN_17802	<输入/输出端口>端口（对于<端口号>）未找到

（续表）

错误号	说明
CMN_17804	端口<端口号>：转换类型<转换类型>与SAP类型<SAP数据类型>不兼容
CMN_17807	端口<端口号>（带有数据<数据>）的数据转换错误
CMN_17808	端口<端口号>的数据转换错误
CMN_17809	来自SAPLastError的消息：<错误消息>
CMN_17810	属性<属性>无效
CMN_17815	内存分配错误
CMN_17816	尝试安装SAP结构<结构>时出错
CMN_17817	与SAP系统的连接断开
CMN_17818	将一行追加到SAP内部表时出错
CMN_17825	未指定属性<属性>的值
CMN_17829	无法连接到SAP系统
CMN_17831	在会话中可能指定了错误的源文件名
CMN_17833	RFC/BAPI函数映射中不支持二进制数据类型，映射中端口<端口名称>断开连接
CMN_17838	SAP代码页<代码页>与连接代码页<代码页>不兼容
CMN_17839	SAP代码页<代码页>与集成服务代码页不兼容
CMN_17840	数据<数据>在端口<端口号>溢出
CMN_17848	属性<TypeOfAEP>的值应为<值>
CMN_17851	无法获取目标属性<属性>
CMN_17853	已达到会话的错误阈值
CMN_17856	控制字段<控制字段>的长度不能大于精度<值>
CMN_65011	查找实例<名称>使用动态缓存，然而工作流配置为使用同一实例名同时运行，此组合不受支持
CMN_65013	pmimprocess的帮助程序进程无法初始化：<错误消息>
CMN_65014	集成服务无法衍生子进程：<错误消息>
CMN_65015	集成服务打不开管道<管道名称>以读取参数文件、执行文件等待任务或读取会话日志
CMN_65016	子进程<子进程id>意外终止
CMN_65017	集成服务不能使用操作系统配置文件，因为未配置pmimprocess
CMN_65018	工作流失败，因为在操作系统配置文件中指定的操作系统用户名无效
CMN_65019	使用操作系统配置文件运行工作流时出错，请联系Informatica全球客户支持部门
CMN_65020	pmimprocess无法附加库路径环境变量
CMN_65025	恢复文件<恢复文件名称>不一致，预计的恢复文件大小是<预计恢复文件大小>，但是恢复文件大小却为<恢复文件大小>
CMN_65040	恢复文件<恢复文件名称>不一致，大小<恢复文件大小>小于4字节这一最小值
CMN_65050	集成服务无法登录到SMTP服务器
CMN_65051	集成服务无法将电子邮件发送到SMTP服务器
CMN_65052	在集成服务能够连接到SMTP服务器之前超时期已过
CMN_65057	集成服务无法定位SMTP服务器，因为服务器地址无效
CMN_65070	错误：查找转换的更新动态缓存条件无效
CMN_65071	错误：查找转换[{0}]和查找转换[{1}]（具有缓存文件名称前缀[{2}]）共享相同名称的缓存，但具有不兼容的匹配策略

（续表）

错误号	说明
CNX_53117	无法处理请求ID<请求ID>，请求操作代码<请求操作ID>，回复操作代码<回复操作ID>，返回状态<返回状态>
CNX_53119	线程收到强制关闭客户端连接的通知
CONF_45006	错误：服务管理器无法验证集成服务<集成服务名称>，因为集成服务没有关联的存储库
CSE_34005	集成服务无法为加密设置加密密钥
CSE_34010	集成服务无法为解密设置加密密钥
CSE_34039	集成服务无法解密数据
CSE_34040	集成服务无法加密数据
CSE_34041	集成服务无法压缩数据
CSE_34042	集成服务无法解压缩数据
CTSDK_43000	无法加载库<库名称>（针对插件<插件名称>）
CTSDK_43001	无法加载库<库名称>
CTSDK_43002	无法找到函数<函数名称>的地址（针对插件<插件名称>）
CTSDK_43003	找不到函数<函数名称>的地址
DBGR_25011	无法转转换为字符串
DBGR_25013	无法修改相关端口
DBGR_25015	未找到字段
DBGR_25016	仅在输入端口、双向端口或输出端口上允许默认条件
DBGR_25017	解析器初始化失败
DBGR_25018	端口条件无效
DBGR_25019	断点已存在
DBGR_25020	未找到断点
DBGR_25021	无此目标ID
DBGR_25022	分配断点列表失败
DBGR_25024	无法在执行过程的这一阶段修改用于转换的数据
DBGR_25025	不能为当前转换之外的其他转换修改数据
DBGR_25026	此转换不允许行类型更改
DBGR_25027	无法修改端口
DBGR_25028	在调试条件中使用端口<端口名称>是无效的，它有可能未连接
DBGR_25029	在调试条件中使用端口<端口名称>作为值是无效的，它有可能未连接
DBGR_25030	任何管道中都没有此转换
DBGR_25033	错误：套接字sendRequestforident对请求类型<编号>失败
DBGR_25034	错误：套接字setpoll对请求类型<编号>失败
DBGR_25035	错误：套接字connect对请求类型<请求类型>失败，如果会话启动时间超出在WorkflowManager中指定的超时值，则可能是调试器客户端已超时，请提高超时值并重试
DBGR_25036	错误：套接字open对请求类型<编号>失败
DBGR_25040	错误：为修改路由器转换而指定的组ID<编号>无效
DBGR_25041	错误：组索引值<编号>（从为修改路由器转换而指定的组ID<编号>中得到）无效
DBGR_25044	数据类型不匹配：<值>不能在具有端口<端口名称>的条件中使用
DBGR_25045	断点条件中存在错误：端口<端口名称>和端口<端口名称>来自不同的组

（续表）

错误号	说明
DBGR_25046	断点<编号>（针对转换<转换名称>）中存在错误，原因是<原因>
DBGR_25047	全局断点<编号>中存在错误，原因是<原因>
DBGR_25048	无法为二进制端口<端口><端口名称>指定断点条件
DBGR_25049	转换尚未接收到任何数据
DBGR_25050	表达式中使用的端口<端口名称>未连接，且没有默认值
DBGR_25059	无法创建套接字以侦听客户端<PowerCenter客户端计算机名称>的连接
DBGR_25060	在<调试器最小端口>与<调试器最大端口>之间找不到可用于侦听客户端<PowerCenter客户端计算机名称>的连接的端口
DBGR_25061	无法通知客户端我们正在侦听哪个端口
DBGR_25062	无法通知客户端我们正在侦听哪个端口：没有可用的存储库服务器连接
DBGR_25068	无法与Designer连接，检查网络/防火墙设置
DMI_17501	为分区<分区>初始化TreeBuilder时出错
DMI_17503	除主键和外键之外，还必须至少为每个组连接一个字段
DMI_17504	为组<组>创建输入行时出错
DMI_17505	为以下字段设置数据时出错：<字段>
DMI_17506	主键或外键字段获取的数据为空
DMI_17507	为段<段名称>连接的所有字段获取的数据为空
DMI_17508	生成树时出错
DMI_17509	遍历树时出现未知错误
DMI_17511	SAPDMIPrepare转换接收到<数量>个孤行
DMI_17512	收到孤行<行>（在组<组>中，主键为<主键>，外键为<外键>）
DMI_17513	SAPDMIPrepare转换接收到<值>重复的行
DMI_17514	重复错误行<行>收到主键：<值>
DMI_17515	对主键<主键>和生成的对应文档编号<文档编号>的语法验证失败，因为缺少必需段：<段名称>
DMI_17516	对主键<主键>和相应生成文档编号<文档编号>的语法验证失败，因为最多出现次数多于最大限制：<段名称>
DMI_17517	对主键<主键>和相应生成文档编号<文档编号>的语法验证失败，因为最少出现次数低于最低限制：<值>
DMI_17518	数据<数据>在端口<端口号>溢出，如果没有达到错误阈值，将通过ErrorDMIData端口发送该行
DMI_17519	获取字段的数据时出错
DMI_17520	SAPDMIPrepare转换具有未连接的输入组，转换的所有输入组必须被连接
DMI_17525	为SAPDMIPrepare转换<转换名称>指定的缓存文件夹无效
DMI_17526	集成服务在组<组>中无法访问缓存块，增加缓存大小
DMI_17527	SAPDMIPrepare转换没有接收到DMI对象的数据
DOM_10009	找不到指定的域<链接域名称>（从域<当前域名称>中）
DOM_10013	无法禁用服务<服务名称>
DOM_10166	无法将节点<节点名称>登录到域
DOM_10174	无法将运行模式更新为<运行模式>（在服务<服务名称>上）

（续表）

错误号	说明
DOM_10176	无法将类型为<警告类型>的警告（针对对象<对象名称>，警告消息为<警告消息>）排入警告服务的队列中
DOM_10181	无法从以下主节点与节点<节点名称>（在主机<主机名>、端口<端口号>上）通信：<节点名称>
DOM_10182	运行时状态从<原始运行时状态>更改为<请求的运行时状态>对于服务<服务名称>的服务进程<正在运行服务进程的节点>无效
DOM_10184	集成服务无法在Windows节点<节点名称>（在<服务名称>中）上使用操作系统配置文件
DOM_10185	用户<用户名>（在安全域<安全域名称>中）不具有关闭该域所需的管理员角色
DOM_10188	无法启动服务<服务名称>（服务版本为<服务版本>，在节点<nodename>上），因为未将此节点配置为运行此服务版本
DOM_10189	无法启动服务<服务名称>（服务版本为<服务版本>），因为关联的服务<服务名称>属于其他版本
DP_90001	目标类型无效，配置文件映射目标应该是关系或为空
DP_90002	一个数据剖析映射中的所有目标应使用同一连接，并且有同样的连接属性
DP_90003	创建服务器数据库连接失败
DP_90004	使用用户<用户名>、连接字符串<数据库连接字符串>连接数据库失败，原因：<错误消息>
DP_90005	找不到此映射的配置文件对象
DP_90008	向数据库提交失败，错误是<数据库错误>
DP_90009	语句<SQL语句>的SQLPrepare失败，错误是<数据库错误>
DP_90010	语句<SQL语句>的SQL绑定失败，错误是<数据库错误>
DP_90011	语句<SQL语句>的SQLExecute失败，错误是<数据库错误>
DP_90012	语句<SQL语句>的SQLFetch失败，错误是<数据库错误>
DP_90013	为类型<键编号>提取键时失败
DP_90014	此转换必须有一个输入组和一个输出组
DP_90015	输出端口<端口名称>数据类型应为长整型
DP_90016	目标仓库已用于存储库<存储库名称>（GUID为<全局唯一标识符>），删除这些仓库表或使用其他仓库表
DP_90017	配置文件仓库表在目标数据库连接中不存在，请检查目标连接信息
DP_90019	无法从存储库获得文件夹信息
DP_90020	无法获得映射的元数据扩展<元数据扩展>
DP_90022	配置文件有一些无效函数，会话运行失败
DP_90023	缺少仓库表PMDP_WH_VERSION，目标仓库版本错误，可能需要升级仓库
DP_90024	目标仓库使用的是架构版本<版本>和数据版本<版本>，可能需要升级仓库
DP_90026	缺少仓库表PMDP_WH_VERSION，或缺少SCHEMA_VERSION/DATA_VERSION/DATABASE_TYPE列，需要升级仓库
DP_90029	映射参数<映射参数>的源索引无效
DP_90030	缺少索引为<索引>的源的映射参数
DP_90031	在此映射中未找到源限定符转换<转换>
DP_90401	无法从文件<文件名>加载值列表
DP_90403	值列表域不能为空
DP_90404	无法展开值列表文件<文件路径>

（续表）

错误号	说明
DP_90405	无法打开域定义文件<展开的文件路径>
DP_90406	提取自定义传输输入组失败
DP_90407	提取自定义转换输出组失败
DP_90408	接收到意外数量的输入/输出组
DP_90409	无法提取输出端口<端口号>
DP_90410	接收到意外数量的输入/输出端口
DP_90411	接收到已损坏的输入
DP_90603	正则表达式无效
DP_90604	遇到意外条件
DP_90606	无法运行数据剖析会话
DP_90802	未找到对应于输出端口<端口>的输入端口
DP_90803	与输出端口<端口>关联的输入端口数无效
DP_90804	有些输入端口没有对应的输出端口
DS_10008	在以下域中找不到服务查找请求中指定的节点<名称>：<名称>
DS_10009	找不到在服务查找请求中指定的域<名称>
DS_10012	指定的禁用模式<模式>对于禁用服务<服务名称>无效
DS_10036	服务<名称>不可用
DS_10037	服务<名称>在节点<名称>上不可用
DS_10059	请求的服务<名称>未在运行
DSP_20307	从配置服务（域名<域>，节点名称<节点>）提取节点信息时出错，错误消息：<消息文本>
EBRDR_13003	PowerCenter集成服务无法连接到OracleE-BusinessSuite
EBRDR_13005	PowerCenter集成服务无法生成或解析SQL查询
EBRDR_13007	联接类型未定义
EBRDR_13009	PowerCenter集成服务无法执行查询
EBRDR_13037	SQL查询中的字段数少于从应用程序源限定符连接到目标实例的端口数
EBWRT_32006	指定的架构列表未正确格式化
EBWRT_32026	PowerCenter集成服务无法初始化Oracle应用程序环境
EBWRT_32027	PowerCenter集成服务无法提交并发程序请求
EBWRT_32028	PowerCenter集成服务无法确定<应用程序名称>的应用程序ID
EBWRT_32031	创建等待过程时出错，等待功能将不可用
EBWRT_32034	<请求ID>已完成，但出现错误
EBWRT_32035	<请求ID>已意外终止
EBWRT_32069	<分区数量>PowerCenter集成服务无法初始化Oracle应用程序，因为没有为目标实例<目标名称>配置任何语言
EBWRT_32070	<分区数量>PowerCenter集成服务无法初始化Oracle应用程序，因为没有为目标实例<目标名称>指定用户名
EBWRT_32071	<分区数量>PowerCenter集成服务无法初始化Oracle应用程序，因为没有为目标实例<目标名称>指定责任名称
EBWRT_33007	PowerCenter集成服务无法将数据写入临时文件

（续表）

错误号	说明
EBWRT_35001	PowerCenter集成服务无法创建层次结构
EBWRT_35002	重复行计数、孤行计数及其他错误计数之和已超过错误阈值
EBWRT_36001	PowerCenter集成服务无法获取字段列表
EBWRT_36010	PowerCenter集成服务无法确定<用户名>的用户ID
EBWRT_36011	PowerCenter集成服务无法确定<责任>的责任ID
EBWRT_36012	PowerCenter集成服务无法确定<安全组>的安全组ID
EBWRT_36013	PowerCenter集成服务无法确定<服务器名称>的服务器ID
EBWRT_36066	<端口名称>端口（在组<组名称>中）未链接
EBWRT_36070	语言<语言>错误
EBWRT_36072	PowerCenter集成服务无法为GPK__<端口名称>=<数据>和GFK__<端口名称>=<数据>写入数据
EBWRT_40001	PowerCenter集成服务无法连接到OracleE-BusinessSuite
EBWRT_40003	PowerCenter集成服务遇到内存分配错误
EBWRT_40005	PowerCenter集成服务无法执行查询
EP_13001	无效转换
EP_13002	释放外部模块时出错
EP_13003	无法准备通用外部过程信息
EP_13004	无法准备管道外部过程信息
EP_13005	无法初始化Informatica样式的外部过程
EP_13006	外部模块名称为空
EP_13007	无法创建外部模块管理器
EP_13008	无法加载外部模块
EP_13010	无法创建外部模块对象
EP_13011	外部过程名称为空
EP_13012	无法获取外部过程签名
EP_13013	转换中的端口数量与形式参数数量不匹配
EP_13014	为转换定义了多个返回端口
EP_13015	为外部过程定义了多个返回参数
EP_13020	外部过程具有返回值，但转换没有
EP_13021	转换具有返回值，但外部过程没有
EP_13022	外部过程返回值不是最后的参数
EP_13023	转换返回值不是最后的端口
EP_13024	端口查找失败
EP_13025	并未找到所有输入参数
EP_13026	存在多个输入端口连接
EP_13027	十进制溢出错误
EP_13028	转换数据类型时出现未知错误
EP_13030	外部过程<外部过程名称>中引发异常错误
EP_13033	无法初始化COM样式的外部过程
EP_13034	未知COM错误

错误号	说明
EP_13035	无法初始化列/参数映射
EP_13036	无法找到所有输入参数
EP_13037	无法分配内存
EP_13038	无法初始化外部过程
EP_13039	缓冲区初始化回调失败
EP_13040	无效编程标识符
EP_13041	在注册表中找不到编程标识符
EP_13042	无法将编程标识符映射到CLSID
EP_13043	无法创建CLSID的字符串表示形式
EP_13044	无法创建组件对象的实例
EP_13045	无法获取组件对象的调度接口
EP_13046	IDispatch：：Invoke失败
EP_13047	无法打开注册表项HKEY_CLASSES_ROOT\\CLSID\\clsid\\Typelib
EP_13048	无法获取HKEY_CLASSES_ROOT\\CLSID\\clsid\\Typelib的注册表值
EP_13049	无法从编程标识符创建CLSID
EP_13050	打不开注册表项HKEY_CLASSES_ROOT\\TypeLib\\libid
EP_13052	无法加载类型库
EP_13053	无法获取类型库属性
EP_13054	无法打开注册表项HKEY_CLASSES_ROOT\\CLSID\\clsid\\服务器类型
EP_13055	无法获取HKEY_CLASSES_ROOT\\CLSID\\clsid\\<服务器类型>的注册表值
EP_13056	无法获取组件对象类型信息
EP_13057	无法获取组件对象类型属性
EP_13058	无法获取接口的引用类型
EP_13059	无法获取接口的类型信息
EP_13060	无法获取接口的类型属性
EP_13061	无法获取函数说明
EP_13062	无法获取函数及其参数的名称
EP_13063	无法获取函数参数的ID
EP_13064	无法获取函数类型信息
EP_13065	空BSTR
EP_13066	将COM数据类型转换成Informatica内部数据类型时出错
EP_13067	将Informatica内部数据类型转换成COM数据类型时出错
EP_13068	不支持的COM类型
EP_13069	无法初始化COM
EP_13070	非Windows平台上不支持COM样式的外部过程
EP_13071	Informatica样式的转换的一个端口的数据类型无效
EP_13072	Informatica样式的外部过程的一个参数的数据类型无效
EP_13073	Informatica外部过程日志消息
EP_13074	Informatica外部过程错误消息

（续表）

错误号	说明
EP_13075	服务器不支持此Informatica外部模块的版本
EP_13083	<外部过程转换>：初始化外部模块<模块：外部模块>时出现致命错误
EP_13084	数据转换错误
EP_13089	将初始化参数转换为构造函数参数的正确数据类型时出错
EP_13103	<外部过程转换>：外部过程<外部过程>返回致命错误
EP_13261	致命错误：对于活动自定义转换，当转换范围非ROW或者当数据访问模式是ARRAY时，设置传递端口是非法的
EP_13262	致命错误：对于活动自定义转换，当转换范围非ROW或者当数据访问模式是ARRAY时，将默认行策略设置为传递是非法的
EP_13263	致命错误：当数据访问模式非ARRAY时，调用INFA_CTASetInputErrorRow是非法的
EP_13264	致命错误：在inputRowNotification之外调用INFA_CTGetRowStrategy是非法的
EP_13265	致命错误：当数据访问模式为ARRAY时，调用INFA_CTGetRowStrategy是非法的
EP_13266	致命错误：当转换范围是ROW时，在inputRowNotification之外调用INFA_CTOutputNotification是非法的
EP_13267	致命错误：为OutputNotification设置了无效的块大小
EP_13268	致命错误：在运行时调用INFA_CTASetOutputNumRowsMax是非法的
EP_13269	致命错误：正在向INFA_CTASetOutputNumRowsMax传递无效的块大小
EP_13270	致命错误：下游转换遇到致命错误，请参考会话日志
ESSBASEWRT_203044	无法创建错误日志文件目录
EXP_19007	日期函数错误
EXP_19108	集成服务无法解析日期格式<日期格式字符串>
EXP_19138	集成服务无法解析日期格式<日期格式的单位部分>
EXP_19145	日期值字符串无效：<日期格式字符串>
EXP_19160	找不到版本API<函数名称>（在模块<模块名称>中）
EXP_19161	版本API<函数名称>（在模块<模块名称>中）失败
EXP_19162	模块<模块名称>接口版本<版本号>与框架版本<版本号>不兼容
EXP_19163	找不到模块API<函数名称>（在模块<模块名称>中）
EXP_19164	模块API<函数名称>（在模块<模块名称>中）失败
EXP_19165	<函数名称>的模块初始化失败：<错误消息>
EXP_19166	找不到验证API<函数名称>（在模块<模块名称>中）
EXP_19167	找不到函数API<函数名称>（在模块<模块名称>中）
EXP_19168	找不到函数实例API<函数名称>（在模块<模块名称>中）
EXP_19169	<函数名称>的模块取消初始化失败：<错误消息>
EXP_19170	无法获取<函数名称>的验证接口
EXP_19171	无法获取<函数名称>的函数接口
EXP_19172	无法获取<函数名称>的函数实例接口
EXP_19173	无法为<函数名称>初始化函数：<错误消息>
EXP_19174	无法为<函数名称>取消初始化函数：<错误消息>
EXP_19175	<函数名称>的函数验证失败：<错误消息>
EXP_19176	无法为<函数名称>获得processrowAPI

（续表）

错误号	说明
EXP_19177	无法为<函数名称>初始化函数实例：<错误消息>
EXP_19178	无法为<函数名称>取消初始化函数实例：<错误消息>
EXP_19179	为返回值指定了无效数据类型
EXP_19180	函数<函数名称>的processrow失败：<错误消息>
EXP_19181	无法获取<函数名称>的验证函数
EXP_19182	用户定义的函数<用户定义的函数>有循环相关性，调用堆栈为<调用堆栈>
EXP_19183	用户定义的函数<用户定义的函数>使用汇总器函数
EXP_19185	用户定义的函数<用户定义的函数>的编译失败
EXP_19186	<<表达式致命错误：用户定义的函数>><令牌>：<错误消息>，<子表达式>
EXP_19187	<<表达式错误：用户定义的函数>><令牌>：<错误消息>，<子表达式>
EXP_19188	<<表达式警告：用户定义的函数>><令牌>：<错误消息>，<子表达式>
EXP_19189	为用户定义的函数<用户定义的函数>提取元数据时出错
EXP_19190	错误：用户定义的函数<用户定义的函数>的参数不匹配
EXP_19191	表达式的参数名称必须以x或X开头
EXP_19192	参数数量过大
EXP_19193	无法从参数名称中获得参数索引
EXP_19194	参数索引<索引编号>超过表达式中的预期参数数量<数量>
EXP_19195	错误：不可调用的用户定义的函数<用户定义的函数>在表达式中被直接调用
EXP_19197	错误：Designer找不到函数<函数名称>，函数名称可能不正确
EXP_20010	集成服务无法解析日期格式<日期格式>，需要的格式为秒钟及以上
EXP_20011	日期函数错误，需要的格式为秒钟及以上
EXPFN_34016	为转换传递了无效数字
EXPFN_34017	无法将数字转换为十进制基数
FEXP_87001	打开文件<文件名>时出现的系统错误为<错误编号>：<错误消息>
FEXP_87004	进程<ID编号>已退出，出现了错误<FastExport错误代码>
FEXP_87005	进程<ID编号>已因收到信号<编号>而退出
FEXP_87009	生成进程<ID编号>时出现的系统错误为<错误编号>：<错误消息>
FEXP_87015	读取输出文件时出现的系统错误为<错误编号>：<错误消息>
FEXP_87016	接收到意外数据
FEXP_87017	接收到意外EOF
FEXP_87018	关闭文件<文件名>时出现的系统错误为<错误编号>：<错误消息>
FEXP_87024	在行号<行号>处（代码页映射文件<filename>中）出现问题，请查看文件中指定的文件格式
FEXP_87026	集成服务尝试获得会话属性的值时，发生以下系统错误：[{0}]
FR_3000	打开文件<文件名>时出错，操作系统错误消息<错误消息>
FR_3002	读取文件<文件名>时出错，操作系统错误消息<错误消息>
FR_3013	设置字段分隔字符串时出错
FR_3015	警告！行<行ID>，字段<名称>：数据已截断
FR_3016	记录长度<记录ID>大于换行缓冲区长度<数字>（用于<字符串>）
FR_3023	打开FTP连接时出错

（续表）

错误号	说明
FR_3024	传输远程文件时出错
FR_3029	带分隔符的文件属性错误：转义符不能与引号字符一样
FR_3030	带分隔符的文件属性错误：分隔符不能包含引号字符
FR_3031	带分隔符的文件属性错误：分隔符不能包含转义字符
FR_3032	带分隔符的文件属性错误：必须指定至少一个分隔符
FR_3033	带分隔符的文件读取器：警告！列<列名称>（属于文件<文件名>）中缺少匹配的引号字符，一直读取到该列的行尾
FR_3034	带分隔符的文件读取器：警告！跳过多余字符-在列<列名称>（在文件<文件名>中）的右引号之后
FR_3035	打开文件NULL时出错，操作系统错误消息
FR_3036	错误：在ASCII数据移动模式下，转义字符<转义字符值>不在Latin1代码页中
FR_3037	错误：在ASCII数据移动模式下，字段分隔字符串至少有一个字符<分隔符值>不在Latin1代码页中
FR_3038	错误：在UNICODE数据移动模式下，转义字符<转义字符值>在当前文件代码页<代码页名称>中无效
FR_3039	错误：在UNICODE数据移动模式下，字段分隔字符串至少有一个字符<分隔符值>在当前文件代码页<代码页名称>中无效
FR_3041	错误：带分隔符的平面文件的代码页<代码页名称>无效
FR_3043	错误：在ASCII数据移动模式下，使用基于EBCDIC的多字节代码页<代码页名称>无效
FR_3045	错误：未找到代码页<代码页ID>，请先安装它
FR_3046	错误：数据<字符串数据>（在固定宽度文件<文件名>中）未在针对字段<字段名称>的固定宽度边界处结束
FR_3047	错误：固定宽度的平面文件的代码页<代码页名称>无效
FR_3048	错误：在UNICODE数据移动模式下，空字符<空字符值>在当前文件代码页<代码页名称>中无效
FR_3049	错误：在ASCII数据移动模式下，空字符<空字符值>不在Latin1代码页中
FR_3050	错误：固定宽度的VSAM文件的代码页<代码页名称>无效
FR_3051	错误：二进制空字符<空字符值>无效，十进制值不在0～255之间
FR_3053	错误：数据<字符串数据>（在固定宽度文件<文件名>中）未在固定宽度边界<记录之间要跳过的字节数>处结束，下一行/记录也将是一处错误
FR_3054	错误：其余数据<字符串数据>（在固定宽度文件<文件名>中的非重复二进制空字段中）未在针对字段<字段名称>的固定宽度边界处结束
FR_3056	从文件<文件名>读取时出错
FR_3057	错误：固定宽度平面文件或固定宽度VSAM文件的数据不足，行数据是<行数据>
FR_3058	处理COBOL文件时出错：无法解析输入[<数据>中的数字字符（位于<位置>位置）必须在Latin1代码页中]
FR_3059	处理记录<记录名称>（在文件<文件名>中）时出错：记录无效，因为至少1组重新定义无效（重新定义不是正好在字符边界处，或者存在picnum字段转换错误）
FR_3060	处理记录<记录名称>（在文件<文件名>中）时出错：在解释多个重新定义时，在<位置编号，引用行的字节偏移量>这一位置存在转换状态冲突
FR_3061	打开WebSphereMQ队列时出错，操作系统错误消息

（续表）

错误号	说明
FR_3064	警告：文件的最后一行不完整
FR_3065	行<行编号>，字段<列名称>：无效数字-<列数据>，该行将被跳过
FR_3066	错误：在ASCII数据移动模式下，日期格式字符串至少有一个字符十进制值=<数字>不在Latin1代码页中
FR_3067	行<行编号>，字段<列名称>：无效日期-<列数据>，该行将被跳过
FR_3068	<日期格式>提供的日期格式无效
FR_3069	错误：字符"<字符>"用作分隔符和字段<列名称>的千位分隔符
FR_3070	错误：字符"<字符>"用作分隔符和字段<列名称>的小数分隔符
FR_3072	错误：平面文件<文件名>不能进行读取处理
FR_3074	行<行编号>处出错，多字节字符间跨两个字段或两行，记录将被跳过
FR_3075	错误：MQ关联源限定符的源文件类型不能是间接型
FR_3077	致命错误：列<列名称>有损坏的格式设置信息。请将该信息重新保存到存储库中
FR_3078	致命错误：无法实时刷新一个不完整的行
FR_3085	错误：行<行编号>：第<字符>个字符为空字符，这在文本输入文件<文件名>中是不允许的
FR_3107	错误：字符<字符>同时用作列分隔符和行分隔符
FR_3108	错误：此类型的文件不支持DSQ<源限定符名称>UCS-2代码页UTF-16BE或UTF-16LE
FR_3110	打开SFTP连接时出错
FR_3111	通过SFTP传输文件时出错
FR_3115	错误：为带分隔符的文件源<源名称>指定的空字符处理设置冲突
FR_3116	错误：为带分隔符的文件源<源名称>指定的空字符置换字符无效
FR_3117	集成服务不能将指定的多字节置换字符<字符>用于带分隔符的文件源<源名称>。请指定一个单字符单位长度的置换字符
FTP_14002	无法使用FTP传输文件，因为无法获取指定主机的TCP/IP地址
FTP_14003	无法使用FTP传输文件，因为集成服务不能创建套接字
FTP_14004	无法使用FTP传输文件，因为不能设置套接字选项
FTP_14005	无法使用FTP传输文件，因为集成服务无法连接到FTP服务器
FTP_14006	无法使用FTP传输文件，因为集成服务不能读取远程文件
FTP_14007	无法使用FTP传输文件，因为FTP响应的格式不符合要求。不支持FTP服务器
FTP_14008	关闭FTP连接时出错
FTP_14009	无法使用FTP传输文件，因为用户无效，无法登录
FTP_14010	无法使用FTP传输文件，因为密码被拒绝，无法登录
FTP_14011	无法使用FTP传输文件，连接请求被FTP服务器拒绝
FTP_14012	无法使用FTP传输文件，FTP命令<命令名称>被FTP服务器拒绝
FTP_14017	无法使用FTP传输文件本地文件<文件名>
FTP_14018	无法使用FTP传输文件，读取本地文件时出错
FTP_14019	无法使用FTP文件传输文件，写入本地文件时出错
FTP_14020	无法删除文件，FTPDELE命令被FTP服务器拒绝
FTP_14024	FTP主机名<主机名>格式错误，请指定<主机名>或<主机名>：<端口>，其中0<端口<65536
FTP_14040	FTP套接字<套接字编号>超时，FTP服务器未能及时响应，请验证FTP服务器是否正在运行或提高FTP超时值

（续表）

错误号	说明
FTP_14046	无法重新连接到<FTP主机>上的FTP服务器：重试时限内的<控制端口编号>
FTP_14047	在上次读取后源文件<文件名>或其时间戳已更改，会话应立即终止
FTP_14048	FTP服务器不支持FTP命令<FTP命令>，恢复能力已禁用
FTP_14049	FTP服务器不支持FTP命令<FTP命令>，无法重新启动到FTP服务器的文件传输
FTP_14050	DTM缓冲区包含的数据不足，无法重新启动文件传输，正在终止会话
FTP_14055	套接字<套接字编号>遇到错误：<错误文本>
FTP_14056	高可用性许可证不存在，已忽略为集成服务与FTP服务器的连接指定的重试时限
FTP_14057	无法使用SFTP传输文件，因为集成服务无法获取指定主机的TCP/IP地址
FTP_14058	无法使用SFTP传输文件，因为集成服务不能创建套接字
FTP_14059	无法使用SFTP传输文件，因为集成服务无法连接到SFTP服务器
FTP_14060	SFTP主机名<主机名>格式错误。指定<主机名>或<主机名>：<端口>，其中0<端口<65536
FTP_14061	无法使用SFTP传输文件本地文件<文件名>
FTP_14062	无法使用SFTP传输文件，读取本地文件时出错
FTP_14063	无法使用SFTP传输文件，写入本地文件时出错
FTP_14064	无法通过SFTP删除远程文件<文件名>：<系统错误>
FTP_14065	无法初始化与SFTP服务器的SSH2会话（传输层）：<系统消息>
FTP_14066	向远程SFTP服务器进行身份验证失败：<系统消息>
FTP_14067	无法初始化SFTP子系统：<库消息>
FTP_14068	无法通过SFTP打开远程文件<文件名>：<系统消息>
FTP_14074	集成服务未尝试使用公钥身份验证连接到SFTP服务器，因为未指定公钥和私钥文件名
FTP_14081	远程SFTP服务器未响应
FTP_14083	错误：未指定SFTP连接<连接名称>的远程文件名
FTP_14084	无法访问私钥或公钥文件，请确认指定的文件路径是否正确
HIER_28004	XML读取器错误：<错误文本>
HIER_28020	DTM缓冲区块已填充，但无法发送该块，需要使用堆内存保存数据
HIER_28028	致命错误：无法从堆分配内存
HIER_28031	两个字段指向同一XML节点，但数据类型和长度不匹配
HIER_28032	错误：定义的所有组中均没有引用了XML树中的节点的字段
HIER_28034	无法从DTM检索块
HIER_28041	打不开间接文件<文件名>
HIER_28043	读取器故障：节点<元素名称>多次出现，此节点在架构中标记为出现一次或未出现
HIER_28044	读取器故障：给定XML的根节点与存储库中的根节点不匹配
HIER_28045	超出范围错误：<元素名称>
HIER_28051	读取无效数字<值>（针对XML路径<路径名称>）
IDM_24007	数据屏蔽转换无法读取highgroup.txt文件
IDM_24013	无法屏蔽：<字符串>正在使用defaultValue.xml中的默认值作为输出
IDM_24023	数据屏蔽转换无法初始化XML解析器
IDM_24030	数据屏蔽转换无法屏蔽日期
IDM_24036	数据屏蔽转换无法屏蔽数字
IDM_24038	数据屏蔽转换无法屏蔽字符串

（续表）

错误号	说明
IDM_24039	数据屏蔽转换无法创建屏蔽对象
IDM_24045	数据屏蔽转换无法读取数据屏蔽规则
IDM_24051	数据屏蔽转换无法创建规则
IDM_24055	种子不在1～1000之间，正在使用默认种子值
IDM_24056	数据屏蔽默认文件中定义的种子不在1～1000之间，正在使用725作为种子的值
IDM_24057	无法屏蔽SSN：<编号>失败。SSN无效
IDM_24058	转换无法计算表达式<表达式>
IDM_24059	表达式解析致命错误，无法解析表达式<表达式>，应为：解析数据屏蔽转换表达式时出现致命错误
IDM_24060	计算后的表达式<表达式>的数据类型与端口数据类型不同，正在使用端口数据类型的默认值作为输出。更改为：表达式数据类型与端口数据类型不同，正在使用默认端口值屏蔽数据
IDM_24061	未指定关系字典的连接信息
IDM_24062	未指定存储的连接信息
IDM_24063	存储表不存在，请在运行会话前先创建存储表
IDM_24064	字典的大小为零，无法选择一个已屏蔽的值
IDM_24065	无法从字典中选择一个唯一的已屏蔽的值
IDM_24066	无法从字典中选择一个已屏蔽的值
IDM_24067	字典<字典名称>在提供的连接中不可用
IDM_24068	字典<字典名称>在$PMLookupFileDir中不可用
IDM_26001	信用卡号长度无效：<编号>失败
IDM_26002	无法屏蔽信用卡号：<编号>失败
IDM_26003	无法从以下信用卡号中删除分隔符：<编号>失败
IDM_26004	"界限"和"模糊"不能为<源>生成有效的值范围
IDM_26005	源日期无效
IDM_26006	输入IP地址无效：<IP地址>
IDM_26007	输入SSN格式无效：<SSN>
IDM_26008	输入URL格式无效：<URL>
IDM_26009	数据屏蔽转换的许可证尚未启用
IDM_26010	输入电子邮件无效：<电子邮件>
IDM_26011	输入电话无效：<电话号码>
IDOC_17601	接收到对不支持的函数<函数>的调用
IDOC_17605	为IDocParamType指定的值无效，该值必须是ControlRecord或SegmentRecord
IDOC_17606	获取IDoc段<段名称>的元数据时出错
IDOC_17607	属性<属性>无效，解析IDoc列表时出错
IDOC_17608	属性<属性>中的IDoc类型数与在<属性>中指定的数量不匹配
IDOC_17610	获取列表中某些IDoc的元数据时出错：<列表>
IDOC_17613	收到意外的IDoc类型<IDoc类型>
IDOC_17614	输入应仅用于IDoc类型：<IDoc类型>
IDOC_17615	解析控制数据时出错，检查IDoc类型<IDoc类型>的控制数据
IDOC_17617	段<IDoc段>不允许在当前IDoc类型<类型>中使用

（续表）

错误号	说明
IDOC_17618	IDoc<IDoc>的控制记录数据不能为空
IDOC_17619	段<段>的段数据不能为空
IDOC_17620	创建控制表<控制表>时出错
IDOC_17621	创建数据表<数据表>时出错
IDOC_17622	附加控制记录<控制记录>时出错，无法分配足够的内存
IDOC_17623	附加数据记录<数据记录>时出错，无法分配足够的内存
IDOC_17624	SAPALEIDoc目标定义未接收到以下IDoc类型的控制记录段：<IDoc类型>
IDOC_17625	SAPALEIDoc目标定义未接收到控制记录段，进行IDoc处理时遇到错误
IDOC_17626	SAPALEIDoc目标定义接收到的控制记录段数量错误，进行IDoc处理时遇到错误
IDOC_17627	SAPALEIDoc目标定义未接收到IDoc类型<IDoc类型>的任何数据段，进行IDoc处理时遇到错误
IDOC_17633	创建控制板<表名称>时出错
IDOC_17642	空闲时间<时间>必须大于或等于-1
IDOC_17643	数据包计数<计数>必须大于或等于-1
IDOC_17644	实时刷新延迟<延迟时间段>必须大于或等于0
IDOC_17645	读取器时间限制<时间限制>必须大于或等于0
IDOC_17646	无法获取源限定符实例<源限定符名称>的连接引用
IDOC_17647	无法获取源限定符实例<源限定符名称>的连接
IDOC_17648	无法初始化源限定符实例<源限定符名称>的读取器属性
IDOC_17649	为SAPALEIDoc源指定的连接类型错误
IDOC_17652	属性<TypeOfEP>的值应为<IDocInterpreter>
IDOC_17655	集成服务无法提取IDoc数据包
IDOC_17656	集成服务无法处理事务ID为<ID>的IDoc数据包
IDOC_17658	SAPALEIDoc源定义只能有一个输入组
IDOC_17659	SAPALEIDoc源定义可能包含错误的端口名称
IDOC_17662	输入IDoc类型<IDoc类型>与需要的IDoc类型<IDoc类型>不同，请检查源数据或配置以确保数据一致性
IDOC_17666	无法初始化目标实例<目标>的写入器属性
IDOC_17668	未指定<连接属性>
IDOC_17669	无法获取连接属性<连接属性>
IDOC_17670	IDoc写入器无法获取目标实例<目标>的连接信息
IDOC_17671	写入器分区<分区>无法注册以执行恢复
IDOC_17672	数据<数据>被写入器截断
IDOC_17675	IDoc读取器无法对源限定符实例<源限定符名称>支持恢复功能
IDOC_17676	为读取器分区<分区>指定的缓存文件夹无效
IDOC_17677	读取器分区<分区>无法注册以执行恢复
IDOC_17678	读取器分区<分区>无法缓存消息
IDOC_17679	读取器分区<分区>从缓存中截取了上一个缓存的消息
IDOC_17680	读取器分区<分区>无法将消息缓存截取到上一序列化消息：<错误消息>
IDOC_17681	IDoc读取器无法缓存消息：<错误消息>

（续表）

错误号	说明
IDOC_17682	读取器分区<分区>无法关闭EOF处的检查点：<错误消息>
IDOC_17684	读取器分区<分区>无法刷新缓存：<错误消息>
IDOC_17685	读取器分区<分区>无法读取缓存的消息
IDOC_17690	读取器分区<分区>无法关闭位于实时刷新点的检查点：<错误消息>
IDOC_17691	IDoc读取器无法对缓存消息执行反序列化：<错误消息>
IDOC_17692	旧版SAP传出IDoc映射不支持恢复
IDOC_17695	为分区<分区>初始化TreeBuilder时出错
IDOC_17696	为组<组>创建输入行时出错
IDOC_17697	为以下字段设置数据时出错：<字段>
IDOC_17698	遍历树时遇到未知错误
IDOC_17699	生成树时出错
IDOC_17700	获取字段的数据时出错
IDOC_17704	对主键<主键>和生成的对应文档编号<文档编号>的语法验证失败，因为缺少必需段：<段名称>
IDOC_17705	对主键<主键>和相应生成文档编号<文档编号>的语法验证失败，因为最多出现次数多于最大限制：<段名称>
IDOC_17706	对主键<主键>和相应生成文档编号<文档编号>的语法验证失败，因为最少出现次数低于最低限制：<段名称>
IDOC_17707	为主键/外键字段获取的数据为空
IDOC_17708	为段<段名称>连接的所有字段获取的数据为空
IDOC_17709	数据<数据>在端口<端口号>溢出，如果未达到错误阈值，将通过ErrorIDocData端口发送该行
IDOC_17710	SAP/ALEIDoc准备转换接收到<值>个孤立行
IDOC_17711	SAP/ALEIDoc准备转换接收到<值>个重复行
IDOC_17712	SAP/ALEIDoc准备转换接收到孤立行<该行的索引>（位于组<组>中），主键为<主键>，外键为<外键>
IDOC_17713	组<组>中接收到重复行，主键为<主键>
IDOC_17714	以下IDoc数据的长度不正确：<值>
IDOC_17720	SAP/ALEIDoc准备转换具有一个未连接的输入组，请连接用于转换的所有输入组
IDOC_17721	为组<组>设置数据时遇到错误
IDOC_17722	对文档编号<文档编号>的语法验证失败，因为缺少必需段：<段名称>
IDOC_17723	针对文档编号<文档编号>的语法验证失败，因为最大出现次数高于<段名称>的最大限制：<段名称>
IDOC_17724	针对文档编号<文档编号>的语法验证失败，因为最少出现次数低于<段名称>的最低限制：<段名称>
IDOC_17725	已跳过扩展语法检查，因为缺少错误输出端口，重新创建SAP/ALEIDoc解释程序转换
IDOC_17742	为SAP/ALEIDoc准备转换<转换名称>指定的缓存文件夹无效
IDOC_17743	集成服务在组<组>中无法访问缓存块，增加缓存大小
IDOC_17744	SAP/ALEIDoc准备转换未接收到IDoc类型<IDoc类型>的控制记录数据
IDOC_17747	SAP/ALEIDoc解释程序转换接收到<值>个孤立行

（续表）

错误号	说明
IDOC_17748	SAP/ALEIDoc解释程序转换接收到孤立行<该行的索引>（位于组<组>中），主键为<主键>
IDOC_17749	SAP/ALEIDoc解释程序转换接收到<值>个重复行
IDOC_17750	读取器缓冲区刷新失败
IDOC_17755	到SAP系统的类型A连接失败
JDEWRDR_50004	PowerCenter集成服务无法从存储库中提取连接信息
JDEWRDR_50005	PowerCenter集成服务无法从存储库中提取数据库类型
JDEWRDR_50006	连接信息无效
JDEWRDR_50010	在会话级别指定的"选择相异"属性的值无效
JDEWRDR_50013	PowerCenter集成服务无法从存储库中提取字段属性
JDEWRDR_50014	PowerCenter集成服务无法填充输出缓冲区
JDEWRDR_50015	PowerCenter集成服务无法刷新输出缓冲区
JDEWRDR_50016	PowerCenter集成服务无法从存储库中提取元数据
JDEWRDR_50022	PowerCenter集成服务无法获取表对象
JDEWRDR_50024	PowerCenter集成服务无法解析SQL查询，表别名可能已在SQL查询中使用
JDEWRDR_50028	未设置PWX_JDEWORLDPATH环境变量
JDEWRDR_50031	PowerExchangeforJDEdwardsWorld未在PowerCenter上启用，或许可证已过期
JDEWRDR_50037	某字段的数据类型或精度（或者两者）不匹配
JDEWRDR_50040	JDE库列表中指定的库不包含表<表名称>
JDEWRDR_50042	在会话级别指定的"已排序端口数"属性的值无效
JDEWRDR_50044	PowerCenter集成服务无法创建区域设置
JDEWRDR_50047	PowerCenter集成服务无法提取JDEdwardsWorld表中列的数据类型、精度和小数位数
JDEWRDR_51002	PowerExchange无法释放环境句柄
JDEWRDR_51003	PowerExchange无法向语句句柄分配内存
JDEWRDR_51004	PowerExchange无法断开与JDEdwardsWorld的连接
JDEWRDR_51005	PowerExchange无法释放连接句柄
JDEWRDR_51006	PowerExchange无法释放语句句柄
JDEWRDR_51007	PowerExchange无法准备语句
JDEWRDR_51008	PowerExchange无法将eCTYPE_CHAR数据类型绑定到某列
JDEWRDR_51009	PowerExchange无法将eCTYPE_UNICHAR数据类型绑定到某列
JDEWRDR_51010	PowerExchange无法将eCTYPE_DOUBLE数据类型绑定到某列
JDEWRDR_51011	PowerExchange无法将eCTYPE_FLOAT数据类型绑定到某列
JDEWRDR_51012	PowerExchange无法将eCTYPE_LONG数据类型绑定到某列
JDEWRDR_51013	PowerExchange无法将eCTYPE_SHORT数据类型绑定到某列
JDEWRDR_51014	PowerExchange无法将eCTYPE_INT32数据类型绑定到某列
JDEWRDR_51015	PowerExchange无法将eCTYPE_LONG64数据类型绑定到某列
JDEWRDR_51016	PowerExchange无法将eCTYPE_RAW数据类型绑定到某列
JDEWRDR_51017	PowerExchange无法将eCTYPE_TIME数据类型绑定到某列
JDEWRDR_51018	PowerExchange无法执行SQL查询
JDEWRDR_51019	PowerExchange无法提取JDEdwardsWorld数据

（续表）

错误号	说明
JDEWRDR_51020	PowerExchange无法向环境句柄分配内存
JDEWRDR_51021	PowerExchange无法向连接句柄分配内存
JDEWRDR_51023	PowerExchange无法设置连接选项
JDEWRDR_51024	PowerExchange无法与JDEdwardsWorld连接
JDEWRDR_51025	PowerExchange无法从指定的库提取表信息
JDEWRDR_51026	PowerExchange无法绑定列
JMS_1001	无法连接到JNDI提供程序：<错误消息>
JMS_1002	从JNDI查找的对象<对象名称>不是目标对象
JMS_1003	无法设置JMS异常侦听器：<错误消息>
JMS_1004	在JNDI中，对象<对象名称>不是QueueConnectionFactory对象
JMS_1005	在JNDI中，对象<对象名称>不是TopicConnectionFactory对象
JMS_1006	目标对象不是队列对象
JMS_1007	目标对象不是主题对象
JMS_1008	无法创建JMS连接：<错误消息>
JMS_1009	无法创建JMS会话：<错误消息>
JMS_1010	无法创建JMS连接使用者：<错误消息>
JMS_1011	无法启动JMS连接：<错误消息>
JMS_1012	无法停止JMS连接：<错误消息>
JMS_1013	无法关闭JMS连接：<错误消息>
JMS_1014	无法关闭JNDI连接：<错误消息>
JMS_1015	无法从JNDI查找对象<对象名称>
JMS_1018	无法从元数据扩展名找到消息类型
JMS_1019	无法找到JMS连接
JMS_1020	无法创建消息使用者：<错误消息>
JMS_1021	由于JMS会话和JMS连接对象冲突，无法创建消息使用者
JMS_1022	无法获取JMS目标<目标>，原因：<错误消息>
JMS_1023	无法获取队列连接工厂<队列连接工厂>，原因：<错误消息>
JMS_1024	无法获取主题连接工厂<主题连接工厂>，原因：<错误消息>
JMS_1026	未找到文件jndi.properties，运行时没有使用其他SSL相关属性
JMS_2002	获取源限定符<源限定符名称>的会话扩展信息时出错
JMS_2025	处理源限定符<源限定符名称>接收的消息时出错，原因：<错误消息>
JMS_2026	处理源限定符<源限定符名称>接收的消息时出现JMS错误，原因：<错误消息>
JMS_2027	接收的数据太大，因此无法处理字段<字段名称>（由源限定符<源限定符名称>处理），原因：<错误消息>
JMS_2028	源限定符<源限定符名称>接收的消息与正文定义不匹配
JMS_2029	源限定符<源限定符名称>在关闭使用者时遇到错误，原因：<错误消息>
JMS_2032	源限定符<源限定符名称>向DTM缓冲区写入数据时出现未知错误，原因：<错误消息>
JMS_2035	分区#<编号>（属于源限定符<源限定符名称>）无法获取用于恢复的缓存协调器
JMS_2036	未提供文件缓存文件夹，请输入一个文件缓存文件夹
JMS_2037	无法为有保证的消息传递创建存储信息对象，原因：<错误消息>

（续表）

错误号	说明
JMS_2038	无法注册恢复缓存，原因：<错误消息>
JMS_2041	无法从恢复缓存中恢复数据，原因：<错误消息>
JMS_2042	从恢复缓存中恢复数据时遇到未知错误
JMS_2043	无法向恢复缓存中写入数据，原因：<错误消息>
JMS_2044	源限定符<源限定符名称>在确认消息时遇到错误，原因：<错误消息>
JMS_2046	处理字段<字段名称>（包含在源限定符<源限定符名称>中）的消息时发生数据转换错误
JMS_2047	不能设置消息侦听器：<错误消息>
JMS_2048	关闭JMS会话时出错：<错误消息>
JMS_2050	源限定符<源限定符名称>在接收JMS消息时遇到错误，原因：<错误消息>
JMS_2051	请求的数据类型与写入恢复缓存的数据不匹配，缓存可能已损坏
JMS_2052	无法加载jms.jar库
JMS_2063	集成服务使已启用恢复且包含多个分区的JMS实时会话失败
JMS_2064	源限定符<源限定符名称>接收了<接收的恢复消息数目>条恢复消息，总共可能有<可能的恢复消息数目>条，集成服务已处理上一会话中的消息，并将通过分区<分区ID>删除它们
JMS_2065	源限定符<源限定符名称>接收了<接收的恢复消息数目>条恢复消息，总共可能有<可能的恢复消息数目>条，集成服务未处理上一会话中的消息，并将通过分区<分区ID>写入消息
JMS_3003	无法创建写入器连接：<错误消息>
JMS_3004	无法关闭连接：<错误消息>
JMS_3005	无法关闭JMS会话：<错误消息>
JMS_3006	无法提交JMS会话：<错误消息>
JMS_3007	无法回滚JMS会话：<错误消息>
JMS_3008	无法创建JMS消息对象：<错误消息>
JMS_3009	无法创建消息写入器：<错误消息>
JMS_3013	无法创建消息对象，因为提供的消息类型无效
JMS_3014	字段<文件名称>不是有效JMS目标字段
JMS_3015	遇到一个无效行类型，如果该行类型为INSERT、UPDATE和DELETE，JMS写入器将发布一条消息
JMS_3016	JMS写入器遇到未知行类型错误
JMS_3017	提供的<属性名称>值（在JMS连接<连接名称>中）无效，原因：<错误消息>
JMS_3018	在处理字段<字段名称>时，JMS写入器遇到JMS异常：<错误消息>
JMS_3020	在处理字段<字段名称>时，JMS写入器遇到数据转换错误
JMS_3021	JMS写入器遇到了常规异常：<错误消息>
JMS_3022	JMS写入器遇到了常规错误：<错误消息>
JMS_3023	JMS提供程序中发生JMS异常：<错误消息>
JMS_3024	数据类型ID无效：<错误消息>
JMS_3025	JMS写入器接收到字段<字段名称>的空值，然而该字段设置为非空，消息将被拒
JMS_3026	JMS写入器遇到JMS异常：<错误消息>
JMS_3027	JMS写入器遇到内存不足错误
JMS_3028	JMS写入器在从JNDI获取默认JMSReplyTo对象<对象名称>时出错，原因：<错误消息>
JMS_3029	JMS写入器在处理字段<字段名称>（包含在目标<目标名称>中）的数据时出错，原因：<错误消息>

（续表）

错误号	说明
JMS_3030	无法加载jms.jar库
JMS_3031	集成服务无法保证将仅对消息处理一次，可能缺少某些消息或某些消息重复
JMS_3033	集成服务无法将恢复状态写入到恢复<恢复目标类型>，恢复目标<恢复目标名称>，连接工厂<连接工厂名称>，原因：<错误原因>
JMS_3034	如果在会话属性中将IsDestinationNameDynamic设置为true，则字段<字段名称>（属于目标<目标名称>）可以突出
JSDK_42021	无法加载库：<库名称>
JSDK_42075	集成服务尝试重置会话，但resetNotificationAPI尚未在Java转换<转换>中实现
JTX_1001	无法创建分区驱动程序，从字节代码加载分区驱动程序类时出现异常：<异常文本>
JTX_1002	找不到元数据扩展<元数据扩展名>
JTX_1003	无法检索输入/输出端口的元数据：<端口名称>
JTX_1005	列名称<名称>无效
JTX_1006	组数量无效，Java转换必须恰好包含一个输入组和一个输出组
JTX_1008	行类型<行类型>无效，setOutRowTypeAPI的有效行类型为INSERT、DELETE和UPDATE
JTX_1009	无法创建分区驱动程序，Java转换的字节代码无效
JTX_1010	转换名称不能为空，无法创建类加载器
JTX_1011	Java转换failSessionAPI引发错误：<错误文本>
JTX_1013	错误消息：<消息文本>
JTX_1014	Java转换API<方法名称>的参数不能为空
JTX_1015	Java转换引发异常：<异常文本>
JTX_1016	无法使用Java转换API<方法名称>（在未选择转换属性<名称>时）
JTX_1017	无法在被动Java转换中调用可调用API<方法名称>
JTX_1018	无法为端口<端口名称>设置默认值错误：<错误>
JTX_1101	无法创建JExpression实例
JTX_1102	指定的行类型<行类型>无效，有效的行类型为：INSERT、DELETE和UPDATE
JTX_1103	结果为空
JTX_1104	结果数据类型为<类型>，此API调用无效
JTX_1105	结果数据类型无效
JTX_1106	会话对象为空
JTX_1107	表达式参数数据类型无效
JTX_1108	可调用API<方法名称>的表达式字符串参数不能为空
JTX_1109	传递给表达式<表达式名称>的参数过少，应为：<数量>个参数，已传递<数量>个参数
JTX_1110	传递给表达式<表达式名称>的参数过多，多余参数被忽略
JTX_1111	JExpressionAPI<方法名称>参数不能为空
JTX_1114	无法加载类<类名称>：<错误文本>
JTX_1115	初始化JExpression对象的过程中出现异常：<名称>
JTX_1117	对于字段<端口名称>，数据被截断
JTX_60000	无法验证Java转换，无法从存储库中检索元数据扩展
JTX_60001	无法验证Java转换，无法从存储库检索Java代码段

（续表）

错误号	说明
JTX_60002	无法验证Java转换，无法从存储库检索字节代码
JTX_60003	无法验证Java转换，无法从存储库检索CRC值
JTX_60004	该转换的字节代码不在存储库中，Java转换无效
JTX_60005	存储库中的字节代码无效，Java转换无效
JTX_60007	无法检索<类名称>的对象类
JTX_60008	找不到方法<方法名称>（在类<类名称>中）
JTX_60009	无法创建类<类名称>的对象
JTX_60010	无法创建类<类名称>的全局引用
JTX_60011	无法使用getLongAPI，结果数据类型不是时间或日期
JTX_60012	参数x<编号>的数据类型无效
JTX_60013	无法验证Java转换，无法从存储库中检索类路径
JTX_60014	无法验证Java转换，无法从存储库中检索精度模式
LB_47007	提交的任务<任务名称>已被用户取消
LB_47008	提交的任务<任务名称>被取消，因为没有节点具备此任务要求的资源
LB_47010	由于错误<错误文本>，集成服务无法加载外部资源管理器库
LB_47011	由于错误<错误文本>，集成服务无法检索外部资源管理器接口
LB_47012	由于错误<错误文本>，外部资源管理器接口初始化失败
LB_47047	负载平衡器无法分离节点<节点名称>
LB_47050	接收到针对无效节点<节点名称>上的请求的最终通知，事件代码是<代码>
LDAPRDR_1000	找不到PowerExchangeforLDAP许可证密钥
LDAPRDR_2037	对于LDAP目录服务器，缺少或无法访问根DSE下的supportedControl属性
LDAPRDR_2046	PowerCenter集成服务无法从文件<CDC文件名称>中读取更改日志信息
LDAPRDR_2047	PowerCenter集成服务无法将更改日志信息写入文件<CDC文件名称>中
LDAPRDR_2048	PowerCenter集成服务无法从上下文中检索排序请求控制的响应，原因：<reason>
LDAPRDR_2049	PowerCenter集成服务无法从上下文中检索PagedResultControl的响应
LDAPRDR_2050	由于缺少某个所需属性的值，PowerCenter集成服务无法检索更改日志条目<条目名称>的修改详细信息
LDAPRDR_2051	PowerCenter集成服务无法从LDAP目录服务器中检索dn=<属性值>的条目
LDAPRDR_2052	PowerCenter集成服务无法展开变量来获取更改数据捕获文件位置，原因：<reason>
LDAPRDR_2053	PowerCenter集成服务无法传播dn=<属性值>的modrdn更改
LDAPRDR_2056	PowerCenter集成服务无法创建排序控制
LDAPRDR_2058	PowerCenter集成服务无法创建将创建更改数据捕获文件的目录
LDAPRDR_2059	PowerCenter集成服务无法从LDAP目录服务器中检索旧的targetDn<属性值>的newRdn属性
LDAPRDR_2062	PowerCenter集成服务在DN<更改日志DN名称>下找不到更改日志条目
LDAPRDR_2072	PowerCenter集成服务无法执行更改数据捕获数据转换的初始检查，原因：<reason>
LDAPRDR_2076	展开变量以获取搜索筛选器表达式时出错，原因：<reason>
LDAPRDR_2078	由于针对引用的目录服务器对用户进行身份验证时出错，PowerCenter集成服务无法处理引用条目<条目DN名称>
LDAPWRT_1000	找不到PowerExchangeforLDAP许可证密钥
LDAPWRT_3031	无法<操作类型>条目<条目DN名称>

（续表）

错误号	说明
LDAPWRT_3032	无法插入条目<条目DN名称>，因为它已存在于LDAP目录服务器中
LDAPWRT_3037	PowerCenter集成服务无法删除条目<条目DN名称>，因为LDAP目录服务器中不存在此条目
LDAPWRT_3043	PowerCenter集成服务无法更新条目<条目DN名称>，因为要更新的属性值已用于RDN
LDAPWRT_3052	无法<操作类型>属性<属性名称>（针对条目<条目DN名称>）
LDBG_8316	错误：在分区点<分区点名称>（其中<转换名称>为转换名称），DTM服务器的缓冲池数据块不足
LDBG_21035	数据块写入锁定错误，在偏移位置<偏移值>，原因[设备上无空间]
LDBG_21149	确定截断表顺序时出错，无法为目标创建约束加载相关性
LDBG_21178	错误：目标中约束自我引用
LDBG_21409	目标<目标名称>警告：外键<外键端口名称>的主键表不是来自同一活动源或事务生成器将不执行此约束，结果是该会话可能会因为潜在死锁而挂起
LDBG_21511	TE：致命转换错误
LDBG_21604	数据块读取锁定错误，在偏移位置<编号>，原因：<原因>
LDBG_21605	无法打开目录<目录名称>中的文件
LDBG_21633	对于<查找转换>的动态查找缓存，一个输入行在条件字段中有空值，此行将不用于查找缓存的更新
LDBG_21668	错误：Informatica服务器许可证不允许一次使用多个数据库许可证
LGS_10006	自动清除期间跳过了文件<文件名>
LGS_10010	目录中的文件未全部删除：<目录名称>
LGS_10013	收到数量无效的日志事件
LGS_10016	无法关闭文件合并流，由于以下错误：<错误文本>
LGS_10017	创建目录<目录名称>时出错
LGS_10019	无法打开文件流<文件名>，由于以下错误：<错误文本>
LGS_10021	无法从文件流<文件名>读取日志事件，由于以下错误：<错误文本>
LGS_10024	记录请求失败，由于以下错误：<错误文本>
LGS_10026	日志服务配置缺少节点<节点名称>的日志服务目录值
LGS_10028	索引文件<文件名>已损坏
LGS_10034	记录请求失败，由于以下错误：<错误文本>；无法回滚更改，由于以下错误：<错误文本>
LGS_10035	时间戳索引文件<文件名>已损坏
LGS_10052	日志管理器没有针对请求的会话或工作流运行的记录
LGS_10060	日志提取操作不接受同时将运行ID和运行实例名作为输入
LIC_10000	服务管理器尚未初始化
LIC_10004	服务管理器已禁用，无法接受许可请求
LIC_10006	接收到缺少必需参数的请求
LIC_10007	接收到一条请求，其中包含错误的<实际对象类型>参数（应为<所需的对象类型>）
LIC_10010	输入向量必须包含一个许可证名称，后跟至少一个服务名称
LIC_10011	未找到许可证<许可证名称>
LIC_10013	下列服务已分配：<服务列表>
LIC_10014	请求参数必须包含一个许可证名称，后跟一个加密的许可证密钥

（续表）

错误号	说明
LIC_10015	请求参数必须包含源和目标许可证名称
LIC_10017	<服务名称>未分配给任何许可证
LIC_10018	请求参数必须包含一个许可证名称，后跟一个说明
LIC_10019	请求参数必须包含一个有效服务名称，后跟一个有效的节点名称
LIC_10020	无法为节点<节点名称>确定操作系统类型
LIC_10025	无法从许可证<许可证名称>取消分配，因为服务<已启用的服务的列表>已启用，并且/或者未找到服务<缺少的服务的列表>
LIC_10026	许可证<许可证名称>/<许可证序列号>无法启动服务<服务名称>，因为未许可它在平台<平台名称>上执行
LIC_10027	无法添加到期日期为<到期日期>的许可证密钥
LIC_10028	无法添加无效的许可证密钥，因为<原因许可证密钥无效>
LIC_10030	试图将许可证<许可证名称>/<许可证序列号>用于PowerCenter<产品版本>，而该许可证是为<许可证版本>购买的
LIC_10033	许可证<许可证名称>/<许可证序列号>无法启动服务<服务名称>，因为许可证已于<到期日期>到期
LIC_10034	许可证<许可证名称>/<许可证序列号>无法启动服务<服务名称>，因为许可证不支持网格进程
LIC_10035	许可证<许可证名称>/<许可证序列号>无法启动存储库实例<存储库名称>，因为许可证没有有效的存储库计数
LIC_10048	无法写入许可证<许可证名称>/<许可证序列号>新日期记录，为平台<平台>上的逻辑CPU
LIC_10049	无法为存储库实例写入许可证<许可证名称>/<许可证序列号>新日期记录
LIC_10050	无法写入许可证<许可证名称>/<许可证序列号>记录，为<平台的实际CPU计数>逻辑CPU，位于平台<平台>上
LIC_10051	无法写入许可证<许可证名称>/<许可证序列号>记录，为<实际存储库计数>存储库实例
LIC_10052	对无法在域中找到的服务<服务名称>执行了更改
LIC_10053	对无法在域中找到的节点<节点名称>执行了更改
LIC_10054	找不到序列号为<许可证序列号>的许可证
LIC_10055	找不到服务<服务名称>的许可证
LIC_10056	许可证<许可证名称>/<许可证序列号>无法启动服务<服务名称>，因为许可证不支持备份节点
LIC_10061	无法用无效服务名称<服务名称>验证许可证使用量
LIC_10062	无法用无效节点名称<节点名称>验证许可证使用量
LIC_10063	许可证<许可证名称>/<许可证序列号>无法启动服务<服务名称>，因为许可证不支持操作系统配置文件
LIC_10064	无法让服务<服务名称>在节点<节点名称>上启动，因为这将超过为平台<平台名称>许可的CPU数量
LM_36053	服务器模式<当前服务器模式>无效，将使用默认服务器模式<当前服务器模式>
LM_36072	无法从配置中获取$PMStorageDir
LM_36129	打不开日志文件<名称>
LM_36133	读取日志文件<名称>失败
LM_36134	会话正在初始化，会话日志文件暂时不可用

（续表）

错误号	说明
LM_36136	任务实例<任务ID>（包括工作流<工作流ID><运行ID>）未在此集成服务上运行
LM_36138	找不到工作流日志名称
LM_36210	从存储库获取工作集实例名称失败
LM_36220	日志文件<名称>不包含任何数据
LM_36225	未能为会话实例[ID=<编号>（在文件夹ID=<编号>、工作流ID=<编号>[运行ID=<编号>]、工作集ID=<编号>中）创建会话日志文件，可能是因为该会话在初始化期间失败
LM_36229	请求失败，因为连接中断或客户端处理回复太慢，客户端为<名称>，连接为<名称>，请求ID为<编号>
LM_36269	从客户端<PowerCenter客户端>（在主机<主机>上）发出了连接请求，要求连接到服务类型<服务类型>、服务名称<服务>和服务进程名称<节点>，该连接请求失败，因为服务进程<节点>不是所需的服务进程
LM_36271	从客户端<客户端>（在主机<节点>上）发出了连接请求，要求连接到服务类型<类型>、域名称<域>、服务名称<服务>和服务进程名称<节点>，该连接请求失败，因为针对该服务的查找失败
LM_36272	无法从URI<通用资源标识符>获取网关信息
LM_36273	无法使用以下URI在域<域>中从名称服务查找中查找服务名称为<服务>、服务进程为<节点>的服务：<通用资源标识符>
LM_36274	无法使用以下URI在域<域>中从名称服务查找中查找服务名称为<服务>、服务进程为<服务进程>的服务：<服务进程>，错误代码是<代码>，错误消息是<消息文本>
LM_36275	从客户端<PowerCenter客户端>（在主机<主机>上）发出了连接请求，要求连接到服务类型<服务类型>、域名称<域>、服务名称<服务>和服务进程名称<节点>，该连接请求失败，因为服务未配置为重定向连接
LM_36310	工作流<名称>：打不开日志文件<名称>
LM_36311	工作流<名称>：无法展开工作流日志文件名<名称>
LM_36312	工作流<名称>：日志路径超出<数目>个字符的限制：<路径>
LM36320	<工作流或任务名称>：执行失败
LM_36338	工作流<名称>无法开始执行此工作流，因为此集成服务上的当前运行尚未完成
LM_36348	<工作流、工作集或会话实例名称>：找不到参数文件<名称>
LM_36349	<工作流或工作集名称>：创建变量管理器失败
LM_36350	绑定预定义变量<名称>时出错
LM_36351	<工作流名称>：保留变量值时出错
LM_36362	工作流<名称>：存储库中的工作流日志计数为负<数字>
LM_36363	工作流<名称>：无法将工作流日志文件<文件名>重命名为<文件名>
LM_36364	工作流<名称>：无法增加存储库中的日志文件数量
LM_36366	<工作集名称>：无法为变量<名称>设置已传递的值
LM_36367	<任务实例名称和路径>：挂起电子邮件的用户名为空
LM_36368	<任务实例名称和路径>：无法发送挂起电子邮件
LM_36369	<会话任务实例><任务实例路径>遇到未知类型的任务实例<任务实例名称>
LM_36381	<工作集名称>：无法为变量<名称>设置已传递的值，找不到具有此名称的用户定义变量
LM_36382	<工作集名称>：无法为变量<名称>设置已传递的值，找不到变量<名称>（在父工作流或工作集<工作流或工作集名称>中）

错误号	说明
LM_36383	展开变量参数时出错
LM_36385	<工作流名称>：无法获取针对工作流<名称>的执行锁定
LM_36401	<会话任务实例><任务实例路径>执行意外终止
LM_36440	<任务类型>任务实例<任务实例路径>：提取<工作流或工作集><工作流或工作集名称>的持久变量值出错
LM_36441	错误：同时指定了参数列表和参数文件
LM_36471	<工作流名称>：工作流计划故障转移失败，因为存储中的信息不一致或不完整
LM_36476	<工作流名称>：工作流故障转移执行失败，因为不能从内部将该工作流计划以恢复模式运行
LM_36477	<工作流名称>：无法保存工作流信息以执行故障转移
LM_36527	<任务实例名称和路径>：无法提取会话来发送该会话实例的后期会话电子邮件
LM_36528	<任务实例名称和路径>：无法展开该会话实例的电子邮件用户名<用户名>
LM_36529	<任务实例名称和路径>：此会话实例的后期会话失败，电子邮件组件中的电子邮件用户名为空
LM_36530	<任务实例名称和路径>：无法发送此会话实例的后期会话失败电子邮件
LM_36538	<会话实例路径>：无法写入临时参数文件<参数文件名称>，错误是<错误编号><错误原因>
LM_36539	<会话实例路径>：无法取消链接临时参数文件<参数文件名称>，错误是<错误编号><错误原因>
LM_36543	<任务名称>：条件表达式eval错误<表达式>
LM_36544	<任务名称>：条件表达式<表达式>将不会计算出数值
LM_36564	<任务名称>：变量<名称>、表达式数据类型<数据类型>、变量数据类型<数据类型>的数据类型转换无效
LM_36565	<任务名称>：变量<名称>：数据转换异常<值>
LM_36566	<任务名称>：无法解析作为用户定义的工作流/工作集变量的左侧变量<名称>
LM_36567	无法回滚变量<名称>的赋值
LM_36580	<任务实例名称和路径>：电子邮件用户名未指定
LM_36581	<任务实例名称和路径>：无法发送电子邮件
LM_36601	<计时器名称>无法用计时器任务管理器计划计时器
LM_36602	<变量名>等待变量<变量类型>指定的绝对时间，该变量不存在
LM_36603	<变量名>等待变量<变量类型>指定的绝对时间，该变量不是日期/时间类型
LM_36604	<变量名>等待变量<变量类型>指定的绝对时间，该变量值为空
LM_36648	<事件等待任务>：检测到监视文件<指示器文件名>，但在删除文件时遇到错误，错误代码errno=<错误编号>，错误消息<错误消息>
LM_36823	工作流<工作流ID><会话>未取消计划，因为未计划
LM_44122	初始化目录<目录名称>中的存储时遇到错误
LM_44124	集成服务缺少WorkflowManager存储
LM_44125	WorkflowManager存储未准备好供集成服务使用
LM_44127	无法准备任务<名称>
LM_44136	在故障转换时无法释放剩余的执行锁定
LM_44180	指定的存储库连接的异步线程数量<线程数量>太少，请使用默认值<线程数量>
LM_44181	工作流<工作流名称>受到影响，集成服务未配置为运行受到相关性更新影响的会话

（续表）

错误号	说明
LM_44183	不允许计划工作流，因为集成服务在安全模式下运行
LM_44184	已计划的工作流<工作流名称>未重新计划，因为集成服务在安全模式下运行
LM_44185	当集成服务以安全模式运行时，用户<用户名>没有足够的特权来登录
LM_44188	<任务名称>：无法展开该电子邮件任务的电子邮件用户<名称>
LM_44189	<工作流名称>：无法展开该挂起电子邮件的电子邮件用户<名称>
LM_44190	<命令任务名称>：无法展开命令<命令名称>，命令值为<命令文本>
LM_44193	在安全模式下运行时，集成服务<名称>不执行工作流和计划故障转移，也不执行恢复
LM_44205	使用操作系统配置文件运行任务<任务名称>时出错：<错误消息>
LM_44207	无法停止或中止工作流<ID=运行ID>或该工作流内的任务，在此集成服务上未找到指定的运行ID
LM_44208	无法停止或中止工作流<ID=运行ID>或该工作流内的任务，此工作流有多个实例在此集成服务上运行，指定要停止或中止的运行ID
LM_44210	无法等待工作流<ID=运行ID>或该工作流内的任务，在此集成服务上未找到运行ID
LM_44211	无法等待工作流或该工作流内的任务，集成服务在运行该工作流的多个实例，指定要等待的工作流运行ID
LM_44220	<工作流或工作集名称>：无法为变量<名称>设置变量赋值
LM_44222	恢复工作流<工作流名称>运行ID<运行ID>的请求与当前工作流运行ID不匹配
LM_44223	工作流<名称>失败，因为未指定操作系统配置文件，而集成服务要使用操作系统配置文件
LM_44224	工作流<名称>失败，因为集成服务未启用操作系统配置文件，然而指定了操作系统配置文件
LM_44225	集成服务无法使用操作系统配置文件读取参数文件<文件名>
LM_44226	已超过允许并发运行的最大数量
LM_44227	工作流包含保留的变量
LM_44228	具有同一实例名称的工作流已在运行
LM_44254	并发工作流[文件夹[ID=<编号>]、工作流[ID=<编号>]]使用同一实例名称运行，指定工作流运行ID以进行恢复
LM_44255	无法从存储库中提取工作流[文件夹ID=<文件夹ID>，工作流ID=<工作流ID>]
LM_44256	运行实例名称[<实例名称>]已提供，但工作流[文件夹ID=<文件夹ID>，工作流ID=<工作流ID>]未启用为并发执行，实例名称将被忽略
LM_44269	未为运行工作流[<工作流名称>]配置WebServicesHub
LMTGT_17801	初始化LM-API时出错
LMTGT_17802	所有关系目标必须共享同一关系数据库连接
LMTGT_17803	无法创建此关系数据库连接
LMTGT_17804	无法连接到数据库
LMTGT_17805	无法连接到集成服务
LMTGT_17806	无法登录到集成服务
LMTGT_17808	键字段必须连接
LMTGT_17809	标识符端口在映射中未连接，在使用"等待提交"选项时，必须连接该端口
LMTGT_17810	找不到针对键<键名称>的工作流详细信息
LMTGT_17811	在映射中未找到指示器表<表名称>
LMTGT_17812	映射中未指定指示器表名称，在使用"等待提交"选项时需要指示器表名称

（续表）

错误号	说明
LMTGT_17818	集成服务无法提取工作流<工作流名称>（针对键<键名称>）
LMTGT_17820	警告：服务器连接断开
LMTGT_17821	与集成服务通信时出错
LNRDR_1017	无法加载NCSO.jar文件
LNWRT_1000	找不到PowerExchangeforLotusNotes许可证
LNWRT_1010	无法连接到Domino服务器<服务器名称：端口号>，原因：<原因>
LNWRT_1012	无法访问Notes数据库<数据库名称>
LNWRT_1019	PowerCenter集成服务找不到代理<代理名称>（在Notes数据库<数据库名称>中）
LNWRT_1025	内部错误，PowerCenter集成服务接收到来自DataTransformationManager（DTM）进程的中止或停止请求，正在终止会话
LNWRT_1035	创建错误日志文件<文件名>时出错
LNWRT_1041	已达到错误阈值<阈值>
MBC_EXCL_E001	无法访问OLEExcel引擎
MBC_EXCL_E002	无法执行OLEExcel操作。错误代码：<错误代码>。消息：<错误消息>
MBC_EXCL_E005	无法启动MicrosoftExcelAPI。错误代码：<错误代码>。消息：<错误消息>
MBC_EXCL_E0014	打不开文件<文件名>，文件被服务调用时，可能被其他进程锁定或受保护，或者Vista阻止ExcelAPI打开电子表格
MBC_EXCL_E0015	无法处理ExcelXML电子表格，XML文件可能已损坏
MBC_EXCL_E0019	MetaMap必须为XLSM格式，要使用Excel 2007之前的版本创建，请安装Office 2007兼容包
MBC_EXCL_E0043	无法启动Microsoft Excel API
MBC_EXCL_E0061	无法打开XML文件<文件名>
MBC_EXCL_E0070	无法解压缩OpenXML，它可能已损坏或被其他程序使用：<文件名>
MBC_EXCL_E0122	打不开文件<文件名>，文件可能被另一进程锁定或受保护，必须安装Office兼容包才能打开XLSB文件
MDAdapter_34102	找不到文件：file_name
MDAdapter_34103	无法解析file_name，无法读取此元数据
MDAdapter_34105	由于解析file_name时出错，无法从该文件构建元数据
MDO_34601	程序逻辑错误：error
MDO_34602	解析控制文件control_file时出错
MDO_34605	定义连接connection时出错
MDO_34607	构建映射data_map获取记录metadata_object：message的元数据时出错
MDO-34608	环境变量variable=value无效/缺失
MDO_34609	控制文件file_name找不到文件
MDO_34610	创建连接connection时出错
MDO_34615	写入data_map_file时出现I/O错误，显示消息：error_message
MDO_34617	生成数据映射data_map时出错，显示消息：error_message
MDO_34618	未在数据映射data_map_name的控制文件中指定复写簿定义
MDO_34620	代码页code_page无效，映射data_map_name，应为来自pmlocale.ini的数字ID
MMS_10109	因为端口<端口号>冲突，无法启动MetadataManager代理
MPSVCCMN_10002	由于映射服务模块[MappingService]找不到正确的DTM，因此无法运行映射

（续表）

错误号	说明
MQ_29000	无法连接到队列管理器<队列管理器>，原因<原因><原因消息>
MQ_29001	无法打开队列<队列>，原因<原因><原因消息>
MQ_29002	关闭队列<队列>时出错，原因<原因><原因消息>
MQ_29003	与队列管理器<队列管理器>断开连接时出错，原因<原因><原因消息>
MQ_29004	筛选器解析错误：<解析错误消息>
MQ_29005	从<队列>：<队列管理器>获取消息时出错，原因<原因><原因消息>
MQ_29006	从队列<队列>：<队列管理器>读取时消息数据被截断，原因<原因><原因消息>
MQ_29007	尝试从队列<队列>：<队列管理器>删除消息时游标下没有消息，原因<原因><原因消息>
MQ_29008	在队列<队列>：<队列管理器>上放入消息时出错，原因<原因><原因消息>
MQ_29009	队列<队列>：<队列管理器>的RowsPerMesage值无效（<每条消息的行数>>0）
MQ_29010	打开要读取的缓存<缓存文件>时出错：<操作系统错误>
MQ_29011	打开要写入的缓存<缓存文件>时出错：<操作系统错误>
MQ_29012	尝试加载MQ驱动程序时出错
MQ_29013	此目标未启用删除操作，队列连接为<队列>：<队列管理器>
MQ_29014	MsgId字段未设置，队列连接为<队列>：<队列管理器>
MQ_29100	行<行>，列<列>：筛选器中存在未知字符"<字符>"
MQ_29101	行<行>，列<列>：运算符无效
MQ_29102	行<行>，列<列>：标识符<标识符>未知
MQ_29103	行<行>，列<列>：字符串文字未正确终止
MQ_29104	行<行>，列<列>：语法错误
MQ_29105	筛选器表达式没有布尔型返回值
MQ_29106	行<行>，列<列>：左侧的操作数必须是布尔型
MQ_29107	行<行>，列<列>：右侧的操作数必须是布尔型
MQ_29108	行<行>，列<列>：关系运算符的类型不兼容
MQ_29109	行<行>，列<列>：参数数量不足，<函数名>()应有参数
MQ_29110	行<行>，列<列>：参数过多，<函数名>()应有参数
MQ_29111	行<行>，列<列>：<函数名>()中存在类型错误，参数应为字符/字节
MQ_29112	行<行>，列<列>：<函数名>()中存在类型错误，参数应为布尔型
MQ_29113	行<行>，列<列>：<函数名>()中存在类型错误，参数应为长整型
MQ_29114	行<行>，列<列>：字符串文字未正确终止
MQ_29115	行<行>，列<列>：<函数名>()中的日期格式错误，参数<参数编号>应为<正确日期格式>
MQ_29200	提取突出的列元数据失败
MQ_29201	无法检索源筛选器
MQ_29202	无法检索缓存文件名
MQ_29203	打开队列<队列>：<队列管理器>时出错，原因<错误消息>
MQ_29204	从队列<队列>：<队列管理器>提取消息时出错，原因<错误消息>
MQ_29207	关闭队列<队列>：<队列管理器>时出错：<错误消息>
MQ_29208	将消息放入队列<队列>：<队列管理器>时出错：<错误消息>
MQ_29210	尝试获取MQ连接信息时出错
MQ_29211	警告：从队列<队列>：<队列管理器>读取时一些消息数据被截断

（续表）

错误号	说明
MQ_29212	警告：总长度为<长度>的消息被截断为<长度>
MQ_29213	没有为队列<队列>：<队列管理器>指定筛选器
MQ_29214	MQ驱动程序初始化失败<错误消息>
MQ_29218	MQSeries的筛选条件：StartTime应早于EndTime
MQ_29221	由于提交操作，部分消息写入到队列<队列>：<队列管理器>中
MQ_29222	从队列管理器<队列管理器>提交时出错：原因<原因><原因消息>
MQ_29223	从队列管理器<队列管理器>退出时出错：原因<原因><原因消息>
MQ_29224	设备无法提交：<错误消息>
MQ_29225	设备无法退出：<错误消息>
MQ_29226	设备无法连接到队列管理器：<错误消息>
MQ_29231	具有相同队列管理器名称的事务型MQ目标不可以在不同TCU中
MQ_29234	向缓存的恢复中写入失败
MQ_29237	在破坏性模式下从队列读取消息时失败
MQ_29238	指定的恢复缓存文件夹无效
MQ_29239	读取器分区<分区名>无法在实时刷新时关闭检查点：<更多错误消息>
MQ_29240	为读取器分区<分区名>指定的缓存文件夹无效
MQ_29241	读取器分区<分区名>注册恢复失败
MQ_29242	使用者句柄初始化失败
MQ_29243	读取器分区无法读取缓存的消息
MQ_29244	读取器分区<分区名>未能执行GMD刷新：<更多错误消息>
MQ_29245	不可以同时指定"破坏性阅读"和RemoveMsg（TRUE）
MQ_29246	映射包含一个关联源限定符
MQ_29248	MQ队列管理器<队列管理器>遇到瞬时连接故障
MQ_29250	连接重试时限已过，集成服务无法连接到MQ队列管理器<队列管理器>
MQ_29251	弹性已被禁用，因为未配置破坏性阅读和恢复
MQ_29255	集成服务在破坏性阅读模式下从队列<队列>：<队列管理器>读取时截断了消息数据
MQ_29265	源<源名称>的存储库数据已损坏
MQ_29270	集成服务无法为此代码页ID创建区域设置：<代码页>
MQ_29280	集成服务使WebSphereMQ实时会话（为恢复启用并包含多个分区）失败
MSRdr_1007	找不到PowerExchangeforEmailServer许可证密钥
MSRdr_1008	找不到PowerExchangeforEmailServer实时选件的许可证密钥
MSRdr_1016	无法连接到服务器<服务器名称>，原因<原因>
MSRdr_1019	无法连接到服务器<服务器名称>，原因：用户名或密码不正确，<原因>
MSRdr_1020	无法连接到服务器<服务器名称>，原因：服务器主机名未知
MSRdr_1021	无法连接到服务器<服务器名称>，原因：在cacerts密钥库中找不到有效的受信任证书，<原因>
MSRdr_1050	PowerCenter集成服务无法连接到MicrosoftExchangeServer<服务器名称>，原因<原因>
MSRdr_1080	无法连接到OutlookPST文件<PST文件名>，原因：配置消息服务时出错，PST文件的密码无效
NODE_10014	节点配置中未找到<资源类型>资源<资源名称>

（续表）

错误号	说明
NTSERV_10000	无法关闭服务主线程句柄
NTSERV_10001	无法挂起服务主线程
NTSERV_10003	无法恢复服务主线程
NTSERV_10005	无法设置服务状态
NTSERV_10007	无法复制服务主线程句柄
NTSERV_10009	无法启动服务控制分派程序
NTSERV_10011	无法注册服务处理程序过程
NTSERV_10013	无法打开服务控制管理器，访问被拒绝
NTSERV_10024	无法刷新注册表项
NTSERV_10025	无法关闭注册表项
NTSERV_10026	无法初始化安全描述符
NTSERV_10027	无法设置安全描述符DACL
NTSERV_10028	无法创建注册表项
NTSERV_10029	无法设置注册表值
NTSERV_10031	无法删除注册表项
NTSERV_10032	无法分配内存
NTSERV_10033	无法打开注册表项
NTSERV_10042	无法创建mutex
NTSERV_10043	无法关闭mutex
NTSERV_10044	无法创建线程
NTSERV_10045	等待主服务线程失败
NTSERV_10046	等待状态mutex失败
NTSERV_10047	无法创建线程以停止服务
NTSERV_10065	无法获取本地计算机名称
NTSERV_10066	无法获得用户信息
NTSERV_10067	无法添加PowerMart用户
NTSERV_10068	无法查找账户名
NTSERV_10069	无法管理用户权限策略
NTSERV_10070	无法授予用户权限
NTSERV_10071	无法将多字节转换为通配符
NTSERV_10072	无法将通配符转换为多字节
NTSERV_10073	无法删除PowerMart用户
NTSERV_10080	无法读取配置文件
NTSERV_10081	无法获得注册表值
NTSERV_10085	未指定键
NTSERV_10086	无效注册表值类型
NTSERV_10087	无法枚举注册表子项
NTSERV_10088	配置文件中存在意外行
NTSERV_10089	用法错误，请参考相应的文档，以获取正确用法
NTSERV_10091	安装失败

（续表）

错误号	说明
NTSERV_10092	更新失败
NTSERV_10093	卸载失败
NTSERV_10096	无法获得注册表项
NTSERV_10097	无法初始化消息资源DLL
NTSERV_10098	无效的驱动器规范
NTSERV_10099	无法从注册表加载配置
NTSERV_10100	等待子进程退出失败
NTSERV_10101	无法找到进程控制块
NTSERV_10102	无法创建线程以等待子退出事件
NTSERV_10103	无法创建线程以等待终止事件
NTSERV_10105	无法创建进程
NTSERV_10106	无法恢复线程
NTSERV_10129	未指定事件日志配置
NTSERV_10132	注册表记录了无效软件版本
NTSERV_10133	TCP/IP主机地址参数中有未知的主机
NTSERV_10139	转换为COM数据类型时发生未知错误
NTSERV_10141	调用COM外部过程时出错
NTSERV_10143	查找主机名时出错
NTSERV_10144	键根无效
NTSERV_10145	无法调用用户权限
NTSERV_10146	未找到附件文件<文件名>
NTSERV_10147	权限不允许对附件<文件名>进行读取访问
NTSERV_10148	附件文件<文件名>不是规则文件
NTSERV_10246	附加文件时出错
NZRDR_10015	查询生成/解析失败
NZRDR_10017	查询执行失败
NZRDR_10109	读取数据失败
NZRDR_10013	集成服务无法连接到Netezza性能服务器
NZRDR_10027	创建区域设置失败
NZRDR_10028	无法创建管道
NZRDR_10030	线程创建失败
NZRDR_10034	打开管道失败
NZRDR_10036	无法创建子进程
NZWRT_20029	无法创建管道
NZWRT_20034	打不开管道
NZWRT_20042	Netezza性能服务器中不存在关系<表名>或者表中没有列
NZWRT_20057	集成服务无法连接到Netezza性能服务器
NZWRT_20072	没有为"更新"链接列
NZWRT_20073	目标缺少主键约束
NZWRT_20075	没有可用数据：未能写入到管道

（续表）

错误号	说明
NZWRT_20076	线程创建失败
NZWRT_20126	缺少转义符
OBJM_54505	请求了rbrowser信息的对象不存在
OBJM_54509	Rbrowser提取：无法获得子项信息，可能是childType无效（childType=<类型>）
OBJM_54510	内部错误：将摘要树节点解除锁定失败
OBJM_54513	内部：没有访问摘要树节点所需的正确父锁定
OBJM_54515	摘要树锁定顺序不正确
OBJM_54538	无法连接到存储库<存储库名称>（在数据库<数据库名称>上）
OBJM_54543	数据库错误：<数据库错误消息>
OBJM_54544	内部存储库服务错误：错误号<错误号>
OBJM_54545	接收到含无效rbrowser节点ID<ID>的提取请求
ODL_26001	未找到InformaticaOuterJoin语法
ODL_26002	InformaticaOuter联接语法错误
ODL_26003	LEFT关键字的后面没有OUTER关键字
ODL_26004	OUTER关键字的后面没有JOIN关键字
ODL_26005	RIGHT关键字的后面没有OUTER关键字
ODL_26006	INNER关键字的后面没有JOIN关键字
ODL_26007	OUTER关键字的前面没有LEFT或RIGHT关键字
ODL_26008	不支持多个RIGHTOUTERJOIN关键字
ODL_26009	表名称之间没有逗号（，）
ODL_26012	函数<函数名>中存在内部错误，数据库状态不正确
ODL_26023	遇到死锁错误
ODL_26025	从数据库获取排序顺序时出错
ODL_26026	驱动程序不支持该数据类型
ODL_26028	文件<文件名>缺失或损坏
ODL_26035	对SQLError执行ODBC调用失败
ODL_26036	ODBC调用<ODBC调用>失败
ODL_26045	分配DB2环境句柄时出错
ODL_26046	加载BulkAPI库时出错
ODL_26047	无法分配BulkAPI实例
ODL_26060	致命错误：遇到中止当前事务的Teradata错误
ODL_26069	无法创建和初始化SQLOLEDB实例，原因<错误代码>：<系统错误>
ODL_26071	Graphic/vargraphic分区键类型仅在启用了UNICODE数据移动的服务器上受支持
ODL_26095	长整型分区键类型仅可以在高精度模式中使用
ODL_26111	高可用性许可证不存在，为数据库连接<连接名称>指定的弹性超时被忽略
ODL_26113	批量模式参数的数量=<参数的数量>超出了支持的参数数量<参数数量>
ODL_26114	<值>不是DB2BulkModeParameters自定义属性的有效参数
ODL_26115	<值>不是DB2BulkModeParameters自定义属性的有效"键：值"对
ODL_26116	FILETYPEMOD参数要求字符串值的开头和结尾使用单引号

（续表）

错误号	说明
ODL_26138	PowerCenter集成服务找不到适配器[{0}?]的运行时OSGi资源包（对于操作系统[{1}]），复制适配器运行时OSGi资源包，并验证是否已在plugin.xml文件中设置了正确的API条目
OPT_63005	错误：会话<转换名称>的下推优化失败
OPT_63006	错误：下推优化无法将PowerCenter数据类型<数据类型>与数据库<数据库>中的一种数据类型相匹配
OPT_63007	错误：无法展开配置参数[$$PushdownConfig]
OPT_63008	错误：配置参数[$$PushdownConfig]包含一个无效值
OPT_63009	错误：源端下推优化停止于转换<转换名>，因为在解析一个时间戳时发生内部错误，请联系Informatica全球客户支持部门
OPT_63014	对源的下推优化停止于转换<转换名>，因为映射中包含过多管道分支
OPT_63015	对目标的下推优化停止于转换<转换名>，因为映射中包含过多管道分支
OPT_63021	下推优化停止于转换<转换名>，因为它已连接到多个目标
OPT_63022	下推优化停止于<转换名>，因为没有端口依赖来自上游转换<转换名>的值
OPT_63070	对源的下推优化停止于转换<转换名>，因为它是一个分区点，并且分区类型不是hash自动键，也不是传递
OPT_63072	对源的下推优化停止于分区点<转换名>，因为源不是按键范围分区的
OPT_63076	对源的下推优化停止于分区点<转换名>，因为源的一个分区的结束键范围不同于下一个分区的开始键范围
OPT_63077	对源的下推优化停止于分区点<转换名>，因为源包含一个基于分区的用户定义筛选器
OPT_63078	对源的下推优化停止于分区点<转换名>，因为上游汇总器转换未在汇总上正确分区
OPT_63079	对源的下推优化停止于分区点<转换名>，因为一个上游排序器转换未在相异排序键上正确分区
OPT_63080	对源的下推优化停止于分区点<转换名>，因为一个上游联接器转换未在联接键上正确分区
OPT_63081	对源的下推优化停止于分区点<转换名>，因为一个下游汇总器转换未在汇总键上正确分区
OPT_63082	对源的下推优化停止于分区点<转换名>，因为一个下游排序器转换未在相异排序键上正确分区
OPT_63083	对源的下推优化停止于分区点<转换名>，因为一个下游联接器转换未在联接键上正确分区
OPT_63102	下推优化停止于源限定符转换<转换名>，因为它包含一个SQL替代，且视图创建功能未启用
OPT_63106	下推优化停止于源限定符转换<转换名>，因为SQL替代是为部分（而非全部）分区指定的
OPT_63107	下推优化停止于源限定符转换<转换名>，因为它包含一个使用Informatica联接语法的SQL替代
OPT_63108	下推优化停止于源限定符转换<转换名>，因为它包含一个使用Informatica联接语法的用户定义的联接
OPT_63120	下推优化停止于汇总器转换<转换名>，因为有上游汇总器转换
OPT_63131	下推优化停止于联接器转换<转换名>，因为一个输入管道包含汇总器转换
OPT_63133	下推优化停止于联接器转换<转换名>，因为它是针对外部联接配置的，且主源联接多个表
OPT_63147	下推优化停止于查找转换<转换名>，因为该转换是汇总器转换的下游
OPT_63152	下推优化停止于排序器转换<转换名>，因为不在下游使用相异键<端口名>
OPT_63157	下推优化停止于联合转换<转换名>，因为源使用不同的数据库连接
OPT_63170	下推优化停止于转换<转换名>，因为它包含一个无效表达式

（续表）

错误号	说明
OPT_63175	下推优化停止于转换<转换名>，因为无法展开映射参数<映射参数名>
OPT_63177	下推优化停止于转换<转换名>，因为表达式<表达式名称>（使用<参数名>参数）无法推送到数据库中
OPT_63193	对目标的下推优化停止于转换<转换名>，因为表达式<表达式名称>对参数<参数名>使用布尔表达式
OPT_63205	尝试在运行时对会话进行分区时遇到错误
OPT_63206	分区计数<计数>无效
OPT_63207	分区计数是1，动态分区已禁用
OPT_63213	检索数据库分区信息<数据库名>时出错
OPT_63214	创建分区时出错
OPT_63215	为会话属性分区时出错
OPT_63216	对转换<转换名>的键范围进行分区时出错
OPT_63217	无法对转换<转换名>使用的键范围数据类型进行分区
OPT_63218	键范围未结束
OPT_63219	转换<转换>使用了动态分区所不允许的传递分区
OPT_63220	转换<转换名>指定了将不进行分区的用户定义的SQL
OPT_63221	源限定符转换<转换名>将不进行分区，因为无法对源限定符转换的一个或多个上游转换进行分区
OPT_63222	转换<转换名>将不进行分区，因为不支持SDK读取器的动态分区
OPT_63223	转换<转换名>将不进行分区，因为不支持SDK写入器的动态分区
OPT_63224	转换<转换名>将不进行分区，因为不支持XML读取器的动态分区
OPT_63225	转换<转换名>将不进行分区，因为不支持XML写入器的动态分区
OPT_63226	转换<转换名>将不进行分区，因为可分区属性<属性名>具有用户指定的值
OPT_63227	转换<转换名>不可分区
OPT_63229	无法确定动态分区的分区计数，因为在展开参数<参数名>时到错误
OPT_63234	由于以下系统错误，动态分区无法检测CPU数量：<错误>
OPT_63282	源端下推优化停止于分区点<分区名>
Parser_34300	无法解析file_name，无法读取此元数据
Parser_34301	解析器返回错误消息
PCCL_97001	无法获得连接属性<属性名称>
PCCL_97006	集成服务无法支持源限定符实例<源限定符名称>的恢复
PCCL_97007	无法获取源限定符实例<源限定符名称>的连接引用
PCCL_97008	无法获取源限定符实例<源限定符名称>的连接
PCCL_97009	集成服务无法初始化源限定符实例<源限定符名称>的连接属性
PCCL_97010	无法获得会话属性<会话属性名称>
PCCL_97011	集成服务无法初始化源限定符实例<源限定符名称>的会话属性
PCCL_97012	集成服务无法初始化源限定符实例<源限定符名称>的驱动程序
PCCL_97013	集成服务无法初始化源限定符实例<源限定符名称>的驱动程序
PCCL_97014	为读取器分区<分区>指定的缓存文件夹无效
PCCL_97015	集成服务分区<分区>无法注册以执行恢复

（续表）

错误号	说明
PCCL_97019	提取消息时发生致命错误
PCCL_97020	集成服务分区<分区>无法在实时刷新点关闭检查点：<错误消息>
PCCL_97021	集成服务分区<分区>无法在EOF关闭检查点：<错误消息>
PCCL_97022	集成服务分区<分区>无法缓存消息
PCCL_97023	无法对缓存消息执行反序列化：<错误消息>
PCCL_97024	集成服务分区<分区>截断了缓存中的上一个缓存的消息
PCCL_97025	集成服务分区<分区>无法将消息缓存截断到上一个序列化消息：<错误消息>
PCCL_97026	集成服务分区<分区>无法刷新缓存：<错误消息>
PCCL_97027	集成服务无法连接到外部数据源
PCCL_97028	集成服务分区<分区>无法取消注册以执行恢复
PCCL_97029	集成服务分区<分区>无法读取缓存的消息
PCCL_97030	无法对缓存消息执行序列化：<错误消息>
PCCL_97031	无法为读取器分区<分区>提取缓存文件夹属性
PCCL_97033	集成服务无法初始化源限定符实例<源限定符名称>的元数据扩展
PCCL_97034	已达到会话的错误阈值，遇到的错误数量超出了阈值<错误阈值>
PCSF_10004	<用户名>的身份验证失败，原因<错误消息>
PCSF_10005	尝试<活动>访问<对象名>（<用户名>）失败，原因：<错误文本>
PCSF_10006	未提供集成服务引用
PCSF_10007	无法连接到存储库<存储库名称>，原因：<错误文本>
PCSF_10013	系统属性中未定义文件domains.infa
PCSF_10015	在没有域名或者主机名和端口号的情况下无法处理此请求
PCSF_10017	无法从URL<URL>接收响应，原因：<错误文本>
PCSF_10019	操作<操作名称>（属于服务<服务名称>）失败，原因：<错误文本>
PCSF_10020	无法向文件<域文件名称>写入
PCSF_10024	尝试连接到域<域名>以查找服务<服务名>时超时
PCSF_10025	无法解析消息：<错误文本>
PCSF_10027	未找到域<名称>的网关连接
PCSF_10028	无法响应操作<操作名称>（属于服务<服务名称>）：<错误文本>
PCSF_10039	链接域<链接域名称>必须指定至少一个网关
PCSF_10060	值<值>超出了最大长度<最大长度>
PCSF_10081	无法对<节点或域>配置文件<元数据文件名>执行反序列化
PCSF_10095	在反序列化期间遇到一个意外标记
PCSF_10131	之前已应用过此许可证密钥
PCSF_10132	不可以将多个原始密钥应用到一个许可证，如果要更新现有许可证，请选择一个具有增量密钥的许可证文件
PCSF_10133	原始密钥的发行日期必须早于增量密钥的发行日期
PCSF_10135	无法解密许可证密钥
PCSF_10136	许可证无效，许可服务在许可证中遇到一个无效属性值
PCSF_10137	许可证无效，许可服务遇到"开始日期"属性的一个无效值<开始日期值>
PCSF_10138	许可证无效，许可服务遇到"到期日期"属性的一个无效值<到期日期值>

（续表）

错误号	说明
PCSF_10139	许可证无效，许可服务遇到"发行日期"属性的一个无效值<发行日期值>
PCSF_10140	许可证无效，许可服务遇到CPU属性的一个无效值<CPU数量>
PCSF_10141	许可证无效，许可服务遇到存储库属性的一个无效值<存储库数量>
PCSF_10304	无法连接到URL<URL>以执行操作<操作名称>（属于服务<服务名称>）
PCSF_10305	无法连接到网关<节点地址>以查找服务<服务名称>
PCSF_10306	操作<操作名称>（属于服务<服务名称>）被中断
PCSF_10322	向日志服务记录时发生以下错误：<错误文本>
PCSF_10325	失败日志尝试次数已超出错误阈值，正在禁用有保证的消息传递
PCSF_10326	生成有保证的消息文件时发生以下错误：<错误文本>
PCSF_10327	向有保证的消息文件<文件名>写入时发生以下错误：<错误文本>
PCSF_10336	增量密钥与原始密钥的部署类型不同，如果要更新许可证，请使用一个与用来创建该许可证的原始密钥有相同部署类型的增量密钥
PCSF_10337	增量密钥针对的发行商不同于原始密钥所针对的发行商，如果要更新许可证，请使用一个与用来创建该许可证的原始密钥有相同发行商的增量密钥
PCSF_10338	增量密钥针对的PowerCenter版本类型不同于原始密钥所针对的版本类型，如果要更新许可证，请使用一个与用来创建该许可证的原始密钥有相同PowerCenter版本类型的增量密钥
PCSF_10339	增量密钥与原始密钥的序列号不同，如果要更新许可证，请使用一个与用来创建该许可证的原始密钥有相同序列号的增量密钥
PCSF_10340	增量密钥针对的PowerCenter版本号不同于原始密钥所针对的版本号，如果要更新许可证，请使用一个与用来创建该许可证的原始密钥有相同PowerCenter版本号的增量密钥
PCSF_10341	无法创建具有增量密钥的许可证
PCSF_10342	发生了异常：<错误消息>
PCSF_10353	解析升级配置文件时出错：<错误文本>
PCSF_10354	无法识别配置文件<文件名>的服务类型，该文件可能是一个无效配置文件
PCSF_10355	配置文件<文件名>缺少必需选项<选项名称>
PCSF_10356	文件<文件名>的扩展名不是.cfg，升级只能使用.cfg文件
PCSF_10357	文件<文件名>包含的服务<服务名称>已经存在于域<域名>中
PCSF_10358	在节点<节点名>上找不到升级配置文件目录
PCSF_10359	文件<文件名>包含的服务<服务名>已经存在于选定进行升级的其他配置文件中
PCSF_10360	文件<文件名>包含的集成服务<服务名称>的配置与存储库服务<服务名称>相关联，在域<域名>中找不到该存储库服务
PCSF_10361	集成服务<服务名称>的配置与存储库服务<服务名称>关联，在域<域名>和选定进行升级的配置文件列表中找不到该存储库服务
PCSF_10374	保留<对象>失败，出现错误<错误消息>
PCSF_10386	无法解密选项<选项名称>的密码，该密码有可能已破坏，请使用以前安装的PowerCenter重新生成密码后重试
PCSF_10389	存储库代理配置文件<配置文件名>位于PCServer目录中，此目录应只包含PowerCenterServer配置文件
PCSF_10391	配置文件包含有空值的必需选项<选项名>
PCSF_10392	<错误文本>
PCSF_10402	无法验证日志目录<共享磁盘>，原因是出现错误<错误>

（续表）

错误号	说明
PCSF_10404	无法创建日志目录<共享目录>
PCSF_10408	在第<行号>行失败，因为选项缺少赋值
PCSF_10410	PowerCenterServer配置文件<配置文件名>位于global_repo或local_repo目录中，这些目录应只包含存储库代理配置文件
PCSF_10414	<错误文本>使用以前版本的PowerCenter备份存储库内容，并将它们还原到名称中包含有效字符的一个新存储库中，然后重新运行升级实用程序
PCSF_10421	解析升级配置文件时在第<行号>行出错，块注释的结束字符串*/必须在行尾
PCSF_10422	解析升级配置文件时出错，在第<行号>行发现块注释的开头，然而找不到用于结束块注释的结束字符串*/
PCSF_10423	文件<文件名>是一个存储库代理配置文件，选择一个PowerCenterServer配置文件或者更改配置文件类型
PCSF_10424	文件<文件名>是一个PowerCenterServer配置文件，选择一个存储库代理配置文件或者更改配置文件类型
PCSF_10426	找不到服务器<服务器名称>（在存储库<存储库名称>中）
PCSF_10427	选项有无效值<无效值>
PCSF_10428	选项数字值<无效值>的格式无效
PCSF_10429	缺少必需选项<选项名称>
PCSF_10430	找到重复选项<重复的选项名>
PCSF_10431	发现未知选项<选项名称>
PCSF_10432	选项组<所需选项组>错误命名为<实际选项组>
PCSF_10433	选项字段不能为空
PCSF_10434	选项指定了一个无效电子邮件地址<输入的电子邮件地址>
PCSF_10436	发现未知值<未知值>
PCSF_10439	无法加载代码页列表：<来自区域设置管理器的SDK异常消息>
PCSF_10440	值<值>包含无效空格
PCSF_10441	未定义对链接域<域名>的引用
PCSF_10442	删除域表失败
PCSF_10443	CPU体系结构<体系结构名称>不受支持
PCSF_10445	选项<选项名称>大于选项<选项名称>
PCSF_10446	选项内存大小<无效值>必须留为空白或者是一个数字，后跟可选的K或M
PCSF_10458	不应使用连接字符串定义数据库名称
PCSF_10460	应指定数据库服务名或连接字符串，但不能同时指定
PCSF_10464	服务进程变量<服务进程变量名称>不是绝对路径，在使用操作系统配置文件之前，在集成服务进程属性中为$WorkflowLogDir和$PMStorageDir定义一个绝对路径
PCSF_10507	集成服务无法在Windows节点<节点名称>（在<服务名称>中）上使用操作系统配置文件
PCSF_10524	选定的数据库类型<数据库类型>不支持表空间
PCSF_10535	无法从nodemeta.xml中读取PowerCenter安装目录和版本
PCSF_10536	无法启动节点，因为nodemeta.xml不包含PowerCenter安装目录或版本的值
PCSF_10537	无法运行应用程序服务<服务名称>（版本<服务版本>，在节点<节点名称>上）
PCSF_10538	无法创建应用程序服务<服务名称>（版本<服务版本>，在版本<域版本>的域中）
PCSF_46000	环境变量中未设置INFA_DOMAINS_FILE

（续表）

错误号	说明
PCSF_46002	无法与位于<服务器地址>的服务器通信
PCSF_46003	无法获悉响应<响应文本>（来自位于<服务器地址>的服务器）：<错误文本>
PCSF_46006	未指定域名
PCSF_46007	没有为域<域名>提供网关连接
PCSF_46008	无法连接到<域名>以查找服务<服务名称>
PCSF_46009	遇到了无效类型<对象类型>，无法创建对象实例
PCSF_46010	无法解析消息：<出错原因>
PCSF_46012	无法向文件<文件名>写入
PCSF_46013	无法连接到URL<URL>以执行操作<操作名称>（属于服务<服务名称>）
PCSF_46014	无法连接到网关以查找服务<服务>
PCSF_46015	在反序列化期间遇到一个意外标记
PETL_24042	PreparerDTM等待主DTM建立连接，在等待了<以秒为单位的时间>秒后超时
PETL_24045	主DTM无法连接到PreparerDTM
PETL_24046	主DTM尝试连接到PreparerDTM，在尝试了<以秒为单位的时间>秒后超时
PETL_24048	主DTM无法从PreparerDTM提取已准备的会话
PETL_24049	无法从主服务进程为准备阶段获取初始化属性，<错误消息>，错误代码是<错误代码>
PETL_24061	主DTM等待让所有执行工作的DTM建立连接，已超出了最长等待时间
PETL_24063	PreparerDTM在向集成服务通知准备阶段状态时遇到错误<错误消息>，错误代码是<错误代码>
PETL_24064	线程<线程ID>等待消息<以秒为单位的时间>秒，当前尝试次数为<尝试次数>，尝试次数的最大值为<最大尝试次数>
PETL_24065	错误：线程<线程名称>等待主DTM的回复时超出了最长等待时间
PETL_24066	主DTM与运行分区组<分区组ID>的执行工作的DTM的连接意外断开，主DTM将中止处理
PETL_24067	执行工作的DTM与主DTM的连接意外终止，执行工作的DTM将停止处理会话
PETL_24072	错误：线程<线程名>无法获取主DTM的回复
PETL_24074	无法将更新发送到主服务进程，会话运行将终止
PMF_15000	无法从文件<文件名>读取
PMF_15001	无法向文件写入，可能是设备上剩余空间不足
PMF_15002	无法在文件<文件名>中搜索
PMF_15003	文件<文件名>格式错误
PMF_15004	打不开文件<文件名>
PMF_15005	由于先前的运行出现的错误，文件<文件名>处于未知状态
PMF_15006	无法创建文件<文件名>，因为该文件已存在并且包含数据
PMF_15007	无法读取文件<文件名>，因为PowerCenter/PowerMart文件头损坏
PMF_15008	为无效文件ID请求了I/O
PMF_15009	指定的文件名<文件名>长度超过256个字符的最大长度
PMF_15010	文件数量超出最大值256
PMF_15011	无法分配内存
PMF_15012	无法删除文件<缓存文件名>，系统错误是<错误编号><错误消息>
PMF_15013	无法将文件<缓存文件名>重命名为<缓存文件名>，系统错误是<错误编号><错误消息>

（续表）

错误号	说明
PMF_15014	无法启动文件<缓存文件名>，系统错误是<错误编号><错误消息>
PMF_15016	无法获得文件<缓存文件名>的共享锁定，系统错误是<错误编号><错误消息>
PMF_15017	无法获得文件<缓存文件名>的独占锁定，系统错误是<错误编号><错误消息>
PMF_15018	无法将文件<缓存文件名>解除锁定，系统错误是<错误编号><错误消息>
PMF_15019	无法打开文件<文件名>
PMJVM_42011	DTM进程无法关闭JVM会话
PR_18001	应用程序源限定符实例<应用程序源限定符名称>有树源<树源定义名称>和一个提取替代，提取替代将被忽略
PR_18003	未创建树<树名>（SetId为<树setid>，生效日期为<日期>）
PR_18004	应用程序源限定符实例<应用程序源限定符名称>附加了多个树
PR_18005	树只能与以下详细记录联接：<PeopleSoft记录名>
PR_18006	在应用程序源限定符<应用程序源限定符名称>中并非所有源都相关
PR_18007	在应用程序源限定符<应用程序源限定符名称>中遇到未知错误
PR_18009	将<字符串>转换为日期时出错，内部错误
PR_18010	树<树名>在启动会话运行后发生更改
PR_18011	应用程序源限定符<应用程序源限定符名称>有缺少传入链接的已计划端口
PR_18012	SQL错误<SQL语句>
PR_18013	警告：应用程序源限定符转换<应用程序源限定符名称>的排序端口的数量多于计划的输出端口数
PR_18020	语言表<语言表名称>（用于基础表<基础表名称>）没有针对语言<语言代码>的行
PR_18021	应用程序源限定符<应用程序源限定符>含有无效的用户定义查询<查询>，在<编号>位置存在字符错误
PR_18022	应用程序源限定符<应用程序源限定符>含有无效的筛选子句<筛选器>，在<编号>位置存在字符错误
PR_18023	应用程序源限定符<应用程序源限定符>含有无效的联接和/或筛选替代<联接替代>，在<编号>位置存在字符错误
PR_18026	会话失败，因为应用程序源限定符<应用程序源限定符名称>包含未分配PeopleSoft树属性的垂直树源定义（至少应提供树名称和生效日期）
PR_18027	应用程序源限定符<应用程序源限定符名称>准备生效日期数据提取的查询时出错
PR_18028	应用程序源限定符<应用程序源限定符名称>包含源名称无效的生效日期提取联接顺序
PR_18029	应用程序源限定符<应用程序源限定符名称>包含源名称数量无效的生效日期提取联接顺序，此数量应等于DSQ中具有生效日期的记录数
PR_18030	当具有生效日期的源的数量为1时，应用程序源限定符<应用程序源限定符名称>无法由生效日期提取联接顺序
PR_18031	应用程序源限定符<应用程序源限定符名称>的提取日期无效
PR_18032	应用程序源限定符<应用程序源限定符名称>有无法展开的提取日期映射变量或者参数文件包含的提取日期映射变量的值无效
PR_18033	应用程序源限定符<应用程序源限定符名称>具有树实例<已创建的树源定义名称>，其通过映射变量的源名称无法正确展开或解析
PR_18034	应用程序源限定符<应用程序源限定符名称>具有树实例<已创建的树源定义名称>，其通过映射变量的生效日期无法正确展开或解析

（续表）

错误号	说明
PR_18035	应用程序源限定符<应用程序源限定符名称>具有树实例<已创建的树源定义名称>，其通过映射变量的设置ID无法正确展开或解析
PR_18036	应用程序源限定符<应用程序源限定符名称>具有树实例<已创建的树源定义名称>，其通过映射变量的"设置控制值"无法正确展开或解析
PR_18037	应用程序源限定符<应用程序源限定符名称>有树实例<已创建的树源定义名称>，其生效日期无效
PR_18038	错误：用于对源限定符<应用程序源限定符名称>的源执行分区的一个或多个字段已删除，请编辑并保存会话以更正分区信息
PR_18040	应用程序源限定符<应用程序源限定符名称>：错误！如果源中没有主键或PeopleSoft键，则无法计划TO_EFFDT字段
PWX-34000	无法停止PowerExchange任务，未建立iSync
PWX-34001	监视器线程，捕获到异常
PWX-34002	调用PowerExchange任务以设置同步URI失败-捕获到异常
PWX-34003	无法连接到PowerExchange任务iSync侦听器（已超时）
PWX-34004	无法连接到PowerExchange任务iSync侦听器
PWX-34005	无法向PowerExchange任务iSync侦听器发送消息
PWX-34006	与PowerExchange任务的检测信号连接丢失，正在结束服务
PWX-34007	配置选项选项或值未被识别
PWX-34008	未找到配置选项
PWX-34009	无法启动PowerExchange进程
PWX-34010	PowerExchange服务初始化失败
PWX-34011	结束PowerExchange进程
PWX-34012	无法向PowerExchange任务命令处理程序发送消息
PWX-34013	用户未设置权限
PWX-34504	正在尝试连接到PowerExchange任务，剩余大约秒数…
PWXLog_34780	日志记录器级别"logger_level"无效
PWXNative_001	无法访问资源resource_name，错误：<错误信息>
PWXNative_002	使用API函数api_function调用资源resource_name时出错，错误：<错误信息>
PWXNative_003	环境句柄无效
PWXNative_004	连接句柄无效
PWXNative_005	语句句柄无效
PWXNative_006	<错误信息>
PWXNative_007	PowerExchange不支持密码中的一个或多个字符
REGEX_34005	REG_MATCH函数取两个参数
REGEX_34006	主题和模式参数必须是字符数据类型
REGEX_34007	集成服务无法编译该模式
REGEX_34008	REG_EXTRACT函数至少需要2个参数
REGEX_34009	REG_EXTRACT函数最多取3个参数
REGEX_34010	集成服务无法验证主题，因为存在perl兼容正则表达式语法错误
REGEX_34011	集成服务无法提取子模式，因为存在perl兼容正则表达式语法错误

（续表）

错误号	说明
REGEX_34014	REG_REPLACE函数取3个或4个参数
REP_12001	无法登录数据库服务器
REP_12005	打开打包的SQL脚本文件以执行时出错，该产品可能没有正确安装，请联系客户支持部门寻求帮助
REP_12014	访问存储库时出错
REP_12021	无法连接到本地存储库<本地存储库名称>（在域<本地存储库的PowerCenter域>中）-从全局存储库<全局存储库名称>（在<全局存储库的PowerCenter域>中））
REP_12022	无法连接到全局存储库<全局存储库名称>（在域<全局存储库的PowerCenter域>中）-从本地存储库<本地存储库名称>（在<本地存储库的PowerCenter域>中>）
REP_12033	正在访问的存储库与此版本不兼容
REP_12119	指定的数据库连接上不存在存储库
REP_12122	无法解锁此文件夹，请重试
REP_12123	无法删除此文件夹，请重试
REP_12124	无法删除此文件夹，该文件夹正由另一用户使用
REP_12164	域相关错误：<错误消息>
REP_12225	输入的值对内存属性无效
REP_12233	增量必须小于或等于2147483647
REP_12325	内部错误，没有连接回调
REP_12326	获得远程存储库的连接信息时出错
REP_12327	内部错误，连接回调返回错误
REP_12328	此位置的存储库没有相同名称
REP_12330	无法提取存储库信息
REP_12332	初始化存储库对象信息时出错
REP_12333	找到多个GDR
REP_12334	存储库名称不匹配
REP_12335	当前存储库不是GDR
REP_12336	此存储库已向GDR<全局存储库名称>注册
REP_12337	这不是本地存储库
REP_12338	一个使用此名称的存储库已经注册
REP_12339	内部错误，分配新存储库ID时出错
REP_12340	更新远程存储库时出错
REP_12341	更新GDR时出错
REP_12342	所选的存储库未向当前全局存储库注册
REP_12346	内存分配失败
REP_12347	更新存储库中的连接信息时出错
REP_12352	当前用户没有执行此操作的特权
REP_12355	对象<对象名称>自上次读取以来已被修改
REP_12357	对象<对象名称>已由<用户名>锁定，是否重新获得锁定
REP_12363	警告：无法检查是否为Teradata存储库创建了正确索引，请验证是否备份了该存储库，然后在进行升级之后还原它

（续表）

错误号	说明
REP_12364	为保证Teradata升级进程的完整性，请备份存储库<存储库名称>，删除现有存储库并从备份文件还原，然后启动该存储库
REP_12370	存储库版本与产品的此版本不兼容（存储库版本是<版本>，而产品要求的版本是<版本>），需要执行存储库升级
REP_12371	存储库版本与产品的此版本不兼容（存储库版本是<版本>，而产品要求的版本是<版本>），需要执行产品升级
REP_12372	该存储库中的数据比产品的此版本要求的更新（存储库数据版本是<版本>，而产品要求的版本是<版本>），可能需要产品升级
REP_12373	对于产品的此版本而言，存储库中的数据可能太旧（存储库数据版本是<版本>，而产品要求的版本是<版本>），可能需要存储库数据升级
REP_12381	无法执行操作，因为未找到所需的对象，检查存储库
REP_12382	更新存储库中的对象信息时出错，没有更新任何行或更新了多个行
REP_12386	没有可用于存储库<存储库名称>的数据库对象（在请求的数据库上不支持存储库或没有适当的数据库驱动程序可用）
REP_12387	获得<保存/提取>锁定（在<对象类型><对象名称>上）的尝试超时，由于以下锁冲突：用户<用户名>（在计算机<主机名>上，该计算机运行<应用程序>）获得了对以下对象的<保存/提取>锁定：<对象类型><对象名称>（时间为<时间>），请重试
REP_12389	无法设置数据库连接属性<数值>
REP_12390	映射<映射名称>包含一个指向不存在的端口的依赖项，该映射被认为是无效的
REP_12392	存储库<存储库名称>的GID创建失败
REP_12403	无法检索区域设置信息
REP_12404	无法为内部序列生成器<序列名称>分配新ID
REP_12405	无法提取新ID
REP_12415	比较此文件夹中对象的上次保存时间时出错
REP_12416	比较共享文件夹的部署时间时出错
REP_12422	无法连接到GDR
REP_12449	内部错误
REP_12450	无法创建输出文件<文件名>
REP_12452	无法写入文件<文件名>
REP_12454	打不开输入文件<文件名>
REP_12456	无法从文件<文件名>读取
REP_12457	文件<文件名>中存在意外数据
REP_12466	插入存储库对象信息时出错
REP_12467	插入存储库对象属性信息时出错
REP_12468	插入服务器区域设置信息时出错
REP_12469	初始化对象树时出错
REP_12470	更新存储库信息时出错
REP_12471	创建第一个用户时出错
REP_12477	此存储库包含当前正在使用的文件夹，存储库正在使用时无法删除
REP_12488	无法添加新的内部序列生成器
REP_12492	此存储库包含当前正在使用的文件夹，当文件夹正在使用时，存储库不能升级

（续表）

错误号	说明
REP_12494	该存储库的版本高于此软件版本所支持的版本，无法执行升级
REP_12496	此存储库太旧，不能升级
REP_12505	执行脚本文件<文件名>时出错
REP_12581	打开打包的SQL脚本文件以执行时出错，该产品可能没有正确安装，请联系客户支持部门寻求帮助
REP_12589	锁定中出错
REP_12590	更新GDR中的<存储库名称>时出错
REP_12591	更新GDR中的<存储库名称>时出错（存储库可能处于不一致状态）
REP_12651	内存分配失败
REP_12654	密码过长
REP_12678	由于某种原因，到GlobalDataMartRepository的连接不可用
REP_12708	无法分配内存
REP_12709	找不到此源的数据库类型
REP_12734	源数据库<源数据库连接>和集成服务<集成服务名称>没有兼容的代码页（要求单向兼容）
REP_12735	源文件<文件名>和集成服务<集成服务名称>没有兼容的代码页（要求单向兼容）
REP_12736	数据库<数据库名称>和集成服务<集成服务名称>没有兼容的代码页
REP_12773	全局存储库代码页（<代码页名称>）与所选代码页（<代码页名称>）不兼容
REP_12782	存储库<存储库名称>的代码页<代码页名称>与<PowerCenter客户端>的代码页<代码页名称>不兼容
REP_12934	无法提取用户<用户名>的信息
REP_12950	查找转换<转换名称>的查找条件无效：查找表列"<列名称>"和转换端口"<端口名称>"相同
REP_12951	查找条件无效：查找表列"<列名称>"和转换端口"<端口名称>"相同，转换无效
REP_12952	联接器转换<转换名称>的联接器条件无效：主端口<端口名称>与详细信息端口<端口名称>相同
REP_12953	联接器条件无效：主端口<端口名称>与详细信息端口<端口名称>相同，转换无效
REP_12954	警告：在"存储过程类型"属性设置为"普通"时，存储过程转换<转换名称>的"调用文本"属性具有非空值
REP_12975	目标存储库中没有可为<连接字符串>选择的现有MQ连接
REP_12991	无法连接到<存储库名称>存储库代理，主机<主机名>（端口号为<端口号>），系统错误消息：<错误消息>
REP_12994	服务器系统错误（错误编号=<错误编号>）：<系统错误消息>
REP_12995	无法关闭集成服务
REP_12996	未为排序器转换<转换名称>选择任何键
REP_12999	未为排序器转换选择任何键，此转换无效
REP_22674	自定义转换<转换名称>在其类名称中有非ASCII字符
REP_32000	错误：找不到DSQ实例<源限定符名称>（属于<源>）
REP_32001	错误：未找到源引用：<源>DBD：<源>（属于DSQ<源限定符名称>）
REP_32002	错误：有多个组，顺序为：<数值>在<组>中
REP_32003	错误：字段顺序与组顺序不匹配

（续表）

错误号	说明
REP_32004	错误：转换类型<类型>（用于转换<转换名称>）无效
REP_32007	快捷方式对象引用的文件夹不存在，将在当前文件夹中创建该对象
REP_32010	错误：未找到由快捷方式<快捷方式>引用的对象，该快捷方式引用<对象>，在存储库<存储库名称>、文件夹<文件夹名称>
REP_32011	内部错误：无法复制对象
REP_32013	解析文件时出错
REP_32014	未指定DTD文件名
REP_32015	文件<文件名>中的代码页与存储库代码页<代码页>
REP_32016	错误：数据库类型<数据库类型>
REP_32018	分隔符无效：<分隔符>
REP_32019	错误：表属性无效：<属性>
REP_32020	警告：无法将字段<字段名称>：<字段名称>：<字段名称>实例<实例>链接到字段<字段名称>实例<实例>
REP_32021	错误：键类型<键类型>无效
REP_32022	错误：组<组>（用于字段<字段名称>）无效
REP_32023	错误：无法确定字段<字段名称>的ODBC数据类型
REP_32025	错误：发现的字段属性<属性>（用于字段<字段>）
REP_32026	错误：在以下实例中找不到字段<字段>：<实例>
REP_32027	错误：无法解析字段<字段>（在源<源>中）的外键相关性
REP_32028	错误：此源不能包括组
REP_32029	错误：无法添加组<组>
REP_32030	数据库错误：在为源<源名称>分配ID时出错
REP_32031	错误：组<组>的TYPE属性缺少或无效
REP_32032	错误：无法导入类型为<TABLETYPE值>的表
REP_32033	错误：此目标不能包括组
REP_32034	数据库错误：在为目标<目标名称>分配ID时出错
REP_32035	错误：初始化属性<INITPROP名称>无效
REP_32036	错误：此转换不能包括组
REP_32037	数据库错误：在为转换<转换>分配ID时出错
REP_32038	错误：数据类型<数据类型>（用于字段<字段名称>）无效
REP_32039	错误：属性<XML属性名称>（用于字段<SOURCEFIELD名称或TRANSFORMFIELD名称>）缺失
REP_32040	错误：找不到关联源字段<SOURCEFIELD名称>（用于<规范器转换>）
REP_32041	错误：实例类型无效<TYPE值>
REP_32042	错误：引用字段<REF_FIELD名称>（用于转换字段<TRANSFORMFIELD名称>）无效
REP_32043	错误：属性<MAPPLETGROUP>或<REF_FIELD>（用于字段<mapplet名称>）缺失
REP_32044	错误：属性<REF_FIELD>（用于字段<TRANSFORMFIELD名称>）无效
REP_32045	错误：引用字段<REF_FIELD>（用于查找字段<TRANSFORMFIELD名称>、转换<转换名称>）时出错
REP_32046	错误：引用字段<REF_FIELD>（用于字段<TRANSFORMFIELD名称>、转换<TRANSFORMATION名称>）无效

（续表）

错误号	说明
REP_32047	错误：Mapplet组<MAPPLETGROUP>（用于字段<MAPPLETGROUP值>、转换<转换名称>）时出错
REP_32050	错误：找不到<转换或者源或目标名称>的转换定义
REP_32056	错误：属性<属性名称>缺少或者为空
REP_32057	错误：正在填充MQ源的默认字段
REP_32058	错误：正在填充MQ目标的默认字段
REP_32060	错误：无法获取以下字段的数据类型说明：<字段名称>无效
REP_32063	错误：检测到未知目标字段属性<属性ID>（属于字段<字段名称>)无效
REP_32066	错误：无法获取以下源字段的组：<源字段>
REP_32072	计划信息中有无效日期
REP_32074	无法导出SAPFUNCPARAM：<SAP函数参数>
REP_32079	无法导出SAP变量<SAP变量>
REP_32081	无效计划信息
REP_32087	错误：无法获得映射名称
REP_32088	错误：无法提取数据库连接
REP_32089	错误：无法为会话提取已注册的服务器信息
REP_32090	错误：无法提取会话属性
REP_32091	错误：无法提取映射DSQ相关信息
REP_32092	错误：无法提取与以下数据源限定符转换关联的数据库连接，<数据库连接>：<转换名称>时出错
REP_32093	错误：无法提取会话<会话名称>的分区
REP_32095	错误：会话<会话名称>的映射名称无效
REP_32096	错误：FTP名称<FTP连接>无效
REP_32097	警告：未找到FTP连接<FTP连接>，会话将导入，而不引用FTP连接
REP_32098	警告：未找到加载器连接<外部加载器连接>，会话将导入，而不引用加载器连接
REP_32101	错误：初始化解析器时遇到内部错误
REP_32103	警告：用法类型<类型>（用于字段<字段名称>)无效
REP_32105	错误：代码页<代码页>（用于平面文件）无效
REP_32111	错误：数据库类型<DATABASETYPE值>（用于源<SOURCE名称>)无效
REP_32112	错误：元素<元素>的名称缺少或为空
REP_32113	错误：转换<序列转换名称>的字段数无效
REP_32115	错误：不能导入<对象><对象名称>，因为该对象可能不安全，导入任何关联映射/mapplet可能会导致错误
REP_32116	错误：映射<映射名称>可能不安全，无法导入
REP_32117	错误：<转换类型><转换名称>可能不安全，并且将不可用于导入
REP_32118	错误：用法标志<标志>无效
REP_32121	警告：正在删除实例<实例名称>，找不到此源限定符转换实例的源实例
REP_32122	错误：转换<转换名称>具有无效可重用设置
REP_32123	错误：等级转换<转换名称>的第一个字段名称无效，它必须是RANKINDEX
REP_32124	字段<字段名称>的表达式类型缺失或无效

（续表）

错误号	说明
REP_32131	错误：等级转换<转换名称>没有等级端口，此转换无效
REP_32132	错误：由于组顺序相同，转换<转换名称>具有重复组<组>
REP_32135	错误：指定的精度<数值>（为字段<字段名称>）无效，最大精度值为65535
REP_32136	错误：指定的小数位数<数值>（为字段<字段名称>）无效，小数位数不能大于精度或最大小数位数65535
REP_32137	当启用了动态查找缓存时，查找转换<转换名称>的第一个字段必须是动态查找字段，转换无效
REP_32138	当禁用了动态查找缓存时，字段<字段名称>（用于查找转换<转换名称>）不能是动态查找字段，转换无效
REP_32139	在查找转换<转换名称>中，生成的动态查找字段<字段名称>的内容已更改，转换无效
REP_32140	在等级转换<转换名称>中，RANKINDEX字段<字段名称>的内容已更改，转换无效
REP_32141	在序列生成器转换<转换名称>中，字段<字段名称>的内容已更改，转换无效
REP_32144	错误：属性<属性名称>（用于<元素名称>）缺失或无效：<属性值>
REP_32148	错误：映射变量<MAPPINGVARIABLE名称>的数据类型无效
REP_32149	错误：映射变量<MAPPINGVARIABLE名称>的汇总COUNT的数据类型无效
REP_32150	错误：映射变量<MAPPINGVARIABLE名称>的汇总类型无效
REP_32151	错误：已导入的映射变量没有名称
REP_32167	错误：重复实例-类型：<实例类型>，名称：<实例名称>
REP_32171	最初分配给此会话的映射已更改，无法导入该会话
REP_32173	错误：属性<属性名称>需要无符号值，但发现的值是<值>
REP_32174	错误：值<值>无效，属性<属性>（用于<元素><元素名称>）
REP_32175	错误：有无效目标数据库类型<目标数据库名称>用于目标<目标名称>分配ID时出错
REP_32176	XML数据源限定符转换<源限定符名称>中的两个或多个字段在源中引用相同的字段<字段名称>
REP_32177	错误：有无效数据库类型"<数据库类型>"用于目标"<目标名称>"，缺少用于处理此错误的插件，此目标将不可用于导入
REP_32178	错误：数据库类型<数据库类型>（用于目标<目标名称>）无效或此存储库中未安装该数据库类型
REP_32180	错误：任务类型<任务类型>（用于任务<任务名称>）无效
REP_32181	错误：有无效扩展类型，<会话扩展类型>用于元素<SESSIONEXTENSION元素>
REP_32185	错误：映射<映射名称>（与会话<会话名称>关联）无效
REP_32186	错误：任务<计时器任务名称>需要计时器
REP_32188	错误：在目标存储库中未找到映射<映射名称>（用于会话<会话名称>）
REP_32190	警告：未为以下元素找到会话转换实例<会话转换实例名称>（类型为<转换类型>）：<SESSIONEXTENSION>
REP_32191	警告：属性<属性名称>（用于<元素名称>）缺失或为空
REP_32192	错误：组件类型<会话组件类型>（用于元素<SESSIONCOMPONENT名称>）无效
REP_32193	错误：属性<属性名称>（用于<元素名称>）缺失或为空
REP_32194	错误：有无效分区类型<PARTITIONTYPE名称>用于会话转换<SESSTRANSFORMATIONINST名称>

（续表）

错误号	说明
REP_32195	错误：扩展子类型<SESSIONEXTENSION子类型>（属于扩展类型<SESSIONEXTENSION类型>）对于元素<SESSIONEXTENSION名称>无效
REP_32196	错误：由于出现以下错误，未找到连接引用<连接引用>（连接编号为<编号>）-为元素<SESSIONEXTENSION名称>
REP_32198	错误：连接类型<连接类型>（用于连接引用<连接引用>）无效
REP_32199	错误：分区名称<分区名称>（用于元素<元素名称>）无效
REP_32202	错误：DSQ实例名称<源限定符转换名称>（用于会话转换实例<会话转换实例名称>）无效
REP_32203	错误：分区<PARTITION名称>的编号超出范围[1-32]-针对会话转换<SESSTRANSFORMATIONINST名称>（在会话<会话名称>中）
REP_32204	错误：正在构建会话<会话名称>
REP_32205	错误：有无效DSQ<源限定符名称>（类型为<DSQINSTTYPE>）用于会话转换实例<SESSTRANSFORMATIONINST名称>中的扩展
REP_32207	错误：工作流变量<工作流变量名称>的数据类型无效
REP_32208	错误：类型为<SESSIONEXTENSION类型>子类型为<SESSIONEXTENSION子类型>的扩展在会话转换实例<SESSTRANSFORMATIONINST名称>中不存在
REP_32209	错误：挂起电子邮件<SUSPENSION_EMAIL名称>（用于工作流<工作流名称>）无效
REP_32210	错误：对象名<对象名>（用于元素<元素名称>）存在名称冲突或无效
REP_32211	警告：键<KEYRANGE>（用于元素<元素名称>）缺少开始和结束范围
REP_32212	警告：会话转换<SESSTRANSFORMATIONINST名称>在目标文件夹中的映射<映射名称>中不存在
REP_32213	错误：会话转换<SESSTRANSFORMATIONINST名称>不可分区，且已连接到一个具有多个分区的阶段
REP_32214	警告：键名称<KEYRANGE或HASHKEY名称>（用于元素<元素名称>）无效
REP_32215	错误：DSQ类型<DSQINSTTYPE>（对于元素<SESSIONEXTENSION名称>）无效
REP_32216	错误：连接引用<CONNECTIONREFERENCE名称>类型<TYPE>和子类型<SUBTYPE>对扩展无效
REP_32217	错误：为非可分区连接引用指定了分区名称<PARTITIONNAME>，该引用属于会话转换实例<会话转换实例名称>
REP_32218	错误：任务类型<任务类型>（用于元素<元素名称>）无效
REP_32219	警告：找不到引用的配置对象<REFOBJECTNAME>，使用了默认会话配置
REP_32220	有无效分区类型<PARTITIONTYPE>用于会话转换<SESSTRANSFORMATIONINST>
REP_32222	错误：重复对象<对象名称>（类型为<对象类型>）
REP_32223	错误：为工作流<WORKFLOW名称>指定的冲突类型的以下两个计划程序出错：可重用计划程序<FOLDER下的SCHEDULER>和不可重用计划程序<WORKFLOW下的SCHEDULER>
REP_32224	错误：未找到任务<TASKNAME>（为实例<TASKINSTANCE名称>）
REP_32225	错误：值<值>（用于计划程序中的<SCHEDULER元素中的属性>）无效
REP_32292	错误：转换<转换名称>没有输入组
REP_32293	错误：转换<转换名称>没有输出组
REP_32294	错误：组<组>（属于转换<转换名称>）既是输入组也是输出组
REP_32409	会话<会话名称>的日志文件名长于600个字符，会话无效

（续表）

错误号	说明
REP_32410	会话的日志文件名长于600个字符，会话无效
REP_32413	会话<会话名称>的日志目录名称长于600个字符，会话无效
REP_32414	会话的日志目录名称长于600个字符，会话无效
REP_32426	会话配置<会话配置对象名称>要保存会话日志的运行次数必须在0～2147483647的范围内
REP_32427	要保存会话日志的运行次数必须在0～2147483647的范围内
REP_32467	参数文件名过长
REP_32469	日志文件名过长
REP_32473	日志计数必须在0～2147483647的范围内
REP_32471	日志目录名称过长
REP_32472	"保存以下运行的工作流日志"必须在0～2147483647的范围内
REP_32475	工作流任务<工作流名称>参数文件名过长
REP_32477	工作流任务<工作流名称>日志文件名过长
REP_32479	工作流任务<工作流名称>日志目录名称过长
REP_32480	工作流任务<会话名称>日志选项无效
REP_32481	工作流日志选项无效
REP_32483	"保存以下运行的工作流日志"必须在0～2147483647的范围内
REP_32490	工作流任务<工作流名称>日志目录名称必须有分隔符
REP_32491	日志目录名称必须有分隔符
REP_32494	名称中的第一个字符不能为数字
REP_32495	名称中不允许有空格
REP_32496	名称中的第一个字符不能为<字符>
REP_32497	名称中不允许有字符<字符>
REP_32498	名称长度太大
REP_32499	这不是有效名称
REP_32523	会话<会话名称>在不同分区中使用了不同连接子类型
REP_32524	会话在不同分区中使用了不同连接子类型
REP_32532	缺少<转换>所需的哈希键（在会话<会话名称>中）
REP_32533	缺少<转换名称>所需的哈希键
REP_32534	有无效哈希键<键名称>用于<转换名称>（在会话<会话名称>中）
REP_32535	哈希键<键名称>（用于实例<转换名称>）无效
REP_32536	哈希键<键名称>（用于实例<转换名称>，在会话<会话名称>中）的端口类型无效
REP_32542	<转换名称>（在会话<会话名称>中）的键范围为空
REP_32543	缺少<转换名称>所需的哈希键
REP_32544	计时器任务<计时器任务名称>使用了一个空工作流变量
REP_32546	计时器任务<计时器任务名称>使用了一个无效的工作流变量
REP_32548	计时器任务<计时器任务名称>使用了一个非DATE/TIME数据类型的工作流变量
REP_32550	没有为<分区名称：转换>（在会话<会话名称>中）的键范围分区指定键
REP_32551	没有为<分区名称：转换>的键范围分区指定键
REP_32558	工作流任务<工作流名称>："保存以下运行的工作流日志"关联的集成服务变量无效
REP_32701	没有为哈希用户键分区（组<组>，实例<转换实例名称>，会话<会话名称>）指定键

（续表）

错误号	说明
REP_32702	没有为哈希用户键分区（组<组>，实例<转换实例名称>）指定键
REP_32705	没有为键范围分区（组<组>，实例<转换实例名称>，会话<会话实例名称>）指定键
REP_32706	没有为键范围分区（组<组>，实例<转换实例名称>）指定键
REP_32827	语法错误：变量名称<变量名称>错误
REP_32828	映射中已存在名为<变量名称>的变量
REP_32898	警告：无法升级XML源<源>
REP_32899	警告：无法升级XML目标<目标>
REP_51037	数据库连接错误：<错误>
REP_51042	存储库代理连接失败，系统错误（错误编号=<错误编号>）<错误消息>：无法读取消息表头，已读取<数值>字节
REP_51048	通信因网络错误而失败，系统错误（错误编号=<错误编号>）：<错误消息>，再次尝试连接存储库
REP_51054	内部错误：无法分配大小为<大小>字节的缓冲区以接收传入消息，系统可能内存不足
REP_51056	无法从客户端套接字读取，已读取<数值>字节
REP_51058	未知TCP/IP错误，请再次尝试连接存储库
REP_51059	存储库代理连接失败，主机<主机名称>端口<端口号>上另一存储库代理已连接到此存储库<存储库名称>
REP_51071	名称无效：必须指定名称
REP_51072	当前域中已存在名为<元数据扩展名称>的元数据扩展
REP_51073	<值>不是有效的整数值，请输入一个介于<最小值>和<最大值>之间的整数值
REP_51074	值的长度<长度>大于最大长度<最大长度>，请输入一个长度小于或等于该最大值的值
REP_51075	最大长度过大，请指定一个小于或等于<最大长度>的值
REP_51112	不能使用保留关键字<关键字>
REP_51115	名为<表名称>的表已存在，请输入唯一的名称
REP_51116	此业务名称已被存储库中的源表<数据库名称>：<表名称>使用，且已被重命名为<表名称>。必须在重命名此表之前保存更改
REP_51120	列<列>不允许空值
REP_51134	小数位数的绝对值不能大于长度/精度
REP_51135	不能将小数位数设置为小于<数值>
REP_51137	此业务名称已被存储库中的目标表<表名称>使用，已被重命名为<表名称>，必须在重命名此表之前保存更改
REP_51178	警告：检测到匹配的应用程序连接，但无权访问此应用程序连接<连接名称>，此应用程序连接将被复制并重命名为<新连接名称>
REP_51292	初始化属性名称不能为空
REP_51294	初始化属性<属性>不存在
REP_51295	<属性>是内置初始化属性
REP_51296	不能修改内置初始化属性的描述
REP_51297	不能删除内置初始化属性
REP_51298	初始化属性名称不能超过80个字符
REP_51300	错误：不一致的存储库，存储库<存储库名称>没有管理员用户，存储库初始化失败
REP_51301	无法向存储库服务发送消息，存储库<存储库名称>的初始化失败

（续表）

错误号	说明
REP_51304	分区数量<数值>无效
REP_51343	无法连接到数据库服务器，请检查与数据库服务器的连接
REP_51357	无法提取为$Source指定的连接<连接名称>，因为多个不同类型的连接拥有此名称，而集成服务无法确定使用其中的哪个连接
REP_51358	无法提取为$Target指定的连接<连接名称>，因为多个不同类型的连接拥有此名称，而集成服务无法确定使用其中的哪个连接
REP_51378	无法提取为REHDB日志指定的连接<连接名称>，因为多个不同类型的连接拥有此名称，而集成服务无法确定使用其中的哪个连接
REP_51444	MessageSendBufferSize值<消息发送缓冲区大小>无效，忽略了无效值<消息发送缓冲区大小>。正在使用系统默认值
REP_51445	MessageReceiveBufferSize值<消息接收缓冲区大小>无效，忽略了无效值<消息接收缓冲区大小>。正在使用系统默认值
REP_51447	存储库请求已超时，[系统错误（错误编号=<错误编号>）：<系统错误消息>]，请再次尝试连接存储库
REP_51502	为"数据库池到期超时"值指定的值<秒数>无效，存储库服务正在使用默认值<数值>
REP_51503	为"数据库池到期阈值"指定的值<连接数>无效，存储库服务正在使用默认值<数值>
REP_51507	目标<目标名称>不能有"文件名"字段
REP_51508	目标<目标名称>有现有"文件名"字段
REP_51509	工作流任务<工作流ID>最大自动恢复尝试次数必须在0~2147483647的范围内
REP_51510	最大自动恢复尝试次数必须在0~2147483647的范围内
REP_51814	存储库连接失败
REP_51815	无法读取存储库连接信息
REP_51832	存储库代理的许可证密钥已过期
REP_51848	没有"基于团队的开发"许可证密钥就无法启用对象版本控制
REP_51849	没有"基于团队的开发"许可证密钥就无法启用或还原有版本控制的存储库
REP_51961	环境变量<环境变量名称>的值需要用最新版本的pmpasswd加密
REP_55035	部署期间出错
REP_55036	文件夹比较期间出错
REP_55102	无法连接到存储库服务<服务名称>
REP_57060	登录失败
REP_57064	已超出最大连接数
REP_57071	无法连接到存储库数据库，请检查存储库代理配置
REP_57084	已超出并发锁定最大数量
REP_57145	在数据库中未找到数据
REP_57151	无效函数参数
REP_57169	多个不同类型的连接具有相同的名称，并且一些会话和/或转换作为连接信息包含了此名称，而没有带类型前缀（如Relational：），必须通过给这些连接信息加前缀来解决此模糊性
REP_57201	内部错误：存储库对象不一致
REP_57269	此连接已终止
REP_58224	无法从<PowerCenter客户端工具>连接到存储库<存储库名称>，因为存储库用户和组尚未升级

（续表）

错误号	说明
REP_61002	警告：<XML定义>包含的元素或属性的前缀已被删除
REP_61003	键<键名称>（组<组>，实例<转换实例名称>，会话<会话实例名称>）的键范围为空
REP_61004	键<键名称>（组<组>，会话<会话名称>）的键范围为空
REP_61010	无法验证转换字段<字段名称>
REP_61011	转换字段中不能存在循环
REP_61012	错误：无法验证字段<端口名称>（属于转换<转换名称>）
REP_61013	验证组顺序时遇到无效组
REP_61014	错误：无法验证转换<转换名称>的组
REP_61027	无法设置数据库连接属性
REP_61031	无法升级<XML定义>，因为前缀的删除导致了无效XPATH
REP_61032	无法升级<XML源>，因为前缀的删除导致了元素名称冲突
REP_61059	警告：无法升级XML源<源>、版本<版本>、文件夹<文件夹>
REP_61060	警告：无法升级XML目标<目标>、版本<版本>、文件夹<文件夹>
REP_61063	升级期间遇到错误
REP_62340	转换<源或目标实例名称>使用连接变量<连接变量名称>，但其值未指定
REP_62373	查找转换<转换名称>没有关联的部分管道，没有一个名为<查找表名称>的组源限定符，转换无效
REP_62377	用户名变量<变量名称>未明确定义
REP_62378	密码变量<变量名称>未明确定义
REP_62379	连接名称<参数值>（用于连接变量<变量名称>）未明确定义
REP_62385	无法启用高级恢复，因为该会话有映射变量
REP_62386	无法为会话<会话名称>启用高级恢复，因为该会话有映射变量
REP_CORE_59046	存储库服务进程<进程名称>的高可用性许可证不存在
RFC_17403	函数RETURN参数已指定，但是在解析属性值字符串时，仅找到<值>个必需值-共<值>个必需值
RFC_17405	在源定义中，RETURN参数的STATUS或TEXT字段的ABAP类型必须为CHAR
RFC_17411	行编号<行编号>（属于表参数<参数>）的输出数据转换错误，将跳过该行
RFC_17412	标量输出参数的输出数据转换错误，将跳过该行
RFC_17416	发生异常<异常>-由RFC函数调用（IntegrationID<集成ID>）引发
RFC_17422	函数名称<函数名称>和序列ID<序列ID>不匹配，它们当中有一个不正确
RFC_17423	接收到函数<函数名称>的输入，但需要的是函数<函数名称>的输入
RFC_17424	对函数<函数名称>（对应于TransactionID=<事务ID>，IntegrationID=<集成ID>）的调用失败，无法继续事务处理
RFC_17425	TransactionID<事务ID>的提交调用失败
RFC_17427	尝试为函数表参数<参数名称>创建SAP内部表时出错
RFC_17439	所有已连接输入指示器端口的值为NULL，源文件可能无效，请参阅会话日志以查找错误行
RR_4004	错误：健全性检查失败，源表中没有主键
RR_4006	错误：健全性检查失败，节点中没有键
RR_4025	执行存储过程时出错

（续表）

错误号	说明
RR_4032	警告：已排序端口的数量<端口数>必须小于突出字段<已连接的输出端口数>的数量，正在忽略排序请求
RR_4033	解析存储过程调用文本<调用文本>时出错
RR_4034	提取突出的列元数据失败
RR_4035	SQL错误
RR_4036	连接到数据库<数据库名称>时出错
RR_4038	设置存储过程时出错，会话->m_pMapping已损坏
RR_4039	用户定义的查询<查询>包含在源数据库连接的代码页中无效的字符，无效字符从查询的<数值>位置开始
RR_4040	用户定义的联接条件和/或源筛选器条件<字符串>包含在源数据库连接代码页中无效的字符，无效字符从以上条件中的位置<数值>开始
RR_4041	用户定义的源筛选器条件<字符串>包含在源数据库连接的代码页中无效的字符，无效字符从筛选条件的位置<数值>开始
RR_4043	错误：用于对源限定符<源限定符名称>的源执行分区的一个或多个字段已删除，请编辑并保存会话以更正分区信息
RS_39037	无法启动存储库<存储库名称>
RS_39061	无法启动存储库<存储库名称>，因为正在将其关闭
RS_39068	无法将LDR<本地存储库名称>注册到GDR<全局存储库名称>
RS_39090	无法完成[注册]操作，原因是启动或连接到存储库<存储库名称>失败
RS_39091	无法完成[取消注册]操作，原因是启动或连接到存储库<存储库名称>失败
RS_39092	无法将存储库<repository_name>升级到全局存储库，因为启动或连接到该存储库失败
RS_39107	无法启动存储库<存储库名称>，因为已将其禁用
RS_39109	无法启动存储库<存储库名称>，因为未将其禁用
RS_39120	错误：此产品许可证不允许全局存储库，只有PowerCenter许可证允许执行该操作
RS_39121	错误：此产品许可证不允许注册或取消注册存储库，只有PowerCenter许可证允许执行该操作
RS_39141	错误：存储库名称<存储库名称>中的字符无效
RS_39145	无法将存储库<存储库名称>复制到存储库<目标存储库名称>
RS_39209	无法完成对存储库<存储库名称>的调用
SDKC_37005	无法找到此进程的全局区域设置
SDKC_37006	代码页ID<ID>无效
SDKC_37007	无法创建区域设置
SDKC_37008	无法加载消息目录
SDKS_38005	无法加载库<库>（用于编号为<ID>的插件）
SDKS_38006	编号为<ID>的插件的接口版本<版本>与SDK接口版本<版本>不兼容
SDKS_38007	<阶段><读取器/写入器>（编号为<ID>的插件）期间出错
SDKS_38200	分区级别[SQ_MSMQ_SOURCE]编号为310000的插件在init()中失败
SDKS_38505	编号为<ID>的插件的目标<目标>指示已达到错误阈值<数值>
SDKS_38605	编号为<ID>的插件的目标<目标>遇到瞬时故障
SDKXML_43009	插件级别CT在<函数名称>()中失败

（续表）

错误号	说明
SF_31143	由于出现以下错误，尝试通过代理<代理ID>连接到Salesforce失败：<错误消息>
SF_31233	无法将cURL设置为连接到Salesforce批量API，使用标准SalesforceAPI
SF_31234	已在Salesforce中收到批量API错误，例外代码<代码>，例外消息<消息>
SF_31235	已收到批量APIcURL错误，错误消息<消息>
SF_31242	批量API作业ID<作业ID>失败
SF_31253	由于出现以下错误，尝试通过代理<代理ID>连接到Salesforce失败：<错误消息>
SF_31255	由于出现以下错误，Salesforce无法处理批处理<批处理ID>（作业ID为<作业ID>）：<消息>
SF_31259	ZLib压缩返回了以下错误：<消息>
SF_31324	由于出现以下错误，尝试通过代理<代理ID>连接到Salesforce失败：<错误消息>
SF_31426	由于出现以下错误，尝试通过代理<代理ID>连接到Salesforce失败：<错误消息>
SF_31523	由于出现以下错误，尝试通过代理<代理ID>连接到Salesforce失败：<错误消息>
SF_34030	客户端应用程序<应用程序>、连接<连接ID>接收失败，系统返回错误代码<错误编号>，错误消息是<错误消息>
SF_34032	由于协议错误，正在关闭客户端应用程序<应用程序>的连接，请联系Informatica全球客户支持部门
SF_34033	协议错误：收到意外的对象类型<类型>-从客户端应用程序<应用程序>，在连接<连接ID>上
SF_34035	协议错误：获取了请求ID<请求ID>，但需要的是请求ID<请求ID>-从客户端应用程序<应用程序>，在连接<连接ID>上
SF_34036	协议错误：获取了请求键<键>，但需要的是请求键<键>-从客户端应用程序<应用程序>，在连接<连接ID>上
SF_34037	协议错误：获取了请求类型<请求类型>，但状态为<状态>-从客户端应用程序<应用程序>，在连接<连接ID>上
SF_34062	无法打开服务控制管理器
SF_34063	无法关闭服务控制管理器
SF_34064	无法锁定服务数据库
SF_34065	无法解锁服务数据库
SF_34066	无法打开服务
SF_34067	无法关闭服务
SF_34068	无法查询服务
SF_34069	无法控制服务
SF_34070	无法停止服务
SF_34071	无法删除服务
SF_34072	无法创建服务
SF_34094	捕获一个致命信号，很快将中止此服务器进程
SF_34095	由于致命信号，正在中止此进程
SF_34096	捕获SIGFPE信号，正在中止此服务器进程
SF_34098	无法分配内存，虚拟内存不足
SF_34105	无法将标准错误（stderr）消息重定向到文件<文件名>，系统错误是<系统错误号><系统错误消息>
SF_34106	无法将标准输出（stdout）消息重定向到文件<文件名>，系统错误是<系统错误号><系统错误消息>

（续表）

错误号	说明
SF_34109	无法打开文件<文件名>以重定向控制台输出（stdout/stderr）消息，系统错误是<系统错误号><系统错误消息>
SF_34120	无法保留请求GUID<GUID>（由客户端应用程序<客户端名称>在主机<主机名>上通过连接<连接名称>发出），服务进程失败后可能无法执行请求
SF_34130	无法在目录<目录名称>中获得存储文件
SF_34132	从存储文件读取时遇到错误
SF_34134	写入存储文件<文件名>时出错
SF_34135	写入存储文件时遇到错误
SF_34136	删除存储文件<文件名>时出错
SF_34155	子进程<进程ID>因虚假的中止错误编号<错误号>而终止
SF_34160	已禁用高可用性，请联系Informatica全球客户支持部门
SFDC_31101	登录失败，用户<登录用户名>，错误代码<错误代码>，原因是<错误消息>
SFDC_31102	查询失败，用户<登录用户名>，SOSQL<SOSQL查询>，错误代码<错误代码>，原因是<错误消息>
SFDC_31103	QueryMore失败，用户<登录用户名>，SOSQL<SOSQL查询>，查询批处理索引<查询批处理>，错误代码<错误代码>，原因是<错误消息>
SFDC_31105	字段不匹配，所需字段名称<字段名称>，返回字段名称<字段名称>
SFDC_31106	GetServerTimestamp失败，用户<登录用户名>，错误代码<错误代码>，原因是<错误消息>
SFDC_31107	GetDeleted失败，用户<登录用户名>，开始时间<时间>，结束时间<时间>，错误代码<错误代码>，原因是<错误消息>
SFDC_31112	无效的刷新间隔值<秒数>，必须将其设置为正整数值
SFDC_31113	出现转换错误，字段名称<字段名称>，数据值<转换前的字段值>
SFDC_31114	行错误数<行错误数>超出会话阈值<错误阈值>
SFDC_31115	源<源名称>与应用程序源限定符<应用程序源限定符名称>的字段数不同
SFDC_31116	源字段<源字段名称>与应用程序源限定符字段<应用程序源限定符字段名称>的名称不同
SFDC_31117	源字段<源字段名称>与应用程序源限定符字段<应用程序源限定符字段名称>的字段位置不同
SFDC_31118	源字段<源字段名称>与应用程序源限定符字段<应用程序源限定符字段名称>的数据类型、精度或小数位数不同
SFDC_31201	登录失败，用户<登录用户名>，错误代码<错误代码>，原因是<错误消息>
SFDC_31202	从salesforce.com接收到错误，字段<字段名称>，状态代码<状态代码>，消息<错误消息>
SFDC_31203	在创建请求中接收到错误，错误代码<错误代码>，错误子代码<错误子代码>，原因是<错误消息>，详细信息<错误详细信息>
SFDC_31204	在更新请求中接收到错误，错误代码<错误代码>，错误子代码<错误子代码>，原因是<错误消息>，详细信息<错误详细信息>
SFDC_31205	在删除请求中接收到错误，错误代码<错误代码>，错误子代码<错误子代码>，原因是<错误消息>，详细信息<错误详细信息>
SFDC_31206	在更新插入请求中接收到错误，错误代码<错误代码>，错误子代码<错误子代码>，原因是<错误消息>，详细信息<错误详细信息>
SFDC_31207	更新插入打开，但外部ID缺失
SFDC_31208	遇到更新或删除行，但ID列未连接

错误号	说明
SM_7024	转换解析致命错误：筛选子句的计算结果不是数值
SM_7027	转换计算错误，已跳过当前行，在尝试删除一个不存在的行
SM_7038	汇总错误：集成服务的数据移动模式<集成服务的数据移动模式>与缓存中的数据移动模式<缓存中的数据移动模式>不匹配
SM_7051	汇总错误：索引文件时间戳早于汇总器转换或映射的时间戳
SM_7072	汇总错误：要求键采用降序
SM_7073	汇总错误：要求键采用升序
SM_7087	汇总错误：代码页<代码页>与缓存的代码页<代码页>不是双向兼容
SM_7088	汇总错误：排序顺序<排序顺序>与缓存的排序顺序<排序顺序>不匹配
SM_7089	汇总错误：在汇总缓存中存在未知代码页<代码页>
SM_7091	转换解析致命错误：更新策略表达式的计算结果不是数值
SM_7096	汇总错误：无法执行缓存升级实用程序<实用程序名称>
SM_7099	致命错误：汇总器转换<转换名称>的增量汇总文件的标头有无效数据
SM_7200	从汇总器转换<转换名称>的增量汇总文件读取时出错
SM_7202	升级汇总器转换<转换名称>的增量汇总文件失败，无法将数据写入新缓存文件，检查是否有足够的磁盘空间
SM_7203	转换<转换名称>的键长度已更改
SM_7204	转换<转换名称>的行大小已更改
SM_7207	增量汇总升级错误
SM_7208	自转换<转换名称>的增量汇总文件上次保存以来映射已被修改
SM_7209	创建转换<转换名称>的缓存时使用的精度模式不同于会话中指定的精度模式
SM_7210	自缓存创建以来分区数量已更改
SM_7211	集成服务数据移动模式不同于创建缓存时使用的数据移动模式
SM_7217	错误：无法展开更新替代<文本>（目标实例<目标名称>）
SM_7218	仅允许在汇总器转换中使用汇总函数
SM_7219	解析查找转换时出现致命错误，请验证查找转换<转换名称>的更新动态缓存条件的计算结果是否为数值
SORT_40046	在/dev/zero下有<字节数>个Mmap字节失败：<错误消息>。要么增加交换空间，要么降低转换<转换名称>中的缓存大小
SORT_40090	只有<可用内存量>MB可用（共<总内存>MB）。要么增加交换空间，要么降低转换<转换名称>中的缓存大小
SORT_40095	无法访问文件或文件系统<文件或文件系统名称>
SORT_40096	打不开临时文件<文件名称>：<错误消息>
SORT_40102	此排序要求至少<值>MB的内存
SORT_40111	此排序已取消
SORT_40179	空间不足，映射需要<内存量>MB内存，<错误消息>，要么增加交换空间，要么降低转换<转换名称>中的缓存大小
SORT_40189	排序库无法创建线程
SORT_40304	此操作似乎需要<值>MB内存，可能发生了过量分页，正在继续
SORT_40401	函数<函数名称>中发生致命排序错误，错误编号=<错误编号>
SORT_40406	在转换<转换名称>中，发生错误<错误消息>

（续表）

错误号	说明
SORT_40407	在转换<转换名称>（在分区<分区编号>中）中，发生错误<错误消息>
SORT_40409	内部排序器错误<错误>
SORT_40414	错误：行的总大小<行大小>（在转换<转换名称>中）大于允许的最大大小[8MB]
SORT_40415	工作目录<目录名称>不存在
SORT_40416	工作目录<目录>没有读取/写入/执行权限
SORT_40424	错误：为排序器转换指定的内存大小<内存大小>超出了32位寻址空间，在32位服务器上此大小不能超过<数字>
SPC_10027	无法为服务<服务名称>（在节点<节点名称>上）启动进程，进程正在关闭，请稍后重试
SPC_10039	无法在端口<端口号>上启动InformaticaPowerCenterWebServicesHub服务，因为此端口已在使用中
SPC_10052	域无法重新启动服务<服务名称>，但已达到最大重新启动尝试次数（<重新启动尝试次数>次）
SQL_50001	IOutputBuffer：：setRowType()API失败
SQL_50002	返回空数据库句柄
SQL_50003	脚本名称为空
SQL_50004	SetProperty失败
SQL_50005	逻辑连接对象名称为空
SQL_50006	FlushOutRow失败
SQL_50007	出现ODL错误，有关详细错误消息，请查看预定义错误端口
SQL_50008	select查询中的列数大于SQL转换中的输出端口数
SQL_50009	静态连接信息不适合用于创建有效的数据库句柄
SQL_50010	错误：无法创建文件句柄
SQL_50011	通过Designer输入的SQL查询为空
SQL_50013	在目标中设置数据失败
SQL_50014	从源获取数据失败
SQL_50015	无法连接到数据库
SQL_50017	无法从存储库获得关系连接名称属性
SQL_50018	无法获得连接
SQL_50070	已达到错误阈值
SQL_50071	会话失败，因为在SQL转换将一些输出行传递到下游后发生连接故障
SQL_50072	展开环境SQL<连接或事务环境SQL>（用于连接对象<连接名称>）中的一个参数或变量时出错
TE_7102	初始化错误，无法获得映射<映射名称>的上次保存时间
TE_7104	创建组<组编号>（属于目标<目标名称>）时出错
TE_7105	创建转换<转换名称>时出错
TE_7106	无法分配或初始化组ID<组ID>（属于目标<目标名称>）
TE_7112	使用不可重复源的消息恢复不允许映射中有XML目标
TE_7117	实时会话不允许映射中有非实时SDK目标
TE_7122	已为会话配置用户定义的提交，但是目标<目标名称>并未从任何上游转换接收事务
TE_7127	不能对实时会话执行用户定义的提交

（续表）

错误号	说明
TE_7131	转换<转换>未配置为可以传播事务，会话无法实时运行
TE_7133	未排序联接器转换<转换名称>的主输入无法分区，因为联接器转换不是一个分区点
TE_7134	警告：排序联接器转换<转换名称>的主输入已分区
TE_7135	当目标加载组具有多个源并且其中至少一个源是实时源时，无法恢复会话，源名称为<源名称>
TIB_34001	无法获取连接属性<连接属性>
TIB_34002	主题<主题>无效
TIB_34003	无法获取源属性<源属性>
TIB_34004	队列限制策略<队列限制策略>无效
TIB_34010	无法获取目标属性<属性>
TIB_34015	CM名称<cmName>无效
TIB_34021	字段映射<字段映射值>无效
TIB_34022	无法确认认证消息：<TIBCO错误消息>
TIB_34025	字段<字段名称>的数据类型不兼容
TIB_34026	当尝试将值<值>插入到<数据类型>类型的字段时，数据溢出
TIB_34027	无效的日期
TIB_34028	数据溢出
TIB_34029	无效值或数据溢出
TIB_34030	当尝试将值<值>插入到<类型>类型的字段时，数据溢出
TIB_34031	<数据类型>数据类型应为msg（对于字段<字段>）
TIB_34032	提取字段<字段>中的数据失败：<TIBCO错误消息>
TIB_34033	字段<字段>的数据转换失败：<TIBCO错误消息>
TIB_34034	无法将字段<字段>添加至消息：<TIBCO错误消息>
TIB_34035	无法预注册侦听器<侦听器名称>：<TIBCO错误消息>
TIB_34036	Tibrv驱动程序无法为当前消息设置主题名称<主题名称>：<TIBCO错误消息>
TIB_34037	Tibrv驱动程序无法发送当前消息：<TIBCO错误消息>
TIB_34038	无法加载库<库名称>
TIB_35001	TIBCO读取器无法获取源限定符实例<源限定符名称>的连接引用
TIB_35002	TIBCO读取器无法获取源限定符实例<源限定符名称>的连接
TIB_35003	TIBCO读取器无法初始化源限定符实例<源限定符名称>的连接属性
TIB_35004	TIBCO读取器无法初始化源限定符实例<源限定符名称>的读取器属性
TIB_35005	TIBCO读取器无法初始化源限定符实例<源限定符名称>的TIBCO驱动程序
TIB_35006	TIBCO读取器无法初始化源限定符实例<源限定符名称>的TIBCO源
TIB_35008	读取器分区<分区>无法获取用于恢复的缓存协调器
TIB_35009	无法为读取器分区<分区>提取缓存文件夹属性
TIB_35010	为读取器分区<分区>指定的缓存文件夹无效
TIB_35011	读取器分区<分区>无法注册以执行恢复
TIB_35014	读取器分区<分区>无法缓存消息
TIB_35015	读取器分区<分区>从缓存中截取了上一个缓存的消息
TIB_35016	读取器分区<分区>无法将消息缓存截取到上一序列化消息：<错误消息>

（续表）

错误号	说明
TIB_35017	读取器分区<分区>无法刷新缓存：<错误消息>
TIB_35018	针对当前消息<错误消息>的数据分派失败
TIB_35020	行错误数量已达到阈值：<编号>失败
TIB_35021	TIBCO读取器无法连接到TIBCO
TIB_35022	读取器分区<分区>无法关闭EOF处的检查点：<错误消息>
TIB_35024	提取TIBCO消息时发生致命错误
TIB_35025	读取器分区<分区>无法关闭位于实时刷新点的检查点：<错误消息>
TIB_35026	读取器缓冲区刷新失败
TIB_35027	读取器分区<分区>无法撤销注册以执行恢复
TIB_35028	源限定符实例<源限定符名称>未启用实时功能
TIB_35030	TIBCO读取器无法获取源属性<属性>（针对源限定符实例<源限定符名称>）
TIB_35031	TIBCO读取器无法从映射中获得源限定符实例
TIB_35033	TIBCO读取器无法支持源限定符实例<源限定符名称>的恢复
TIB_35037	读取器分区<分区>无法读取缓存的消息
TIB_35039	源限定符实例<源限定符名称>包含数据类型msg，这与TIB/AdapterSDK连接不兼容
TIB_35040	源限定符实例<源限定符名称>包含表头字段"时间限制"，这与TIB/AdapterSDK连接不兼容
TIB_36001	Tibrv驱动程序无法连接到TIB/Rendezvous
TIB_36002	TIBCO驱动程序无法为认证消息传送设置默认时间限制：<TIBCO错误消息>
TIB_36004	Tibrv驱动程序无法创建发送间隔设备
TIB_36005	Tibrv驱动程序无法创建消息队列：<TIBCO错误消息>
TIB_36006	Tibrv驱动程序无法创建用于接收消息的侦听器：<TIBCO错误消息>
TIB_36009	Tibrv驱动程序无法为当前消息设置回复主题名称<回复主题名称>：<TIBCO错误消息>
TIB_36010	Tibrv驱动程序无法为当前消息设置时间限制：<TIBCO错误消息>
TIB_36013	Tibrv驱动程序无法打开TIB/Rendezvous环境：<TIBCO错误消息>
TIB_36014	Tibrv驱动程序无法创建TIB/Rendezvous传输：<TIBCO错误消息>
TIB_36015	Tibrv驱动程序无法初始化针对咨询消息的侦听器
TIB_36016	Tibrv驱动程序无法为消息队列设置限制策略：<TIBCO错误消息>
TIB_36017	Tibrv驱动程序无法为咨询消息创建消息队列：<TIBCO错误消息>
TIB_36018	Tibrv驱动程序无法创建针对咨询消息的侦听器：<TIBCO错误消息>
TIB_36019	Tibrv驱动程序无法创建用于分派咨询消息的线程：<TIBCO错误消息>
TIB_36020	系统内存不足
TIB_36021	TIB/Rendezvous许可证将于（或已于）<日期>到期
TIB_36022	Tibrv驱动程序无法获得序列号为<编号>的消息的确认
TIB_36023	CmName冲突：<TIBCO错误消息>
TIB_36036	Tibrv驱动程序无法获取消息序列号：<TIBCO错误消息>
TIB_36037	Tibrv驱动程序无法对缓存消息执行序列化：<错误消息>
TIB_36038	Tibrv驱动程序无法对缓存消息执行反序列化：<错误消息>
TIB_36039	Tibrv驱动程序尝试分配<数字>字节内存，但已失败
TIB_36040	Tibrv驱动程序无法创建新消息对象
TIB_36057	无法为字段<字段>创建消息：<TIBCO错误消息>

错误号	说明
TIB_36058	无法获得TIB/Rendezvous消息中的字段数量：<TIBCO错误消息>
TIB_37001	Tibsdk驱动程序无法连接
TIB_37006	Tibsdk驱动程序无法创建发布器：<TIBCO错误消息>
TIB_37007	Tibsdk驱动程序无法创建订阅者：<TIBCO错误消息>
TIB_37008	Tibsdk驱动程序无法将侦听器添加到订阅者：<TIBCO错误消息>
TIB_37009	Tibsdk驱动程序无法分派事件：<TIBCO错误消息>
TIB_37011	Tibsdk驱动程序无法启动适配器实例<适配器实例>：<TIBCO错误消息>
TIB_37012	Tibsdk驱动程序无法预注册侦听器<预注册侦听器>：<TIBCO错误消息>
TIB_37023	Tibsdk驱动程序无法处理咨询消息：<TIBCO错误消息>
TIB_37024	会话<会话>无效或不存在，它必须是一个RV会话
TIB_37025	在为咨询消息初始化Tibsdk驱动程序时发生异常：<TIBCO错误消息>
TIB_37026	Tibsdk驱动程序无法缓存消息：<错误消息>
TIB_37027	Tibsdk驱动程序无法读取缓存的消息：<错误消息>
TIB_37028	会话通信协议无效，必须是RV或RVCM
TIB_38000	TIBCO写入器无法将空值插入字段<字段>，该字段不能取空值
TIB_38001	TIBCO写入器无法初始化目标实例<目标>的写入器属性：<错误消息>
TIB_38002	TIBCO写入器无法初始化目标实例<目标>的连接属性：<错误消息>
TIB_38003	TIBCO写入器无法获得目标实例<目标>的连接信息
TIB_38004	针对目标实例<目标>的TIBCO写入器初始化失败：<错误消息>
TIB_38007	TIBCO写入器拒绝该行，因为字段<字段>存在溢出错误
TIB_38008	对于字段<字段>，数据被截断
TIB_38009	TIBCO写入器无法获得错误阈值
TIB_38010	在为写入器指定预注册侦听器时，无法连接SendSubject字段
TIB_38012	目标实例包含数据类型msg，这与TIB/AdapterSDK连接不兼容
TIB_38013	目标实例包含表头字段"时间限制"，这与TIB/AdapterSDK连接不兼容
TIB_38014	目标实例包含数据类型ipaddr32或ipport16，这与TIB/AdapterSDK连接不兼容
TM_6004	连接到存储库时出错
TM_6018	会话完成，有<数字>个行转换错误
TM_6059	将序列生成器转换<转换名称>更新到存储库时出错
TM_6063	更新存储库表时出错
TM_6075	打开文件时出错
TM_6085	发生致命的转换错误，会话正在终止
TM_6094	创建缓冲池时出错
TM_6109	警告：建议分配给每个DTM的DTM缓冲区大小不超过<数字>个字节，为DTM缓冲区指定的大小为<数字>个字节
TM_6154	设置会话排序顺序时出错：<排序顺序>
TM_6157	解析存储过程调用文本<存储过程>时出错
TM_6159	执行存储过程时出错
TM_6186	存储过程调用文本<调用文本>包含一个或多个在存储过程数据库连接的代码页中无效的字符，无效字符从查询的<字符位置>位置开始

（续表）

错误号	说明
TM_6188	会话排序顺序<排序顺序名称>与集成服务代码页<代码页名称>不兼容
TM_6190	无法标识用作查找转换或存储过程转换的$Source或$Target的具有唯一性的关系连接或应用程序连接
TM_6193	展开连接参数<参数名称>时出错
TM_6200	会话日志路径超出了<会话日志路径限制>个字符<会话日志路径>的限制
TM_6202	DTM事件，递增存储库中的日志文件编号时出错
TM_6223	提取会话日志时发生内部错误，附加到后期会话电子邮件的日志可能不完整
TM_6247	检查全局对象权限时出错：<对象>
TM_6248	用户<用户名>对全局对象<对象名称>没有执行权限
TM_6254	将转换<转换名称>的统计信息保存到存储库时遇到错误，组名称为<组>，分区ID为<分区ID>
TM_6255	将转换<转换名称>的统计信息保存到存储库时遇到错误，分区ID为<分区ID>
TM_6264	未在WorkflowManager中为MQ源限定符转换<MQ源限定符名称>分区<分区编号>设置连接
TM_6279	会话实例<会话实例名称>遇到以下运行时验证错误：<错误消息>
TM_6288	无法分配内存，虚拟内存不足
TM_6289	由于内存分配失败，正在中止DTM进程
TM_6294	目标加载顺序已更改，重新验证映射<映射名称>
TM_6316	错误：<数据库错误消息>正在设置表<表名称>
TM_6317	创建恢复表<表名称>时发生以下数据库错误：<数据库错误消息>
TM_6318	准备从恢复表<表名称>提取目标运行ID时发生以下数据库错误：<数据库错误消息>
TM_6319	从恢复表<表名称>提取目标运行ID时发生以下数据库错误：<数据库错误消息>
TM_6320	将目标运行ID插入恢复表<表名称>时发生以下数据库错误：<数据库错误消息>
TM_6321	恢复表格的版本，而需要的是版本6.2
TM_6322	生成序列ID时发生以下错误：<数据库错误消息>
TM_6323	将新的序列ID提交到数据库时发生以下数据库错误：<数据库错误消息>
TM_6324	准备UPDATErecovery语句时发生以下数据库错误：<数据库错误消息>
TM_6325	更新恢复表<表名称>的恢复信息时发生以下数据库错误：<数据库错误>
TM_6326	从恢复表<表名称>中删除恢复信息时发生以下数据库错误：<数据库错误消息>
TM_6327	重置恢复表<表名称>的恢复信息时发生以下数据库错误：<数据库错误消息>
TM_6328	从恢复表<表名称>提取分区计数时发生以下数据库错误：<数据库错误消息>
TM_6329	从恢复表<表名称>中提取恢复信息时发生以下数据库错误：<数据库错误消息>
TM_6330	从目标数据库检索恢复信息时出错
TM_6331	为目标<目标表>初始化恢复时出错
TM_6332	为目标<目标>从恢复表中删除信息时出错
TM_6336	初始化恢复会话时出错，因为未找到目标<目标>的恢复信息
TM_6341	更新恢复表时发生数据库错误，会话更新了<记录数>条恢复记录，但应该更新一行
TM_6342	为目标<目标名称>更新恢复表中的信息时出错
TM_6343	不可能进行会话恢复，因为该会话未启用恢复
TM_6345	连接对象<连接名称>不是有效的数据库分区连接类型
TM_6349	不可能进行会话恢复，因为该会话还配置为执行测试负载
TM_6376	集成服务在处理恢复文件时失败

（续表）

错误号	说明
TM_6687	指定的DTM缓冲区大小<DTM缓冲区大小>超出了32位寻址空间，在32位集成服务上此大小不能超过<数字>
TM_6698	加载库时遇到错误：<失败原因>
TM_6700	访问用于错误日志记录的文件<文件名>时发生以下错误：<错误消息>
TM_6701	警告：平面文件分隔符<分隔符>与错误日志记录的数据列分隔符相同，可能会觉得难以读取错误日志
TM_6712	具有相同事务处理要求的并发源必须有相同的分区数量，转换实例<转换实例名称>和<转换实例名称>的分区数量不同
TM_6713	具有相同事务处理要求的并发源必须有连续的执行顺序
TM_6765	调试器不能在网格上运行会话
TM_6772	运行分区组<分区组ID>的执行工作的DTM无法连接到<主DTM进程的主机名和端口号>上的主DTM（在<超时值>秒的超时时限内）
TM_6775	主DTM进程无法连接到主服务进程以更新会话状态，消息如下：错误消息<错误消息文本>，错误代码<错误代码>
TM_6777	临时剖析会话不支持网格
TM_6788	错误：无法打开临时日志文件<日志文件名称>，错误是<错误代码>，会话日志将不附加到后期会话电子邮件
TM_6795	存储库服务将会话标记为受影响，而集成服务未配置为运行受影响的会话
TM_6796	展开所有者名称<所有者名称>（用于转换<转换名称>）时出错
TM_6797	展开环境SQL<SQL文本>（用于连接对象<连接名称>）中的一个参数或变量时出错
TM_6798	展开错误日志的表名称前缀<前缀>中的一个参数或变量时出错
TM_6828	将统计信息保存到存储库时遇到错误
TM_6829	集成服务重置恢复表<表名称>时遇到以下错误：错误<错误>
TM_6844	在前期会话变量分配中使用的变量<变量名称>在参数文件中被覆盖，变量分配将被忽略
TM_6845	找不到在前期会话变量分配语句中列出的父工作流或工作集变量<变量名称>，变量分配将被忽略
TM_6848	无法将变量<变量名称>解析为用户定义的工作流或工作集变量
TM_6849	无法将变量<变量名称>解析为映射参数、映射变量、会话参数或预定义变量
TM_6850	将来自变量<变量名称>的值设置为变量<变量名称>的值时遇到错误
TM_6851	执行后期会话变量分配时遇到错误
TM_6956	启动一个新工作流实例时遇到错误，因为工作流实例数量已达到配置限制
TM_6957	工作流因保留与另一个并发运行的工作流实例相同的映射变量而失败
TM_6958	工作流无法启动，因为一个具有相同实例名的工作流已在运行
TPTRD_11001	插件无法创建TPTLogging类对象
TPTRD_11002	插件无法将代码页转换为Unicode
TPTRD_11003	插件无法将Unicode转换为代码页
TPTRD_21101	插件无法从会话检索跟踪级别
TPTRD_21201	插件无法设置ILog日志记录器
TPTRD_21202	插件无法设置TPTLogging日志记录器
TPTRD_21203	插件无法设置TDPID
TPTRD_21204	插件无法设置用户名

（续表）

错误号	说明
TPTRD_21205	插件无法设置密码
TPTRD_21206	插件无法设置工作数据库
TPTRD_21207	插件无法设置表名称
TPTRD_21208	插件无法设置DML语句
TPTRD_21209	插件无法创建Teradata数据库连接对象
TPTRD_21210	插件无法创建表<表名称>的架构
TPTRD_21211	插件无法启动Teradata数据库连接
TPTRD_21212	插件无法给连接对象分配内存
TPTRD_21213	插件无法给架构对象分配内存
TPTRD_21214	未定义从中读取数据的字段
TPTRD_21215	插件无法提取行<行编号>（状态为<状态代码>）上的数据
TPTRD_21216	插件无法检索DSQC数据类型
TPTRD_21217	插件无法刷新所有行
TPTRD_21218	导出过程中出错
TPTRD_21219	TPTReaderPartition：：run（）中存在未知错误
TPTRD_21220	TDPID无效
TPTRD_21301	插件无法初始化TeradataPT读取器组件
TPTRD_21302	插件无法检索源限定符元数据对象
TPTRD_21501	插件无法初始化TeradataPT读取器分区驱动程序
TPTRD_21502	插件无法检索TeradataParallelTransporter连接信息
TPTRD_21503	插件无法检索会话级信息
TPTRD_21504	插件无法检索元数据扩展信息
TPTRD_21505	插件无法检索源限定符及其字段信息
TPTRD_21506	插件无法构建DML语句
TPTRD_21507	插件无法创建TPTAPI类实例
TPTRD_21508	插件无法创建到Teradata数据库的连接
TPTRD_21509	插件无法从Teradata数据库的表<表名称>中读取数据
TPTRD_21510	插件无法验证会话级DML语句<DML语句>
TPTRD_21511	插件无法验证元数据扩展级DML语句<DML语句>
TPTRD_21512	插件无法构建默认DML语句
TPTRD_21513	不支持多个组<group_count>
TPTRD_21514	插件无法检索源限定符字段列表
TPTRD_21515	插件无法检索C数据类型的字段<字段名称>
TPTRD_21516	插件无法检索字段<字段名称>的数据类型
TPTRD_21517	插件无法检索附加了特定源限定符的源扩展
TPTRD_21518	插件无法检索与特定分区关联的连接引用
TPTRD_21519	插件无法检索与连接引用关联的连接对象
TPTRD_21520	插件无法检索TDPID
TPTRD_21521	插件无法检索数据库名称
TPTRD_21522	插件无法检索韧度

（续表）

错误号	说明
TPTRD_21523	插件无法检索最大会话数量
TPTRD_21524	插件无法检索休眠
TPTRD_21525	插件无法检索块大小
TPTRD_21526	插件无法检索加密数据标志
TPTRD_21527	无效SQL查询
TPTRD_21528	插件无法获得映射中的源列表
TPTRD_21529	最大会话数量必须大于0
TPTRD_21530	"休眠"必须大于0
TPTRD_21531	韧度必须大于或等于0
TPTRD_21532	需要最小256个字节和最大64000个字节的块大小
TPTRD_21533	已排序端口数大于输出字段数
TPTRD_35061	PowerCenter集成服务尝试获取一些会话属性的值时，发生以下系统错误：<错误消息>
TPTWR_31203	插件无法设置系统运算符
TPTWR_31209	插件无法设置错误数据库名称
TPTWR_31210	插件无法设置错误表1名称
TPTWR_31211	插件无法设置错误表2名称
TPTWR_31212	插件无法设置日志数据库名称
TPTWR_31213	插件无法设置日志表名称
TPTWR_31214	插件无法设置InsertDML语句
TPTWR_31215	插件无法设置UpdateDML语句
TPTWR_31216	插件无法设置DeleteDML语句
TPTWR_31217	插件无法设置TruncateTableDML语句
TPTWR_31218	插件无法创建Teradata数据库连接对象
TPTWR_31219	插件无法创建表<表名称>的架构
TPTWR_31220	插件无法创建DML组<DML组名称>
TPTWR_31221	插件无法启动Teradata数据库连接
TPTWR_31222	插件无法给连接对象分配内存
TPTWR_31223	插件无法给架构对象分配内存
TPTWR_31224	插件无法向DML组<DML组名称>分配内存
TPTWR_31225	插件无法提交连接对象
TPTWR_31226	插件在结尾采集中失败
TPTWR_31227	插件无法应用行
TPTWR_31228	插件无法将DML组<DML组名称>设置为连接对象
TPTWR_31229	插件无法将行放入Teradata数据库
TPTWR_31230	插件无法将缓冲区放入Teradata数据库
TPTWR_31231	插件无法检索PutBuffer方法的缓冲区布局
TPTWR_31232	插件无法检索受影响的行
TPTWR_31233	截断表：插件无法创建Teradata数据库连接对象
TPTWR_31234	截断表：插件无法创建表<表名称>的架构
TPTWR_31235	截断表：插件无法创建DML组<DML组名称>

（续表）

错误号	说明
TPTWR_31236	截断表：插件无法启动Teradata数据库连接
TPTWR_31237	插件无法设置UpdateRecovery_TableDML语句
TPTWR_31238	插件无法设置InsertRecovery_TableDML语句
TPTWR_31239	插件无法设置DeleteRecovery_TableDML语句
TPTWR_31240	无法支持多个组
TPTWR_31301	插件无法初始化TeradataPT写入器插件
TPTWR_31302	插件无法创建目标驱动程序
TPTWR_31303	插件无法检索目标实例
TPTWR_31304	目标索引<目标索引>无效
TPTWR_31401	插件无法初始化TeradataPT写入器目标驱动程序
TPTWR_31402	插件无法创建组驱动程序
TPTWR_31403	插件无法检索组列表
TPTWR_31404	组索引<组索引>无效
TPTWR_31501	插件无法初始化TeradataPT写入器组驱动程序
TPTWR_31502	插件无法创建分区驱动程序
TPTWR_31503	分区索引<partition_index>无效
TPTWR_31601	插件无法初始化TeradataPT写入器分区驱动程序
TPTWR_31602	插件无法检索行统计信息
TPTWR_31603	插件无法检索TeradataParallelTransporter的连接和会话级属性
TPTWR_31604	插件无法检索表信息
TPTWR_31605	插件无法在表<表名称>上为系统运算符<系统运算符名称>构建DML语句
TPTWR_31606	插件无法构建TruncateTableDML语句
TPTWR_31607	插件无法构建INSERTDML语句
TPTWR_31608	插件无法构建UPDATEDML语句
TPTWR_31609	插件无法构建DELETEDML语句
TPTWR_31610	没有为表<表名称>的任何字段定义主键，无法构建DELETEDML语句
TPTWR_31611	将表<表名称>的所有字段定义为主键，无法构建UPDATEDML语句
TPTWR_31612	没有为表<表名称>的任何字段定义主键，无法构建UPDATEDML语句
TPTWR_31613	插件无法检索"截断表"属性
TPTWR_31614	插件无法检索"更新否则插入"属性
TPTWR_31615	插件无法检索与特定分区关联的连接引用
TPTWR_31616	插件无法检索与连接引用关联的连接对象
TPTWR_31617	插件无法检索工作数据库
TPTWR_31618	插件无法检索TDPID
TPTWR_31619	插件无法检索系统运算符
TPTWR_31620	插件无法检索日志表名称
TPTWR_31621	插件无法检索日志数据库名称
TPTWR_31622	插件无法检索错误数据库名称
TPTWR_31623	插件无法检索错误表1名称
TPTWR_31624	插件无法检索错误表2名称

（续表）

错误号	说明
TPTWR_31625	插件无法检索最大会话数量
TPTWR_31626	插件无法检索韧度
TPTWR_31627	插件无法检索休眠
TPTWR_31628	插件无法检索每个字段的基本地址
TPTWR_31629	插件无法检索提交Teradata数据库连接对象
TPTWR_31630	插件在数据操作期间失败
TPTWR_31631	插件无法分配内存
TPTWR_31632	插件无法检索数据指示器
TPTWR_31633	LOAD系统运算符不允许更新操作
TPTWR_31634	LOAD系统运算符不允许删除操作
TPTWR_31635	插件无法截断表
TPTWR_31636	最大会话数量必须大于0
TPTWR_31637	"休眠"必须大于0
TPTWR_31638	韧度必须大于或等于0
TPTWR_31639	块大小必须大于0
TPTWR_31640	无法注册TPTRecStorageFactory，将不支持恢复
TPTWR_31641	无法启动TPTRecStorageFactory，将不支持恢复
TPTWR_31642	无法启动TPTConnectionManager
TPTWR_34701	无法初始化TPTWriterConnection
TPTWR_34702	无法取消初始化TPTConnectionManager
TPTWR_34703	无法为目标<名称>和分区<编号>执行提交
TPTWR_34704	TeradataParallelTransporter写入器不支持回滚
TPTWR_34723	用于读取恢复信息的TPT连接初始化失败
TPTWR_34725	用于读取恢复信息的TPT连接终止失败
TPTWR_34727	用于删除恢复信息的TPT连接初始化失败
TPTWR_34729	用于删除恢复信息的TPT连接终止失败
TPTWR_34730	DML语句选择在用于删除恢复信息的连接中失败
TPTWR_34731	采集在用于删除恢复信息的连接中失败
TPTWR_34732	PutRow调用在用于删除恢复信息的连接中失败
TPTWR_35001	ODBC连接无法创建INFARecoveryTable
TPTWR_35002	ODBC连接无法在加载模式中截断目标表<名称>
TPTWR_35003	ODBC连接无法删除错误表
TPTWR_35004	ODBC连接无法删除日志表
TPTWR_35061	PowerCenter集成服务尝试获取一些会话属性的值时，发生以下系统错误：<错误消息>
TPTWR_36001	Teradata数据库的连接许可证密钥无效
TPTWR_36002	会话使用了已弃用的连接对象，请将其替换为有效的连接对象
TT_11009	溢出错误，序列生成器转换已到达配置的结束值的末尾
TT_11013	解析分组端口时出错
TT_11014	汇总器转换包含无效的表达式或端口
TT_11019	端口<端口名称>中存在错误，将端口的默认值设置为：错误<错误消息>

（续表）

错误号	说明
TT_11020	端口<端口名称>中存在错误，将端口的默认值设置为：中止<错误消息>
TT_11021	将数据从转换<转换名称>移至转换<转换名称>时出错，已删除该行
TT_11023	转换端口<端口名称>中的数据时出错，已删除该行
TT_11041	无法初始化转换<转换名称>
TT_11070	查找替代<查找查询>包含在数据库连接的代码页中无效的1个或多个字符，无效字符从查询的<字符位置>位置开始
TT_11077	查找查询<查找查询>包含在数据库连接的代码页中无效的1个或多个字符，无效字符从查询的<字符位置>位置开始
TT_11078	存储过程名称<存储过程名称>包含在数据库连接的代码页中无效的1个或多个字符，无效字符从名称的<字符位置>位置开始
TT_11079	字段名称<字段名称>（属于存储过程<存储过程名称>）包含在数据库连接的代码页中无效的1个或多个字符，无效字符从名称的<字符位置>位置开始
TT_11090	事务控制转换<转换名称>的控制表达式计算结果为NULL
TT_11091	事务控制转换<转换名称>的控制表达式计算结果为<计算值>
TT_11100	联接器转换<转换名称>输入没有排序，行键值为<键值>
TT_11118	为转换<转换名称>配置的缓存目录为空或无效
TT_11124	警告：由一组源限定符<转换名称>输出的行数超出了IDN许可证中指定的<行数>行的限制，将不在此源限定符组上处理更多行
TT_11134	无法重用命名前缀<前缀名>已被查找转换<查找转换名称>使用的查找缓存文件
TT_11141	转换<转换名称>在收到组<组>上的一个输入行时返回行错误状态
TT_11144	查找转换<转换名称>的缓存指示源类型是<源类型>，但是此转换的源类型是<源类型>
TT_11145	查找转换<转换名称>的缓存指示源文件是<文件名>，但是指定的源文件是<文件名>
TT_11146	查找转换<转换名称>的缓存指示源文件<资源文件类型>的类型与为转换指定的类型不匹配
TT_11147	查找转换<转换名称>和<转换名称>有相同的缓存文件名前缀<前缀名称>，但具有不同的源文件<文件名>和<文件名>
TT_11148	查找转换<转换名称>和<转换名称>的缓存文件名前缀具有相同的缓存文件名前缀<前缀名称>，但源文件类型不同
TT_11149	查找转换<查找转换名称>具有非法文件名<文件名>
TT_11152	处理规范器转换<转换名称>时出错
TT_11158	读取查找转换<转换名称>的查找源时出错
TT_11161	读取转换<转换名称>的查找源时出错，提取了<读取的行数>行和<错误行数>个错误行
TT_11166	不可以连接序列生成器转换下游的转换<转换名称>
TT_11168	为转换<转换名称>指定的代码页对文件<文件名>无效
TT_11169	未找到转换<转换名称>代码页面<代码页面ID>
TT_11170	处理转换<转换名称>和从代码页<代码页名称>（用于文件<文件名>）创建区域设置时出错
TT_11171	序列生成器转换<转换名称>已连接CURRVAL端口，连接CURRVAL端口时，集成服务在每个块中处理一行
TT_11172	动态查找转换<转换名称>要求字符串或二进制查找端口及其关联的端口有相同长度，由于查找端口<端口名称>的长度为<长度>，关联端口<端口名称>的长度为<长度>，集成服务为这两个端口使用较长的长度

（续表）

错误号	说明
TT_11180	创建查找缓存<文件名>时使用的匹配策略不同于动态查找转换<转换名称>使用的多项匹配策略
TT_11195	警告：为查找转换<转换名称>构建缓存时发现未排序的输入，索引缓存中的当前条目数量是<条目数>，缓存将由插入操作构建，这将导致操作需要更长时间，且索引缓存可能需要更多空间
TT_11204	展开查找转换<转换名称>中用于缓存文件名前缀<前缀>的参数或变量时出错
TT_11209	升级过程未能完成，序列生成器转换有无效数据类型
TT_11210	展开查找转换<转换名称>中用于查找表名称<查找表名称>的参数或变量时出错
UM_10000	服务管理器无法加载域特权
UM_10001	用户管理元数据不一致
UM_10002	用户管理服务未启用
UM_10004	服务管理器找不到用户<用户名>（属于<安全域名>安全域）
UM_10013	组<组>（属于<安全域名>）包含用户<用户名>（属于域中未定义的<安全域名>）
UM_10017	与节点<节点名称>关联的密码无效
UM_10018	节点<节点名称>未在域中定义
UM_10019	节点<节点名称>在域中未关联
UM_10020	用户<用户名>（属于<安全域名>）未与节点<节点名称>关联
UM_10021	节点<节点名称>的主机名在节点配置和域配置之间不一致
UM_10022	节点<节点名称>的端口号在节点配置和域配置之间不一致
UM_10023	节点<节点名称>的网关设置在节点配置和域配置之间不一致
UM_10024	服务管理器不能加密凭证，因为用户名、密码或域名中的字符不兼容UTF-8
UM_10025	服务管理器找不到属于组<组>（属于<安全域名>安全域）
UM_10029	服务<服务名称>不可用
UM_10032	服务管理器无法从服务<服务名称>中加载特权
UM_10034	服务管理器无法验证用户<用户名>（位于安全域<安全域名>中），并出现错误<错误消息>
UM_10040	特权<特权名称>在服务<服务名称>中不存在
UM_10041	安全域<安全域名>正在与LDAP服务器同步，请等到同步完成后才开始访问
UM_10042	特权路径<特权路径>不存在特权
UM_10043	服务类型<服务类型>不存在
UM_10046	导入组<组>引用了域中不存在的用户<用户名>（在安全域<安全域名>中）
UM_10053	无法创建安全域<安全域名>，安全域<安全域名>是为内部使用预留的
UM_10059	身份验证失败，因为身份验证令牌无效
UM_10060	从LDAP服务查询用户时出错，错误是<错误消息>
UM_10061	从LDAP服务查询组时出错，错误是<错误消息>
UM_10082	服务管理器无法将用户添加到服务<服务名称>，错误是<错误消息>
UM_10083	服务管理器无法将组添加到服务<服务名称>，错误是<错误消息>
UM_10084	服务管理器无法将用户从服务<服务名称>中删除，错误是<错误消息>
UM_10085	服务管理器无法将组从服务<服务名称>中删除，错误是<错误消息>
UM_10087	服务管理器无法同步服务<服务名称>中的用户和组，错误是<错误消息>

（续表）

错误号	说明
UM_10088	服务管理器无法将用户添加到服务<服务名称>，服务用户和组没有与域同步
UM_10089	服务管理器无法将组添加到服务<服务名称>，服务用户和组没有与域同步
UM_10090	服务管理器无法从服务<服务名称>中删除用户，服务用户和组没有与域同步
UM_10091	服务管理器无法从服务<服务名称>中删除组，服务用户和组没有与域同步
UM_10092	服务管理器无法更新用户<用户名>（在安全域<安全域名>中）对服务<服务名称>的特权，服务用户和组没有与域同步
UM_10093	服务管理器无法更新用户<用户名>（在安全域<安全域名>中）对服务<服务名称>的特权，错误是<错误消息>
UM_10094	服务管理器无法更新组<组>（在安全域<安全域名>中）对服务<服务名称>的特权，服务用户和组没有与域同步
UM_10095	服务管理器无法更新组<组>（在安全域<安全域名>中）对服务<服务名称>的特权，错误是<错误消息>
UM_10096	无法执行请求的操作，因为这将违反MetadataManager许可的最大用户数量：[<用户数量>]
UM_10097	无法执行请求的操作，因为在启用了MetadataManager用户计数强制限制时，组可能没有MetadataManager特权或角色
UM_10098	无法执行请求的操作，因为报告服务<服务名称>不支持username@securitydomain<名称>的值大于80个字符
UM_10099	用户<用户名>（在安全域<安全域名>中）不能禁用自己的账户
UM_100100	服务管理器验证用户<用户名>（属于<安全域名>）失败，未指定密码
UM_100102	为用户<用户名>提供的已创建的值未在其有效期限内使用
VAR_27001	错误：有一个递归引用从<会话参数/映射参数类型>：<名称>返回到自身。解析<会话参数/映射参数类型>：<名称>的初始值时检测到错误
VAR_27002	展开<要展开的字符串>的引用时出错
VAR_27003	展开<变量名称>初始值的引用时出错
VAR_27004	内部错误：为不同数据类型的数据请求了汇总操作
VAR_27005	内部错误：无法对string或time数据类型的值执行COUNT操作
VAR_27010	内部错误：<变量>：<名称>已多次初始化
VAR_27017	内部错误：<变量类型>不支持binary数据类型
VAR_27018	错误：找不到名称为<变量名称>的映射参数或变量（在转换<转换名称>中）
VAR_27026	错误：缺少以下项的初始字符串值：<变量>：<名称>
VAR_27030	错误：合并后计数值小于零
VAR_27032	错误：计数汇总类型映射变量的初始值：<名称>不能小于0
VAR_27033	内部错误：无法解析<编号>的服务器变量名称
VAR_27034	内部错误：无法解析服务器变量<名称>的数据值
VAR_27035	内部错误：无法解析服务器变量<名称（$PMSessionerrorthreshold，$PMSessionlogcount）>的整数数据值
VAR_27036	内部错误：无法解析服务器变量<名称>的字符串数据值
VAR_27037	内部错误：为不同数据类型的数据请求了复制操作
VAR_27038	错误：<服务进程变量>：<文件路径类型>，对于文件或目录路径，无法引用不是文件或目录路径的<变量>：<名称>
VAR_27039	错误：无法引用不是文件或目录路径的<变量>：<文件路径类型>

（续表）

错误号	说明
VAR_27040	错误：无法从存储库中删除会话<会话名称>的现有保留映射变量值
VAR_27041	错误：无法将会话<会话名称>的映射变量值保留到存储库中
VAR_27042	获取映射变量<名称>的最终值时出错，跳过此变量的保留值保存
VAR_27043	错误：数据值溢出或太大
VAR_27044	错误：不能有空数据值
VAR_27046	解析上次保存时间戳<日期/时间值>（针对映射变量<名称>）时出错，忽略存储库中的保留值
VAR_27047	解析上次保存时间戳<日期/时间值>（针对映射变量<名称>的保留值）时出错，忽略存储库中的保留值
VAR_27053	不兼容数据类型转换错误
VAR_27054	将初始数据值赋予以下项时出错：<变量>：<名称>
VAR_27055	错误<映射变量或参数名称>：数据转换错误
VAR_27056	转换<数据值>时发生数据转换错误
VAR_27057	转换<数据值>时数据值溢出或太大
VAR_27061	错误：找不到<工作流/工作集>变量（属于名称<名称>，在<工作流/工作集>中引用）
VAR_27062	警告：找不到<工作流/工作集><名称>和文件夹<名称>的部分-在参数文件<名称>中
VAR_27064	错误：无法将<工作流/工作集>变量值（属于<名称>）保留到存储库中
VAR_27067	解析上次保存时间戳<日期/时间值>（针对<工作流/工作集>变量<名称>的保留值）时出错，忽略存储库中的保留值
VAR_27068	解析上次保存时间戳<日期/时间值>（针对<工作流/工作集>变量<名称>的保留值）时出错，忽略存储库中的保留值
VAR_27069	获取工作流变量<名称>的最终值时出错，跳过此变量的保留值更新
VAR_27072	错误：为预定义工作流变量<名称>设置替代值是非法的
VAR_27073	内部错误：<变量类型>不支持decimal数据类型
VAR_27075	错误：无法引用值为NULL的<变量/参数类型><变量/参数名称>
VAR_27079	警告：<变量类型>：<变量名称>，NULL替代值无效，替代值设置为空字符串
VAR_27086	找不到指定的参数文件<文件名>（为<工作流/会话名称>）
VAR_27097	错误：无法从参数文件<文件名>（用于<工作流/会话名称>）读取行
WEBM_1001	无法连接到webMethodsBroker
WEBM_1002	无法重新连接到webMethodsBroker
WEBM_1003	无法断开与webMethodsBroker的连接
WEBM_1004	设置了"保留客户端状态"选项，但在应用程序连接<应用程序连接名称>中未给定客户端ID
WEBM_1006	Broker发生异常：<webMethodsBroker名称>
WEBM_2001	无法从webMethodsBroker获得文档
WEBM_2002	无法向webMethodsBroker确认文档
WEBM_2003	无法处理接收的文档
WEBM_2004	客户端组没有订阅文档类型<文档类型>的权限
WEBM_2005	源<源名称>已配置为接收消息，但未在应用程序连接<应用程序连接名称>中指定客户端ID
WEBM_2010	读取器接收到一个具有不匹配文档类型<文档类型>的文档：<文档>，并拒绝了该文档

（续表）

错误号	说明
WEBM_2011	无法在恢复缓存中存储文档：<错误消息>
WEBM_2012	无法从恢复缓存中检索文档：<错误消息>
WEBM_2013	从恢复缓存检索到的数据不是有效的webMethods文档
WEBM_2014	无法创建用于存储文档的恢复缓存：<错误消息>
WEBM_2015	无法打开用于恢复文档的恢复缓存：<错误消息>
WEBM_2016	没有为恢复指定缓存文件夹
WEBM_2017	无法初始化用于恢复的缓存文件夹<恢复缓存>
WEBM_3001	无法处理一行数据
WEBM_3002	数据<数据>对于字段<字段名称>无效
WEBM_3003	字段<字段名称>出现数据转换错误
WEBM_3005	客户端组没有发布文档类型<文档类型>的权限
WRT_8000	处理表时出错
WRT_8001	连接到数据库时出错
WRT_8004	写入器初始化失败<错误消息>，写入器正在终止
WRT_8012	写入器运行：目标的数据乱序，正在终止
WRT_8019	表<表名称>中没有列标记为主键
WRT_8023	截断目标表<目标名称>时出错，<数据库错误字符串>
WRT_8028	错误<错误编号>在分支<加载器类型>外部加载器进程（为目标<目标名称>）时发生
WRT_8031	错误<错误编号>在对命名管道<输出文件名称>取消链接时发生
WRT_8032	外部加载器错误
WRT_8046	错误<Windows系统错误编号>在检查外部加载器<handle=进程ID>是否完成时发生
WRT_8047	错误：外部加载器进程<进程ID>因错误<退出加载器错误编号>退出
WRT_8048	错误<Windows系统错误编号>在检索已完成外部加载器[handle=<进程ID>]的终止状态时出错
WRT_8049	错误：外部加载器进程<进程ID>由于收到信号<UNIX信号编号>而退出
WRT_8053	警告：执行预加载的存储过程时出错，会话<会话名称>，用户名<用户名>，错误<数据库错误消息>
WRT_8058	错误<系统错误编号>在打开会话错误（拒绝）文件<错误文件名>时发生
WRT_8059	写入器初始化失败[无法初始化输出文件]，写入器正在终止
WRT_8060	写入器初始化失败[无法获取外部加载器信息]，写入器正在终止
WRT_8062	写入器初始化失败[无法生成外部加载器控制文件]，写入器正在终止
WRT_8063	写入器初始化失败[无法启动外部加载器]，写入器正在终止
WRT_8064	错误<系统错误编号>在打开会话输出文件<输出文件名>时发生
WRT_8065	写入器初始化失败[无法初始化指示器文件]，写入器正在终止
WRT_8066	错误<系统错误消息>在打开会话日志文件<日志文件名>时发生
WRT_8067	写入器初始化失败[NTTrustedConn（）失败]，写入器正在终止
WRT_8068	写入器初始化失败，写入器正在终止
WRT_8070	写入器初始化失败<内部错误：没有映射[1]>，写入器正在终止
WRT_8071	写入器初始化失败，[所有管道中的加载目标总数<加载目标数>与映射<映射名称>中的加载目标数不匹配]，写入器正在终止

（续表）

错误号	说明
WRT_8072	解析目标<目标名称>的错误文件名时出错
WRT_8073	获得目标<目标名称>的输出文件名时出错
WRT_8074	写入器初始化失败[内部错误]，写入器正在终止
WRT_8075	写入器初始化失败[创建截断表顺序时出错]，写入器正在终止
WRT_8076	写入器运行已终止，[提交错误]
WRT_8077	写入器运行已终止，[执行预加载的存储过程时出错]
WRT_8079	写入器运行已终止
WRT_8080	写入器运行已终止，[加载数据时出错且已达到错误阈值：未提交数据]
WRT_8081	写入器运行已终止，将数据加载到目标表<目标实例名称>时出错
WRT_8082	写入器运行已终止，[遇到错误]
WRT_8085	写入器运行已终止，[内部错误]
WRT_8086	写入器运行已终止，[执行加载后存储过程时出错]
WRT_8088	写入器运行已终止，[外部加载器错误]
WRT_8091	截断目标表<表名称>时出错，构成查询时出错
WRT_8092	截断目标表<表名称>时出错，准备截断目标表查询时出错：<表查询>
WRT_8095	错误<系统错误编号>在分支目标<目标名称>的isql外部加载器进程时发生
WRT_8096	外部加载器错误，获得Oracle加载器信息时出错
WRT_8097	外部加载器错误，不受支持的外部加载器类型
WRT_8098	外部加载器错误，执行外部加载器进程时出错：[不存在此类文件或目录]错误编号=[2]
WRT_8100	外部加载器错误，获得Sybase加载器信息时出错
WRT_8109	为InfoSource比较目标
WRT_8110	BW语句初始化
WRT_8111	SAP发送完成
WRT_8116	错误：目标表<目标表名称>没有指定键，错误文件中的行号<行ID>
WRT_8117	错误：目标表<表名称>不允许INSERT操作，错误文件中的行号<行ID>
WRT_8118	错误：目标表<表名称>不允许UPDATE操作，错误文件中的行号<行ID>
WRT_8119	错误：目标表<表名称>不允许DELETE操作，错误文件中的行号<行ID>
WRT_8120	错误：目标表<表名称>的行类型无效，错误文件中的行号<行ID>
WRT_8123	无法准备目标表加载，数据库错误：<数据库错误编号>
WRT_8132	执行截断目标表查询时出错
WRT_8136	解析存储过程调用文本时出错
WRT_8150	输出文件<文件名>的代码页无效
WRT_8151	字段分隔符字符<分隔符>对目标的代码页无效
WRT_8152	空字符<空字符>对目标的代码页无效
WRT_8156	错误：不支持将外部MBCS数据加载至SybaseIQ11中
WRT_8157	字段<字段名称>（属于输出文件<文件名>）宽度不够，无法放入至少一个指定的空字符
WRT_8171	在<库文件名>共享库中找不到CreateWrtTargetInstance函数
WRT_8172	无法创建ASCII区域设置
WRT_8173	自UNICODE的转换失败-未能转换所有字符

（续表）

错误号	说明
WRT_8174	将缓冲区刷新到输出文件<输出文件名>时出错，错误消息为<错误消息>，数据缓冲区<缓冲区>
WRT_8175	文件<文件名>的字段分隔符字符串包含非ASCII字符<Unicode字符>
WRT_8176	文件<文件名>的空字符不是ASCII<Unicode字符>
WRT_8178	无法获得文件<文件名>的引号选项
WRT_8179	尝试关闭输出文件<文件名>时发生未知错误
WRT_8180	无法使用<输出文件名>生成指示器文件名
WRT_8181	指定的区域设置<区域设置名称>（为文件<输出文件名>）对空字符<字符>无效
WRT_8183	针对目标<目标实例名称>的回滚失败
WRT_8184	警告：为目标文件<目标文件名>指定的输出代码页不是基于ASCII，而Informatica服务器正在以ASCII模式运行
WRT_8185	使用FTP从目标<目标名称>传输数据时出错
WRT_8186	结束加载时出错，写入器运行已终止
WRT_8187	解析输出文件<文件名>（用于目标<目标名称>）时出错
WRT_8188	<目标名称>目标的MQ标头无效
WRT_8189	<目标名称>目标的字段类型无效（应为MQCHAR）
WRT_8197	打开目标合并文件<文件名>时出错
WRT_8198	在合并目标文件处理期间打开目标文件<文件名>时出错
WRT_8199	在合并目标文件处理期间读取目标文件<文件名>时出错
WRT_8200	写入目标文件<文件名>时出错
WRT_8201	获得目标<目标名称>的合并目标文件名时出错
WRT_8203	批量执行失败，正在重试
WRT_8204	错误：无法设置空值字符
WRT_8205	错误：在目录中找不到表名称，此会话不能使用多个分区运行
WRT_8206	错误：已使用页级锁定创建了目标表，使用页级锁定创建目标表时，此会话只能用多个分区运行
WRT_8208	截断目标表<目标表名称>时出错，集成服务正在尝试DELETEFROM查询
WRT_8209	外部加载器错误，Teradata外部加载器无法使用多于24个字符的表名称，表名称<表名称>具有<表长度>个字符
WRT_8210	外部加载器错误，生成Teradata加载器控制文件时出错
WRT_8211	有关更多详细信息，请查看外部加载器日志<加载器日志文件名>
WRT_8212	错误：有过多数据库死锁，无法继续会话
WRT_8215	外部加载器错误，外部加载器进程<进程ID>过早退出
WRT_8216	外部加载器错误，管道断开
WRT_8218	错误：Teradata外部加载器要求表<表名称>上存在主键（在使用加载模式<加载模式>时）
WRT_8219	错误：表不匹配，目标表<表名称>（有<列数>列）与物理表（有<列数>列）不匹配
WRT_8220	错误：读取或写入数据库时遇到死锁
WRT_8226	目标加载顺序组<TLOG>设置为实时刷新，基于目标的提交切换到基于源的提交，基于目标的提交间隔用作基于源的提交间隔
WRT_8229	出现了数据库错误：<数据库错误消息>

（续表）

错误号	说明
WRT_8244	输出第<行编号>行（为输出文件<平面文件目标>）时出错，已拒绝该行
WRT_8246	错误：直接平面文件不支持外部加载器，目标实例<目标实例名称>
WRT_8247	错误：无法为针对连接<目标名称>的测试负载以批量模式运行
WRT_8250	目标（此目标类型不支持测试负载）：<目标名称>（实例名称：<目标实例名称>）
WRT_8270	目标连接组编号<组编号>包括目标<目标名称>
WRT_8281	错误：同一字符<字符>同时用作字段<端口名称>（属于目标<目标名称>）的字段分隔符和小数分隔符
WRT_8282	错误：同一字符<字符>同时用作字段<端口名称>（属于目标<目标名称>）的字段分隔符和千位分隔符
WRT_8297	外部加载器进程<加载器进程>退出，警告代码为<操作文件代码>
WRT_8299	外部加载器错误，找不到加载器警告操作文件
WRT_8300	外部加载器错误，打开加载器警告操作文件<文件名>以进行读取时出错，错误编号=<系统错误代码>
WRT_8301	从外部加载器警告操作文件<文件名>加载警告代码时出错
WRT_8302	外部加载器错误，将句柄复制到DB2EEE外部加载器的stderr时出错，系统错误消息为<系统错误消息>，错误编号=<错误编号>
WRT_8303	外部加载器错误，打开DB2EEE外部加载器日志文件以进行写入时出错，系统错误消息为<系统错误消息>，错误编号=<错误编号>
WRT_8304	外部加载器错误，将stderr重定向到DB2EEE外部加载器的加载器日志文件时出错，系统错误消息为<系统错误消息>，错误编号=<错误编号>
WRT_8305	外部加载器错误，还原DB2EEE外部加载器的stderr时出错，系统错误消息为<系统错误消息>，错误编号=<错误编号>
WRT_8308	错误：无法将目标表<目标实例>的元数据写入输出文件<目标文件名>
WRT_8309	外部加载器错误，日期格式<格式>无效，目标实例<目标实例名称>
WRT_8310	外部加载器错误，更新对于目标实例<目标实例名称>无效，因为没有主键映射到该目标
WRT_8311	外部加载器错误，更新对于目标实例<目标实例名称>无效，因为没有非键字段映射到该目标
WRT_8312	外部加载器错误，删除对于目标实例<目标实例名称>无效，因为没有主键映射到该目标
WRT_8313	外部加载器错误，更新插入对于目标实例<目标实例名称>无效，因为更新对该目标无效
WRT_8315	此类型的映射（在提交组中没有目标）不支持用户定义的提交会话
WRT_8324	警告：目标连接组的连接不支持事务，目标<目标名称>可能未根据指定的事务边界规则加载
WRT_8329	警告：正在忽略外部加载器控制文件目录<目录>，因为它全是空格
WRT_8343	错误：目标文件名<文件名>超出了最大允许长度<字节数>
WRT_8371	由于事务中的错误发出了回滚命令，该行被拒绝
WRT_8372	由于提交失败发出了回滚命令，该行被拒绝
WRT_8398	打开会话输出文件<文件名>时出错，错误：<错误文本>
WRT_8399	关闭目标输出文件<文件名>时出错，错误：<错误文本>
WRT_8414	高可用性许可证不存在，将忽略为集成服务与目标之间的连接指定的重试时限
WRT_8419	平面文件目标<目标名称>FileName端口与连接或合并选项的配合不受支持
WRT_8424	集成服务无法读取控制文件模板<控制文件模板名称>

（续表）

错误号	说明
WRT_8425	错误：写入器执行失败
WRT_8426	错误：写入器准备失败
WRT_8428	使用SFTP从目标<目标名称>传输数据时出错
WRT_8430	集成服务无法为此代码页ID创建区域设置：<代码页>
WRT_8435	打开恢复队列时出现了错误：<错误消息>
WRT_8436	关闭恢复队列时出现了错误：<错误消息>
WRT_8437	将恢复信息写入恢复队列时发生以下错误：<错误消息>
WRT_8438	从恢复队列中删除恢复信息时发生以下错误：<错误消息>
WRT_8439	从恢复队列中读取恢复信息时发生以下错误：<错误消息>
WRT_8442	集成服务无法恢复使用并发合并选项的多分区平面文件目标
WRT_8443	集成服务无法重复文件<文件名>中的多字节空字符
WRT_31215	未找到PowerCenterConnectforSalesforce.com的有效许可证密钥
WSH_501	服务工作流<工作流名称>无效-在存储库<存储库名称>、文件夹<文件夹名称>中，无法使用WebServicesHub访问此工作流
WSH_502	无法初始化存储库<存储库名称>：<错误消息>
WSH_505	初始化期间提取存储库数据失败：<错误消息>
WSH_516	服务<Web服务名称>：工作流<工作流名称>（位于文件夹<文件夹名称>、存储库<存储库名称>中）启动失败，出现了错误<错误消息>
WSH_520	无法等待工作流完成：<错误消息>
WSH_521	工作流<工作流名称>（在文件夹<文件夹名称>中）无法完成，已调用工作流通知处理程序
WSH_522	无法提取工作流<工作流名称>（在文件夹<文件夹名称>中）中的详细信息-在为存储库<存储库名称>提取数据时：<错误消息>
WSH_523	无法更新文件夹<文件夹名称>（在存储库<存储库名称>中）的数据缓存：<错误消息>
WSH_524	无法更新工作流<工作流名称>（在文件夹<文件夹名称>、存储库<存储库名称>中）的数据缓存：<错误消息>
WSH_526	无法提取存储库<存储库名称>的存储库数据：<错误消息>
WSH_530	无法更新存储库<存储库名称>的数据缓存：<错误消息>
WSH_535	WebServicesHub初始化失败：<错误消息>
WSH_547	服务<Web服务名称>：无法初始化服务代理
WSH_553	找不到服务<Web服务名称>的服务代理
WSH_557	服务<Web服务名称>：无法激活服务工作流，出现了错误<错误消息>
WSH_567	请求<请求实例ID>：服务<Web服务名称>的调用超时，正在向客户端发送包含SOAP错误的响应
WSH_572	请求<请求实例ID>：客户端请求不再活动，正在丢弃来自WS写入器的响应消息
WSH_578	请求<请求实例ID>，客户端IP<客户端IP地址>：请求服务<Web服务名称>的消息失败，出现了错误<错误消息>
WSH_601	服务<Web服务名称>：无法启动工作流，出现了错误<错误消息>
WSH_606	无法连接至LM服务器<域名>：<集成服务名称>：<错误消息>
WSH_608	无法执行任务<任务名称>：<错误消息>

错误号	说明
WSH_617	针对<请求实例ID>的调用失败，客户端IP为<客户端IP地址>，使用了服务<Web服务名称>，实例ID为<DTM实例ID>，正在发送SOAP错误作为响应
WSH_622	服务<Web服务名称>：无法在文件夹<文件夹名称>（在存储库<存储库名称>中）中更新/添加服务代理
WSH_706	无法连接到存储库<存储库名称>：<错误消息>
WSH_721	无法启动工作流<工作流名称>
WSH_731	无法更新服务代理列表：<错误消息>
WSH_1005	服务<Web服务名称>不可用
WSH_1006	发送的内容无效
WSH_1007	调用者未获得调用该服务的授权
WSH_1010	找不到前缀<命名空间前缀>的架构
WSH_1011	WebServicesProvider源或目标包含不兼容的元数据版本
WSH_1012	WebServicesProvider源或目标包含无效类型
WSH_1013	WebServicesProvider源或目标包含无效的键，键应为：[键名称]
WSH_1014	WebServicesProvider源或目标不包含所需键
WSH_1016	Web服务工作流<工作流名称>不存在或无效
WSH_1017	架构名称无效：架构<XML架构名称>不是由服务工作流<工作流名称>的WSDL导入的
WSH_1026	无法从输入流读取
WSH_1027	无法解析MIME消息
WSH_1070	请求<请求实例ID>，客户端IP<客户端IP地址>：无法读取服务<Web服务名称>（负载大小为<负载大小>）的客户端消息
WSH_1071	请求<请求实例ID>，客户端IP<客户端IP地址>：无法为服务<Web服务名称>解码客户端编码
WSH_1072	请求<请求实例ID>，客户端IP<客户端IP地址>：读取服务<Web服务名称>的客户端消息失败，出现了错误<错误消息>
WSH_1077	无法将请求<请求实例ID>（客户端IP为<客户端IP地址>）发送到服务工作流实例
WSH_1078	请求<请求实例ID>，客户端IP<客户端IP地址>：无法为服务<Web服务名称>发送客户端回复，出现了错误<错误消息>
WSH_1079	服务<Web服务名称>：由于出现了错误<错误消息>，Web服务源连接已被重置
WSH_1084	请求包含无效编码
WSH_1104	服务统计信息操作<操作名称>失败，出现了错误<错误消息>
WSH_1124	服务<Web服务名称>：找不到命名空间<命名空间>的架构
WSH_1126	服务<Web服务名称>：对于RPC编码样式，不支持包含附件的请求或响应
WSH_1127	服务<Web服务名称>：WebServiceProvider源和目标的绑定命名空间不一致
WSH_1128	服务<Web服务名称>：未设置绑定命名空间
WSH_1129	服务<Web服务名称>：消息<消息>内容为空
WSH_1137	文件夹<文件夹名称>不在存储库<存储库名称>中
WSH_1138	为工作流<工作流名称>指定了无效服务超时值，将使用默认值<超时值>
WSH_1140	为工作流<工作流名称>指定了无效的每Hub最大运行实例数，将使用默认值<每Hub最大运行计数值>

（续表）

错误号	说明
WSH_1141	为工作流<工作流名称>指定的服务时间无效，将使用默认值<服务时间阈值>
WSH_1142	文件夹<文件夹名称>未正确格式化，请使用"[repository_name：]folder_name"，并且当Hub与多个存储库关联时需要提供存储库名称
WSH_1143	存储库<存储库名称>未与WebServiceHub关联
WSH_1149	PasswordDigest请求要求临时值和创建值
WSH_1150	提供的临时值已被使用，请为此登录提供一个新的临时值
WSH_1151	提供的创建时间戳已过期或被修改
WSH_1152	不能为PasswordText请求指定临时值和创建值
WSH_1153	密码请求属于未知类型，请求必须为PasswordDigest或PasswordText请求
WSH_1154	提供的登录信息无效
WSH_95063	无法用指定的用户名和密码登录存储库<存储库名称>
WSP_33002	无法获取属性<属性名称>
WSP_33006	映射包含多个WebServicesProvider源
WSP_33007	映射包含多个WebServicesProvider目标
WSP_33008	内存不足
WSP_33009	未找到有效的"实时选项"键，无法运行此Web服务会话，请获取有效的实时选项键
WSP_34007	无法构建确认消息
WSP_34008	无法解析消息
WSP_34010	无法构建数据消息
WSP_34011	无法构建EOF消息
WSP_34014	无法初始化连接，状态代码<代码>，错误消息<错误消息>
WSP_34015	无法取消初始化连接，状态代码<代码>，错误消息<错误消息>
WSP_34016	无法读取数据，状态代码<代码>，错误消息<错误消息>
WSP_34017	无法写入数据，状态代码<代码>，错误消息<错误消息>
WSP_34018	无法刷新数据，状态代码<代码>，错误消息<错误消息>
WSP_34019	无法序列化数据，错误消息<错误消息>
WSP_34020	无法反序列化数据，错误消息<错误消息>
WSP_34030	必须具有工作流上下文以运行此会话
WSP_34034	从存储库中检索服务信息时出错
WSP_35001	无法为读取器分区<分区编号>提取缓存文件夹属性
WSP_35002	为读取器分区<分区编号>指定的缓存文件夹无效
WSP_35003	读取器分区<分区编号>无法注册以执行恢复
WSP_35005	读取器分区<分区编号>无法缓存消息
WSP_35006	读取器分区<分区编号>无法将消息缓存截断到上一个序列化消息：<消息文本>
WSP_35008	读取器分区<分区编号>无法刷新缓存：<消息文本>
WSP_35010	读取器分区<分区编号>无法撤销注册以执行恢复
WSP_35012	无法关闭检查点
WSP_35013	XML解析器<分区ID>初始化失败
WSP_35015	平面文件解析器<分区ID>初始化失败
WSP_35017	XML解析器<分区ID>解析失败

（续表）

错误号	说明
WSP_35018	文件解析器<分区ID>提取失败
WSP_35019	XML解析器<分区ID>取消初始化失败
WSP_35020	在填充消息字段时出错
WSP_35021	对于双向Non-WSAware服务，消息计数不能大于1
WSP_36002	写入器目标<目标名称>分区<分区编号>无法初始化平面文件生成器
WSP_36003	写入器目标<目标名称>分区<分区编号>无法初始化XML生成器
WSP_36004	写入器目标<目标名称>组<目标组>分区<分区编号>无法处理平面文件消息
WSP_36005	写入器目标<目标名称>组<目标组>分区<分区编号>无法处理XML消息
WSP_36006	写入器目标<目标名称>组<目标组>分区<分区编号>无法处理文件结尾
WSP_36007	写入器目标<目标名称>组<目标组>分区<分区编号>无法处理XML结尾
WSP_36008	写入器目标分区<目标名称>分区<分区编号>中的缓存文件夹无效
WSP_36010	获取消息键<键>失败
XMLW_31001	尝试初始化XML环境时出错
XMLW_31002	尝试初始化XML管理器时出错
XMLW_31003	尝试取消初始化XML环境时出错
XMLW_31004	字段<字段名称>（存储库ID<ID号>）不应属于XML组<组编号>（名称<组>）
XMLW_31005	XML组<组>没有任何字段
XMLW_31006	已经有一行插入到最上层组的输出中，拒绝第<行号>行
XMLW_31007	第<行号>行有针对XML组<组>的NULLPK值
XMLW_31008	第<行号>行有针对非最上层XML组<组>的NULLFK值
XMLW_31009	处理架构定义<架构定义>时出现意外错误
XMLW_31010	尝试将元素<XML元素>（具有XML映射<XML映射>）的值设置为<值>时出现意外错误
XMLW_31011	尝试将字段<字段名称>存储库ID<ID编号>（属于行<行号>）的数据转换为文本时出错
XMLW_31012	无法注册XML组<组>（为目标<目标实例>），在目标中找不到对应的组定义
XMLW_31013	有未知（或非法）属性值<值>用于属性<属性名称>，检查存储库，以确认数据是否可能损坏
XMLW_31014	为要从DOM树中删除的行生成XML文本时出现意外错误，行PK值为<值>
XMLW_31016	生成输出XML文本时出现未知错误
XMLW_31017	映射文本<映射文本>（用于字段<字段名称>，该字段属于XML目标<目标实例>）对于目标的代码页<代码页>无效，失败字符代码为<Unicode字符编号>
XMLW_31018	初始化XML输出生成器时发生意外错误
XMLW_31019	初始化XML目标<目标名称>的输出文件时出错
XMLW_31020	找不到用于传入的行块的XML组，致命错误
XMLW_31021	为XML目标<目标实例>组<组>处理EOF时出错
XMLW_31022	刷新到文件<文件名>时发生致命错误，系统错误消息是<错误消息>
XMLW_31023	初始化XMLDOM对象时出错
XMLW_31024	使用FTP传输XML目标<目标实例>的暂存文件时出错
XMLW_31026	为XML输出打开文件<文件名>时发生致命错误
XMLW_31027	关闭XML输出文件<文件名>时发生致命错误，系统错误消息是<错误消息>
XMLW_31029	在DLL<.dll文件名>中找不到XMLinit/deinit函数

（续表）

错误号	说明
XMLW_31030	必须突出FK字段<字段名称>（用于组<组>），即它必须有输入字段
XMLW_31040	字段<字段名称>（属于*ROOT*XML组<组>）已突出，而PK字段没有突出
XMLW_31041	组<组>的FK和父组<组>的PK应该都有输入字段，或都没有输入字段
XMLW_31043	FK是组<组>的唯一突出字段
XMLW_31047	刷新XML输出时发生MQ错误
XMLW_31056	为XML输出打开WebSphereMQ队列<队列>时发生致命错误
XMLW_31059	在增量刷新/提交之后关闭XML文档<目标名称>时返回致命错误
XMLW_31060	<错误编号>：刷新XML输出<目标名称>时发生致命错误
XMLW_31061	<错误编号>：关闭XML文档<目标名称>时发生致命错误
XMLW_31063	<错误编号>：打开文件列表<目标>时发生致命错误
XMLW_31064	使用FTP将本地文件<文件名>传输到远程位置<路径>时发生致命错误，不会生成文件列表
XMLW_31065	<错误编号>：为文件列表<文件名>打开FTP连接时发生致命错误
XMLW_31066	<错误编号>：生成文件列表时发生致命错误
XMLW_31078	错误：不再支持针对MQ会话的"在刷新/提交时输出XML"选项，请在Designer中打开此映射并编辑XML目标实例，将"提交时"属性值更改为"新建文档"
XMLW_31079	错误：目标<目标名称>的"提交时"属性值未知，检查存储库以找出可能存在的损坏
XMLW_31080	错误：遇到孤立项
XMLW_31086	第<行号>行（在XML组<组>中）有多个非NULL层次结构外键值，将删除此行
XMLW_31089	错误：指定的缓存大小<缓存大小>（为XML目标<目标名称>）超出了32位地址空间，在32位服务器上此大小不能超过<缓存大小>
XMLW_31090	无法创建索引文件<文件名>
XMLW_31091	错误：索引文件操作错误<错误编号>
XMLW_31092	错误：生成XML文档时遇到错误
XMLW_31093	错误：建立类型层次结构关系时遇到错误
XMLW_31108	错误：没有为具有循环引用的XML根组<组>找到适当的起始行，未生成输出
XMLW_31110	错误：为单次出现的组<组>检测到重复行，其父组为<父组>
XMLW_31118	错误：FK字段<外键>（属于XML派生组<组>，位于XML目标<目标名称>中）未突出，由于缺少基本类型信息，无法为该组生成输出行
XMLW_31210	使用SFTP将本地文件<文件名>传输到远程位置<路径>时发生致命错误，不会生成文件列表
XMLW_31211	使用SFTP打开远程列表文件<文件名>时发生致命错误